Wunder Mensch

Alexander Tsiaras

Wunder Mensch

Eine faszinierende Reise durch unseren Körper

Text von Barry Werth

Aus dem Amerikanischen
von Dr. Henning Thies

Weltbild

Hinweis

Impressum

Die amerikanische Origonalausgabe erschien unter dem Titel »The Architecture and Design of Man and Woman« bei Doubleday/Random House, New York.

Genehmigte Lizenzausgabe der Verlagsgruppe Weltbild GmbH,
Steinerne Furt, 86167 Augsburg

Ein Unternehmen der Droemerschen Verlagsanstalt Th. Knaur Nachf. GmbH & Co. KG, München
Umschlaggestaltung: ZERO Werbeagentur, München
Umschlagillustration: Alexander Tsiaras
Gesamtherstellung: Firmengruppe APPL, aprinta druck, Wemding

Printed in the EU

ISBN 978-3-8289-2222-8

2009 2008
Die letzte Jahreszahl gibt die aktuelle Lizenzausgabe an.

Besuchen Sie uns im Internet:
www.weltbild.de

MEIN BESONDERER DANK GILT:

Attila Ambrus für seine Führungsqualitäten, seine unerschöpfliche kreative Energie und seine außergewöhnlichen technischen wie ästhetischen Fähigkeiten.

Jeremy Mack für seine Detailgenauigkeit, seine Bildgebungsfähigkeiten und sein enormes Talent.

Dem ganzen Team: Laszlo Balogh, Ann Canapary, Mark Mallari, Karina Metcalf, Jean-Claude Michel, Betty Lee, Matt Wimsatt und Poy Yee. Ihre kollektive Energie, Individualität, ihre schöpferischen Erkenntnisse und ihr unermüdlicher Arbeitseinsatz haben dazu beigetragen, ein in der wissenschaftlichen Bildgebung bislang unerreichtes Niveau zu schaffen.

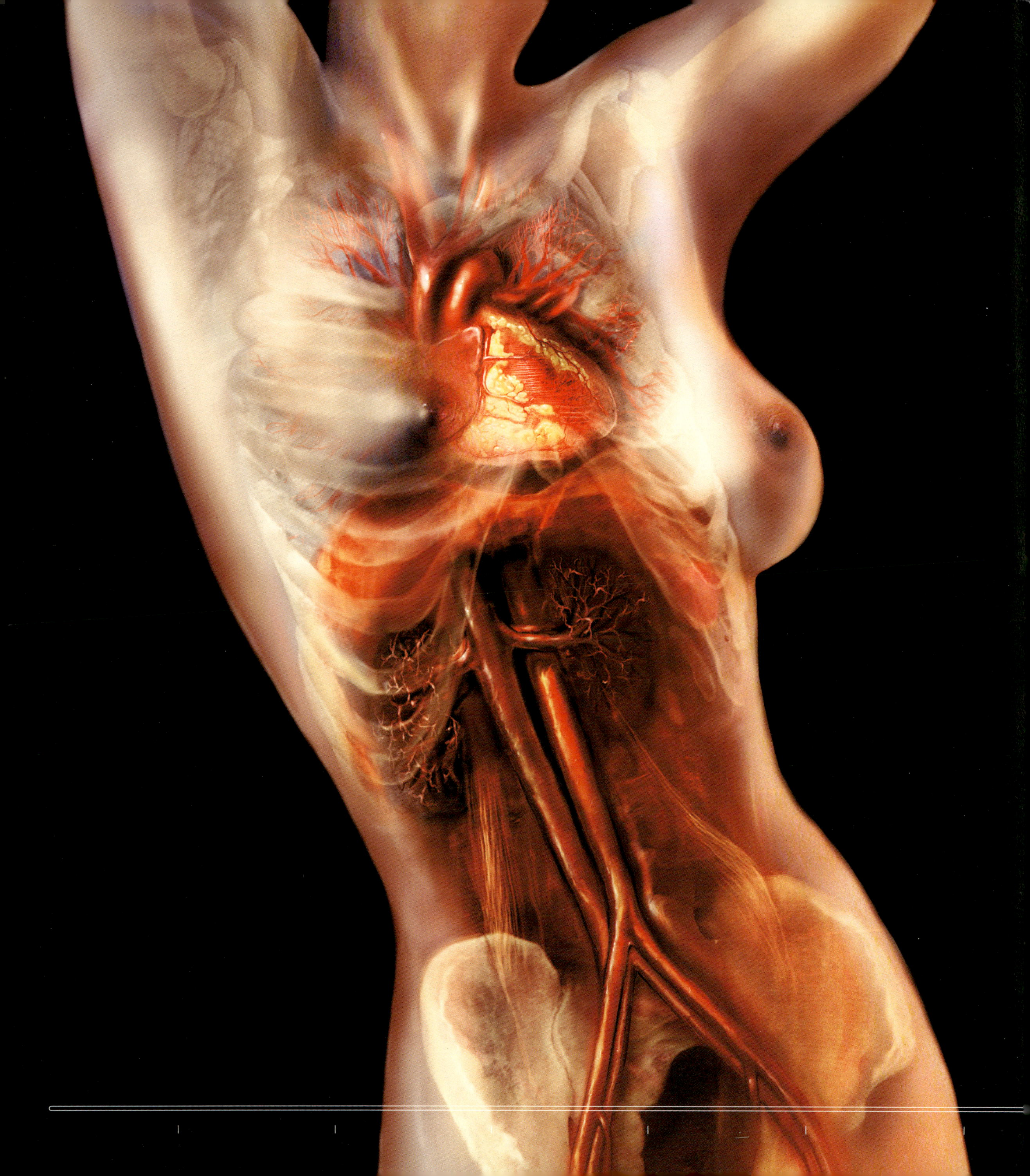

»ALLES IST, WIE ES IST, WEIL ES SO GEWORDEN IST.«

D'ARCY THOMPSON

Revolution der Ingenieure

In einer Sturmnacht im Jahre 1879 zerstörte eine heftige Nordsee-Orkanböe den Mittelteil der damals längsten Brücke der Welt – der Eisenbahnbrücke über den Tay bei Dundee in Schottland. Sie bestand auf mehr als drei Kilometern Länge nur aus Stahlträgern und Stahlgittern, welche auf schmalen, schlanken gusseisernen Pfeilern ruhten und mit schmiedeeisernen Streben und Ankern verbunden waren. Die industrielle Revolution hatte solche mächtigen Strukturen durch die Nutzung der Dampfkraft ermöglicht. So konnten vielseitig verwendbare neue Baumaterialien in Form gegossen und massenhaft hergestellt werden. Die großartige Ingenieurkunst des britischen Eisenbahnsystems war unübertroffen. Als nun jedoch der Mittelteil der Brücke dem Winddruck nicht standhielt, stürzte ein Zug, der gerade über die Brücke fuhr, mehr als 30 Meter in die Tiefe, ins eiskalte Wasser des Fjordes. 75 Passagiere und die Besatzung des Zuges starben. Für das britische Ingenieurwesen wie für die breite Öffentlichkeit war das Ganze ein Schock.

Das Unglück hatte radikale Folgen für die gesamte Architektur und das Industriedesign der Zeit. Ein Jahr später wurde direkt neben der alten eine neuartige, äußerst widerstandsfähige Brücke aus Stein und Stahl gebaut. Brücken werden, nicht anders als Maschinen oder Gebäude, gebaut, um bestimmte Aufgaben zu erfüllen. Gegen Ende des 19. Jahrhunderts stellte das Maschinenzeitalter mit seinen Stahlrahmen, mit Stahlbeton, elektrischen Aufzügen und Vorhangfassaden sowie der Möglichkeit von bislang beispiellosen Katastrophen eine echte Herausforderung für die Architekten dar: Sie mussten aus neuen Baumaterialien auf neuartige Weise und zu neuen Zwecken funktionierende Strukturen entwickeln. Große Sicherheitsreserven beim Bau wurden zur Norm – wenn schon nicht immer um der Sicherheit willen, so doch wenigstens, um sich gegen Haftungsansprüche abzusichern.

Der Einsturz der Brücke über den Tay und die Ersetzung ihres Bautyps der Balkenträgerbrücke durch die mächtige Firth-of-Forth-Brücke mit ihren gigantischen Auslegern führten, wie sich zeigen sollte, auch zu Neuerungen im Studium der *lebenden* Formen. In den Jahrzehnten nach Charles Darwins brillanter Erkenntnis, dass sich Lebewesen durch evolutionäre Anpassung verändern, konzentrierten sich nur wenige spätviktorianische Biologen nicht auf die Frage nach Vorfahren und Vorläuferformen: Zoologen, die sich mit der Anatomie befassten, sahen in den Körperstrukturen vor allem Archive der Entwicklung aus früheren Formen, etwa der Gliedmaßen von Säugetieren aus Fischflossen. Doch D'Arcy Thompson, ein umfassend gebildeter Schotte, der bald darauf in Dundee Collegeprofessor für Biologie wurde, wählte einen anderen Denkansatz. Der Wikinger-Nachkomme D'Arcy war mit einer Körpergröße von über 1,80 Meter nicht nur eine imposante Erscheinung. Er war auch ein virtuoser Gesprächspartner, ein hervorragender Naturwissenschaftler, ein bedeutender Altphilologe und ein Mathematiker von Weltrang. Als er in den Salzmarschen, aus denen sich das neueste Ingenieur-Wunderwerk der Zeit, die Firth-of-Forth-Brücke erhob, nach

Muscheln und Knochen suchte, hatte er eine radikal neue Idee. Über sechs Jahrzehnte lang führte er seine Theorie in Büchern und Artikeln brillant aus: Lebendige Formen erhalten ihre Gestalt nicht nur durch die endlose evolutionäre Anpassung, sondern auch durch das Zusammenwirken physikalischer Kräfte – Spannung, Druck und Schwerkraft. D'Arcy vertrat den Standpunkt, das Geheimnis des Lebens sei nicht im evolutionären Erbe begründet, sondern in den Gesetzen der Mechanik: in Mathematik und Physik.

Ein Vorbild fürs Leben

Nehmen wir etwa das Problem einer Überbrückung von zwei Punkten – sei es auf der Oberfläche einer Hautzelle, sei es zwischen Knöchel und Knie oder über den Mississippi hinweg. Anders als Brücken, die nur zur Nutzung durch Menschen oder Kutschen gedacht sind, müssen Eisenbahnbrücken fest und stabil genug sein, um das Gewicht von Lokomotiven und ganzen Eisenbahnzügen tragen zu können. Dafür sind Hängebrücken zu instabil. Die Lösung? Eine Auslegerbrücke. So besteht zum Beispiel die Brücke über den Firth of Forth bei Edinburgh aus Paaren ausbalancierter Kragarme (Balken). Diese gehen jeweils von großen Türmen in der Mitte der Brücke aus, als wären sie Balancierstangen eines Seiltänzers, und sind ihrerseits in der Mitte der zu überbrückenden Abschnitte durch relativ kurze Einhängeträger zusammengefügt. Verbunden und verstärkt werden die Balkenträger der Kragarme durch über Kreuz angeordnete Stahlröhren, von denen manche einen Durchmesser von bis zu 3,60 Metern haben. Im Innern versteift, gehen sie diagonal von den Spitzen und Fundamenten der Türme aus.

Die Brücke ist so gebaut, dass sie beladene Züge auch dann noch tragen kann, wenn diese rund 260 Meter vom nächsten Brückenpfeiler entfernt sind. Sie ist eine der stärksten (und teuersten), die je gebaut wurden. Ihr Profil ähnelt drei hintereinander aufgereihten Stegosaurus-Skeletten: schwerfällig, bucklig, mit gedrungenen Beinen.

D'Arcy untersuchte die Stahlkonstruktionen von Schottlands massiven Brücken aus Stahl und Stein. Der Naturwissenschaftler in ihm war begeistert, als er diese mechanischen Strukturen auch im Reich der Biologie widergespiegelt sah – also im gesamten Leben. »Bei einer Hängebrücke«, schrieb er 1917 in seinem Meisterwerk *On Growth and Form* (dt. *Über Wachstum und Form*), »ist ein großer Teil der Struktur nur Zugbelastungen ausgesetzt, sie besteht darum im Wesentlichen aus Seilen und Drähten; doch die massiven Pfeiler an beiden Seiten der Brücke tragen das Gewicht der gesamten Konstruktion mitsamt ihrer Last, und sie fangen die gesamte ›Stauchung‹ ab, die Verformung unter Druck, die Teil des Systems ist. Ganz ähnlich ist es bei dem wunderbaren Arrangement tragender Teile und Verbindungen, die das Skelett eines Tieres bilden.«

Ein lebendes Skelett ist ein Wunderwerk mechanischer Effizienz. Es hat so gut wie nichts mit den hässlichen, unbeweglich gemachten Museumsstücken gemein, die Wissenschaftler aus Draht und Klammern basteln, um zu verhindern, dass sie in sich zusammenfallen. Dazu wiederum D'Arcys Beobachtung: »Bänder und Membranen, Muskeln und Sehnen verlaufen zwischen den Knochen; und die Schönheit und Stärke der mechanischen Konstruktion liegt nicht isoliert in dem einen oder anderen Teil, sondern in der harmonischen Verkettung aller Teile, weicher wie harter, steifer wie flexibler, solcher, die Spannung, und solcher, die Druck aushalten müssen.«

D'Arcy baute seine Theorie vom Einzelnen zum Allgemeinen hinführend auf. Er begann mit dem Material verfestigter Zellen, aus dem das Skelett besteht – der Knochensubstanz. Aus Sicht des Ingenieurs, schrieb er, »mag der Knochen schwach erscheinen, aber er hat den großen Vorteil, dass er beinahe gleich gut als Verbindung wie als Stütze dienen kann und dass er beinahe gleich stark ist, wenn es um Bruch- oder Reißfestigkeit oder um Druckresistenz geht«. D'Arcy zeigte, dass sich lebendiges Knochengewebe, das wir normalerweise niemals zu Gesicht bekommen möchten, aus Ingenieurssicht unter dem Mikroskop als ein ebenso großes Wunderwerk erweist wie das Skelett selbst. Knochengewebe ist eine komplexe Mikrostruktur aus hohlen Faserbündeln: kleinen Röhren. An ihrer verdichteten Oberfläche sind diese Röhren kompakt, das Innere indes ist schwammig. Ein unregelmäßiges Maschenwerk aus dünnen Knochenbälkchen ermöglicht kleine Hohlräume für die Bildung neuer Zellen und für die Einlagerung von Mineralien; zugleich wird die Röhre aber gegen Zerquetschung, Zerbrechen und Zerreißen geschützt. Als Baumaterial ist ein Knochen stärker und zugleich leichter als Stahl. D'Arcy fand heraus, dass der Grund dafür das präzise, effiziente Gitterwerk der stabilisierenden Röhren ist, die in genau passenden Winkeln und Längen so angeordnet sind, dass sich eine optimale Stärke und Stabilität ergibt.

Mit unverhohlener Freude schrieb er in *On Growth and Form* über »den großen Ingenieur Professor Culmann aus Zürich«, der sich 1866 mit dem Problem herumschlug, einen neuen, starken Kran zu entwerfen. Karl Culmann besuchte den Sezierraum eines medizinischen Kollegen, wo der Anatom »den Längsschnitt eines Knochens betrachtete«:

> Der Ingenieur [...] sah sofort, dass die Anordnung der Knochenbälkchen nicht mehr und nicht weniger als ein Diagramm der Belastungslinien war, also der Richtungen von Spannungs- und Druckeinwirkung in der Belastungsstruktur, kurz gesagt, dass die Natur den Knochen genau so und in genau der Richtung verstärkte, wie es erforderlich war. Spontan soll Culmann ausgerufen haben: »Das ist mein Kran!«

D'Arcys Inspiration

D'Arcy kartierte das Geflecht der Belastungslinien in einem menschlichen Oberschenkelknochen, um Culmanns Erkenntnis zu illustrieren. Der Oberschenkelknochen, der an seinem oberen Ende dem Knauf eines Spazierstocks ähnelt, ist der längste und stärkste Knochen im menschlichen Körper. Im Stehen trägt er den größten Teil des Körpergewichts. Daher überrascht es nicht, dass sein knorriges oberes Ende mit dem asymmetrischen Oberschenkelhals sowie die sich verjüngende Längsform den Druck effizient so verteilen, dass sich der Knochen nicht verzieht. D'Arcys Belastungslinien fielen genau mit dem natürlichen Gitterwerk zusammen, das von den Knochenbälkchen gebildet wird. Bei einem ähnlichen Experiment untersuchte er die Knochenstruktur eines Geierflügels und entdeckte »einen perfekten Warren-Träger, wie man ihn oft als Hauptrippe beim Flugzeugbau verwendet«.

Letztlich war es aber der Gesamtentwurf der Firth-of-Forth-Brücke, der D'Arcy dazu inspirierte, die Prinzipien der Ingenieurkunst des Maschinenzeitalters auf den Bereich der lebenden Formen zu übertragen, auf Morphologie und Biomechanik. Das sollte die Krönung seines Lebenswerkes werden. »Es liegt auf der Hand, dass jeder Knochen im Verhältnis zum gesamten Körper eine bestimmte Rolle spielt, eine Rolle, die der eines Knochenbälkchens oder einer kleinen Gruppe von Knochenbälkchen im Knochen selbst entspricht«, schrieb er. Anders gesagt, bei der Entwicklung eines Skeletts, welches das gesamte Gewicht eines Tieres trägt, arrangierte die Natur Röhrenknochen und Sehnen, die Riemen ähneln, zu einem optimalen Gerüst. Man stelle sich einen Vierfüßler vor, sagte D'Arcy, etwa »ein stehendes Pferd. Dessen Knochen dienen hauptsächlich als Streben, während Muskeln und Bänder als Verbindungen fungieren – als Kreuz- und Querverstrebungen. Wenn das Pferd fest auf seinen Vorder- und Hinterbeinen steht, wobei das Gewicht des eigenen Körpers und vielleicht auch noch das eines Reiters dazwischen hängt, so erinnert es an eine Brücke, die von ihren beiden Pfeilern getragen wird.«

Doch welcher Brückentyp ist gemeint? Das geschwungene Rückgrat des Pferdes scheint ein einfacher Bogen zu sein, aber als einfacher Brückenbogen kann es nur fungieren, wenn es an beiden Enden stabil gehalten wird. Zu diesem Zweck indes sind Pferdebeine nicht stabil genug, sie geben zu leicht nach. Auch können wir beim Pferd nicht wie bei manchen Brücken auf der Unterseite des Bogens zusätzliches Gitterwerk erkennen, das die Enden miteinander verbindet. Es gibt auch keine gerade Querverbindung, die den Bogen wie die Sehne eines Flitzebogens zusammenhält. Was nun? »Die Struktur«, schrieb D'Arcy triumphierend, »lässt sich ganz genau und wunderschön mit dem Hauptträger einer doppelarmigen Auslegerbrücke vergleichen.«

In den großen, rußgeschwärzten Wunderwerken, die vor dem Ersten Weltkrieg in England – der Geburtsstätte der modernen Welt – errichtet wurden, hatte D'Arcy eine neue Sicht auf das Leben entdeckt. Lebende Formen, so sein Credo, sind untrennbar mit ihren Funktionen verbunden: Sie sind, wie Brücken, »Diagramme« der Kräfte, die sie zusammenhalten. Mit Darwin stimmte D'Arcy darin überein, dass vieles auf Anpassung zurückzuführen sei. Doch er bestand darauf, dass mehr noch als durch das biologische Erbe letztlich durch Architektur, also durch mathematisch berechenbare Kräfte, erklärt werden könne, wie sich die belebte Natur entwickelt habe.

Zu seinen Lebzeiten – D'Arcy starb 1948 – taten ihn die meisten Biologen als einen Amateur ab, wenn auch als einen eminent gelehrten und gebildeten, ja sogar brillanten. Wer sich ganz auf die Welt der Rechenschieber, Skalpelle, Mikroskope und Röntgenstrahlen beschränkte, konnte D'Arcys Werk natürlich nicht einmal ansatzweise kritisch beurteilen, geschweige denn es fortführen. »Die Mathematik, die D'Arcy Thompson zu Gebote stand, taugte nicht dazu, das zu beweisen, was er beweisen wollte«, schrieb der Wissenschaftsjournalist James Gleick in *Chaos* [dt. 1988]. Allerdings gelang dies der Revolution in der Biologie ebenfalls nicht, einer Revolution, die »vollkommen an [D'Arcy] vorbeilief«. Und so wurde im größten Teil des 20. Jahrhunderts *On Growth and Form* eher von denen gelesen, die am Entwurf neuer physikalischer Strukturen interessiert waren, nämlich von Architekten und Ingenieuren, und nicht so sehr von denen, die sich für das Innenleben von uns Menschen interessieren.

»Form follows function«

Bis vor rund 75 Jahren standen den Menschen, die sich am meisten um Letzteres kümmerten, d. h. den Medizinern (samt einigen Medizinerinnen) bei ihrer Arbeit nur sehr primitive Mittel und begrenzte Kenntnisse zur Verfügung. Ein Jahr nach der Veröffentlichung von *On Growth and Form* in Großbritannien raffte 1918 die »Spanische Grippe«, eine der drei tödlichsten Pandemien der Menschheitsgeschichte, weltweit 22 Millionen Menschen dahin – das waren mehr als doppelt so viele Opfer, wie der Erste Weltkrieg gefordert hatte. Dabei waren nicht nur die Grippeviren selbst die Todesursache. Da weder Antibiotika noch andere Behandlungsmöglichkeiten zur Verfügung standen, wurden die Lungen der Opfer massiv von

Bakterien befallen, was zu schweren Lungenentzündungen führte. Viele Menschen starben innerhalb von 48 Stunden nach ihrem ersten Hustenanfall. Das größere Problem wurde jedoch in der naturwissenschaftlich ausgerichteten Medizin selbst gesehen. Zwar war seit mehr als einer Generation die Theorie akzeptiert, dass Krankheiten auf Keime zurückzuführen seien, aber die tatsächlichen Mechanismen des Immunsystems waren noch unbekannt. Die Medizin hatte weiterhin nur Linderungsmittel zu bieten, während das Maschinenzeitalter auf seinem Höhepunkt war. Wolkenkratzer und Flugzeuge läuteten eine Ära ein, die auf mechanischen Strukturen beruhte, welche wesentlich komplexer und waghalsiger – und damit auch lebensnäher – waren als die Stahlbrücken des vorangegangenen Jahrhunderts. »Die Wissenschaft«, hieß es in einem Leitartikel der *New York Times*, »hat uns letztlich nicht schützen können.«

Ärzte und andere Naturwissenschaftler nahmen sich dieses Problems an, indem sie tiefer in die Welt der Zellen, der Strukturbausteine fast aller Lebewesen vordrangen. Zellen erfüllen verschiedene Aufgaben und sind, wie Gebäude und Maschinen, ihren Aufgaben entsprechend konstruiert. Ein amerikanischer Architekt, Louis Sullivan, der »Vater des Wolkenkratzers«, war es, der als Erster den berühmten Ausspruch tat: *»Form follows function«.* (Die Form ergibt sich aus der Funktion.) Diese Worte finden sich in einem berühmten Manifest aus dem Jahre 1896, in dem Sullivan für Hochhäuser die Verbindung von Nützlichkeit und Schönheit proklamierte. Was er meinte, war, dass der Entwurf eines Gebäudes dessen Zweck getreulich widerspiegeln müsse. Als sich Wissenschaftler nunmehr daran machten, das Rätsel der Grippedynamik zu entschlüsseln – was die Spanische Grippe verursacht hatte, wie sie sich so schnell ausbreiten konnte und warum sie so viele Opfer gefordert hatte –, wandten sie Sullivans Grundprinzip auch auf die Zellforschung an.

Die roten Blutkörperchen etwa nehmen in den Lungen Sauerstoffmoleküle auf und tauschen diese mit Gewebezellen aus, die keinen Sauerstoff mehr haben. Dafür erhalten sie von den Gewebezellen Stoffwechselrückstände zum Abtransport: Mineralabfälle und Gase. Sie sind also mikroskopisch kleine Transportvehikel, deren Hauptaufgabe die Aufnahme und Abgabe kleiner Moleküle ist. Dagegen haben Muskelzellen vor allem die Aufgabe, sich zusammenzuziehen. Sie sind zu kleinen, seilähnlichen Kabeln mit armähnlichen Querverbindungen gebündelt, die sich beugen, dann loslassen, sich strecken und den Vorgang anschließend wiederholen. So können Milliarden Muskelzellen, wenn sie gemeinsam in Aktion treten, einen Finger oder einen ganzen Arm heben. Als »Arbeitssklaven«, die nur kurze Zeit aktiv sind, benötigen gesunde rote Blutkörperchen keine Zellkerne. Dagegen können stark koordinierte Muskelzellen, von denen manche bis zu 30 Zentimeter lang sind, sogar mehrere Zellkerne haben.

Aufbruch ins Zellinnere

Im Jahre 1926 baute ein schwedischer Chemiker namens Theodor Svedberg die erste Ultrazentrifuge – eine Maschine, die bei hoher Umdrehungsgeschwindigkeit Materie mit bis zu millionenfacher Schwerkraft nach außen schleudert. Die Ultrazentrifuge gab Zellbiologen erstmals die Möglichkeit, nicht nur einzelne Zellen voneinander zu trennen, sondern – allein aufgrund von Gestalt und Größe – sogar Zellteile vom Zellganzen abzusondern. Für diese Arbeit wurde Svedberg mit dem Nobelpreis ausgezeichnet. Was er tatsächlich entwickelt hatte, war eine Möglichkeit, die strukturellen Komponenten im Zellinnern zu untersuchen. Das sind die so genannten Organellen, die zu den Zellen im selben Verhältnis stehen wie das Gewebe zu den Organen und die Organe zum ganzen Körper. Wenn diese winzigen Formen, genau wie Knochen und Skelette, gleichfalls Diagramme des Zusammenspiels und der Kräfte waren, die ihre Arbeit definierten, und wenn durch ihren Aufbau bestimmt wurde, was sie taten und wie sie es taten, dann konnte die Ingenieurkunst vielleicht doch als Schlüssel zum Leben gelten.

Mitochondrien, die so genannten Zell-»Kraftwerke«, enthalten die wichtigste molekulare Maschinerie zur Spaltung von Zuckermolekülen und zu deren Verwandlung in Energieströme. Die Mechanismen der Mitochondrien sind die Triebkraft aller Lebensaktivitäten. Von der Existenz der Mitochondrien wussten die Biologen schon lange, doch mit der detaillierten Untersuchung konnten sie erst Mitte der dreißiger Jahre des 20. Jahrhunderts beginnen. Erst dann gelang es ihnen, mit Hilfe von Svedbergs Maschinen Mitochondrien von den anderen Organellen zu isolieren, die sich im von Membranen umschlossenen Zellinnern befinden. Im Jahre 1931 wurden Elektronenmikroskope enwickelt, die Präparate in einer Größenordnung von hundertmillionstel Millimetern sichtbar machen. Mit deren Hilfe konnten die Forscher erkennen, dass diese unendlich kleinen Reaktoren im Allgemeinen kugelförmig sind, wobei eine äußere Membran eine innere umhüllt, die wie ein Gerüst gefaltet ist. Dieses schwammige Gitterwerk ist die perfekte Umgebung für eine molekulare Recyclingfabrik – darauf läuft die Funktion dieser Organellen letztlich hinaus. Zugleich stützt es die kuppelähnliche Struktur, von der es umgeben ist, ähnlich wie die Knochenbälkchen in den Röhrenknochen. Die Zellen mit der größten Stoffwechselaktivität, zum Beispiel Herzmuskelzellen, verfügen, was kaum überraschend ist, über die am höchsten entwickelten Mitochondrien.

Die Suche nach Strukturdiagrammen für die elementarsten Lebensformen führte zu enormen Umbrüchen in Biologie und Architektur. Beide Bereiche konvergierten um die Jahrhundertmitte in derselben Leitidee: »Die Funktion ist eine Strukturvorgabe« (function presupposes structure), wie D'Arcy diese These formulierte; die Gestalt einer Sache wird von ihrer Aufgabe bestimmt. Als Schüler von Louis Sullivan begann sich der Architekt Frank Lloyd Wright für eine »organische Architektur« einzusetzen, wie er sie nannte. Damit meinte er Gebäude, in denen alle Teile aufeinander sowie auf die Umgebung bezogen waren. Wright, der es leid war, nur »der Bleistift in Sullivans Hand« zu sein, wirkte bei der Neuformulierung einer modernen Architektur für das Maschinenzeitalter mit. Er hatte dabei in etwa die gleiche Rolle wie der Ingenieur Alexandre Gustave Eiffel im Gefolge der industriellen Revolution. Eiffel hatte ikonische Bauten geschaffen, deren Strukturen aus lebenden Formen abgeleitet waren. Der 32-jährige Buckminster Fuller, ein bankrotter, diskreditierter Architekt und Erfinder, dessen erstes Kind gestorben war und der selbst kurz vor dem Selbstmord stand, beschloss 1927, sein weiteres Leben dem Studium von »Comprehensive Anticipatory Design Science« (Ganzheitlicher zukunftsorientierter Designwissenschaft) zu widmen. In der Nachfolge von D'Arcy Thompson glaubte Fuller, dass in der ganzen Natur eine universale »Geometrie der Energie« obwalte. Er verstand darunter regelmäßige Strukturmuster, welche die vom Menschen geschaffenen Strukturen – wie Rahmen, Träger und Gebäude – mit dem Verhalten von Molekülen und Atomen verbinden. Fullers berühmteste Schöpfung, die geodätische Kuppel, ist der zugleich leichteste, stärkste und kosteneffizienteste Schutzraum, der je entworfen wurde. Wie Fuller stolz erklärte, ist diese Form von Zellen und Organellen abgeleitet.

Dem Geheimnis des Lebens auf der Spur

Erst nach dem Zweiten Weltkrieg kam D'Arcys strukturorientierter Standpunkt in der Wissenschaft vom menschlichen Körper stärker zum Tragen. Die erste Hälfte des 20. Jahrhunderts hatte wissenschaftlich vor allem den Physikern, Mathematikern und Kosmologen gehört, die die Geheimnisse der Atome aufdeckten. Nun revolutionierte die Quantenphysik auch das Studium des Lebens, indem sie den Wissenschaftlern leistungsfähige neue Geräte bereitstellte. Mit deren Hilfe konnten lebende Formen auf allen Ebenen analysiert werden – Moleküle, Zellen, Gewebe, Organe, Systeme und Organismen.

1948, in D'Arcys Todesjahr, hatte der amerikanische Chemiker Linus Pauling eine bahnbrechende Idee: Er war darauf gekommen, dass man mit Hilfe einer bestimmten Struktur, einer Spirale oder Helix, erklären könne, wie einige lange Atomketten sich bei der Proteinbildung zusammenfalten. Proteine, die funktionalen Moleküle in Körperzellen, sind komplexe, gedrehte, zusammengerollte, *aktive* Moleküle – sie sind die industrielle Maschinerie der molekularen Welt. Dabei wird die Entfernung zwischen ihren Komponenten nur in millionstel Millimetern gemessen, und für ihre Aktionen benötigen sie nur Millisekunden. Die Wissenschaftler in Paulings Labor waren lediglich mit Bleistift und Rechenschieber ausgerüstet, um Kräfte und Dynamik der chemischen Interaktionen dieser Moleküle zu berechnen sowie um maßstabsgerechte kleine Modelle zu erstellen. Sie demonstrierten, wie sich Moleküle unter Verwendung einiger weniger, immer gleicher Strukturkomponenten falten und neu falten, wie sie Spiralen, Korkenzieher, Ketten und Verzweigungen, Fäden und »Faltblätter« bilden.

Nach der Veröffentlichung seiner Ergebnisse im Jahre 1951 wandte sich Pauling der Strukturanalyse eines anderen biologisch aktiven Molekültyps zu – der Nukleinsäuren. Während des Zweiten Weltkriegs hatte der im Exil lebende deutsche theoretische Physiker Erwin Schrödinger die These geäußert, die genetischen Informationen – die Blaupause des Lebens – müssten auf der Ebene der Atome gespeichert sein. Ein Jahr später fand der amerikanische Bakteriologe Oswald Avery heraus, dass DNA aus krank machenden, abgetöteten Bakterien harmlose in krank machende Bakterien »transformieren« konnte. Pauling näherte sich bereits der Entschlüsselung der DNA-Molekularstruktur, als er 1953 sensationell von zwei unbekannten Wissenschaftlern aus England überholt wurde: von Francis Crick und James Watson samt ihren Mitarbeitern. Mit methodischen Anleihen in der Physik hatten Forscher inzwischen gelernt, die Strukturen einfacher Moleküle dadurch zu »lösen«, dass sie diese mit Röntgenstrahlen »bombardierten« und dann die Beugung der Strahlen maßen. Auf der Grundlage solcher visueller Daten konnten Watson und Crick aus Röhren und Pappstreifen ein DNA-Modell bauen, das wie eine sanft geschwungene spiralförmige Leiter aussah. Das »Geheimnis des Lebens«, wie es Watson triumphierend nannte, erwies sich als eine rechtsdrehende Wendeltreppe. Diese Architekturform hatte vermutlich erstmals in mittelalterlichen Burgen Verwendung gefunden. Dort verliefen Wendeltreppen in Türmen korkenziehergleich gegen den Uhrzeigersinn hinauf, damit Rechtshänder im Vorteil waren, wenn es galt, Eindringlinge mit dem Schwert zu töten.

»Vorarbeiter« der Natur

Schrödingers Thesen faszinierten auch den visionären Mathematiker Alan Turing. Turing ist vor allem bekannt als jener junge Codeknacker, der den Briten half, die Codes der deutschen U-Boote zu entschlüsseln. Doch er war auch der Vater des digitalen Computers und überdies Pionier eines neuen Ansatzes für die Erkundung der tiefsten Strukturen des Lebens. Als junger Universitätsdozent in Cambridge erfand Turing vor dem Krieg die erste »Denkmaschine« der Welt. Mit ihrer Hilfe versuchte er, die logischen Prozesse des menschlichen Gehirns nachzubilden. Sie war aber auch Hilfsmittel bei der Beantwortung einer grundlegenden Frage: Wie *weiß* etwas eigentlich, wie es wachsen soll? Turing erkannte, dass Zellen sich bei der Teilung ausdifferenzieren und zu komplexen Strukturen – Geweben – organisieren. Diese wiederum koordinieren sich bei der Organbildung mit anderen Strukturen, sodass am Ende ganze biologische Systeme entstehen. Das Leben ist ein endloser Prozess, bei dem sich Dinge morphologisch in etwas anderes entwickeln. Doch jeder Wandel erfordert auch eine Kraft und eine Richtung. Für Turing liefen Schrödingers Spekulationen über die Gene auf eine chemische, eine strukturelle Frage hinaus: Wie werden die Informationen in den Genen in Aktivitäten übersetzt? Welche mathematischen Prinzipien liegen der Chemie des Lebens zugrunde?

1952 schlug er eine erste Antwort auf diese Frage vor. Unter Zuhilfenahme eines frühen, primitiven Computers analysierte Turing die Fellmuster von Säugetieren. Dabei entdeckte er eine Reihe zugrunde liegender linearer Gleichungen. Durch Untersuchung der den Molekularreaktionen innewohnenden Kräfte konnte er in diesem Fall überzeugend belegen, dass das Leben tatsächlich Mathematik ist, so wie D'Arcy einst durch genaues Studium der Belastungslinien die Dynamik von Tierskeletten herausgefunden hatte. Turing stellte die These auf, dass es »Morphogenese« geben müsse. Bei diesem Prozess signalisieren bestimmte Gene anderen, wohin sie gehen sollen, damit ein Organismus von innen heraus aufgebaut werden kann. Die Morphogenese bestimme auf allen Ebenen Größe und Gestalt von Strukturen. Turing postulierte die Existenz von Morphogenen. Darunter verstand er Gene, die die Blaupausen für den Aufbau lebender Strukturen in sich tragen und übermitteln. Anders gesagt, er postulierte die Existenz von Vorarbeitern in der Natur.

Neue Einblicke in den menschlichen Körper

Nach Turings Tod dümpelte die Morphogen-Forschung vor sich hin, obwohl neu entwickelte Ansätze zur *Visualisierung* der Vorgänge im Inneren von Lebewesen sehr erfolgreich waren. D'Arcy hatte in Skeletten Brückenkonstruktionen gesehen. Doch damals konnte noch niemand in die tiefsten Strukturen eines lebenden Gehirns, einer Herzklappe, eines zehn Tage alten menschlichen Embryos oder eines Hämoglobinmoleküls hineinsehen. In den fünfziger Jahren begann sich das jedoch zu ändern. Kernphysiker wussten schon seit den dreißiger Jahren, dass der Spin von Atomteilchen in einer charakteristischen Frequenz Schwankungen aufweist, so als würden Milliarden unendlich kleiner Kreisel einträchtig allesamt in dieselbe Richtung kippen.

Im Jahre 1952 ging der Nobelpreis für Physik an zwei Amerikaner, Felix Bloch und Edward Purcell. Sie wurden ausgezeichnet für ihre Entdeckung der »nuklearmagnetischen Resonanz«. Bloch und Purcell hatten unabhängig voneinander herausgefunden, dass starke Magnetfelder Atomteilchen zu plötzlichen Frequenzänderungen zwingen können und dass man durch genaue Untersuchung dieses Prozesses die physikalische Struktur einer Materie erforschen kann. Diese Entdeckung bildete die Grundlage für ein Bildgebungsverfahren, das als Magnetic Resonance Imaging (MRI = Kernspinresonanztomographie) bezeichnet wird. Mit seiner Hilfe können Forscher das Innere weicher Gewebe erkunden, einschließlich des Gehirns.

Architektur der Moleküle

Nach zwölf Jahen penibler Vorarbeit gelang es 1959 zwei englischen Biochemie-Pionieren, die erste dreidimensionale Struktur eines Proteinmoleküls zu entschlüsseln. Unter optimalen Bedingungen kristallisieren Proteine und gefrieren praktisch zu einer kontinuierlichen Matrix. Durch die Bestrahlung von kristallisiertem Wal-Hämoglobin mit Röntgenstrahlen und durch die Untersuchung, wie die Strahlen dabei abgeleitet wurden, fanden Max Perutz und John Kendrew heraus, dass das Molekül aus vier separaten Atomketten bestand, die jeweils an der Oberfläche eine Eisenverbindung aufwiesen. Ein plausibles Ergebnis, denn eine vierteilige Architektur ist in der Natur nichts Besonderes – sie zeigt sich zum Beispiel in den Kelchblättern, Blütenblättern und Staubgefäßen der Schlüsselblume. Eisenverbindungen an exponierter Stelle sind bestens geeignet, Sauerstoffmoleküle aufzunehmen, zu transportieren und wieder abzugeben. Gemeinsam erhielten Perutz und Kendrew 1962 den Nobelpreis für Chemie.

Nun wurde der Bau der Moleküle – nicht zu verwechseln mit ihrer chemischen Zusammensetzung – zur zentralen und produktivsten Fragestellung in der modernen Chemie. Der Begriff »strukturelle Biologie« bezog sich fortan fast ausschließlich auf das Verhalten von Großmolekülen in Zellen. Ende der siebziger Jahre dominierte dann die strukturell orientierte Revolution der Chemie auch in der Biologie, speziell in der Medizin: Zunehmend sahen die Ärzte Krankheit als einen mechanischen Prozess an. Pharmakologen untersuchten die strukturelle Interaktion von Molekülen im Hinblick darauf, wie sie noch bessere Medikamente herstellen könnten.

In der Zwischenzeit wurden in der Nuklearmedizin mit Hilfe der Nachfahren von Turings Denkmaschine, der Computertomographie (CT) und anderer Scan-Techniken, dramatische Fortschritte erzielt. Die Computertomographie wurde vom englischen Radiologen Godfrey Hounsfield erfunden. Sie untersucht den Körper mit Hilfe von Röntgenstrahlen gleichzeitig aus verschiedenen Winkeln und misst die Stärke der Strahlen, nachdem diese durch den Körper hindurchgegangen sind. Strahlen, die dichtes Gewebe, zum Beispiel einen Knochen oder einen festen Tumor, durchdrungen haben, sind am Ende schwächer als etwa solche, die durch Lungengewebe hindurchgegangen sind. Als Ergebnis lassen sich nun multiple Querschnitte durch den ganzen Körper erstellen.

Mit MRI, Computern und CT-Scans sowie mit anderen neuen Geräten und Hilfsmitteln wie Ultraschall waren die Ärzte gegen Ende des Jahrtausends ebenfalls in der Lage, das zu tun, was Chemikern und Biologen auf molekularer Ebene schon seit Jahrzehnten möglich war: dreidimensionale Bilder von verborgenen Strukturen zu erzeugen. Überdies führten explosionsartige Fortschritte in der Genforschung (am Genom) und in der Entwicklungsbiologie (die untersucht, wie lebendige Formen Gestalt gewinnen) dazu, dass sich nun auch das letzte Geheimnis hinter den Formen zu enthüllen begann: das Geheimnis des Wachstums. »Wie weiß etwas eigentlich, wie es wachsen soll?«, hatte Turing gefragt. Die Antwort lautet: durch Absonderung von »Signalmolekülen«, die bei der Herausbildung aktiver Formen andere Moleküle mit chemischen Mitteln in Position bringen. Also doch, wie Turing schon 1952 vorhergesagt hatte, durch Morphogene.

Programm für die Chemie des Lebens

Neuerdings hat sich die moderne Naturwissenschaft wieder mit der Behauptung D'Arcys beschäftigt, die Chemie des Lebens basiere auf mathematischer Theorie. Mathematik und Physik könnten also die von

Lebewesen angenommenen Formen erklären, ebenso wie den Prozess, *wie* die betreffenden Lebewesen zu diesen Formen gelangen. Die Mittel, um zu beweisen, was D'Arcy beweisen wollte, stehen längst zur Verfügung; ihr Erforschungspotenzial scheint inzwischen sogar grenzenlos zu sein. Kürzlich entwickelte ein NASA-Wissenschaftler, der nach Beweisen für Leben auf dem Mars sucht, ein intelligentes Softwaresystem. David Noevers Programm durchkämmt auf der Suche nach mikroskopischen Fossilien Milliarden Bilder – Querschnittsaufnahmen von Meteoriten, die im antarktischen Eis geborgen wurden. Das Programm sucht nach charakteristischen Formen oder Mustern, die sich nur dann zeigen, wenn Zellen mit im Spiel sind. Das Programm sucht also nach den Formen des Lebens.

Um den Pionier zu ehren, der diese Fragestellung inspirierte – und mit einer Verbeugung auch vor Turing – nannte Noever sein riesiges neurales Netzwerk »Die D'Arcy-Maschine«.

»DER MENSCH IST DAS MASS ALLER DINGE.«

PROTAGORAS (490–420 V.CHR.)

Ein Klassiker seit der Antike

Den Wunsch, unseren inneren Kosmos zu erkunden, gab es schon in der Antike. Aristoteles, der vierhundert Pflanzen- und Tierarten sezierte, allerdings nie einen Menschen, vertrat die Meinung, jedes Organ habe seine eigene Funktion, die sich aus seiner Struktur ableiten lasse. Einige seiner Schlussfolgerungen waren abwegig – so glaubte er zum Beispiel, das Herz sei der Sitz des Verstandes. Doch die von ihm postulierte Verbindung von Form und Funktion hat seither das anatomische Denken bestimmt. Ein Jahrhundert nach seinem Tode führte der Ägypter Herophilus die ersten uns bekannten Sektionen am Menschen durch.

In der Renaissance brachte das Studium der menschlichen Anatomie eine »Sezierkultur« hervor. Der Historiker Jonathan Sawday meint, diese Kultur habe zur Blüte der imaginativen Künste – Dichtung, Drama, Malerei, Bildhauerei und vor allem Architektur – ebenso beigetragen wie zur Verbreitung der Vorstellung vom »mechanischen Körper«. Dieses neue Konzept erwuchs hauptsächlich aus den Arbeiten von Leonardo da Vinci. In den neunziger Jahren des 15. Jahrhunderts begann er seine anatomischen Studien damit, dass er Maschinen zerlegte und ihre »Organe«, wie er sie nannte, untersuchte: Schrauben, Rollen, Ketten, Seile, Riemen, Achsen, Lager, Federn, Nocken, Kurbelwellen, Schwungräder, Getriebe und Stoßdämpfer. 1510 wandte er seine Aufmerksamkeit dann dem Menschen zu und »verbrachte die Nacht in Gesellschaft von [...] Leichen, die gevierteilt, gehäutet und schrecklich anzusehen waren«, wie er schrieb. Mit Hilfe innovativer grafischer Techniken wie Durchsichten, auseinander gezogenen Anordnungen und Zeichnungen aus unterschiedlichen Blickwinkeln sowie durch Beschreibung von Muskeln als Kraftlinien wurden seine Darstellungen immer komplexer. Wie bei Aristoteles waren natürlich auch seine Erkenntnisse durch den Stand des Wissens seiner Zeit begrenzt. Leonardo vertrat zum Beispiel die damals übliche Ansicht, Nerven seien kleine Röhrchen, durch die Luftströme zirkulierten, welche die Muskeln durch Aufblasen zur Kontraktion brächten. Gleichwohl erhoben seine peniblen Untersuchungen das Sezieren in den Stand einer Kunst. In ganz Europa wurde das Sezieren modern; die Neugierigen und Wohlhabenden versammelten sich in Anatomiesälen, die wie Amphitheater aussahen. Dort wurden Leichen zu »heraldischen Emblemen« und Vorlesungsgegenständen.

Perspektivwechsel – eine Zeitreise

Alle folgenden Epochen haben auf der Renaissancemetapher vom »mechanischen Körper« aufgebaut und die jeweiligen technologischen und gesellschaftlichen Bedingungen in dieses Bild mit einbezogen. (Überdies spiegeln sich in der Metaphorik auch die jeweiligen Architektur- und Designkonzeptionen.) Im industriellen Zeitalter vor anderthalb Jahrhunderten dominierte die Idee, das Innere des Menschen ähnele nicht nur einer Maschine, sondern sogar einer *Fabrik*, einer automatisierten Kombination mechanischer Wunderwerke. Mit der Einführung der Elektrizität einige Jahrzehnte später wandelten komplexe Systeme das Leben grundlegend um: Überlandleitungen, Verkehrs- und Kommunikationsnetze, Organisationsmatrizes. Der Körper wurde nun mit einer großen Firma verglichen: das Gehirn als Zentrale, das periphere Nervensystem als ein Telefonnetz, das weiträumige Aktivitäten verbindet, der Blutkreislauf als Versorgungs- und Vertriebssystem und so weiter. Im darauf folgenden Atomzeitalter sah man den Körper molekularer und zugleich universaler. Der 1966 erschienene Science-Fiction-Thriller *Fantastic Voyage* (dt. *Die phantastische Reise*) erzählt die dazu passende Geschichte: Ein Team von Wissenschaftlern wird auf Virengröße geschrumpft, damit es in die Blutbahn eines verwundeten Atomforschers injiziert werden kann, der unter höchstem Zeitdruck gerettet werden muss. Die Wissenschaftler unternehmen mit einem miniaturisierten U-Boot eine Reise durch Myriaden Hohlräume des Körpers. Es gelingt ihnen, sich dem tödlichen Griff kettenähnlicher Antikörper zu entziehen und fettige Zellwände zu durchbrechen, um eine entfernte Gehirnregion zu reparieren. Ein Jahrzehnt später, auf dem Höhepunkt des Raumfahrtzeitalters, wurde die Metaphorik außerirdisch: »Das Keimbläschen [blastocyst] ist gelandet!«, lautete die reißerische Überschrift im Magazin *Life*. Daneben waren Fotos von einem Embryo zu sehen, der sich in der Gebärmutter einnistet.

Je nach Sichtweise leben wir heute im Informationszeitalter oder im genetischen Zeitalter. Beide Bereiche bieten ihre eigenen schlagenden Metaphern für die These an, das traditionelle Denken vom »mechanischen Körper« sei nun überholt und müsse neueren, komplexeren Sichtweisen weichen – Sichtweisen, die besser erklären könnten, wie wir Menschen gebaut sind und woraus wir bestehen. Man denke nur an das Internet. Es ist die erste vom Menschen geschaffene Struktur, die sich der Komplexität des menschlichen Gehirns annähert. So wie Leonardo Ähnlichkeiten zwischen Blutgefäßen, Bäumen und Kanalsystemen entdeckte oder D'Arcy die Trägerkonstruktionen in Flugzeugflügeln mit Knochen verglich, wissen wir heute, dass das menschliche Gehirn stark vernetzt ist und in seinen Schaltkreisen tatsächlich dem World Wide Web ähnelt. Architektur und Design des Internets sind für heutige Neurologen das, was die Ingenieurkunst der Firth-of-Forth-Brücke für D'Arcy war: Widerspiegelung unserer tiefsten Strukturen und zugleich ein Mittel zu ihrem Verständnis. Auf ähnliche Weise hat auch die Entschlüsselung des menschlichen Genoms der Wissenschaft nicht nur zu einem besseren Verständnis vom Aufbau des Lebens verholfen. Sie hat uns auch die Macht verliehen, das Leben selbst zu bauen. Man kombiniere die Macht des Internets, blitzartig Signale zu übertragen, mit der Fähigkeit der DNA, sich selbst zu reproduzieren – und füge die Chaostheorie hinzu, die selbst in scheinbar zufälligen Ereignissen noch Ordnung und Muster erkennen kann –, und man ist der Definition von intelligentem Leben schon sehr nahe gekommen. Man könnte das Ganze ja »Infonomik« nennen. Dann leben wir heute im infonomischen Zeitalter.

Annäherungen an die Wirklichkeit

Um die bahnbrechenden Bilder im vorliegenden Buch zu produzieren, hat der Künstler Alexander Tsiaras die inneren Dimensionen des menschlichen Körpers mit den zentralen Technologien des infonomischen Zeitalters verknüpft. Und so sehen wir zum ersten Mal das Innere des menschlichen Körpers weder als bildliche Darstellung von Menschenhand noch als grobkörniges Filmnegativ oder Videobild, sondern fast genau so, wie es wirklich ist. Durch Aufbereitung der Daten, die im gesamten Bereich der neuen Körper-Scans, der extrem starken Mikroskope und der Geräte zur molekularen Beobachtung gewonnen wurden, führt Tsiaras sozusagen virtuelle Sektionen durch. Sein Skalpell ist ein hoch entwickelter Grafikcomputer. Mit ihm komponiert er keine Fotografien – denn die Fotografie ist nur bei sichtbaren Objekten nützlich, überdies kann sie keine Oberflächen durchdringen, die Licht reflektieren –, sondern *Visualisierungen*. »Durchsicht«-Bilder, »explodierte« Ansichten und multiperspektivische Darstellungen ermöglichten es Leonardo, Gewebeschichten aufzuklappen, um offen zu legen, was im Inneren unseres Körpers geschieht. Alexander Tsiaras gelingt es durch Verwendung entsprechender Spezialsoftware, empfindlichste Gewebe oder winzige Objekte auszuwählen und Strukturen zu isolieren, die man so noch nie gesehen hat. Beim Heranzoomen kann er diese Strukturen in alle Richtungen rotieren lassen und, wenn er will, sie auch undurchsichtig werden lassen. Er hat die totale Kontrolle über Licht und Schatten, und seine Palette ist grenzenlos. Daraus resultieren Ansichten, die so lebensecht sind, dass Metaphern vielleicht nicht mehr nötig sind.

Im Jahre 1858 pries der Bostoner Patrizier Oliver Wendell Holmes, Dichter und Harvard-Anatomieprofessor, in seinem Gedicht »The Living Temple« den menschlichen Körper. Das Gedicht ist übrigens auch unter dem Titel »The Anatomist's Hymn« bekannt. Er beschrieb die geschmeidige verborgene Architektur von Knochen, Nerven und Gehirn, die einen menschlichen Körper in Bewegung bringt, mit folgenden Versen: »Its living marbles jointed strong/ With glistening band and silvery thong,/ And linked to reason's guiding reins/ By myriad rings in trembling chains.« (Sein lebendiger Marmor ist fest gefügt mit glänzendem Band und silbrigem Riemen, und durch Myriaden Glieder in zitternden Ketten ist er mit den leitenden Zügeln des Verstands verbunden.) Mitte des 19. Jahrhunderts war das Sezieren bereits überwiegend Bestandteil der Medizinerausbildung geworden. Holmes wusste aus eigener Erfahrung über die »silbrigen Riemen« von Bändern und Sehnen ebenso Bescheid wie über die »zitternden Ketten« langer Nervenstränge. Sein Lobpreis des Körpers als heiliger Tempel sollte uns dabei ebenso wenig überraschen wie seine erregende, erotische Sprache: Schließlich war Anatomia, die griechische Göttin der analytischen Zerlegung, eine Frau. Und wie der Anglist J. Sawday zeigen konnte, ging es in der Renaissancekultur des Sezierens weitgehend um Sex, Begehren und den Reiz des Verbotenen.

Zu unserem Glück folgt auch Alexander Tsiaras dieser Tradition. Die biologischen Unterschiede zwischen Mann und Frau beleben, so könnte man sagen, das Leben selbst. Ganz gewiss aber machen sie es interessanter. Indem Tsiaras sein Interesse und sein technisches Knowhow den anatomischen Unterschieden zwischen Mann und Frau gewidmet hat, ist es ihm gelungen, noch etwas anderes wieder in den Vordergrund zu rücken. Etwas, das zu allen großen Erkundungen des menschlichen Körpers gehört, heutzutage aber nur noch selten anzutreffen ist: das erotische Erschaudern.

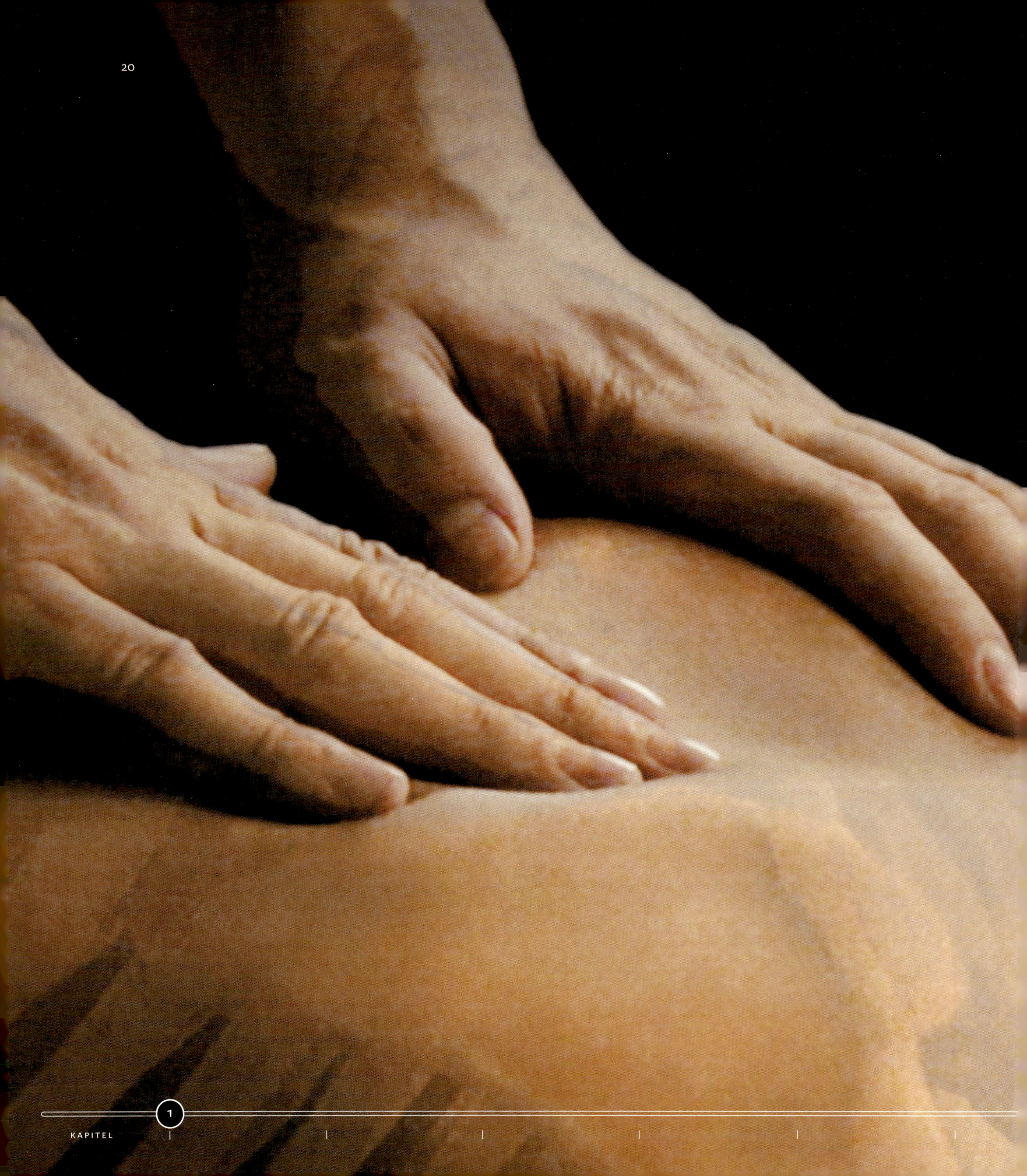

»Der Mensch unter der Haut« ist auch Liebenden ein Greuel und Ungedanke, eine Gottes- und Liebeslästerung«, so klagte schon Friedrich Nietzsche in *Die fröhliche Wissenschaft*. Mit der Haut jedoch und mit ihren faserigen Fortsätzen, den Haaren und Nägeln, werden wir zu Objekten wechselseitigen Begehrens. »Das Fleisch«, so sinnierte Victor Hugo, »ist die Oberfläche des Unbekannten.«

Wie die natürlichen Häute anderer Lebewesen – Schalen, Schuppen, Panzer, Hülsen, Rinden etc. – dient auch unsere Haut mit ihren Fortsätzen wie Haaren und Fingernägeln vorwiegend als äußeres Kleid, als Außenstruktur, die für lebenslange große Belastbarkeit konstruiert ist.

Haut und Haar bestimmen weitgehend unsere Vorstellungen von Mann und Frau oder von körperlicher Schönheit, überdies auch unser Rassenbewusstsein. Darin liegt eine gewisse Ironie, denn die Zellen, die wir sehen – Haare, Nägel, Hautoberfläche –, sind allesamt tot. Sie haben ihre eigene Haut bereits verloren.

Fassade
– das System der Haut

So wie andere Organe erfüllen auch die Haut und ihre Fortsätze verschiedene Aufgaben. Das Hautsystem schützt uns nicht nur vor physischen Verletzungen, Giften, Sonnenlicht, Hitze, Infektionen und zu viel Feuchtigkeit sowie vor Austrocknung. Es regelt auch die Körpertemperatur, registriert Sinnesempfindungen, produziert Vitamin D, beseitigt Abfallstoffe, verbessert unsere Fähigkeit Objekte anzufassen, und absorbiert bestimmte chemische Substanzen. All dies geschieht innerhalb einer geschmeidigen Schicht organischen Gewebes, das mit Drüsen und Haarfollikeln durchsetzt und mit filigranen Falten, Furchen, Wülsten und Ausbuchtungen versehen ist. Die Dicke der Haut reicht von 0,5 Millimeter beim Augenlid bis zu 0,4 Zentimeter bei der Hornhaut der Fußsohle – das entspricht in etwa dem Unterschied zwischen extrem dünnen Suppennudeln und dicken Fetuccini.

Die Haut, eine zähe, halb poröse Folie, gehört zu den größten Strukturen des Körpers. Sie besteht aus zwei verschiedenen Schichten. Die Oberhaut (Epidermis) ist eine flexible, dünne, halb transparente, fest gefügte Membran aus toten Zellen (was zum Beispiel an der Oberfläche einer Brandblase gut zu sehen ist). Die darunter liegende Basalschicht ist eine Art Filz aus faserigem und elastischem Gewebe, dessen wichtigstes Strukturelement Keratin ist. Dieses Protein findet sich auch in Reptilienschuppen (allerdings nicht in Fischschuppen) sowie in Vogelfedern, Krallen, Hufen, Zahnschmelz, Hörnern (aber nicht in Geweihen) und in Haaren. Die ineinander verschlungenen Keratinmoleküle enthalten Schwefel – und Schwefelatome sind in der Lage, feste Ketten zu bilden, die in allen Krümmungen die Festigkeit sichern.

Das Hautsystem, bei Kleinkindern noch gummiartig und sehr elastisch, verhärtet und verdickt sich mit zunehmendem Alter. Die Haut von Erwachsenen misst bis zu 2 Quadratmetern und wiegt zusammen mit dem Unterhautfettgewebe 10 bis 20 Kilogramm.

LEBENDE HÜLLEN

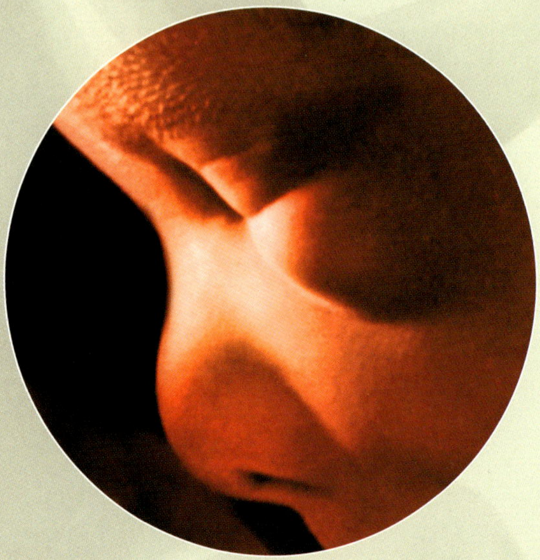

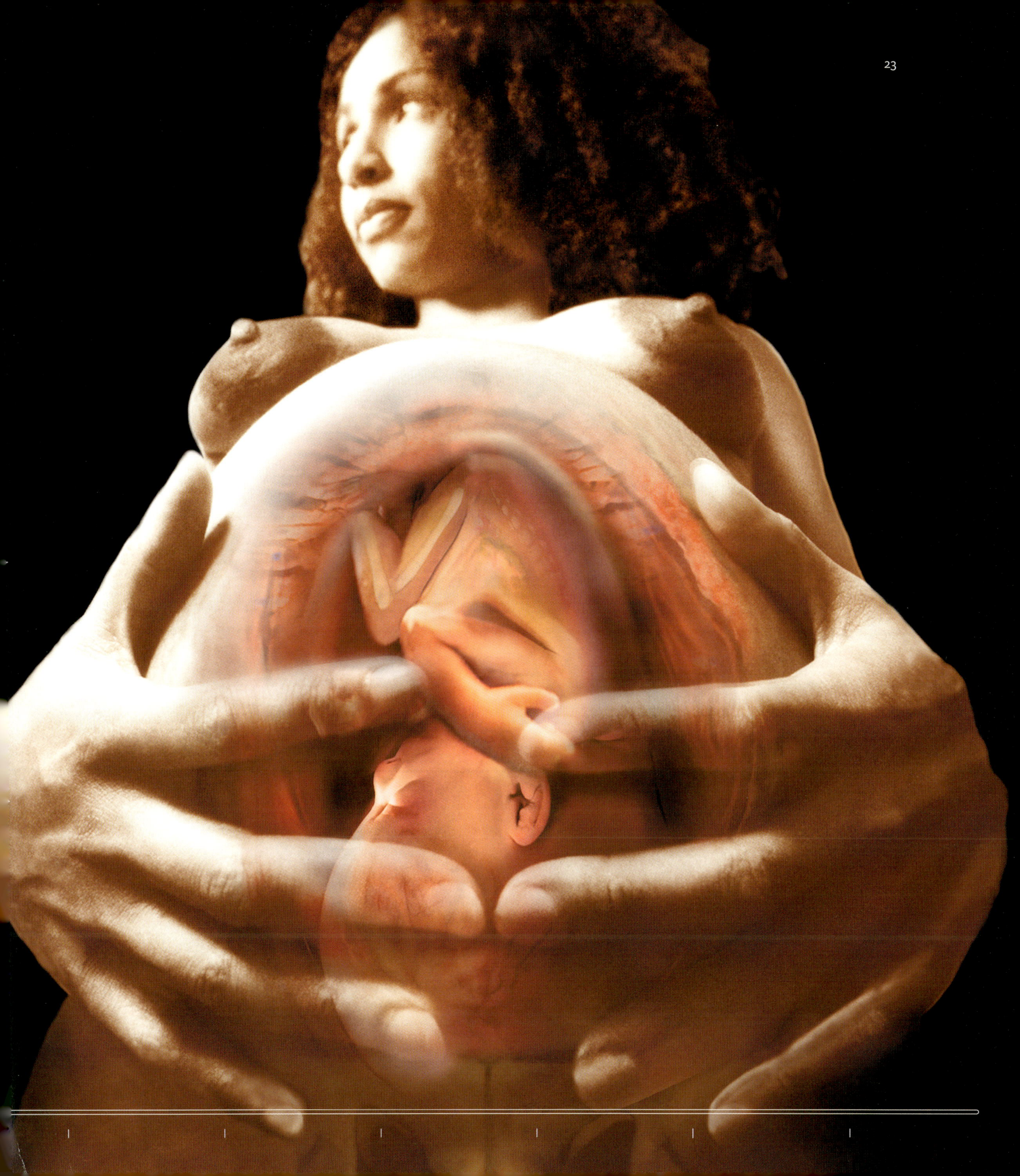

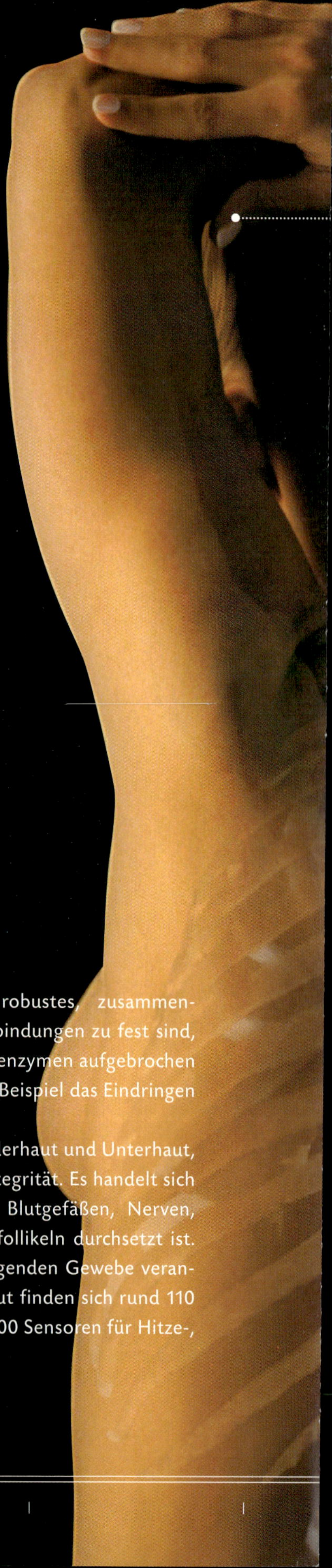

ROBUST, ABER EMPFINDLICH

Die Architektur unter der Oberhaut variiert ja nach Körperpartie und Aktivität, doch während der gesamten Lebenszeit dieses Organs kommt es zu einer stetigen Wanderung von unten nach oben: Tote Zellplättchen an der Oberfläche werden abgestoßen – ein Großteil des Hausstaubs besteht übrigens aus Hautabrieb – und durch neue Zellen ersetzt, welche durch Zellteilung an der Basis der Epidermis entstehen. Dieser ganze Prozess nimmt ungefähr einen Monat in Anspruch. Wenn Hautzellen nach oben wandern und sich von ihren Nahrungsquellen entfernen, schrumpfen sie zu flachen Plättchen. Bei der Wanderung in die Hornhautschicht an der Oberfläche verlieren sie ihre Zellkerne. Übrig bleibt ein lebloses Protein: Keratin. Das Keratin der abgestorbenen Zellen bildet ein robustes, zusammenhängendes Gewebe, dessen Schwefelbindungen zu fest sind, als dass sie von normalen Verdauungsenzymen aufgebrochen werden könnten. Das verhindert zum Beispiel das Eindringen von Mikroben.

Die innere Haut, bestehend aus Lederhaut und Unterhaut, bewahrt hingegen ihre strukturelle Integrität. Es handelt sich um ein faseriges Gewebe, das mit Blutgefäßen, Nerven, Schweiß- und Talgdrüsen sowie Haarfollikeln durchsetzt ist. Die tiefste Schicht ist im darunter liegenden Gewebe verankert. In jedem Quadratzentimeter Haut finden sich rund 110 Schweißdrüsen, 16 Talgdrüsen und 3300 Sensoren für Hitze-, Druck- und Schmerzempfinden.

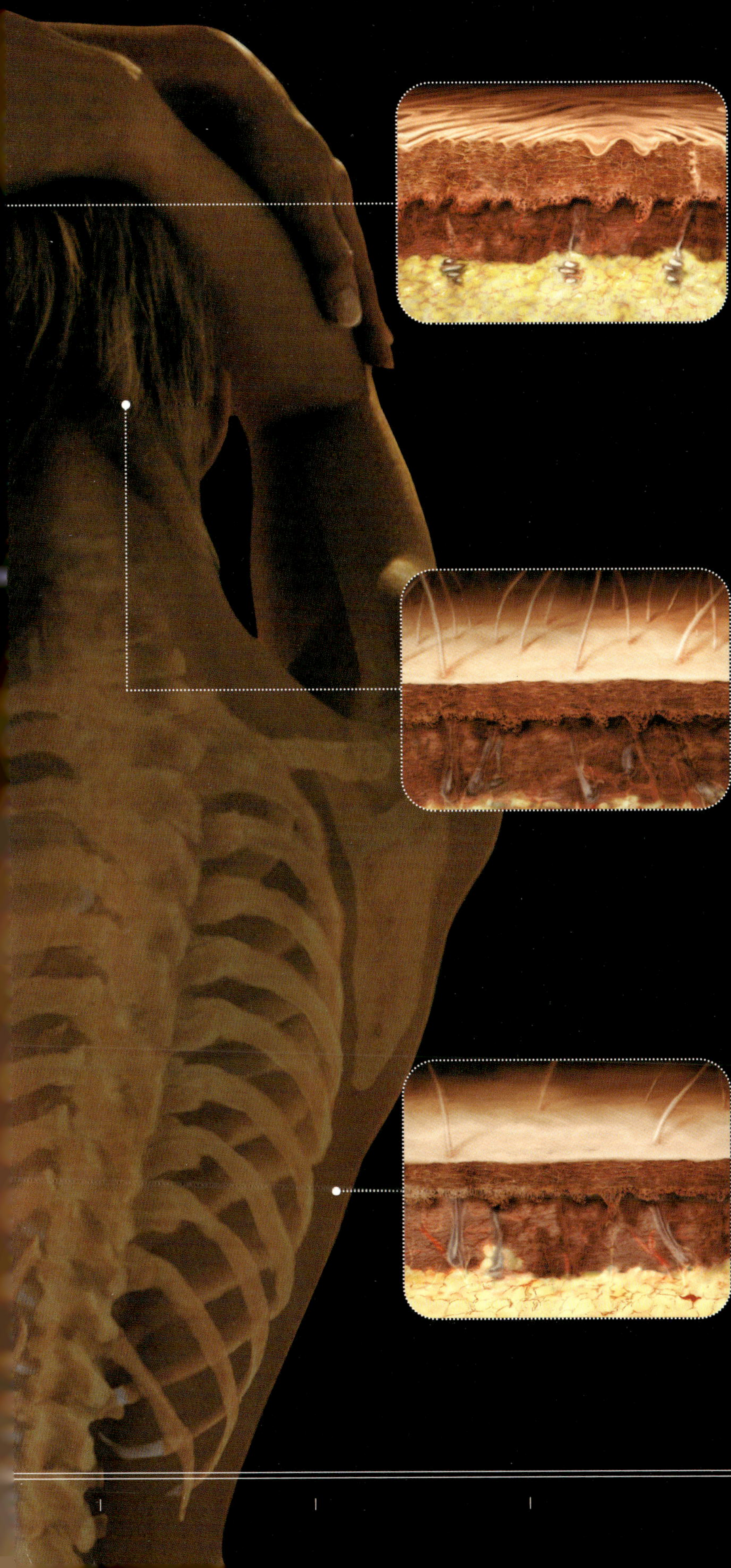

Mit ihren Wirbel- und Bogenmustern der Haut sind die Fingerspitzen Präzisionswerkzeuge (versuchen Sie einmal, mit Handschuhen eine Stecknadel aufzuheben). Die Haut ist hier gut mit spiralförmigen Schweißdrüsen versorgt, dagegen fehlen Haarfollikel und Talgdrüsen. Die leicht gewellte, haarlose Hautoberfläche der Innenhände und Fußsohlen sorgt dafür, dass man Objekte gut greifen kann beziehungsweise dass man nicht ausrutscht. Da Wirbel- und Linienmuster der Haut individuell variieren und die Haut beim Kontakt mit glatten Oberflächen Schweißspuren (Fingerabdrücke) hinterlässt, können Menschen oft anhand solcher Berührungsspuren identifiziert werden.

Die rund 100 000 Haare der Kopfhaut wärmen den Kopf und schützen ihn vor schädlichen Sonnenstrahlen. Diese Haare ragen aus winzigen länglichen Vertiefungen in der Haut hervor, den Haarfollikeln. Lebende Follikelzellen in der Haarzwiebel am unteren Ende bilden durch Zellteilung ein Haar, das immer weiter nach oben gedrückt wird. Wie die Hautzellen sterben auch die Haarzellen ab, wenn sie nach oben wandern, und füllen sich mit Keratin. Darum ist das Haareschneiden schmerzlos. Fett, das aus Talgdrüsen in die Follikel gelangt, feuchtet den Haarschaft an und verleiht ihm Biegsamkeit.

Wenn sich der Körper überhitzt, geben die Schweißdrüsen Wasser an die Hautoberfläche ab. Dieses entzieht bei der Verdunstung dem Körper Wärme und kühlt ihn ab. Im Ruhezustand sondert ein Mensch stündlich 12 bis 33 Milliliter Schweiß ab, während die Schweißabsonderung bei extremer Aktivität im selben Zeitraum bis zu 1 Liter und mehr beträgt.

Das Äußere von Mann und Frau ist funktional zwar identisch, aber es gibt Unterschiede bei der Produktion von Hautfett und bei der Verteilung von Körperbehaarung und Körperfett. Anders gesagt, wir identifizieren das körperliche Aussehen vor allem aufgrund bestimmter Entwicklungsmuster als »männlich« oder »weiblich«, weniger aufgrund der Geschlechtsorgane. Männer speichern ihr Körperfett überwiegend im Bauchbereich, Frauen im gesamten Unterkörper. Nebennierenhormone, so genannte Androgene (männliche Geschlechtshormone, von denen Testosteron das bekannteste ist), stimulieren die Produktion von Sebum. Das ist eine komplexe Mischung von Hautfetten. Es macht das Haar fester und drahtiger und lässt es in einem spezifisch »männlichen« Muster wachsen – im Gesicht und an Brust und Unterleib. Weil Frauen ebenfalls Androgene produzieren und Männer auch Östrogene (weibliche Geschlechtshormone, die die typisch »weiblichen« Geschlechtsmerkmale stimulieren), herrscht beim Haarwuchs eine Mischung männlicher und weiblicher Muster vor. Der Schlüssel sind also die Hormone, nicht das Geschlecht. Verabreicht man Frauen Testosteron, so entwickeln sie männliche Muster von Haarausfall, während Männer beim Haarausfall oft auch weibliche Muster erkennen lassen.

GESCHLECHTSUNTERSCHIEDE

MANN

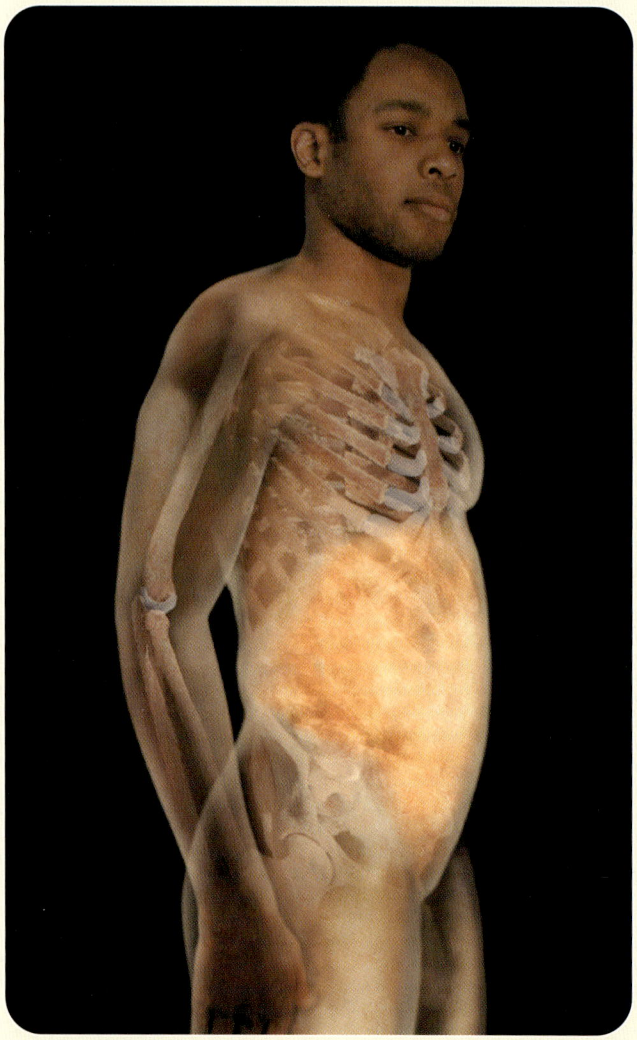

FRAU

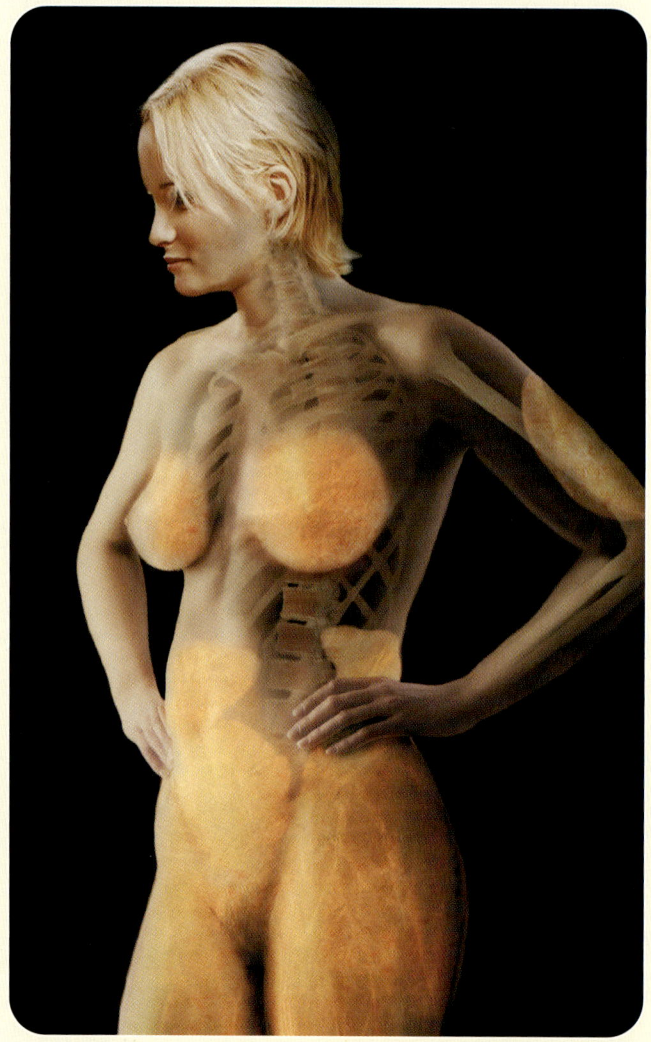

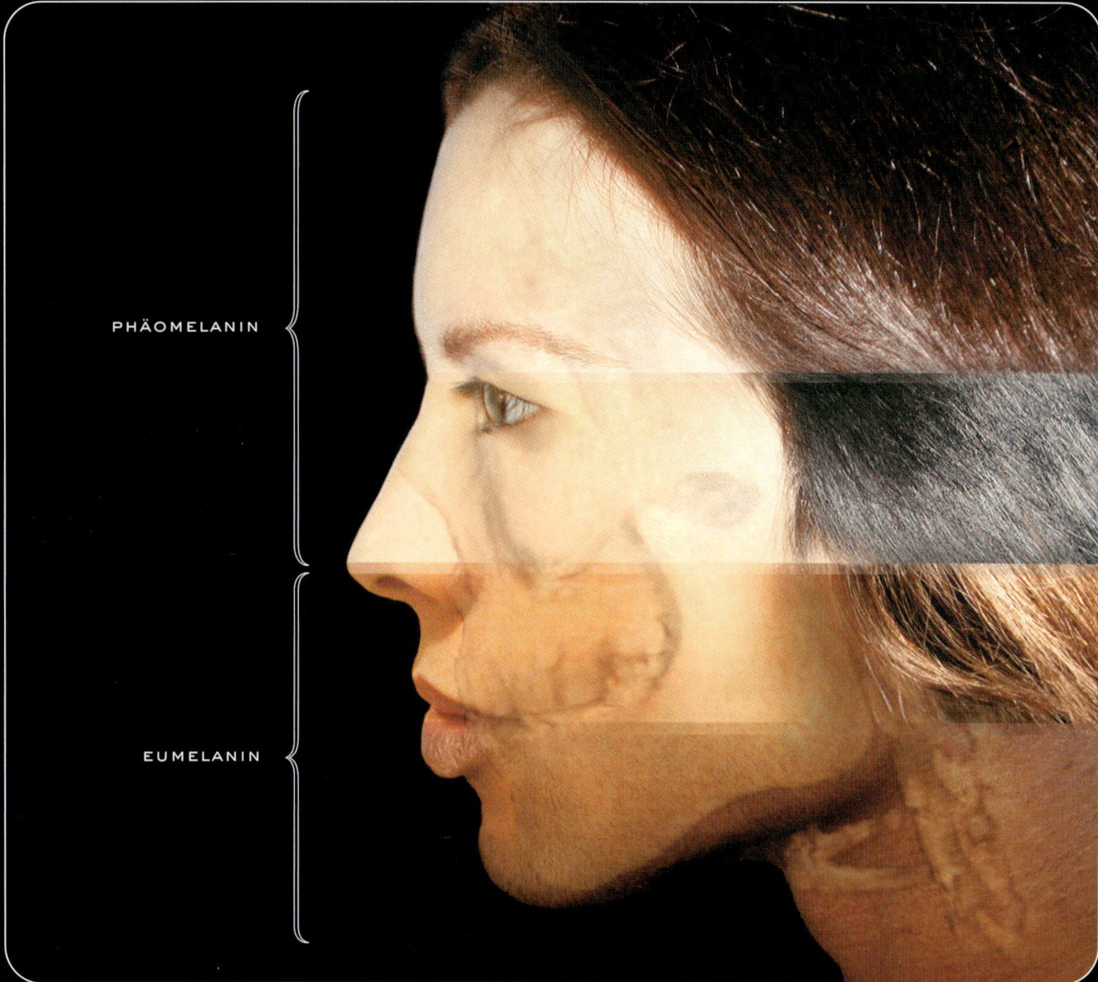

»Eine gebräunte Haut ist mehr als respektabel, und vielleicht ist Olivgrün eine passendere Farbe für Menschen als weiß – denn der Mensch ist ein Bewohner des Waldes. ›Der blasse Weiße Mann!‹ Mich wundert's nicht, dass der Afrikaner ihn bemitleidet.«

Henry David Thoreau

Der Zweck der Farbe in Haut und Haar geht über Eitelkeit, Identität und verschiedene Arten der Tarnung weit hinaus. Das Pigment Melanin (Phäomelanin ist gelblich und rötlich, Eumelanin ist dunkelbraun bis schwarz) fungiert als Sonnenschutz. Es wehrt ultraviolette Strahlung ab, die sonst die DNA im Gewebe unter der Haut schädigen würde.

Melanozyten sind Melanin bildende Zellen, die kleine Zellausläufer aufweisen. Sie finden sich gehäuft in der Basalschicht der Oberhaut. Das Melanin wird in die keratinproduzierenden Zellschichten in der Nähe der Hautoberfläche abgegeben. Melanozyten finden sich im ganzen Körper, aber die größte Konzentration gibt es im Bereich der Geschlechtsorgane, den Brustwarzen, Achselhöhlen und im Analbereich. Melanozyten bieten diesen empfindlichen Körperpartien besonderen Schutz und setzen überdies visuelle Akzente, die die Aufmerksamkeit beim Paarungsprozess steuern.

Das Haar entsteht, wenn der Keratinanteil in aktiven, sich noch teilenden Zellen am Grund des Haarfollikels (lat. »Säckchen«) zunimmt und die Zellen absterben. Haarwurzel und Haarschaft bestehen aus drei konzentrischen Röhren: einer äußeren Hülle (Kutikula) aus ineinander greifenden schindelähnlichen Schuppen, die dazu dient, die Haarschäfte voneinander getrennt zu halten; darunter der Haarrinde (Kortex), die bei dunklem Haar Pigmente, bei weißem Haar Luftbläschen enthält; und innen das Haarmark (Medulla), das ebenfalls Pigmente und mit Luft gefüllte Hohlräume enthält.

STERBEN, UM ZU LEBEN

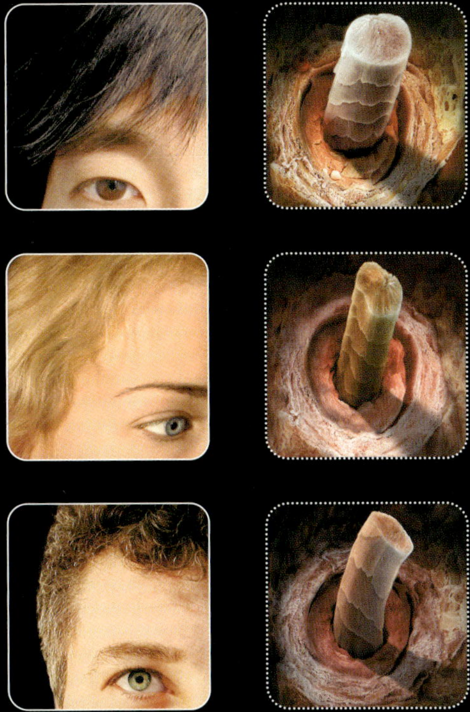

Die Struktur des Haarschaftes bestimmt die Textur – bei rundem Schaft ist das Haar glatt, bei ovalem lockig und bei plattem gekräuselt. Der relative Gehalt an hellerem und dunklerem Melanin entscheidet darüber, ob das Haar blond, rot, braun oder schwarz ist. Ein winziger unwillkürlicher Muskel an der Haarwurzel lässt das Haar (bei Kälte, Aufregung und Erschrecken) »zu Berge stehen« und verursacht eine Gänsehaut.

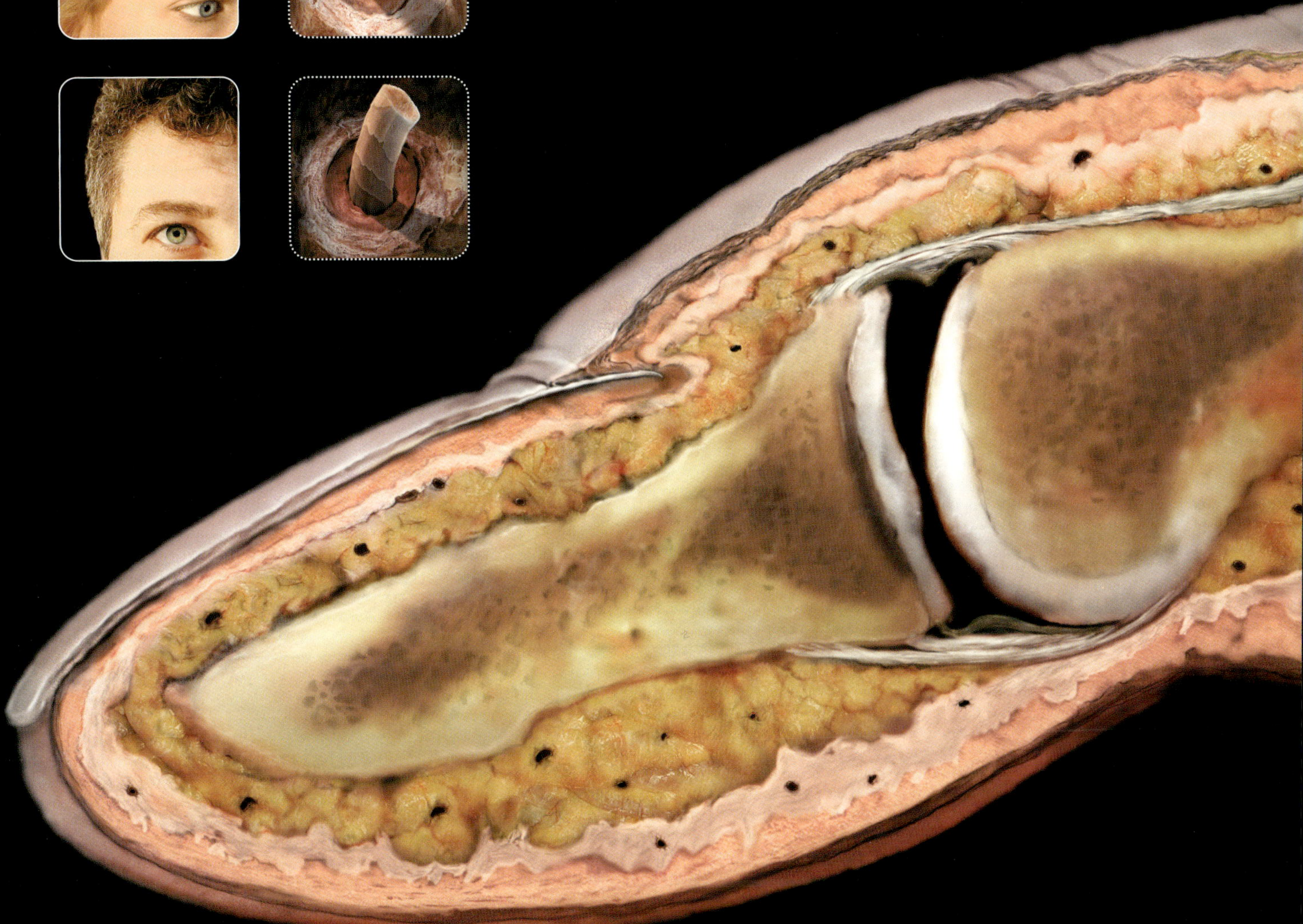

Die Nägel dienen zum Schutz der Finger- und Zehenenden. Sie sind harte Platten aus dichten Schichten von Keratinzellen. Unter der Nagelwurzel befindet sich eine Matrix sich teilender Epidermiszellen, die als weiße Sichel am unteren Ende des Nagels zu erkennen ist. Sie sorgt für Zellnachschub, der die Nagelplatte nach außen treibt. Das Nagelbett unter dem Teil des sichtbaren Nagels erstreckt sich über den Finger- oder Zehenknochen hinaus. Der Nagel selbst wächst noch weiter hervor und muss dann geschnitten werden. Nägel sind beim Greifen und Kratzen nützlich. Bei warmem Wetter wachsen sie schneller als bei kaltem, und Fingernägel wachsen drei- bis viermal so schnell wie Fußnägel.

DASSELBE MATERIAL, VERSCHIEDENE FORMEN

Haut, Haare und Nägel bestehen weitgehend aus Protein. Keratin ist wie alle aktiven Moleküle in den Zellen aus langen Ketten von Aminosäuren zusammengesetzt, die spiralförmig gewickelt sind wie die Schnur eines Telefonhörers. Einzigartig ist jedoch, dass Keratinmoleküle aus sehr vielen Schwefelatomen gebildet sind, die eine der stärksten chemischen Bindungen in der gesamten Natur aufweisen: Disulfidbindungen. Die Außenschicht eines Haares besteht aus toten Keratinzellen, die der Länge nach gebündelt sind, wobei Disulfidbindungen die Schuppen wie die Sprossen einer Leiter zusammenhalten.

Keratinzellen an der Hautoberfläche bilden feste, ineinander greifende, fächerförmige Gelenke. Sie fügen sich zu einem rauen, an Segeltuch erinnernden Gewebe zusammen, das sogar für Mikroben undurchlässig ist, ebenso für Wasser und andere Substanzen. In den Nägeln überlappen sich die Keratinzellen wie Schindeln, sodass eine klare, panzerähnliche Abdeckung entsteht.

SPIEGELUNGEN IN DER NATUR

Strukturell weisen organische Formen, die aus demselben Stoff gebildet sind und/oder vergleichbare Aufgaben erfüllen, große Ähnlichkeit auf. Die menschliche Epidermis ähnelt der Rinde eines Ahorns. Hautzellen, die sich ablösen, überlagern sich und bilden gerippte, runzelige Strukturen wie bei Kohl- oder Salatköpfen. So kann sich die Oberfläche dehnen

EPIDERMIS DER HAND

AHORNRINDE

HAARFOLLIKEL, DER DURCH DIE OBERSTE HAUTSCHICHT BRICHT

WIRSINGKOHL

und von unten Kommendes nachrücken. Saatkeime und Haare sprießen aus sackähnlichen Strukturen empor, die ihnen Nahrung geben. Die Schichten aus Keratinschuppen, die man sieht, wenn ein Fingernagel unter dem Mikroskop betrachtet wird, verleihen dem Nagel Festigkeit und schützen das darunter liegende Gewebe.

OBERFLÄCHE EINES FINGERNAGELS

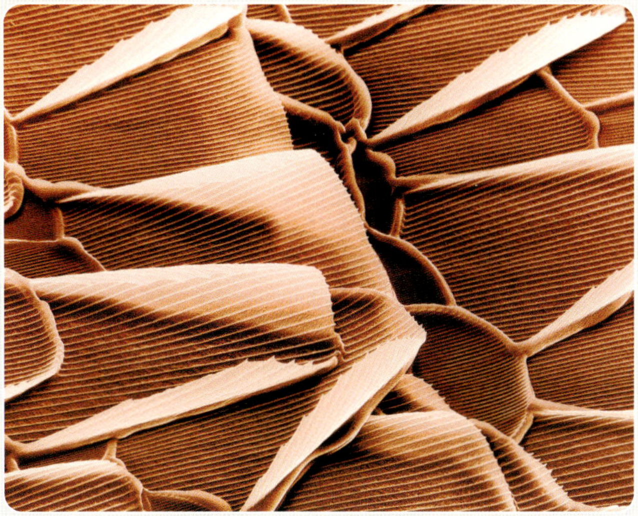

SCHUPPEN EINES SILBERFISCHES

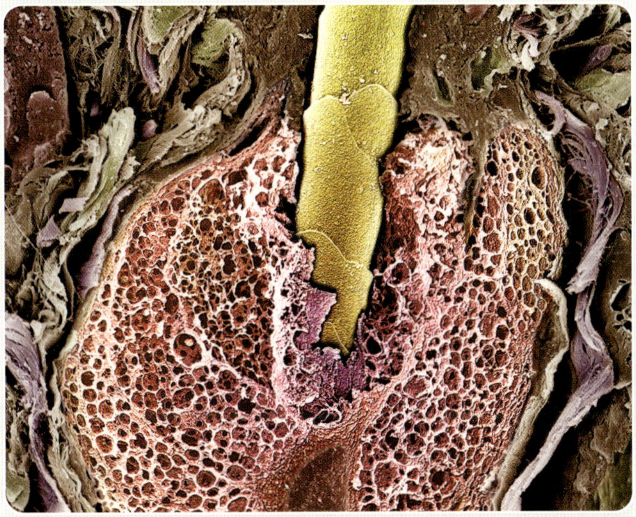

QUERSCHNITT DURCH EINEN HAARFOLLIKEL

KEIMENDE SAAT

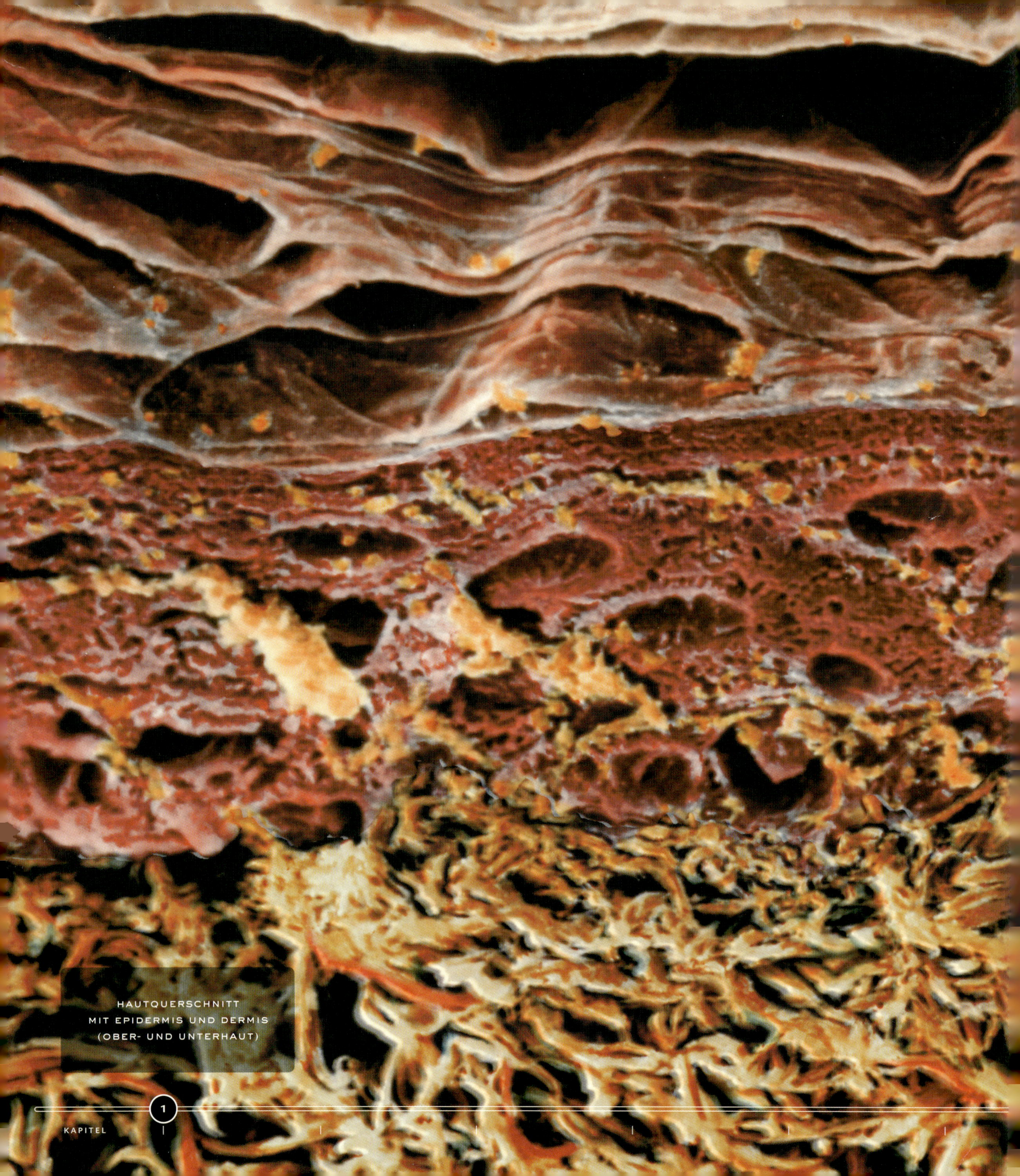

HAUTQUERSCHNITT
MIT EPIDERMIS UND DERMIS
(OBER- UND UNTERHAUT)

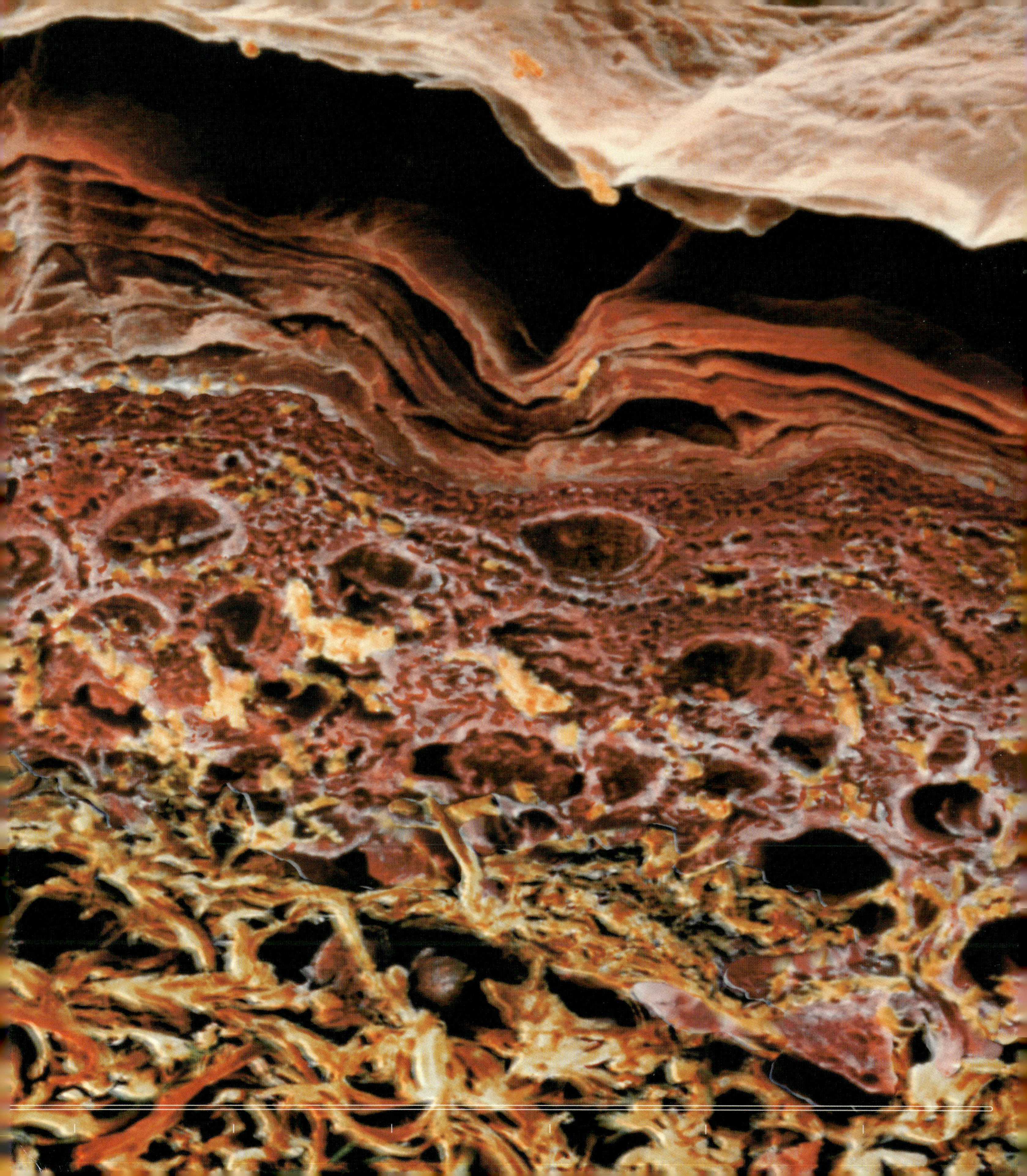

»Ich nehme an, dass der Körper nichts anderes als eine Maschine ist. [...] Wir sehen Uhren, künstliche Fontänen, Mühlen und ähnliche Maschinen, die, auch wenn sie vom Menschen gemacht sind, die Kraft haben, sich von selbst zu bewegen. [...] Man kann die Nerven der Maschine, die ich beschreibe, mit den Röhren der Maschinen bei diesen Fontänen vergleichen.«

René Descartes (französischer Mathematiker und Philosoph aus dem 17. Jahrhundert)

Elektrochemische Kontrolle

– Gehirn und Nervensystem

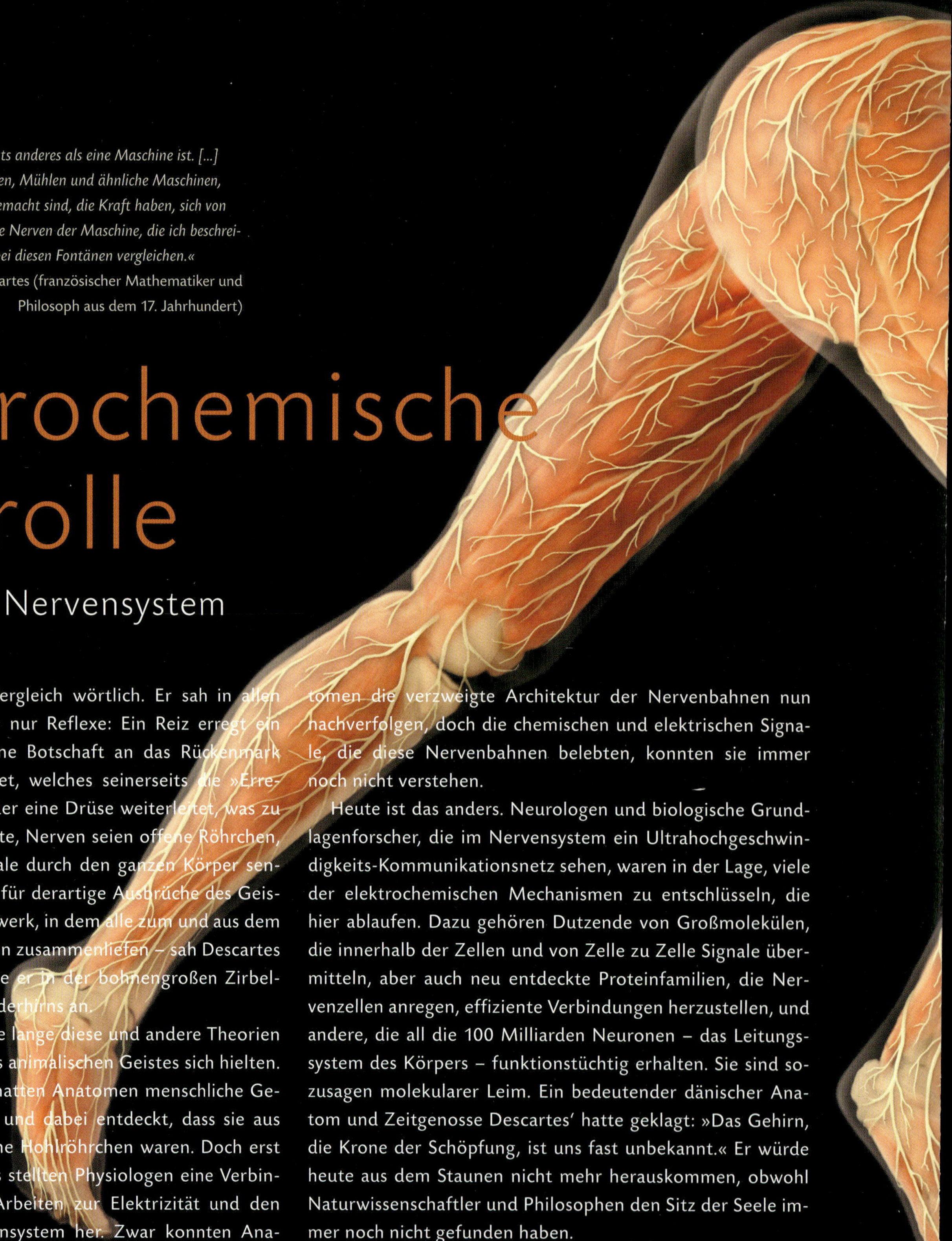

Descartes nahm seinen Vergleich wörtlich. Er sah in allen menschlichen Handlungen nur Reflexe: Ein Reiz erregt ein Sinnesorgan, das dann eine Botschaft an das Rückenmark oder an das Gehirn sendet, welches seinerseits die »Erregung« an einen Muskel oder eine Drüse weiterleitet, was zu Aktivitäten führt. Er glaubte, Nerven seien offene Röhrchen, die winzige Luftdrucksignale durch den ganzen Körper senden. Das Kontrollzentrum für derartige Ausbrüche des Geistes – eine Art Hauptschaltwerk, in dem alle zum und aus dem Gehirn führenden Röhrchen zusammenliefen – sah Descartes in der Seele. Diese siedelte er in der bohnengroßen Zirbeldrüse in der Mitte des Vorderhirns an.

Es ist schon seltsam, wie lange diese und andere Theorien über das Funktionieren des animalischen Geistes sich hielten. Schon zu Descartes' Zeit hatten Anatomen menschliche Gehirne und Nerven seziert und dabei entdeckt, dass sie aus Fasern bestanden und keine Hohlröhrchen waren. Doch erst Ende des 18. Jahrhunderts stellten Physiologen eine Verbindung zwischen neueren Arbeiten zur Elektrizität und den Theorien über das Nervensystem her. Zwar konnten Anatomen die verzweigte Architektur der Nervenbahnen nun nachverfolgen, doch die chemischen und elektrischen Signale, die diese Nervenbahnen belebten, konnten sie immer noch nicht verstehen.

Heute ist das anders. Neurologen und biologische Grundlagenforscher, die im Nervensystem ein Ultrahochgeschwindigkeits-Kommunikationsnetz sehen, waren in der Lage, viele der elektrochemischen Mechanismen zu entschlüsseln, die hier ablaufen. Dazu gehören Dutzende von Großmolekülen, die innerhalb der Zellen und von Zelle zu Zelle Signale übermitteln, aber auch neu entdeckte Proteinfamilien, die Nervenzellen anregen, effiziente Verbindungen herzustellen, und andere, die all die 100 Milliarden Neuronen – das Leitungssystem des Körpers – funktionstüchtig erhalten. Sie sind sozusagen molekularer Leim. Ein bedeutender dänischer Anatom und Zeitgenosse Descartes' hatte geklagt: »Das Gehirn, die Krone der Schöpfung, ist uns fast unbekannt.« Er würde heute aus dem Staunen nicht mehr herauskommen, obwohl Naturwissenschaftler und Philosophen den Sitz der Seele immer noch nicht gefunden haben.

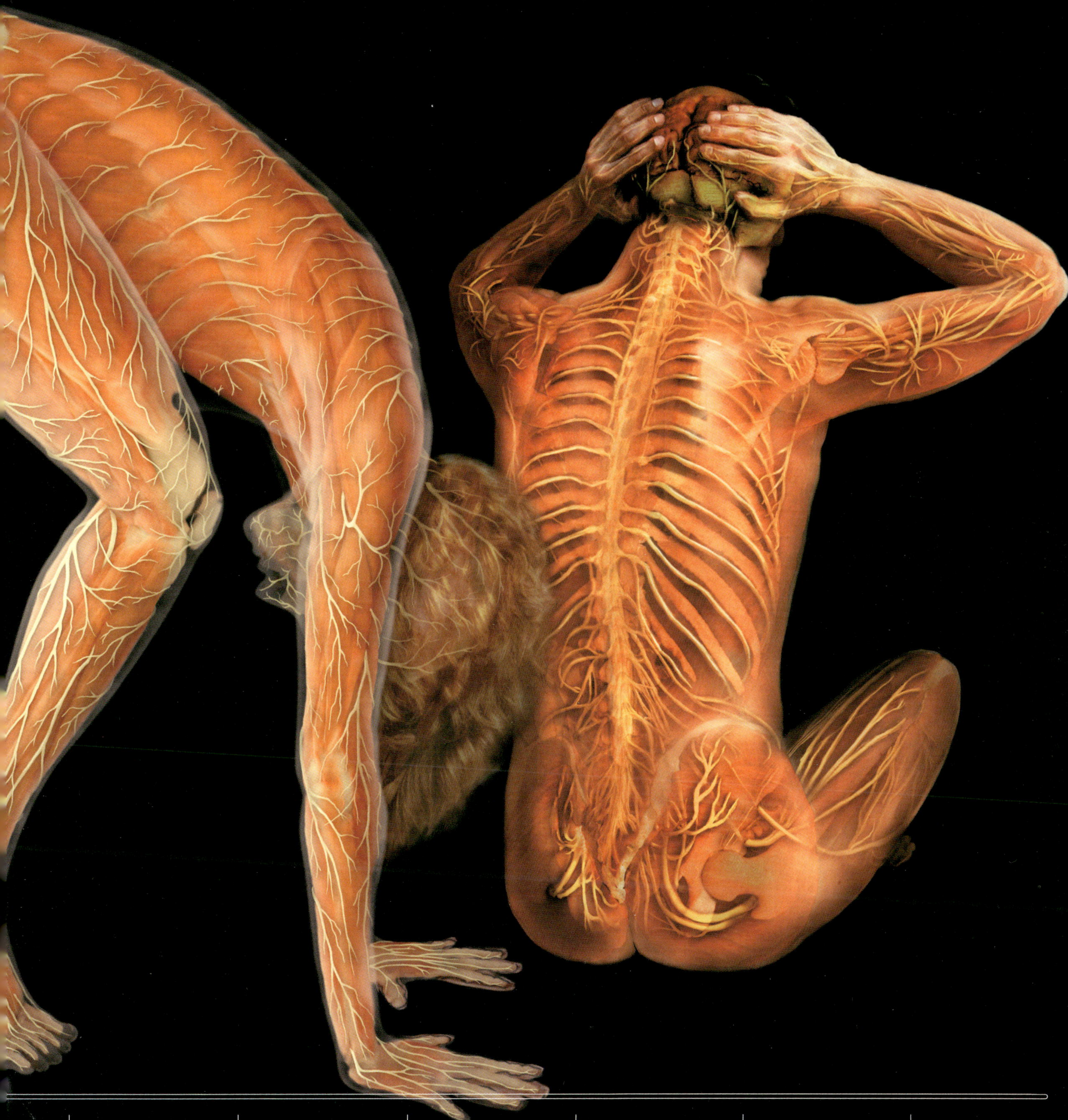

Die universale Aussage, dass die Natur sich von unten nach oben aufbaue, kommt nirgends eindrucksvoller zur Geltung als in der Entwicklung des menschlichen Gehirns. Kaum zweieinhalb Wochen nach der Zeugung bildet sich in der Mitte der äußeren Zellschicht eines Embryos eine löffelförmige Vertiefung heraus. Zunächst sehen die Zellen um diese Vertiefung herum nicht anders aus als die Zellen ihrer Umgebung, doch wenn die Platte absinkt und sich zum Rohr schließt, dem so genannten Zentralkanal, wird jede neue Zellgeneration immer dünner. Es bilden sich lange Fasern. Im Innern des Neuralrohres entstehen in atemberaubendem Tempo neue Zellen: 250 000 pro Minute.

Innerhalb von zehn Tagen beginnen die Zellen zu wandern, sie strömen übereinander und aneinander vorbei, als benutzten sie unsichtbare Leitern. Komplizierte, subtile chemische Reaktionen steuern ihre Bewegungen, während das Nervensystem sich buchstäblich von innen nach außen aufbaut. (Wenn es fertig ist, muss es Signale in alle Zellen-Subsysteme des Körpers transportieren.) Neue Nervenkanäle verknüpfen sich immer weiter zu Kabeln, die sich verzweigen und immer neue Verbindungen schaffen, während aus dem Embryo ein Fötus wird. Im letzten Drittel der Schwangerschaft kommt es im Gehirn zu einem explosionsartigen Wachstum.

NETZAUFBAU

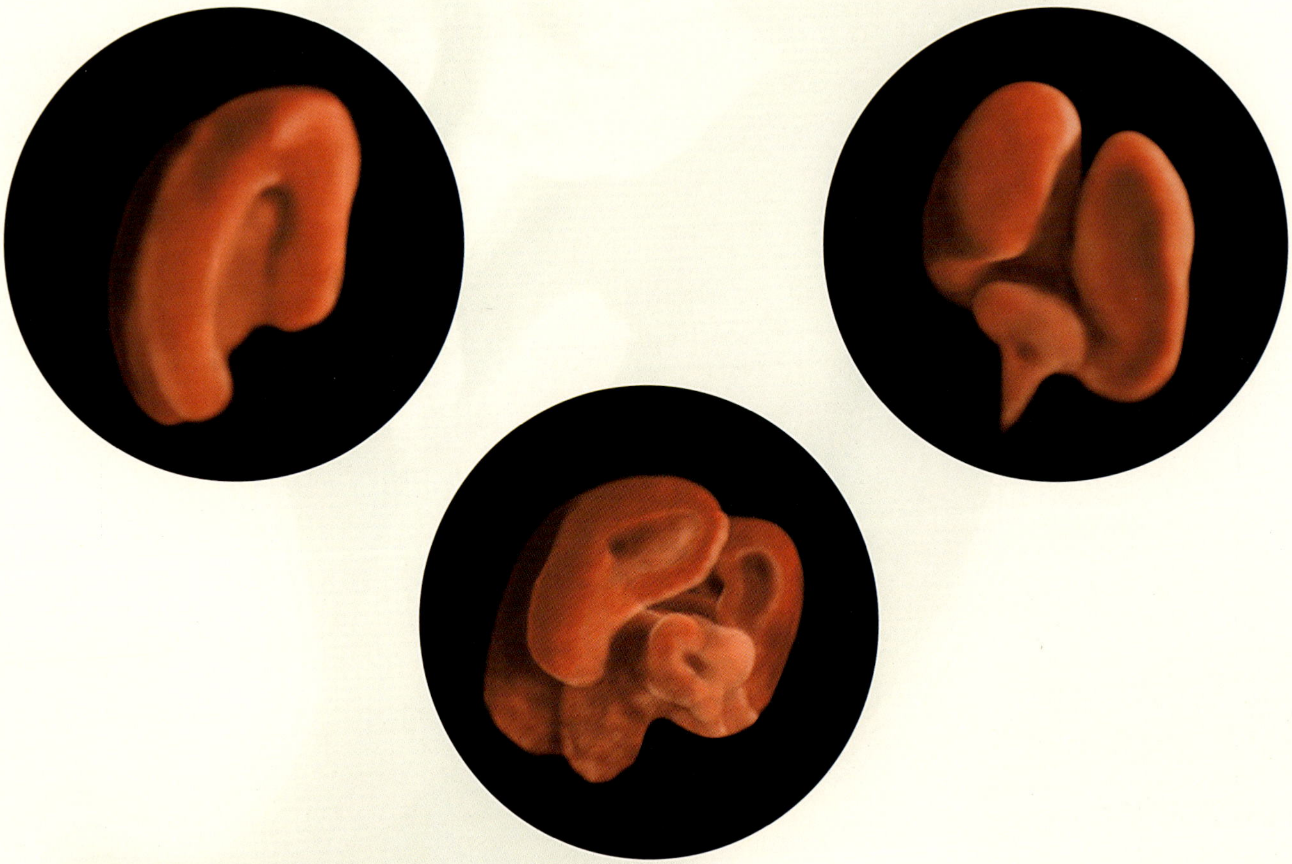

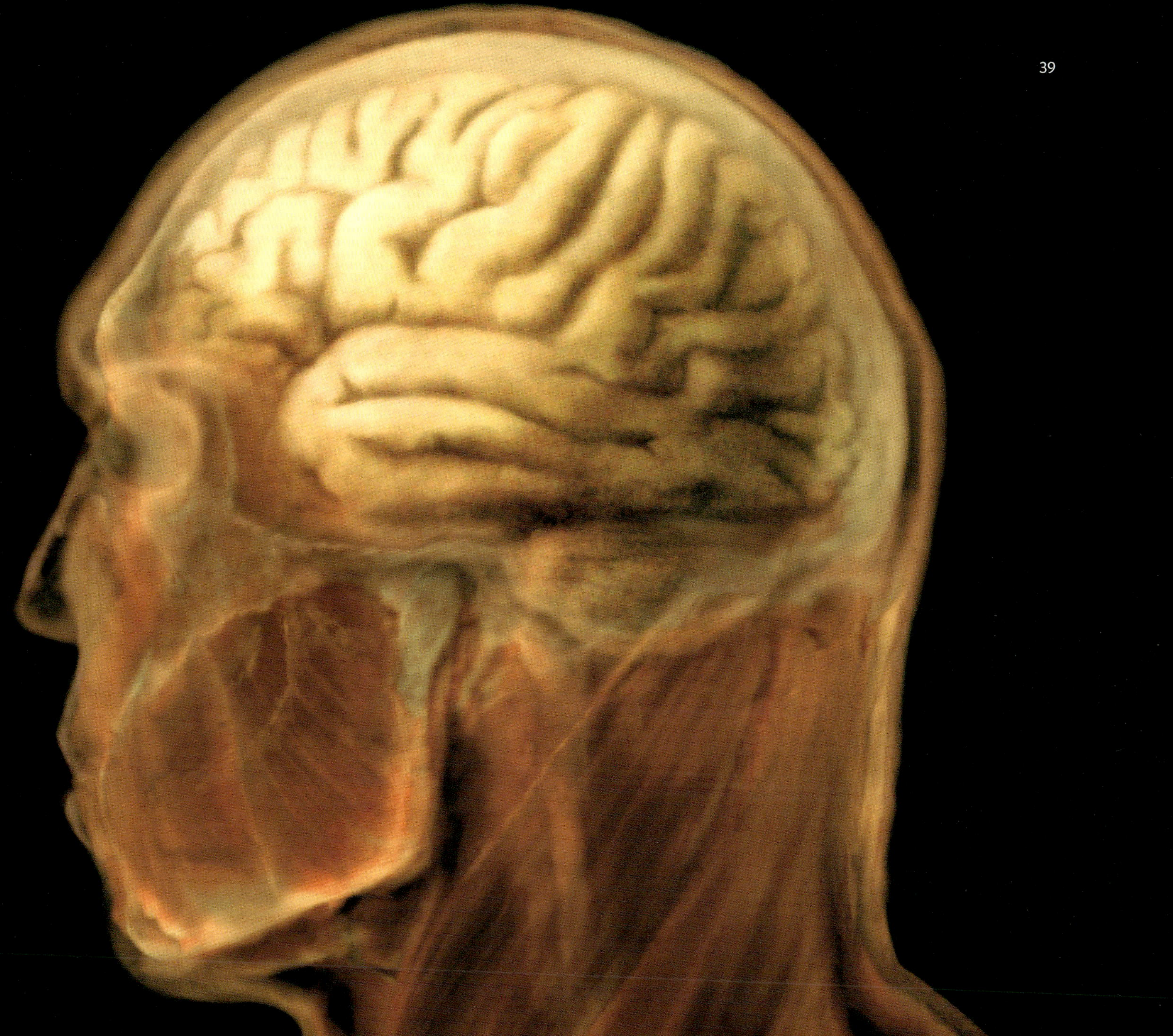

Verkehrstechnisch gesehen ist die Zellwanderung, durch die sich das Denkzentrum (die Großhirnrinde) herausbildet, der reinste Albtraum. »Das ist so, als würde sich die gesamte Bevölkerung der [amerikanischen] Ostküste massenhaft auf den Weg zur Westküste machen«, sagte der Neurowissenschaftler Dr. Pasko Rakic von der Yale University, »und auf dem Weg dorthin durch Cleveland, Chicago und Denver marschieren.« Wenn sich im siebten Schwangerschaftsmonat die beiden Vorderhirnhälften über fast alle anderen Hirnstrukturen legen, ergeben sich an ihren Oberflächen präzise Windungen und Furchen, die in jedem normalen menschlichen Gehirn an exakt denselben Stellen liegen, genau dieselbe Tiefe haben und genau dieselben Verbindungen zu anderen Furchen aufweisen. Die Vernetzungskarte dieser Superstruktur, zu der schätzungsweise 10 Billionen Verbindungen gehören – geknüpft zwischen nicht weniger als rund 100 Milliarden Nervenzellen im menschlichen Hirn –, würde die des Internets mühelos in den Schatten stellen.

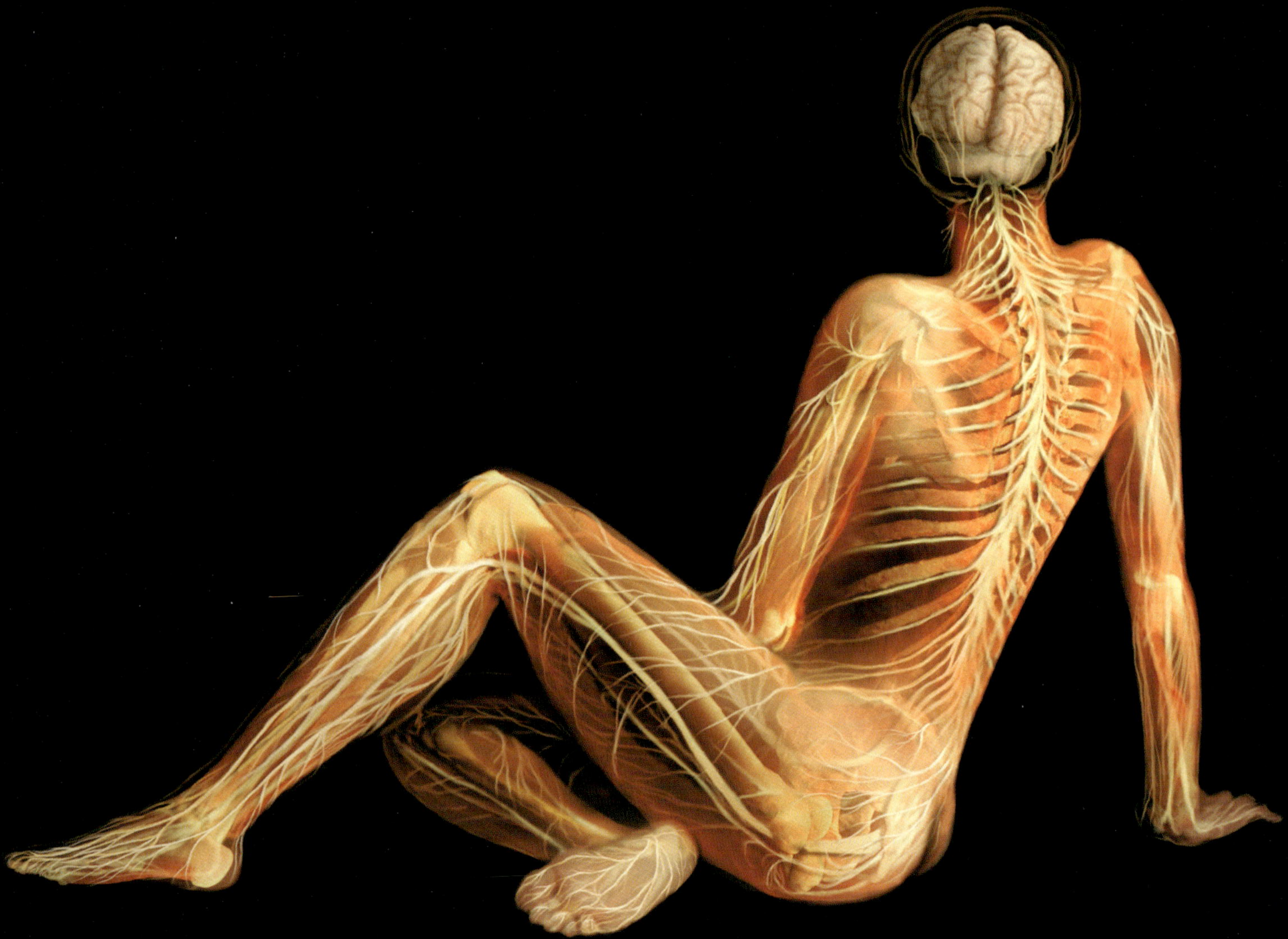

DAS GANZE SYSTEM

Es sind die nicht denkenden Teile des Nervensystems, die den Körper unter Kontrolle haben und die das vielseitige Geschäft des Lebens so steuern, dass das Großhirn in Ruhe darüber nachdenken kann, was all das bedeutet. In Schädel und Rückgrat eingeschlossen sind die Nervenstränge, die für Informationsverarbeitung und Steuerung der Aktionen zuständig sind – das Zentralnervensystem (ZNS), das zwar extrem leistungsfähig, aber letztlich auch sehr anfällig ist: Werden diese Nervenstränge durchtrennt oder verletzt, wachsen sie nicht nach. Demgegenüber sind die Nervenzellen des peripheren Systems außerhalb des ZNS individuell weniger komplex und wachsen im Verletzungsfall problemlos nach. Die peripheren Nerven sind funktional organisiert und an Meridiane angegliedert, die sich kreuz und quer durch den Körper ziehen. Sie übermitteln Sinnesinformationen, stimulieren die willkürliche Muskulatur oder übermitteln Anweisungen an Organe und Drüsen. Letzteres, das vegetative Nervensystem, ist nochmals in zwei deutlich unterschiedliche Systeme gegliedert, das sympathische und das parasympathische System. Die sympathischen Nerven steuern die Abteilung »Kampf oder Flucht«: In Stress-Situationen beginnen wir unwillkürlich zu schwitzen, während unser Herz rast. Die parasympathischen Nerven indes beruhigen den Körper und sparen Energie, wenn alles wieder in Ordnung ist.

GESCHLECHTSUNTERSCHIEDE

Vor fünfzig Jahren wies der Psychotherapeut C. G. Jung Freuds Theorie der Sexualität als zu mechanistisch zurück. Das Gehirn werde ja nur noch als »Fortsatz der Geschlechtsdrüsen« betrachtet. Heute haben Wissenschaftler in der Tat herausgefunden, dass beim Mann der Penis völlig der Kontrolle durch das ZNS untersteht, im Erregungs- wie im Ruhezustand. An den sexuellen Reaktionen des Mannes sind viele Gehirnregionen beteiligt – von der Formation im Hirnstamm, die die Atmung vertieft, bis zu jenen Teilen der Großhirnrinde, die erotische Fantasien entstehen lassen. In der Erregungsphase veranlassen die vom Gehirn oder von physischer Stimulation ausgehenden Signale die Penisnerven, Chemikalien abzusondern, die den Gefäßmuskeln der Arterien den Befehl zur Entspannung geben. Es kommt zu einem Blutstau im Penis und damit zur Erektion. Auch die Beendigung der Aktivitäten des sympathischen Nervensystems fördert Erektionen, während es praktisch unmöglich ist, sexuell erregt zu werden, solange man auf der Flucht vor einem Bären ist.

Bei Frauen sorgt allein schon die Zahl der stimulierenden Neuronen dafür, dass die sexuelle Reaktion direkter, unvermittelter ist. Denken Sie nur an die Klitoris, die, wie Natalie Angier schreibt, »nichts als ein Nervenbündel ist. 8000 Nervenfasern, um genau zu sein. Das ist eine höhere Konzentration von Nervenfasern als irgendwo sonst im Körper, einschließlich der Fingerspitzen, der Lippen und der Zunge, und doppelt so viele wie im Penis. Wenn man so will, ist also das ›kleine Gehirn‹ der Frau größer als das des Mannes.« Punkt für Dr. Sigmund Freud.

MANN

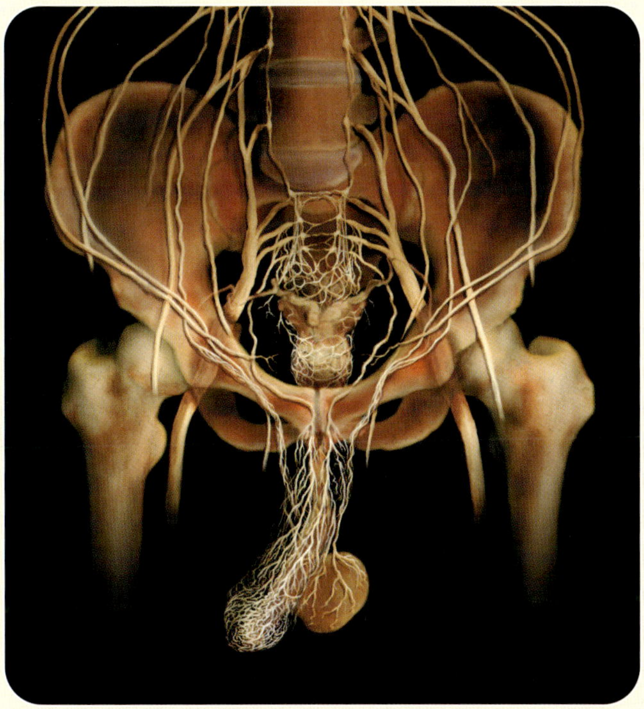

FRAU

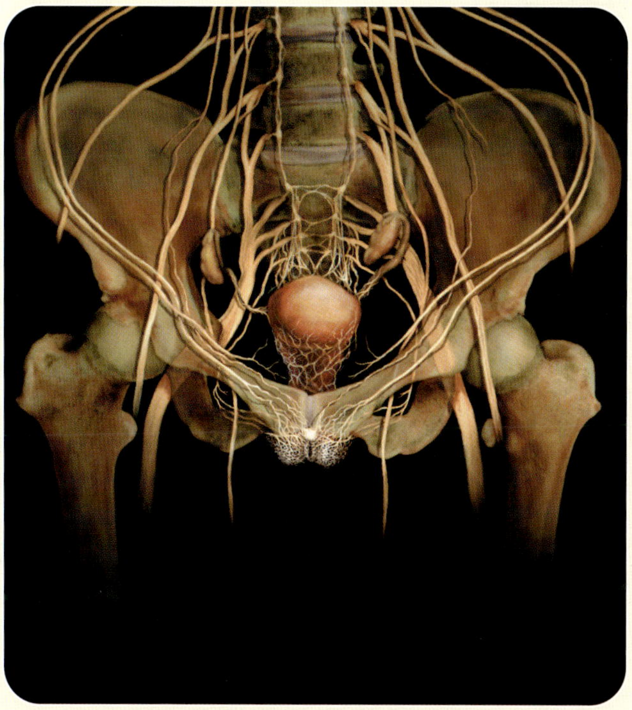

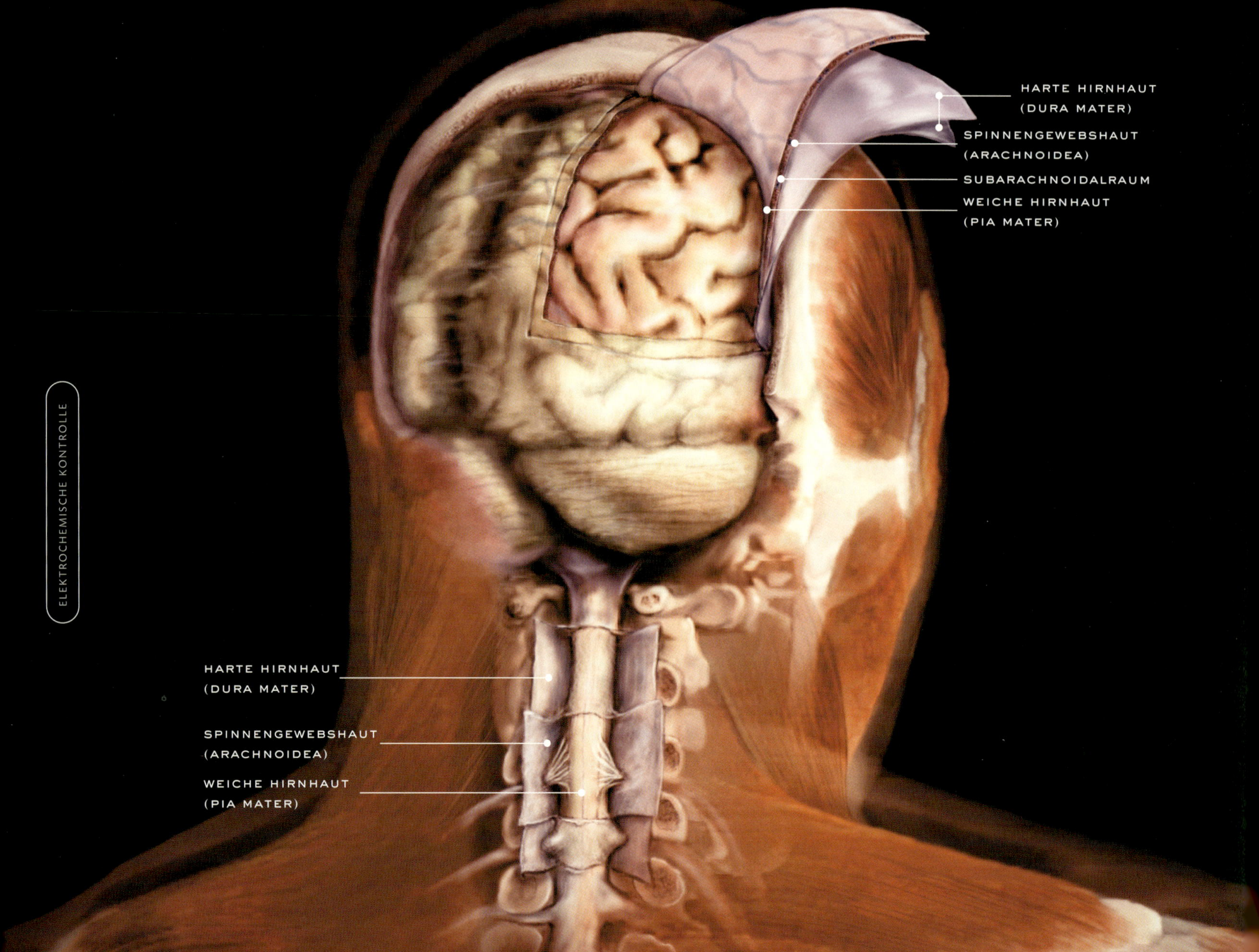

SYSTEMSCHUTZ

Neurochirurgen gehen davon aus, dass ein Kopftreffer bei einem Schwergewichtsboxer dieselbe Wucht hat wie der Schlag eines Zehnpfund-Hammers, der mit 30 km/h auf den Kopf trifft. Ohne die Schutzmechanismen des ZNS – ein ausgeklügeltes System von Flüssigkeitsstoßdämpfern – wären unsere Nervenzentren so exponiert und verletzungsanfällig für mechanische Einwirkungen wie ein Weichtier ohne Schale. Doch auch so sind die Annalen des Boxsports voll von tödlichen Unfällen und Gehirnschäden, weil Boxer ständig an Kopf und Nacken getroffen werden.

Ein sanft zirkulierendes Polster aus Gehirnflüssigkeit trennt die harten Schädelknochen (die bei heftigen Stößen durchaus brechen können) vom weichen Gewebe des Gehirns. Die Flüssigkeit zirkuliert auch im Rückenmarkskanal, wo sie durch Bewegung der Wirbel an der Rückseite absinkt und an der Vorderseite wieder aufsteigt. Wie eine weiche Folie bedecken drei Membranen, die Gehirnhäute, das Gehirn: eine mit Blutgefäßen reich versehene äußere Haut, die auch die Schädelknochen versorgt; eine mittlere Schicht aus elastischem Bindegewebe, die wegen ihrer Textur Spinnengewebshaut genannt wird; und eine empfindliche innere Schicht, die sich jeder Windung und Furche genau anpasst und in der die klare Gehirnflüssigkeit zirkuliert.

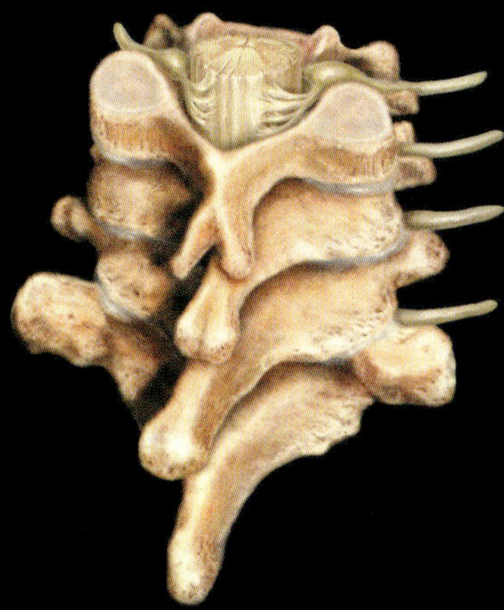

DAS RÜCKENMARK WEIST DURCH DIE IN DEN ZWISCHENWIRBELLÖCHERN AUSTRETENDEN NERVENPAARE STACHELÄHNLICHE STRUKTUREN AUF.

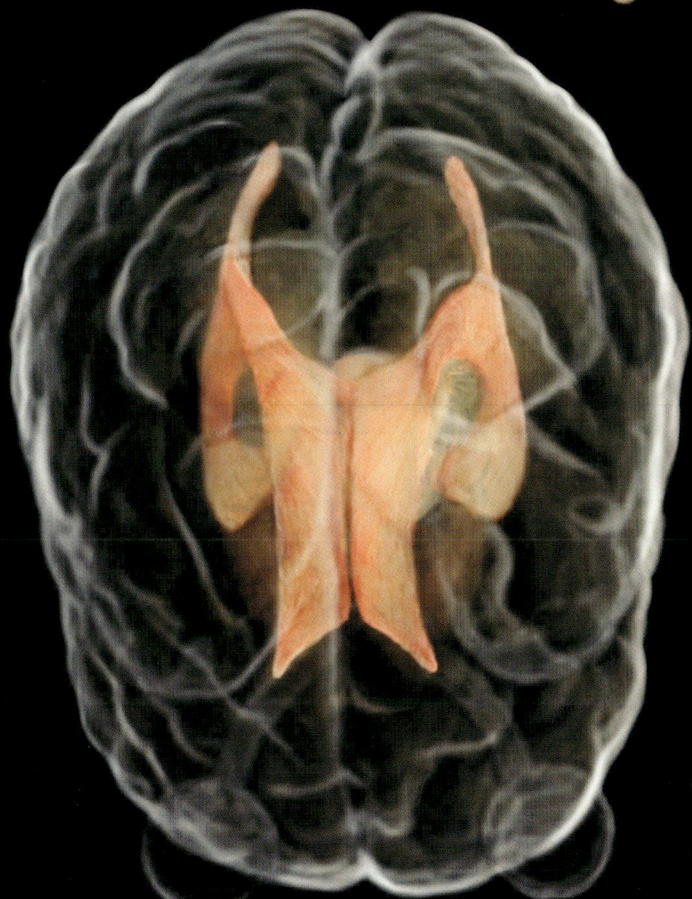

HORNFÖRMIGE HOHLRÄUME UNTER DEM GROSSHIRN PRODUZIEREN DIE GEHIRNFLÜSSIGKEIT UND SPEISEN SIE ÜBER EIN HAUPTAQUÄDUKT IN DAS FLÜSSIGKEITSSYSTEM VON GEHIRN UND RÜCKENMARK EIN. SIE FUNKTIONIEREN WIE EIN PUMPENHAUS IM ZENTRUM EINES WASSERWERKS. WEIL DIE KAMMERN SELBST JEDOCH KEINE MECHANISCHEN FÄHIGKEITEN HABEN, KOMMT DIE ZIRKULATION DURCH DAS PULSIEREN DER BENACHBARTEN BLUTGEFÄSSE ZUSTANDE.

»Sehen und Hören hatten sich in ihre Hände verlagert – Hände, die Licht aus der Dunkelheit und Geräusche aus der ewigen Stille schaffen. Nur diese Hände ermöglichen Gemeinschaft mit der Natur und den Mitmenschen.«

Der Fotograf Yousef Karsh über sein Porträt Helen Kellers, das sich auf ihre Hände und ihr Gesicht konzentriert.

SINNESWAHRNEHMUNG UND BEWEGUNG

Wenn Gott in Michelangelos klassischer Darstellung der Schöpfung mit seiner Hand auf Adam zeigt, geschieht diese Hinwendung mit seiner »mächtigen« rechten Hand. Hände sind fünfzackige Antennen, außerordentlich vielseitig und geschickt. Sie können äußerst delikate Botschaften aussenden und empfangen – durch den Tastsinn. Lange bevor sich die Augen von Neugeborenen auf einen Gegenstand kon-

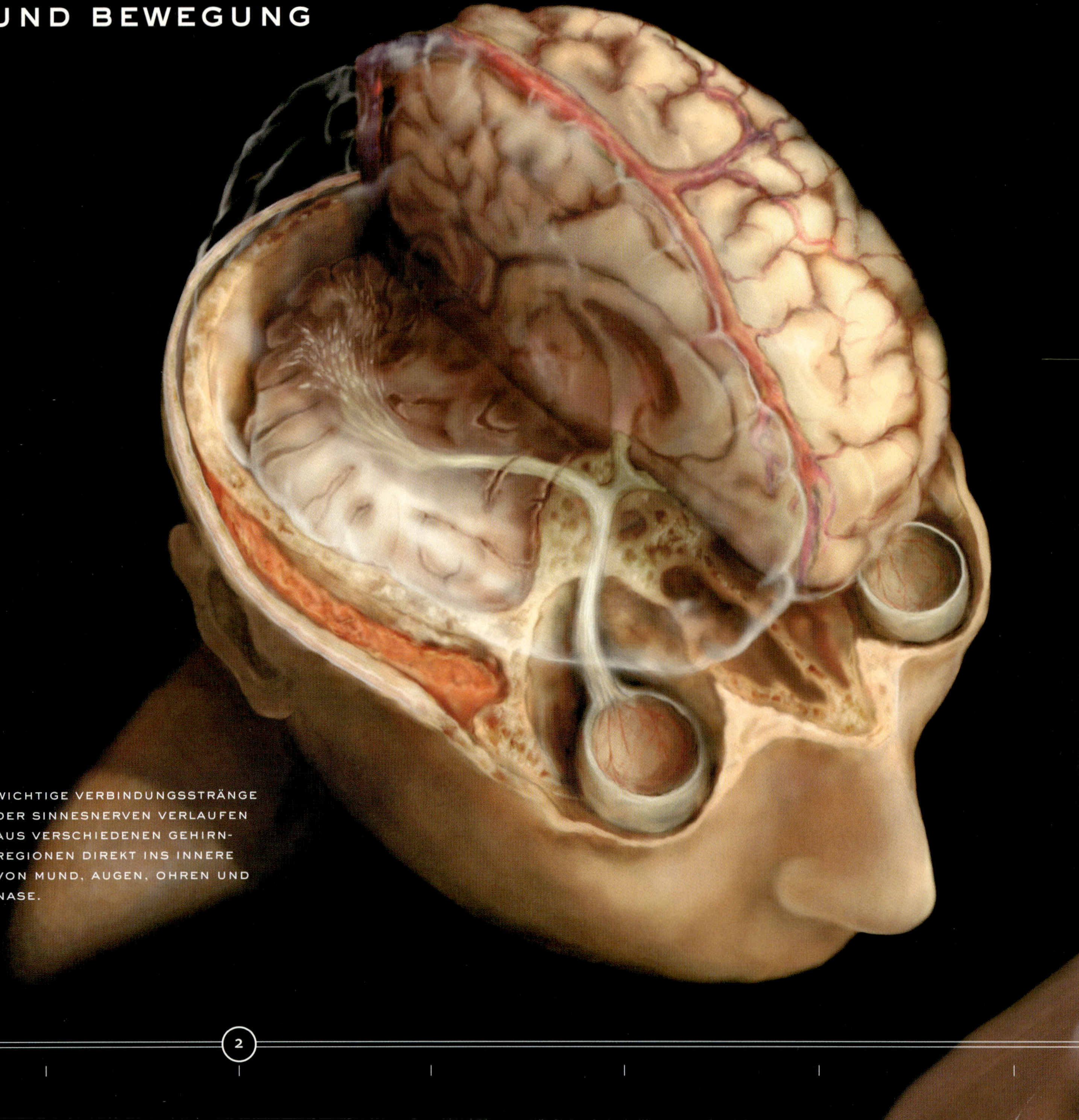

WICHTIGE VERBINDUNGSSTRÄNGE DER SINNESNERVEN VERLAUFEN AUS VERSCHIEDENEN GEHIRNREGIONEN DIREKT INS INNERE VON MUND, AUGEN, OHREN UND NASE.

zentrieren können und lange bevor die Geräusche, die sie hören, verständlich werden, ist ihre mit Neuronen filigran durchsetzte Haut an Handflächen und Fingern das wichtigste Instrument zum »Begreifen« der Welt. Dabei sind zwei verschiedene Nervengruppen im Spiel. Zum einen sind es die motorischen Nerven, die Bewegungssignale an Dutzende von Muskeln aussenden, welche, einzeln oder gemeinsam, die 27 Handknochen beugen und strecken und so die Motorik steuern. Zum anderen sind es die Sinnesnerven (sensorischen Nerven), vorwiegend in der Haut. Auf der Innenseite der Hand verlaufen zwei Nervenstränge, die sich in der Handfläche weiter verzweigen und dann in den Fingern wie Pinzetten aufeinander zulaufen. Am berührungsempfindlichsten sind die Fingerspitzen.

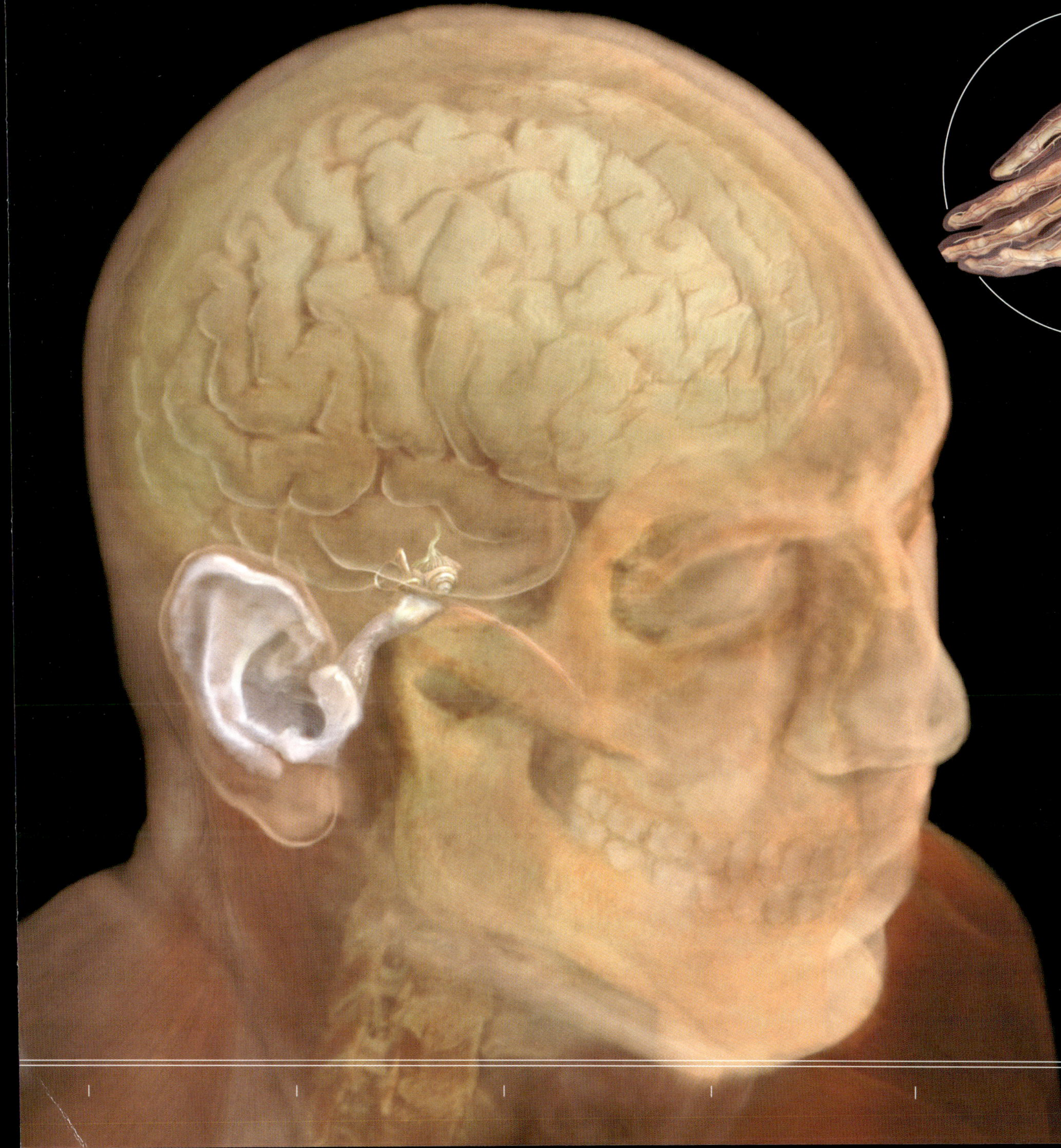

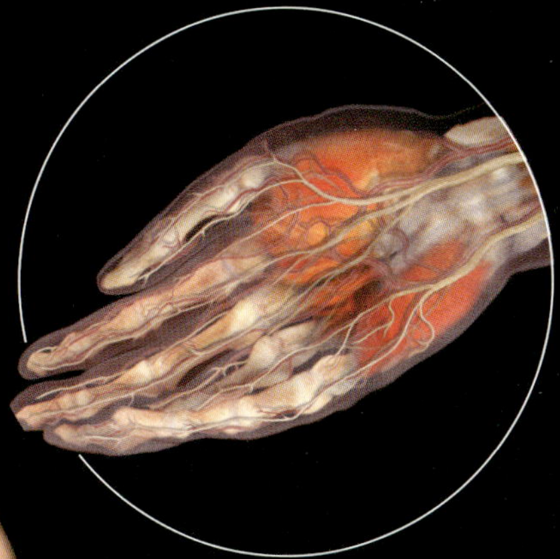

In den vierziger Jahren des 20. Jahrhunderts führte der visionäre Mathematiker Norbert Weiner am Massachusetts Institute of Technology (MIT) die Fortschritte im Computerbereich mit den Fortschritten bei der Erforschung des Nervensystems zusammen. Dabei entstand ein neues Gebiet, die Kybernetik, von Weiner als »Kontrolle und Kommunikation in Tieren und Maschinen« definiert. Weiners Vater kannte den Physiologen Walter Cannon. Dieser hatte zehn Jahre zuvor beobachtet, dass der menschliche Körper wie andere komplexe Systeme – von Zellen bis hin zu Weltkonzernen – ein bestimmtes inneres Gleichgewicht aufrechterhält. Weiner identifizierte den zentralen Mechanismus, der dieses bewirkt, als Regelkreis (feedback loop), also als eine Reihe von Strukturen, die einen Informationskreislauf unterhalten. Wie D'Arcy und Turing glaubte auch Weiner, dass Ingenieurwesen und Mathematik zum Verständnis biologischer Mechanismen beitragen können. Inzwischen beeinflusst die Kybernetik weite Bereiche des modernen Systemdenkens – von der Kommunikationsweise der Moleküle in Zellen bis zur Weltwirtschaft, von der Raketensteuerung bis zur kontrollierten Erweiterung des Internets.

REGELKREISE

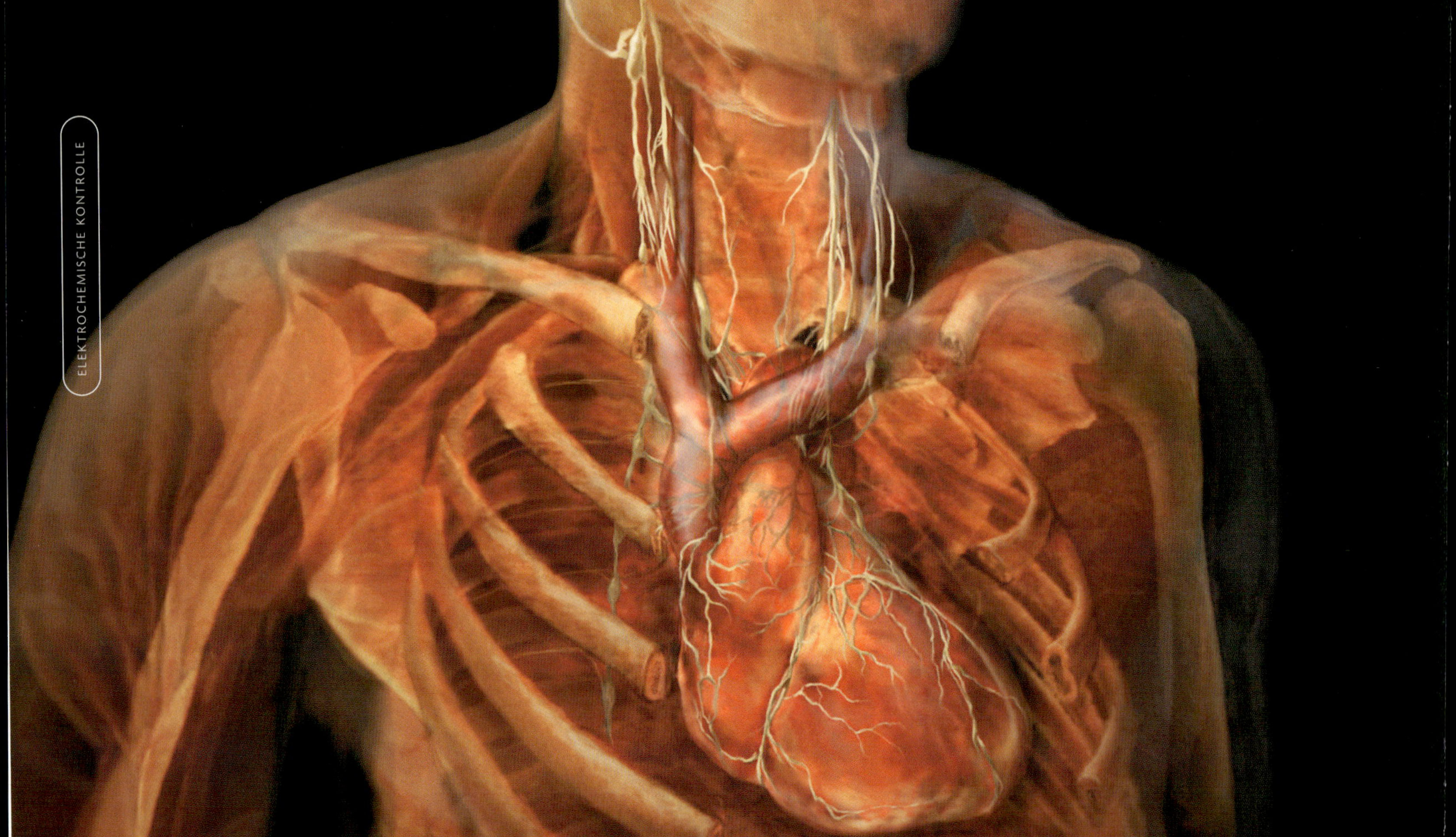

Im Zentrum des Rückkoppelungssystems der menschlichen Nerven steht der Hypothalamus, ein fingernagelgroßes, trichterförmig nach unten zeigendes System verschiedener Gewebekerne im Zwischenhirn. Die »Königin der Drüsen« steuert nicht nur automatisch Atmung, Hunger und Durst sowie die Herzfrequenz, sondern auch die Hormone, welche Verdauung, Körperchemie und Sexualität regeln. Der Hypothalamus hat direkte Nervenverbindungen zum Herz-Kreislauf-System (oben) sowie zum Verdauungssystem (rechte Seite) und steuert die Drüsen des endokrinen Systems.

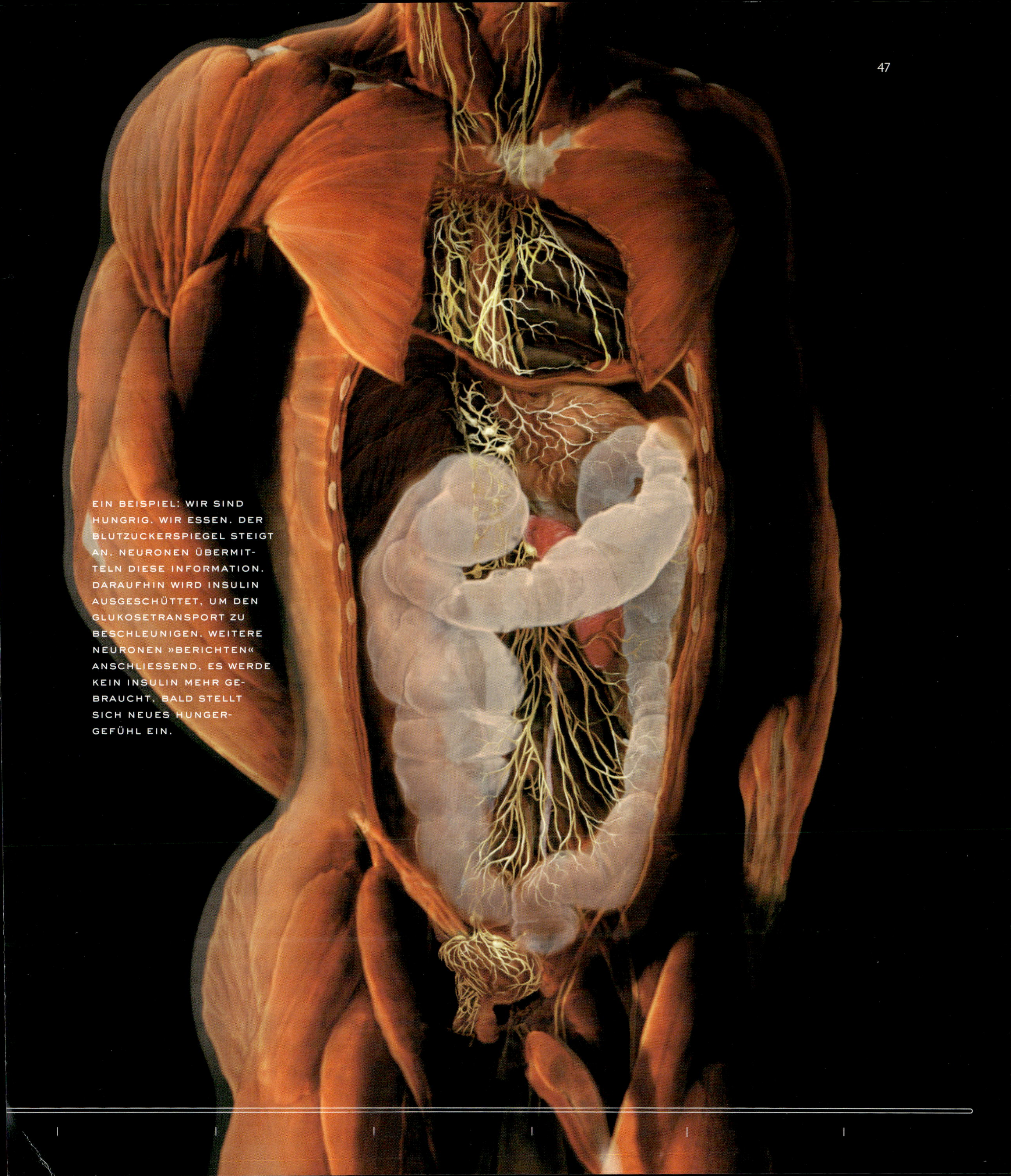

EIN BEISPIEL: WIR SIND HUNGRIG. WIR ESSEN. DER BLUTZUCKERSPIEGEL STEIGT AN. NEURONEN ÜBERMITTELN DIESE INFORMATION. DARAUFHIN WIRD INSULIN AUSGESCHÜTTET, UM DEN GLUKOSETRANSPORT ZU BESCHLEUNIGEN. WEITERE NEURONEN »BERICHTEN« ANSCHLIESSEND, ES WERDE KEIN INSULIN MEHR GEBRAUCHT. BALD STELLT SICH NEUES HUNGERGEFÜHL EIN.

In der ersten Hälfte des 19. Jahrhunderts war die Vorstellung verbreitet, man könne durch genaue Untersuchung der Schädeltopografie – aller Höcker und Vertiefungen des Schädels – die intellektuellen Fähigkeiten und Charakterzüge eines Menschen »ablesen«. Die so genannte Phrenologie (spöttisch »Höckerkunde« genannt) basierte auf der Vorstellung, jede mentale Fähigkeit habe ihren spezifischen Sitz an der Oberfläche des Gehirns. Weil man die Größe der jeweiligen Partie für einen Gradmesser des betreffenden Vermögens hielt und weil der Schädel seine Form vom Gehirn erhält, meinten die Phrenologen, sie könnten jemandes Persönlichkeit ertasten und mit Zirkel und Rechenschieber bestimmen.

Obwohl die Schädelvermessung eine grobe und sozial gefährliche Methode war, wurde die Grundannahme der Phrenologie – dass sich Denk- und Verhaltensfunktionen in den äußeren Konturen des Großhirns lokalisieren lassen – von der Forschung weitgehend bestätigt. Die beiden Großhirnhälften (Hemisphären) sind mit einer dünnen, gefalteten, grauen Schicht von Nervenzellkörpern, der so genannten Großhirnrinde, bedeckt. Deren Stärke schwankt zwischen 3 und 5 Millimeter; sie ist damit ungefähr so dick wie ein Bleistift. Hier ist der Sitz aller kognitiven Vorgänge. Verschiedene Typen von Neuronen verteilen sich unterschiedlich über die sechs Schichten dieser »grauen Substanz«, und verschiedene Regionen haben unterschiedliche Funktionen. Natürlich spielt auch die *Größe* einer Gehirnregion eine Rolle. Studien haben ergeben, dass zum Beispiel Berufsmusiker in jener Gehirnpartie, die Tönen und Geräuschen Bedeutung gibt, mehr

DIE REINE INTELLIGENZ

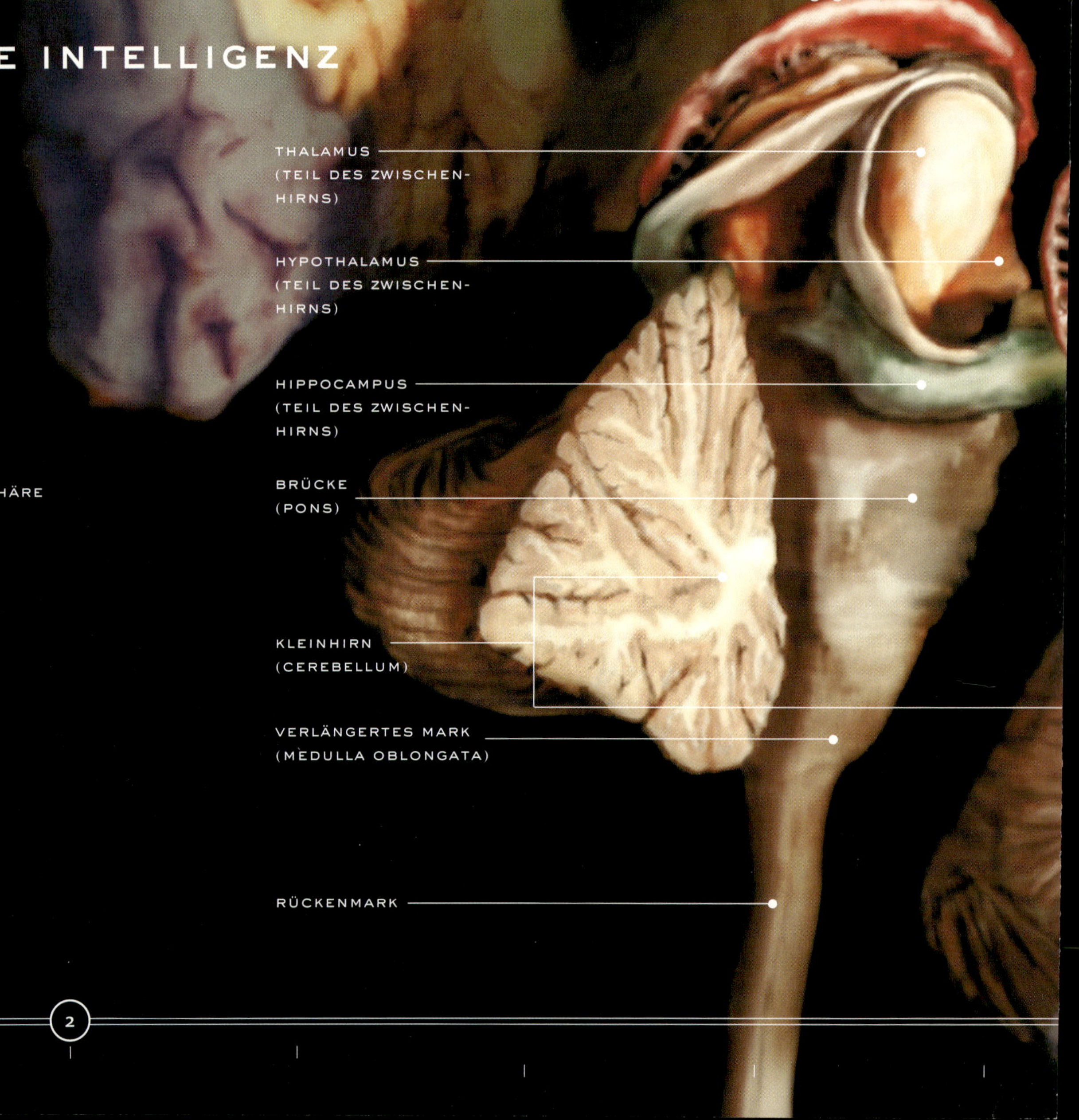

graue Substanz aufweisen als Nichtmusiker. Mit Hilfe von MRI und anderen Scantechniken gleichen Neurologen heutzutage unser Wissen über die Gehirnarchitektur mit dem Wissen über die Funktionsweise bestimmter Individuen ab. Sie versuchen auf diese Weise zu verstehen, *warum* die Betreffenden so denken und handeln, wie sie es tun. Damit sind sie letztlich denselben Geheimnissen auf der Spur wie die Phrenologen.

Die bedeutsamste Phase der Gehirnentwicklung findet in den ersten beiden Lebensjahren statt, wenn in den höheren Zentren des Gehirns eine explosionsartige Erweiterung stattfindet. Dabei handelt es sich nicht um eine Zellvermehrung, sondern um eine Vermehrung von Kontaktpunkten *(Synapsen)*. Das sind Neuronenkontaktstellen, an denen ein elektrisch übertragener Impuls mittels blitzschnell ablaufender chemischer Reaktionen auf die nächste Nervenzelle überspringt und dort einen entsprechenden Impuls auslöst. Die Anzahl der Synapsen in einer einzigen Schicht im Sehzentrum des Gehirns steigt von rund 2500 pro Neuron zum Zeitpunkt der Geburt auf bis zu 18.000 im Alter von sechs Monaten. In diesem Alter lernt der Säugling zunächst richtig zu sehen und kann damit Entfernungen abschätzen. Eine ähnlich spektakuläre Zunahme von Synapsen ist in der ganzen Großhirnrinde zu verzeichnen, denn das Neugeborene lernt ja auch zu hören, zu riechen, zu reagieren, zu tasten, zu greifen – und bald auch noch zu sprechen. Diese Entdeckung hat dazu geführt, dass die meisten Forschen den Hauptarchitekt des Gehirns nach der Geburt nicht in den Genen, sondern in der Lernerfahrung selbst sehen. Also doch: erlernt, nicht nur angeboren.

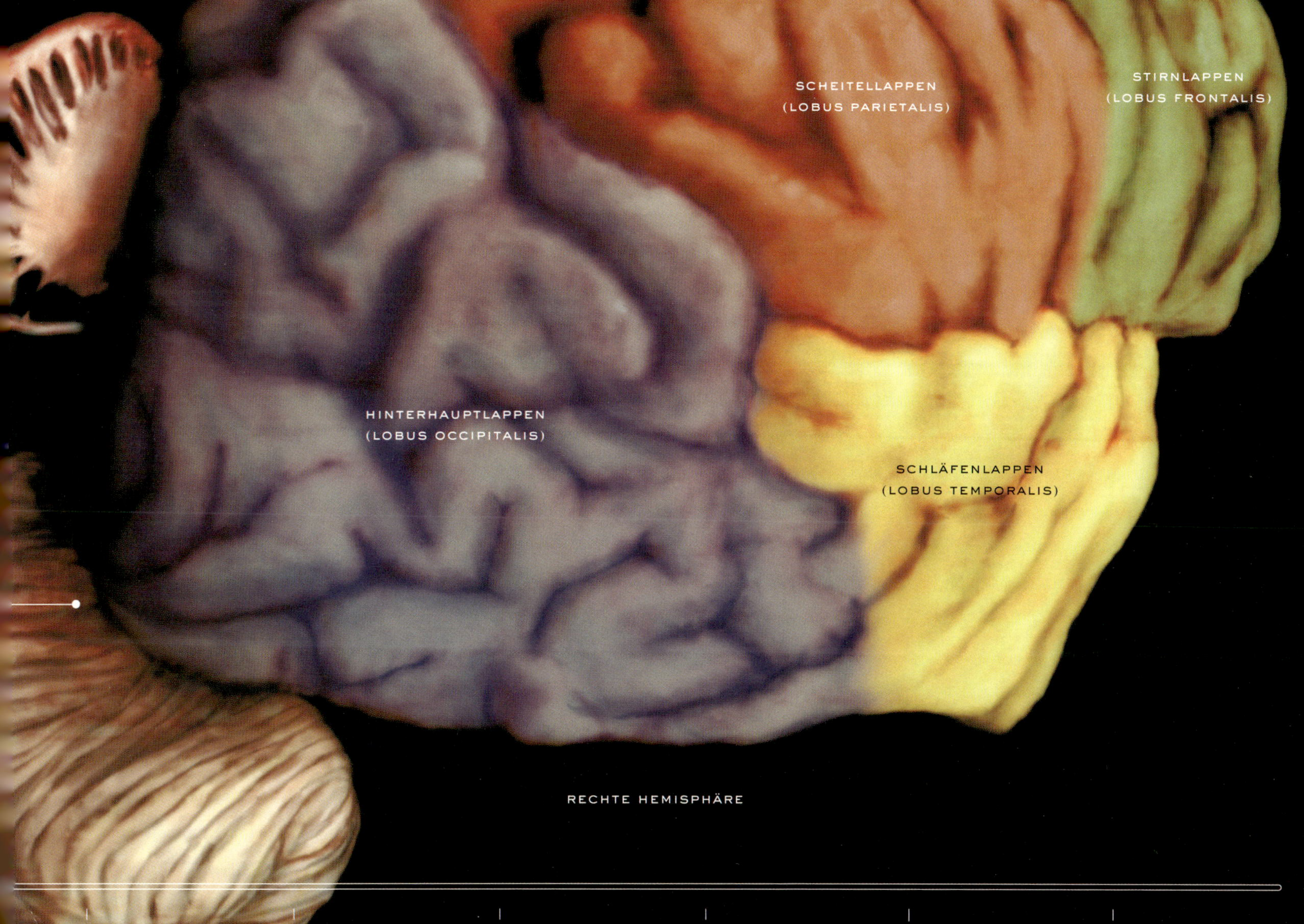

RECHTE HEMISPHÄRE

Nach Ansicht des Neurologen Paul MacLean befindet sich in unserem Schädel nicht nur ein Gehirn, sondern insgesamt drei. Jede Schicht stellt demgemäß gegenüber der darunterliegenden, älteren einen evolutionären Fortschritt dar – wie bei einer archäologischen Ausgrabung. Ungefähr so, als wäre ein modernes Bürogebäude über einer mittelalterlichen Burg errichtet, die wiederum auf den Fundamenten eines antiken Tempels steht. Diese unteren Bereiche sind jedoch nicht nur Reste und Ruinen; nein, sie funktionieren weiterhin. Alle drei Strukturen sind miteinander verbunden, aber sie operieren unabhängig voneinander, jede »mit ihrer eigenen speziellen Intelligenz, ihrer eigenen Subjektivität, ihrem eigenen Gefühl für Raum und Zeit und ihrem eigenen Gedächtnis«. Das widerspricht der traditionellen hierarchischen Sichtweise, der zufolge die höchste Ebene (das rationale Denken) alle anderen Gehirnfunktionen dominiert. MacLean hat jedoch zeigen können, dass die niederen Systeme die höheren Mentalfunktionen bei Bedarf überlagern können.

Das Zwischenhirn ist für Gefühle und Instinkte zuständig. Es handelt sich dabei um eine walnussgroße, ringförmige Reihe von Strukturen. Diese Hirnregion ist mit Funktionen geradezu vollgestopft. Sie bestimmt die Stimmungs- und Ge-

KERNFORMEN

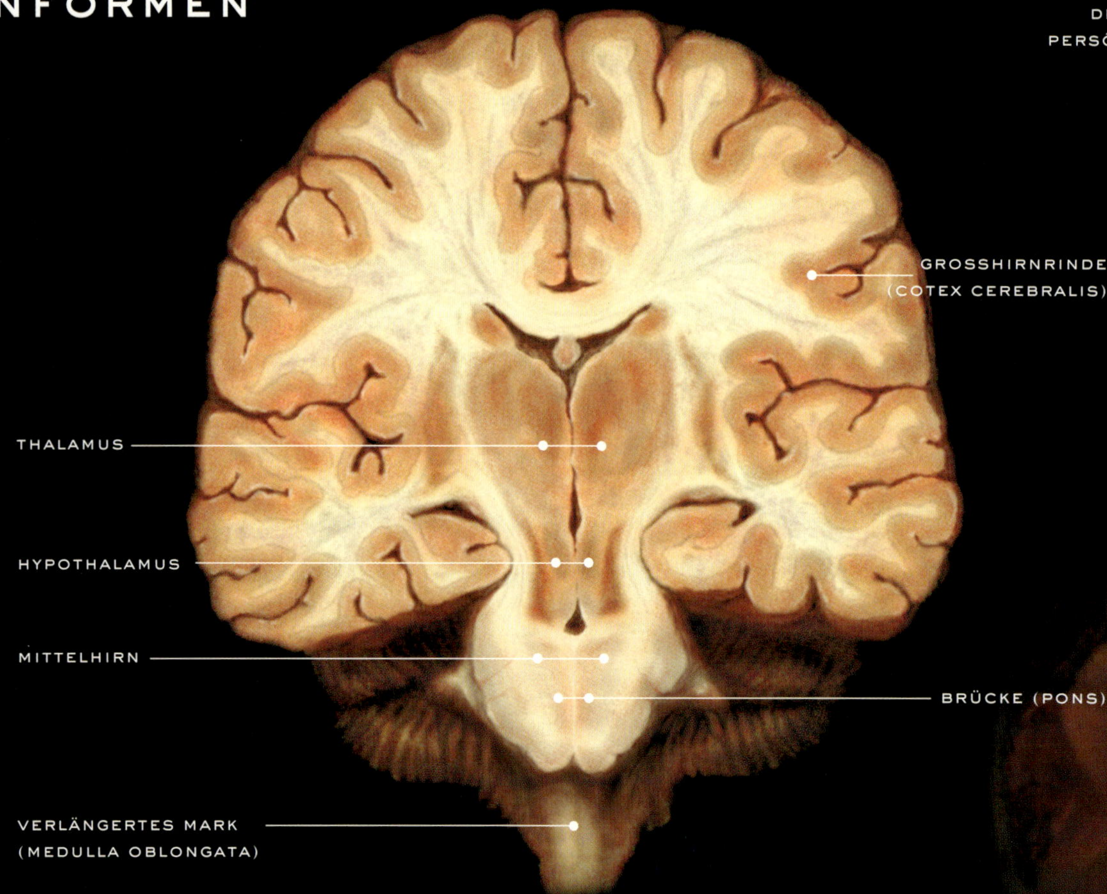

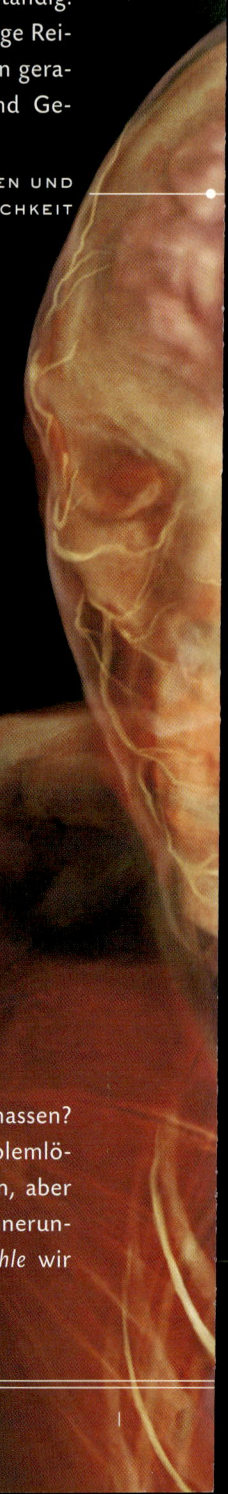

fühlslage eines Menschen, sie »besetzt« Erinnerungen und Ereignisse mit Wertigkeiten oder Ladungen, damit wir spontan wissen, wie wir handeln müssen. Von dieser Region gibt es zwei Direktverbindungen zu den zwiebelförmigen Rezeptoren in der Nase, was erklärt, warum Gerüche längst vergessene Erinnerungen und Emotionen wachrufen können. Sollen wir auf andere zugehen oder zurückweichen? Sie lieben oder hassen? Die darüber liegende Großhirnrinde mag zwar für Problemlösungen, Planung und Organisation verantwortlich sein, aber diese innere Region (unsere Burg), die emotionale Erinnerungen registriert und speichert, bestimmt, welche *Gefühle* wir mit unseren Aktionen verbinden.

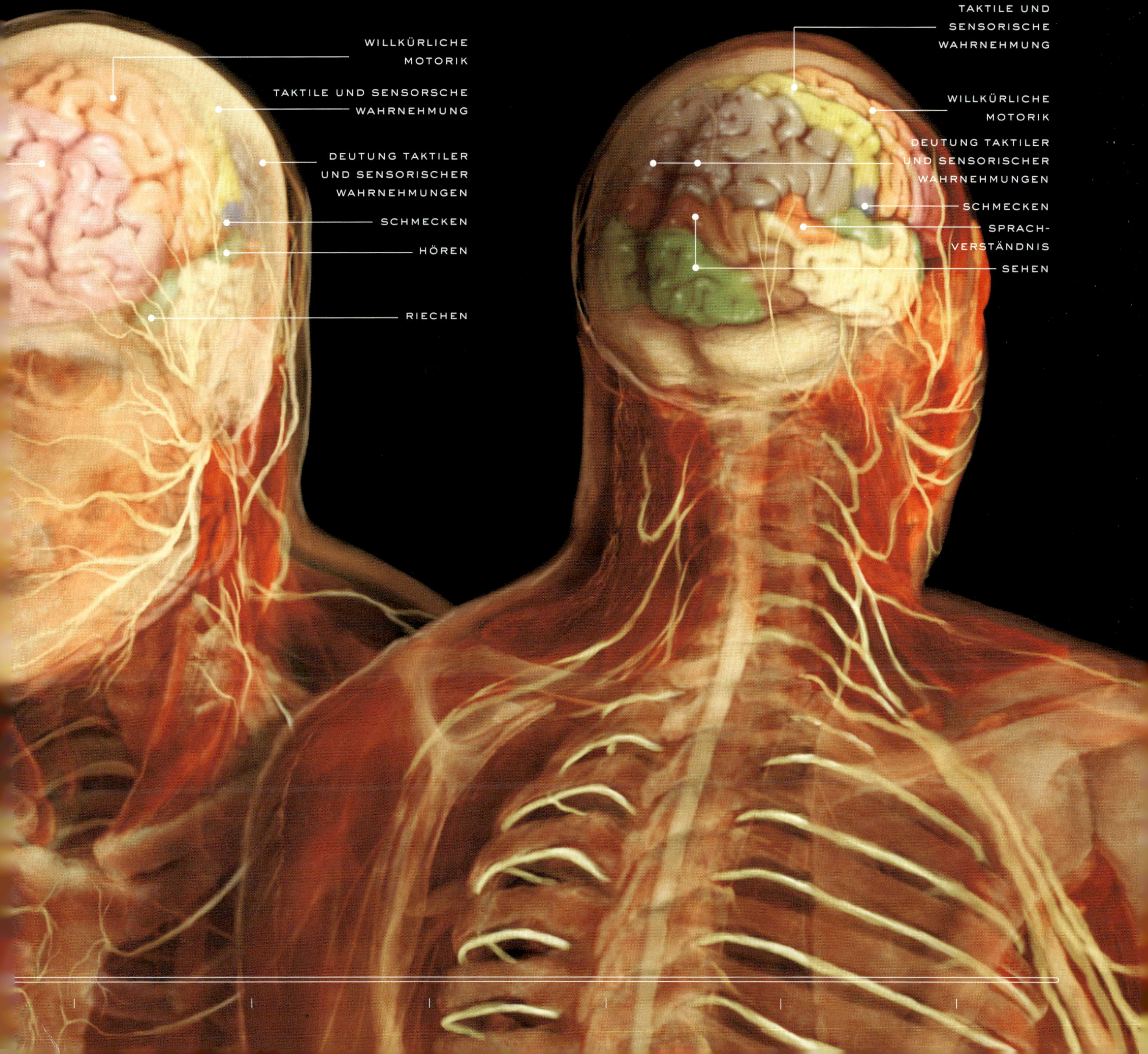
WILLKÜRLICHE MOTORIK
TAKTILE UND SENSORSCHE WAHRNEHMUNG
DEUTUNG TAKTILER UND SENSORISCHER WAHRNEHMUNGEN
SCHMECKEN
HÖREN
RIECHEN
TAKTILE UND SENSORISCHE WAHRNEHMUNG
WILLKÜRLICHE MOTORIK
DEUTUNG TAKTILER UND SENSORISCHER WAHRNEHMUNGEN
SCHMECKEN
SPRACH-VERSTÄNDNIS
SEHEN

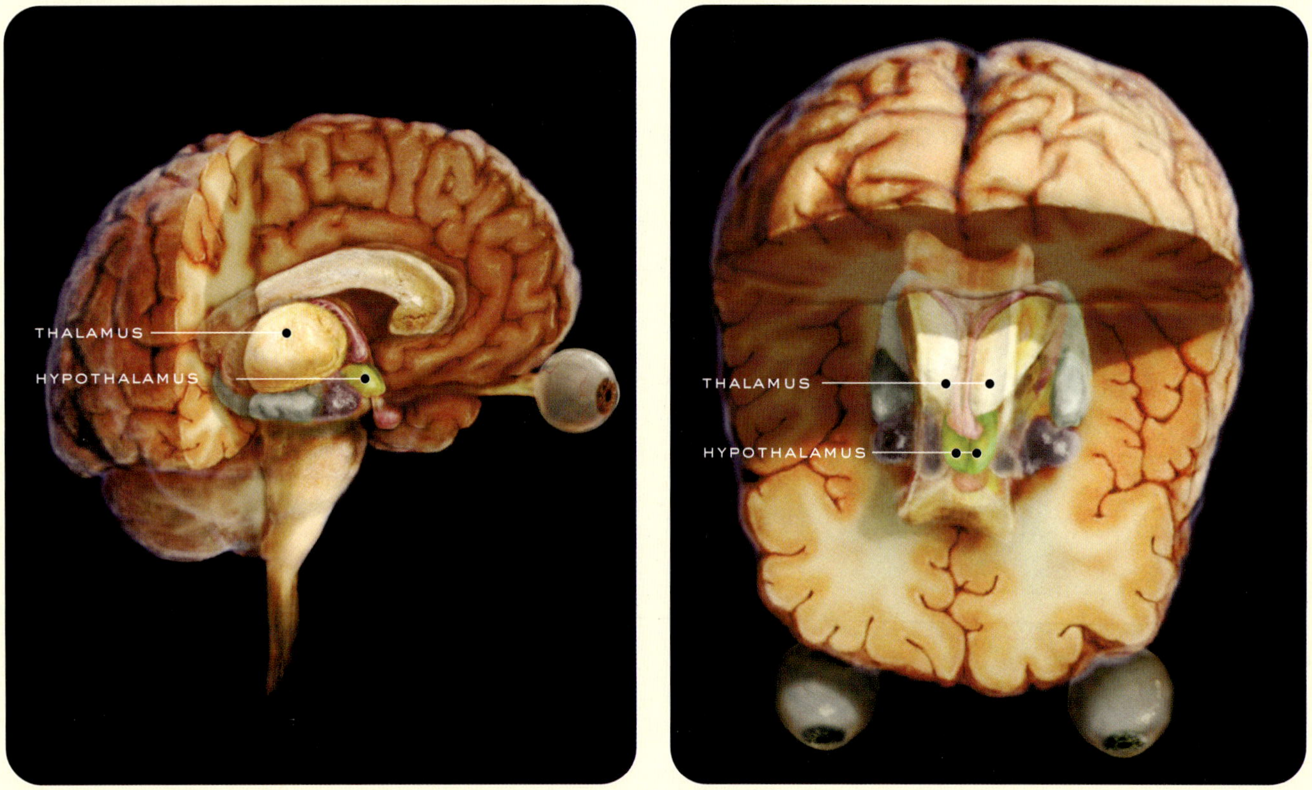

MANN

FRAU

UNTERSCHIEDE ZWISCHEN MANN UND FRAU

Neurobiologen haben vor allem in zwei Regionen des menschlichen Gehirns Unterschiede entdeckt: beim »Hauptverbindungskabel« zwischen den Hemisphären, dem so genannten Balken (Corpus callosum) und beim Hypothalamus, dem Schaltzentrum der primitiven Gehirnstruktur.

Ein Kern aus Zellen im Vorderteil des Hypothalamus, der wahrscheinlich das Sexualverhalten steuert, ist beim Mann doppelt so groß wie bei der Frau und er enthält die doppelte Zahl von Neuronen. Dagegen ist ein anderer Kern, der als Zeitgeber fungiert – er regelt den Tag-und-Nacht-Rhythmus und bei Frauen auch den Monatszyklus –, bei Frauen länger als bei Männern. Welche funktionalen Unterschiede damit einhergehen, müssen die Wissenschaftler allerdings noch herausfinden.

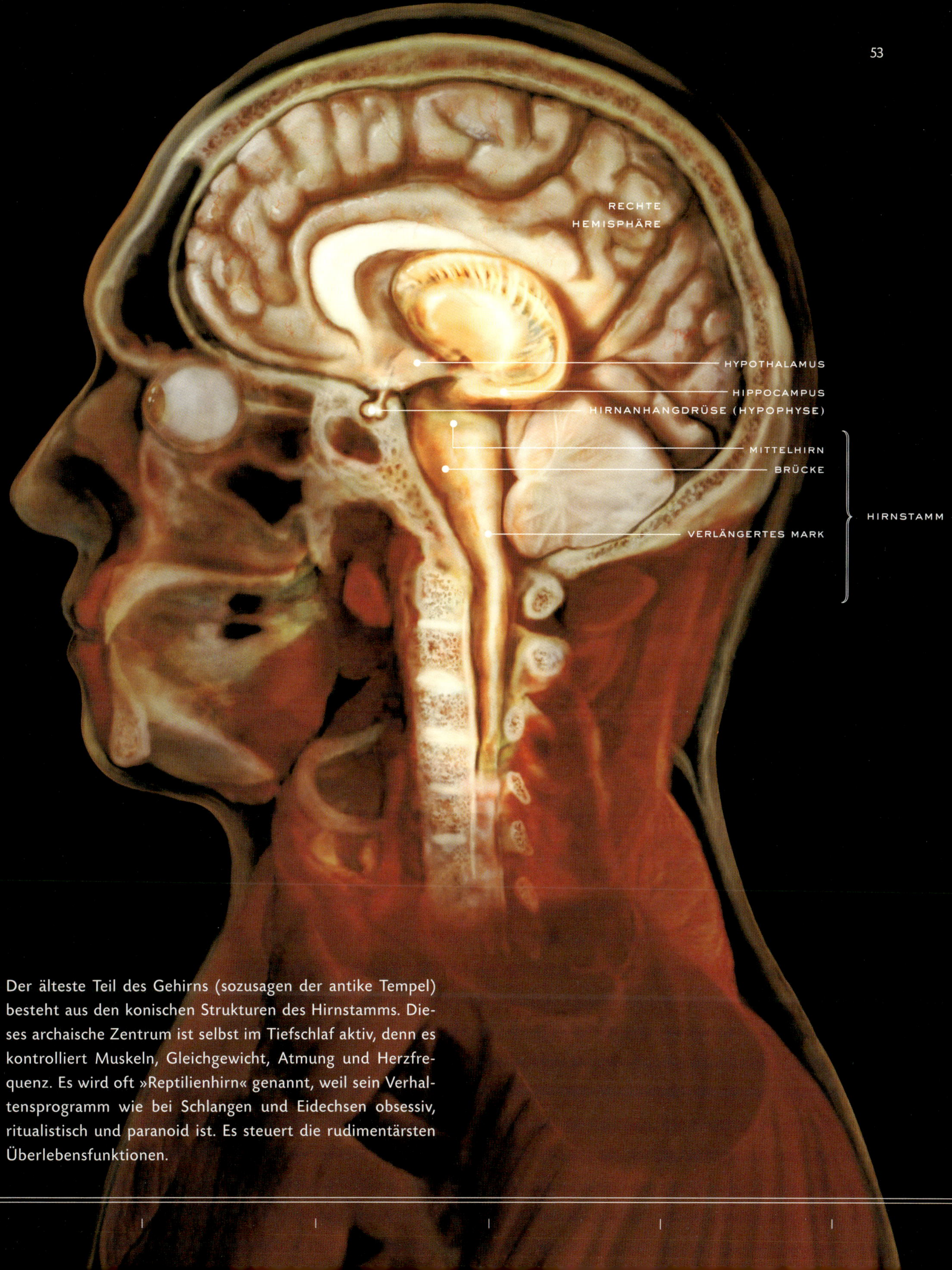

Der älteste Teil des Gehirns (sozusagen der antike Tempel) besteht aus den konischen Strukturen des Hirnstamms. Dieses archaische Zentrum ist selbst im Tiefschlaf aktiv, denn es kontrolliert Muskeln, Gleichgewicht, Atmung und Herzfrequenz. Es wird oft »Reptilienhirn« genannt, weil sein Verhaltensprogramm wie bei Schlangen und Eidechsen obsessiv, ritualistisch und paranoid ist. Es steuert die rudimentärsten Überlebensfunktionen.

Paarweise gefächert, entspringen der Unterseite des Gehirns zwölf Hirnnervenstränge. Sie haben überwiegend mit Aktivitäten im Kopf- und Halsbereich zu tun. Jedes Paar koordiniert eine spezifische sensorische und/oder motorische Aktivität und ist am entfernten Ende mit Muskelzellen, Drüsen oder Organen verbunden oder aber mit spezifischen Nervenkonzentrationen, die der Übermittlung und Sammlung von Informationen aus der Außenwelt dienen. Das sind zum Beispiel Geschmacksknospen auf der Zunge und Lichtrezeptoren im Auge.

DIE DREHSCHEIBE

I **RIECHNERV** (Nervus olfactorius) – Verbindung mit dem Naseninneren; übermittelt Informationen über Gerüche

II **SEHNERV** – ein Bündel aus etwa 1 Million Fasern; übermittelt visuelle Signale von der Netzhaut zum Gehirn

III **(IV UND VI) AUGENMUSKELNERVEN (III: NERVUS OCULOMOTORIUS, IV: NERVUS TROCHLEARIS, VI: NERVUS ABDUCENS)** – als Überträger von Reizen für die willkürlichen Bewegungen der Augenmuskeln und Augenlider zuständig, kontrollieren auch Weitung der Pupille und Linsenanpassungen im Sehvorgang

IV **SIEHE III**

V **DRILLINGSNERV** (Trigeminus) – in drei Äste verzweigt, überträgt sensorische Signale aus Kopf, Gesicht und Zähnen, versorgt motorisch die Kaumuskulatur

VI **SIEHE III**

VII **GESICHTSMUSKELNERV** (Nervus facialis) – verzweigt sich in Verbindungen zu den Geschmacksknospen, zur Haut des Außenohrs, zu Speichel- und Tränendrüsen; kontrolliert auch die Mimik

VIII **GEHÖR- UND GLEICHGEWICHTSNERV** (Nervus vestibulocochlearis) – mit dem Gleichgewichtsorgan im Innenohr verbundene sensorische Nervenfasern, die Klang- mit Gleichgewichtsinformationen verbinden

IX **ZUNGEN-SCHLUND-NERV** (Nervus glossopharyngeus) – seine motorischen Nervenfasern kontrollieren das Schlucken, während die sensorischen Nervenfasern Informationen von Zunge und Rachen über Schmerzen, Geschmack, Berührung und Wärme übermitteln

X **VAGUS-NERV** (»umherschweifend«) – Hauptnerv des parasympathischen Systems, verbindet zahlreiche Muskeln, Drüsen und Organe, darunter Herz, Lunge und Magen; an zahllosen unwillkürlichen Funktionen beteiligt, darunter Verdauung und Herzschlag

XI **SCHULTER- UND NACKENMUSKELNERV** (Nervus accessorius) – kontrolliert die Muskelbewegungen beim Schlucken, bei Bewegungen des Kopfes und bei der Tonproduktion im Kehlkopf

XII **UNTERZUNGENNERV** (Nervus hypoglossus) – kontrolliert viele mit dem Sprechen verbundene Muskelaktivitäten der Zunge

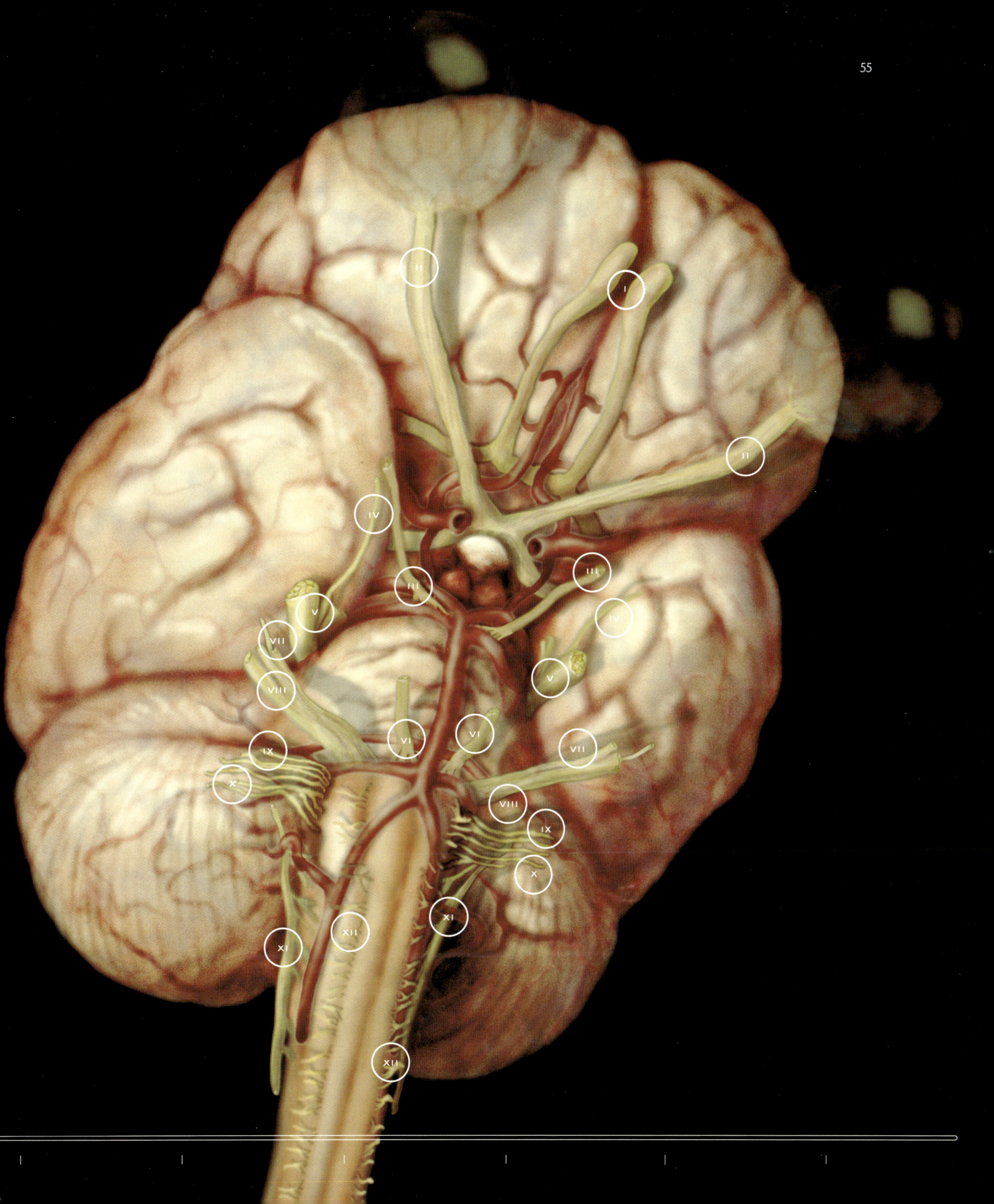
II
I
II
IV
III
III
V
IV
VII
V
VIII
VI
VI
VII
IX
X
VIII
IX
X
XI
XII
XI
XII

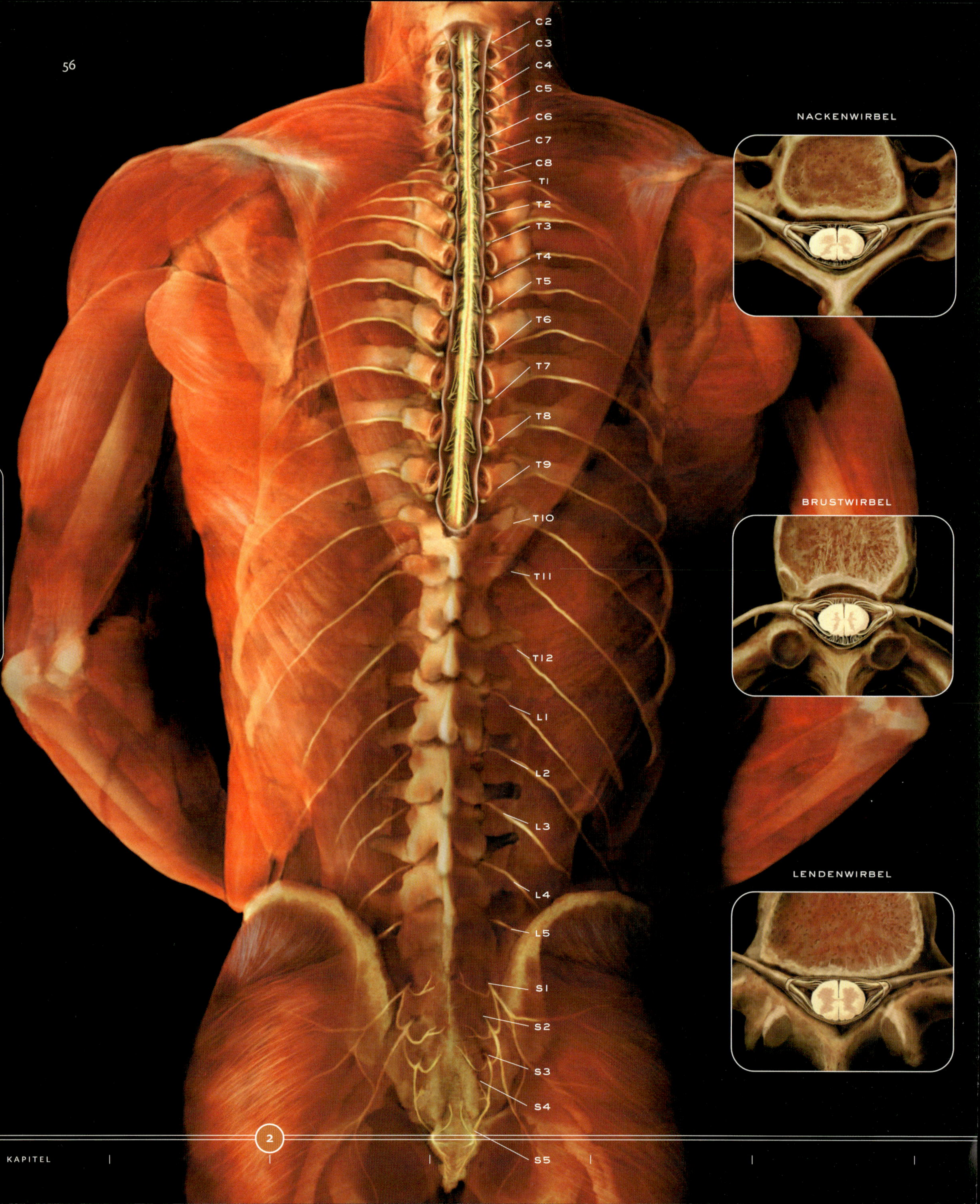

NACKENWIRBEL

BRUSTWIRBEL

LENDENWIRBEL

Der Körper muss mit allen Bereichen schnell und wechselseitig kommunizieren können. So gehen symmetrisch vom Rückenmark 29 Leitungspaare aus, die jeden Zentimeter Muskelmasse und Haut sowie jede Drüse durchdringen. Dieses 50 000 Kilometer lange Leitungsnetz übermittelt sofort Informationen ins Gehirn und aus dem Gehirn.

LAGEPLAN

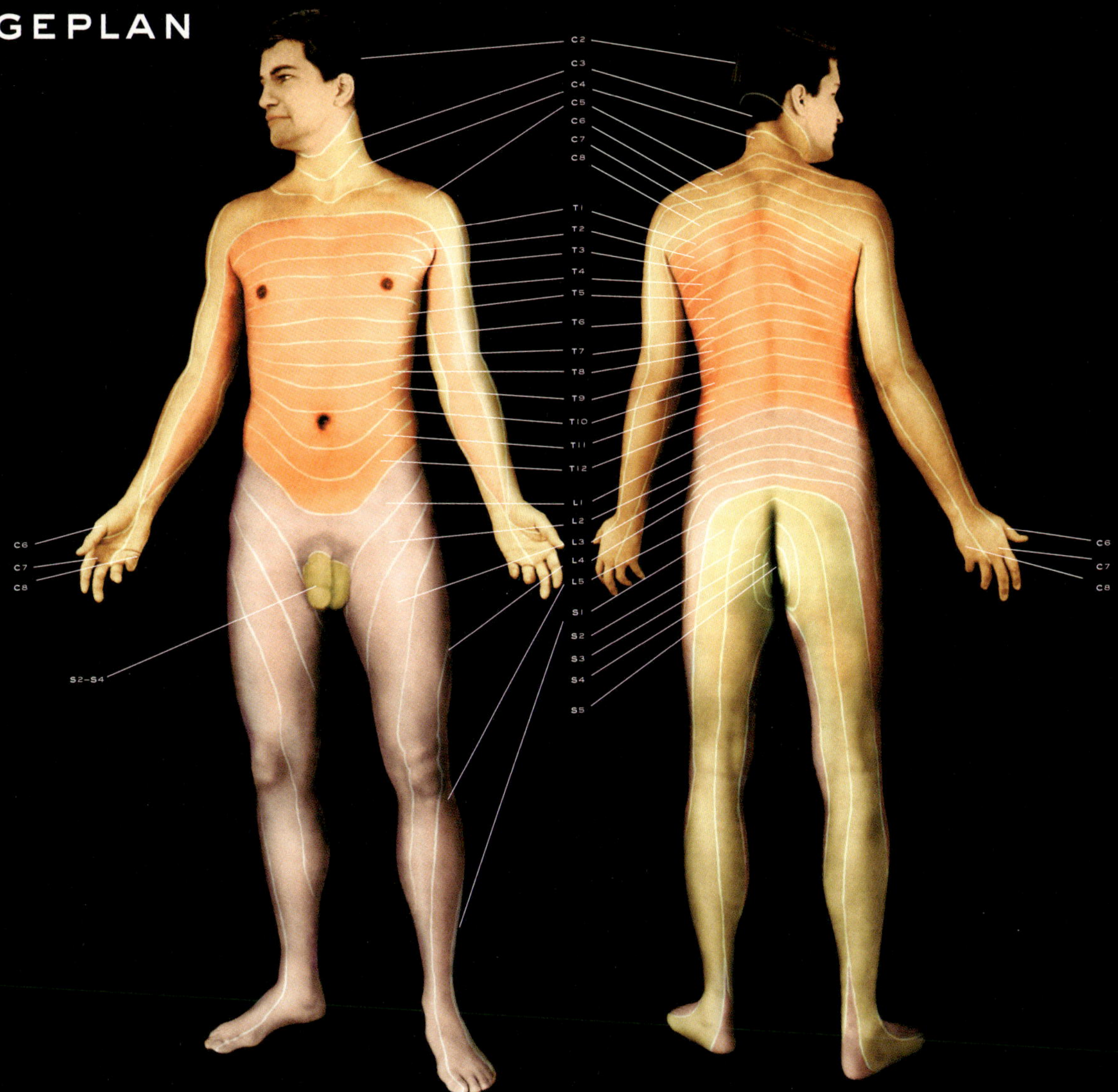

Zum Glück für uns ist das Organisationsdiagramm dieses Netzwerks unsichtbar auf unsere Haut tätowiert – was den Ärzten die Identifizierung und Beseitigung von Problemen im System ermöglicht. Die peripheren Nerven – die Hauptstränge – teilen den Körper nach Vorder- und Rückseite sowie in Regionen auf. Im Rumpf verlaufen diese Regionen weitgehend horizontal, in den Gliedmaßen hingegen vertikal. Durch Erkundung und Vermessung der Haut mittels Nadelstichen haben Neurologen den Körper in Hautareale, so genannte Dermatome eingeteilt, die es ihnen gestatten, Verletzungen und Entzündungen im Innern des Körpers zu lokalisieren – durch Rückverfolgung der Bahnen im peripheren Nervensystem. Allerdings überlappen sich die Dermatome geringfügig, sodass die Nervendistribution nur annähernd festgestellt werden kann.

Manchmal verschlingen sich die Verästelungen verschiedener Rückenmarksnerven zu Geflechten, um Regionen mit komplexen Funktionen und Bewegungsabläufen zu kontrollieren und zu versorgen. Das ist zum Beispiel im Nacken und im Schulterbereich der Fall.

Nerven sind Bündel von lebenden Kabeln. Die Basiseinheit ist die mit Fortsätzen versehene geißelähnliche Nervenzelle (das Neuron). Sie ist natürlich sehr viel mehr als nur ein Kabel. Wie andere Zellen sind auch Neuronen so entworfen, dass sie miteinander interagieren können. Das Wesen, das Ausmaß, die Unterschiedlichkeit und die Entfernungen, die bei solchen Interaktionen im Spiel sind, bedingen eine spezialisierte, hydraähnliche Form – wie ein Tintenfisch mit zwei verschiedenen Tentakelarten.

Neuronen senden kollektive Stromstöße. Sie sind so gestaltet, dass sie an einer Reihe von faserigen Zellfortsätzen elektrische Botschaften (kleine elektrische Ladungen) senden und empfangen können. Die längsten dieser Zellfortsätze sind die so genannten Axone (von denen manche bis zu 1 Meter lang sind). Sie übermitteln Botschaften (Erregungen) aus dem Zellkörper an andere Neuronen. Um die Übertragungsgeschwindigkeit zu erhöhen, sind Axone mit einer fettigen Isoliermasse umgeben, zu Gruppen gebündelt, eingewickelt und wiederum zu Strängen (Kabeln) gebündelt, die Impulse mit Geschwindigkeiten von mehr als 300 km/h übertragen können. Eine einzige Nervenzelle kann hundert Verbindungen haben.

LEBENDIGE KABEL

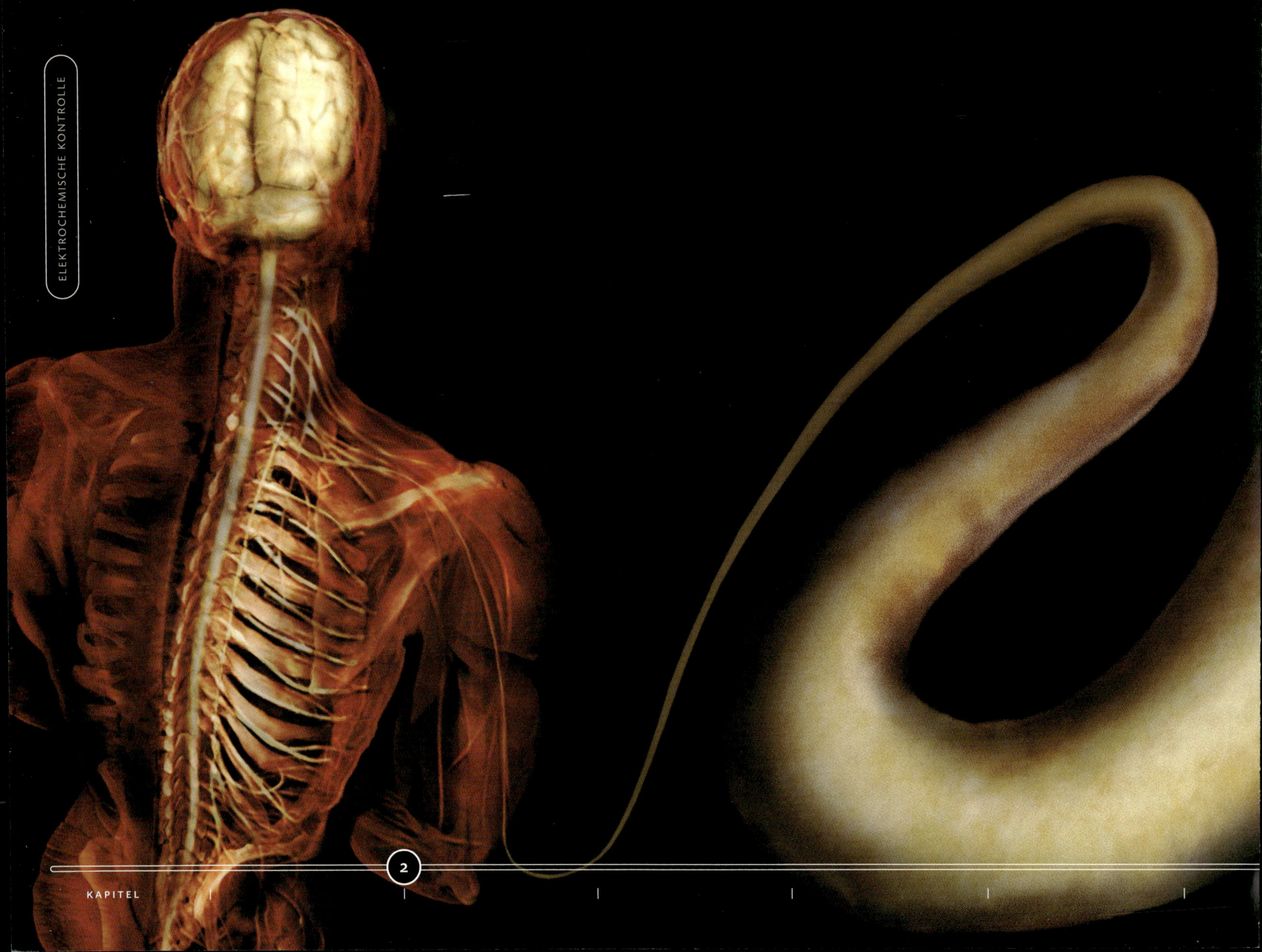

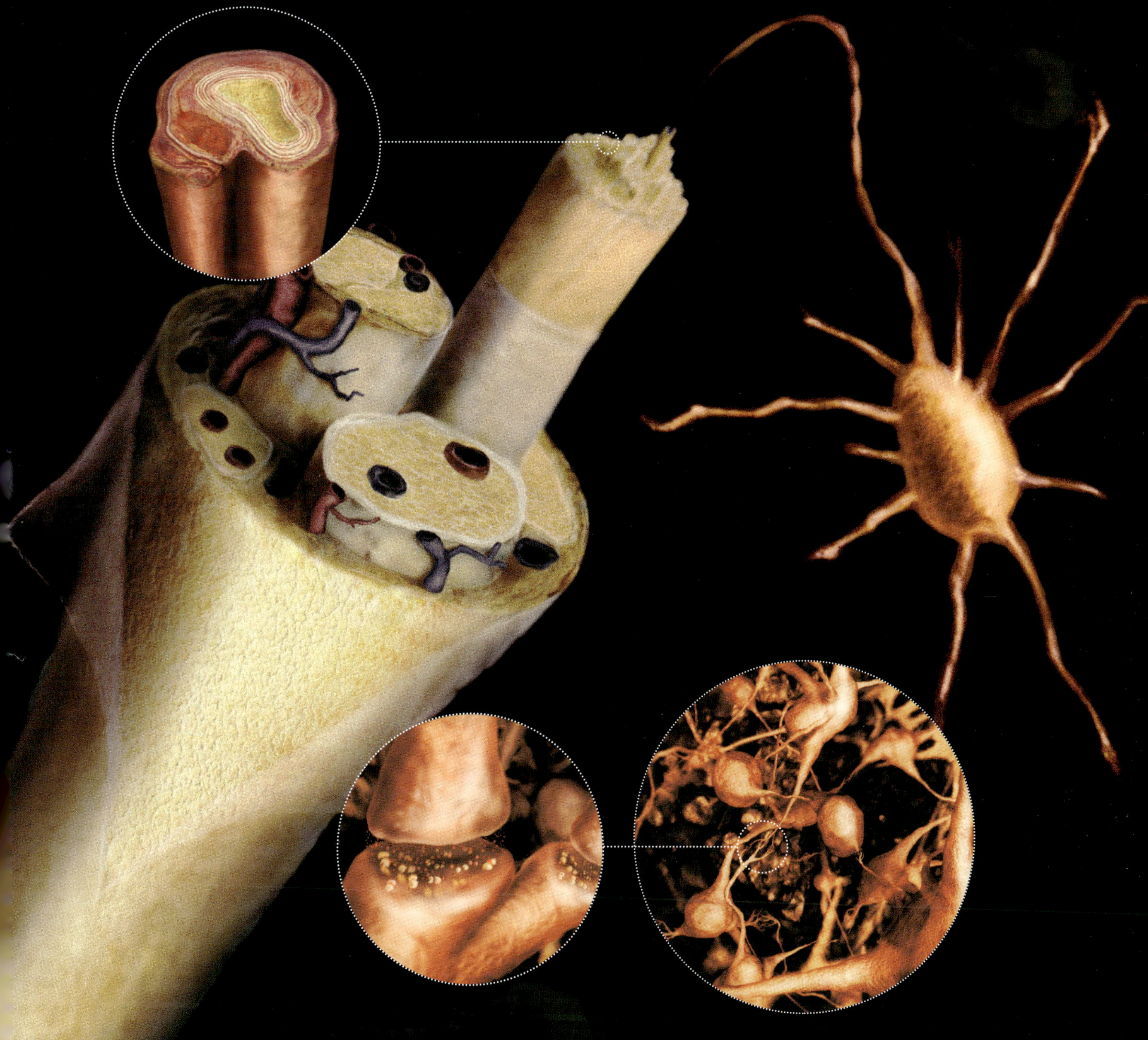

KLEINE KNOTEN AM AXONENDE ENTHALTEN SÄCKCHEN MIT CHEMIKALIEN (NEUROTRANSMITTERN), DIE ELEKTRISCHE IN CHEMISCHE SIGNALE UMWANDELN. KOMMT EIN SIGNAL AN EINER VERBINDUNGSSTELLE AN, WERDEN DIESE MOLEKÜLE FREIGESETZT. IN WENIGER ALS EINER TAUSENDSTEL SEKUNDE ÜBERSPRINGT DAS SIGNAL DANN DIE KLEINE SPALTE ZWISCHEN ZWEI NEURONEN UND RUFT IN DER NÄCHSTEN ZELLE EINE REAKTION HERVOR.

SPIEGELUNGEN IN DER NATUR

Verwandtschaften und Ähnlichkeiten, die wir in der Natur spüren, und die Schönheit, die uns daran berührt, gehen oft auf tiefenstrukturelle Verbindungen zwischen uns und dem anderen zurück. »Transzendentale Geometrie« hat das der Dichter und Philosoph Paul Valéry genannt. Ein Rückenmarksquerschnitt, ein Grundriss, der aus Spalten und Säulen besteht, ähnelt stark einem Schmetterling. Die strahlenförmigen Verzweigungen von Nervenzellen erinnern an Grün-

KLEINHIRN

SALZWASSERKORALLE

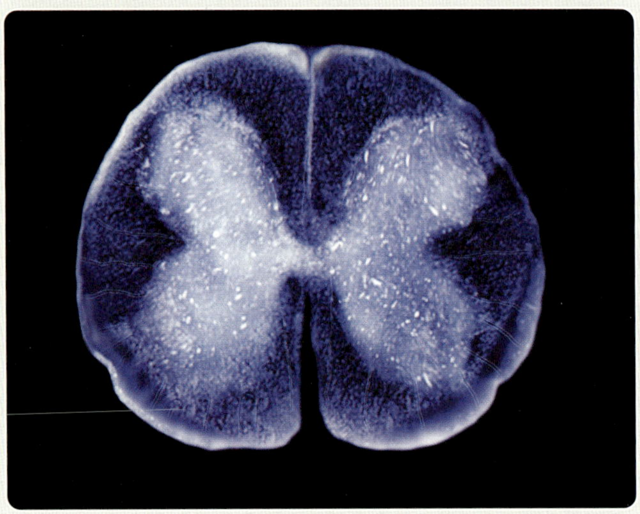

RÜCKENMARK

SCHMETTERLING

algen. Die moosartigen Strukturen des Kleinhirns (Cerebellum) ähneln denen filigraner Seekorallen. Deren robustere Verwandte, die Hirnkoralle, ist an ihrer Oberfläche dicht mit Kanälen und Furchen besetzt, die den Windungen eines menschlichen Gehirns gleichen. (Hirnkorallen können sich gut behaupten, weil sie fest und stark genug sind, jenen Stürmen zu widerstehen, die fragilere Korallen zu Schutt zerreiben.)

NERVENGEWEBE

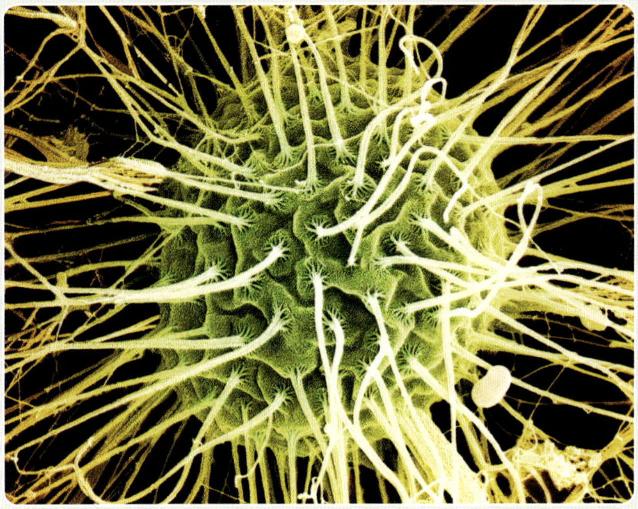

GRÜNALGE

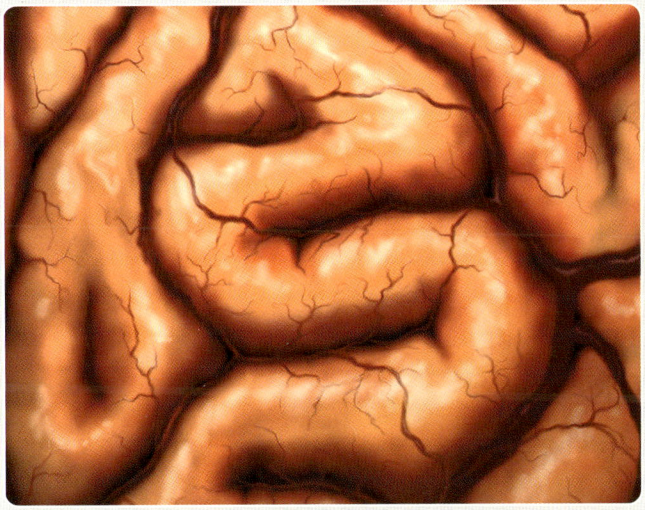

GROSSHIRNRINDE

WINDUNGEN EINER HIRNKORALLE

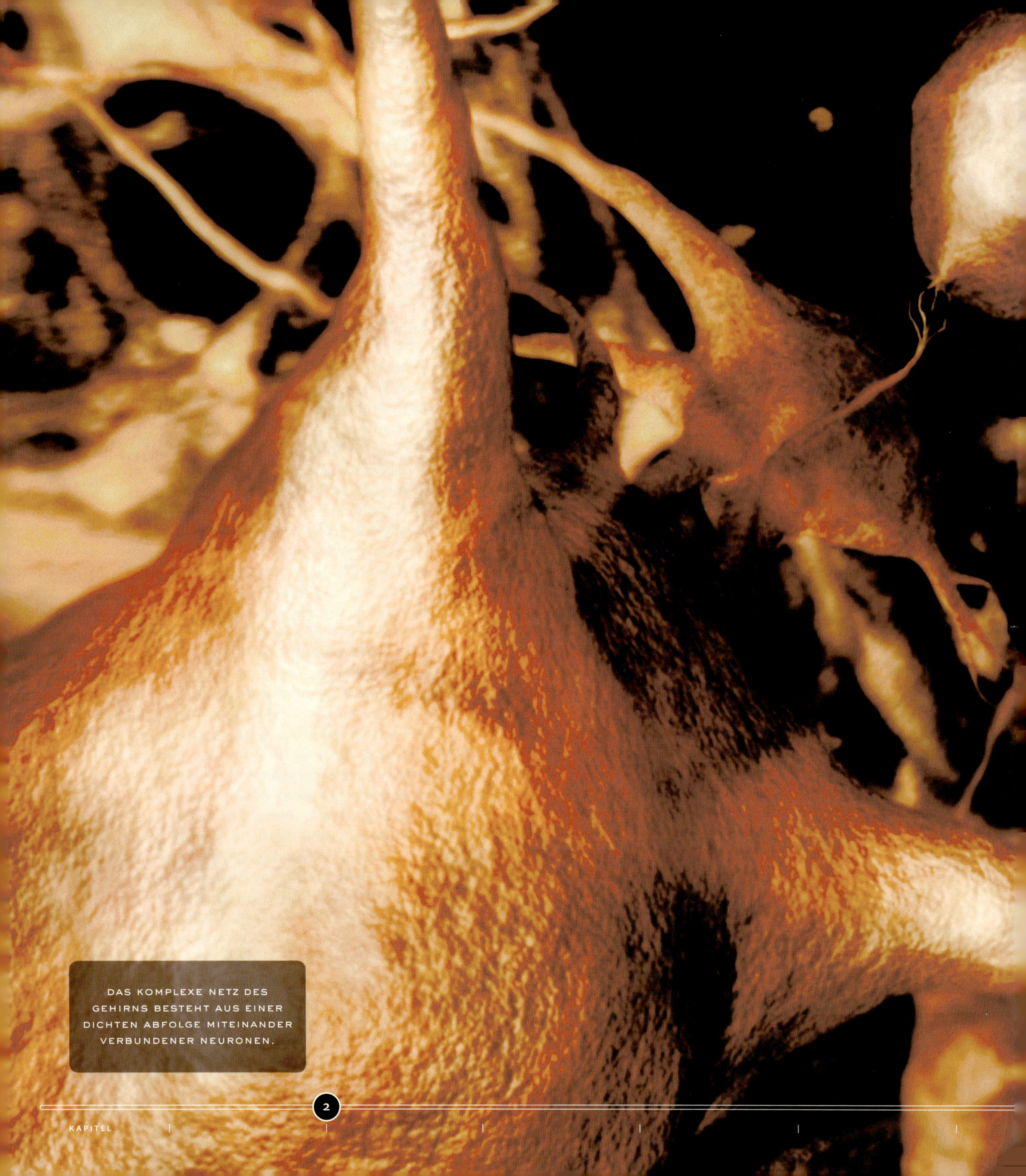

DAS KOMPLEXE NETZ DES GEHIRNS BESTEHT AUS EINER DICHTEN ABFOLGE MITEINANDER VERBUNDENER NEURONEN.

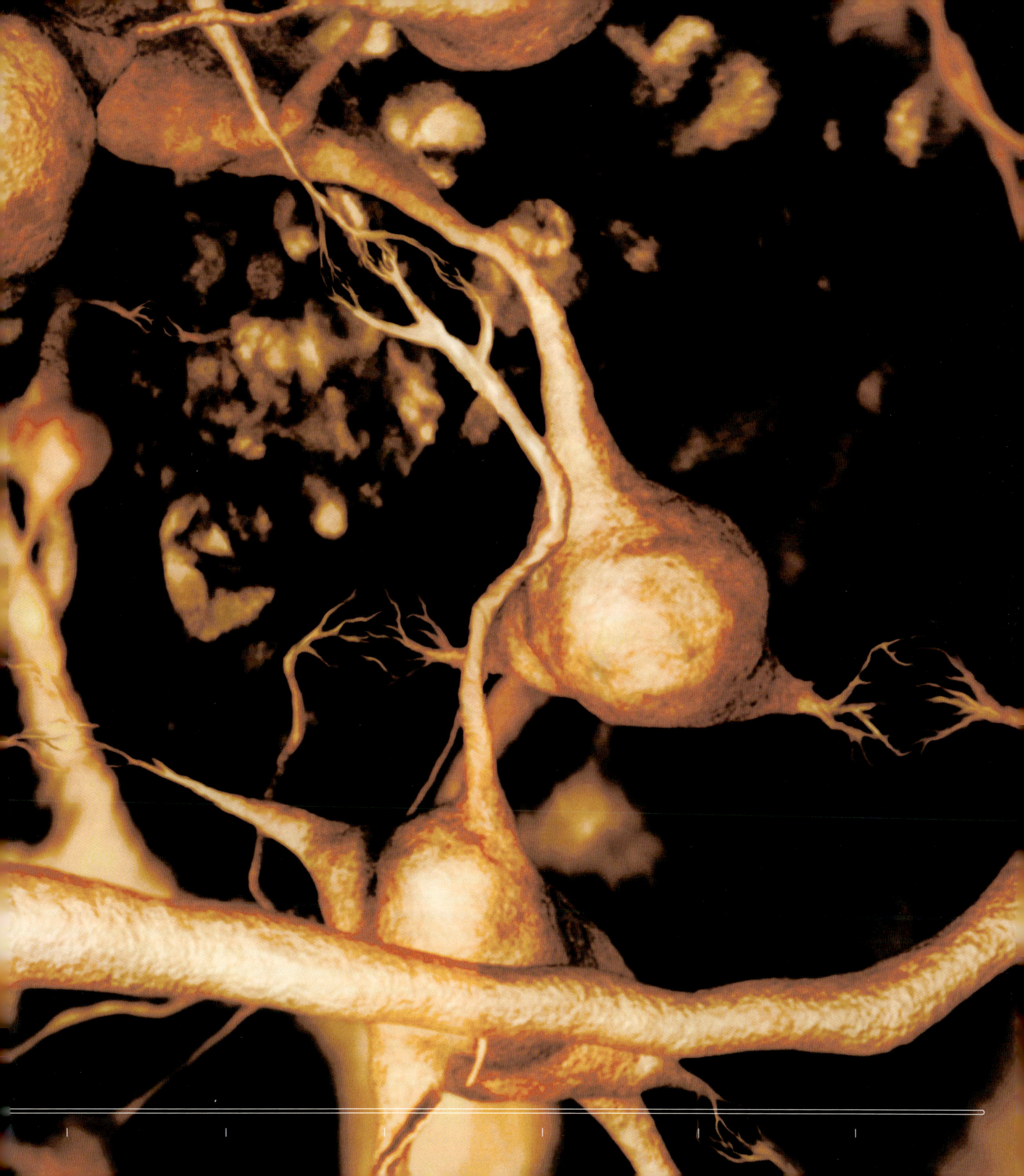

Sinne
– das sensorische System

»Liebende schließen beim Küssen ihre Augen, weil sie sonst zu vielen visuellen Ablenkungen ausgesetzt wären – den plötzlichen Nahansichten der Wimpern und Haare des/der Geliebten, dem Anblick der Tapeten, des Zifferblatts der Uhr, der Staubkörnchen, die im Kegel des Sonnenlichts tanzen. Liebende wollen sich ernsthaft berühren, und nichts soll dabei stören. Also schließen sie die Augen, als würden sie zwei liebe Verwandte bitten, den Raum zu verlassen.«

Diane Ackerman, *Die schöne Macht der Sinne*

Als Portale zur Außenwelt sind die Kontaktsinne spezialisierte Fortsätze des Zentralnervensystems. Sie dienen dazu, Informationen zu sammeln und zu übertragen. Der Geruch der Kopfhaut eines Babys, der Anblick eines Falken, der Geschmack der Lippen eines/einer Geliebten, ein Nadelstich – all diese Wahrnehmungen haben mit submikroskopischen Rezeptoren zu tun, die stark lokalisierte Reize empfangen, elektrochemische Signale in einem Hochgeschwindigkeitsnetz weiterleiten und eine Reaktion auslösen. Biologisch gesehen hat Ackerman Recht: Wenn wir uns konzentrieren wollen, können wir nur eine bestimmte, begrenzte Anzahl von Sinnesinformationen gleichzeitig aufnehmen.

Alles, was wir sehen, hören, riechen, schmecken und fühlen, bildet unser Wissen über die Welt und über uns selbst; es löst ganze Kaskaden von Assoziationen und Gefühlen aus. »Wir sind alle mit Gefühlen und Erinnerung bestückte Instrumente«, schrieb der französische Philosoph Denis Diderot 1769. »Unsere Sinne sind etliche Saiten, die von Objekten der Umgebung zum Klingen gebracht werden, die sich oft aber auch gegenseitig zum Klingen bringen.«

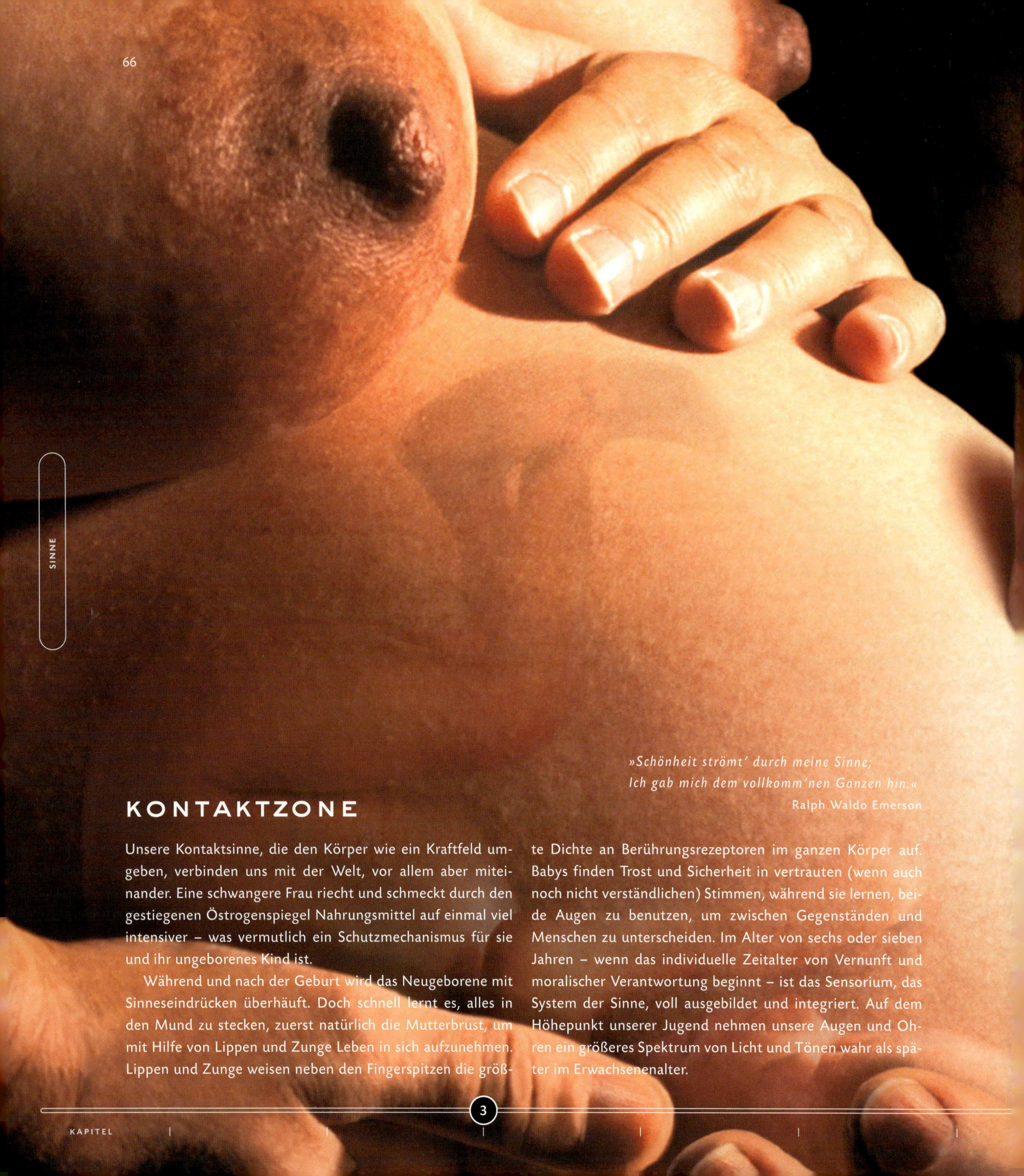

»Schönheit strömt' durch meine Sinne;
Ich gab mich dem vollkomm'nen Ganzen hin.«
Ralph Waldo Emerson

KONTAKTZONE

Unsere Kontaktsinne, die den Körper wie ein Kraftfeld umgeben, verbinden uns mit der Welt, vor allem aber miteinander. Eine schwangere Frau riecht und schmeckt durch den gestiegenen Östrogenspiegel Nahrungsmittel auf einmal viel intensiver – was vermutlich ein Schutzmechanismus für sie und ihr ungeborenes Kind ist.

Während und nach der Geburt wird das Neugeborene mit Sinneseindrücken überhäuft. Doch schnell lernt es, alles in den Mund zu stecken, zuerst natürlich die Mutterbrust, um mit Hilfe von Lippen und Zunge Leben in sich aufzunehmen. Lippen und Zunge weisen neben den Fingerspitzen die größte Dichte an Berührungsrezeptoren im ganzen Körper auf. Babys finden Trost und Sicherheit in vertrauten (wenn auch noch nicht verständlichen) Stimmen, während sie lernen, beide Augen zu benutzen, um zwischen Gegenständen und Menschen zu unterscheiden. Im Alter von sechs oder sieben Jahren – wenn das individuelle Zeitalter von Vernunft und moralischer Verantwortung beginnt – ist das Sensorium, das System der Sinne, voll ausgebildet und integriert. Auf dem Höhepunkt unserer Jugend nehmen unsere Augen und Ohren ein größeres Spektrum von Licht und Tönen wahr als später im Erwachsenenalter.

Was unsere Sinnesdetektoren aus der Atmosphäre und durch den Kontakt mir unseren Körpern aufnehmen, ist immens, und doch fast nichts im Vergleich zu dem, was in der Außenwelt existiert. In der Luft gibt es giftige Partikel, die wir nicht riechen können, Tonfrequenzen, die für unser Gehör (aber nicht für das anderer Tiere) zu hoch oder zu tief sind, Facetten des Regenbogens, die wir nicht sehen können. Das Spektrum der Reize, auf die ein Sinnesorgan eingestellt ist – sowie seine Verbindung mit spezifischen Hirnregionen – bestimmen dessen funktionales Design: die Strukturen, die Bestandteile, Anordnung und Verbindung der Teile.

Wie andere Scanner benötigen auch biologische Sensoren Energie, um zu funktionieren: Je mehr Rezeptorzellen sich in einem Gebiet befinden, desto besser muss es mit Blut versorgt werden und desto höher ist das Arteriensystem entwickelt. Die Fingerspitzen sind so empfindlich, dass Blinde mit dem Tastsinn lesen können. Das wird teilweise dadurch erreicht, dass sauerstoffhaltiges Blut durch ein komplexes Arteriengeflecht, das gewissermaßen den Schatten des Nervengeflechts bildet, ins Nagelbett flutet. Die starke Durchblutung der Zunge erklärt unter anderem, warum die Zunge rot ist, aber auch, warum ein Schnitt dort schneller verheilt als ein Schnitt in andere Körperteile. An der Rückseite des Augapfels haben Blutgefäße und Nerven einen gemeinsamen Austrittspunkt. Das schafft einen blinden Fleck auf der Netzhaut, der keine Fotorezeptoren aufweist und darum kein Licht erkennen kann.

EMPFINDLICHKEIT

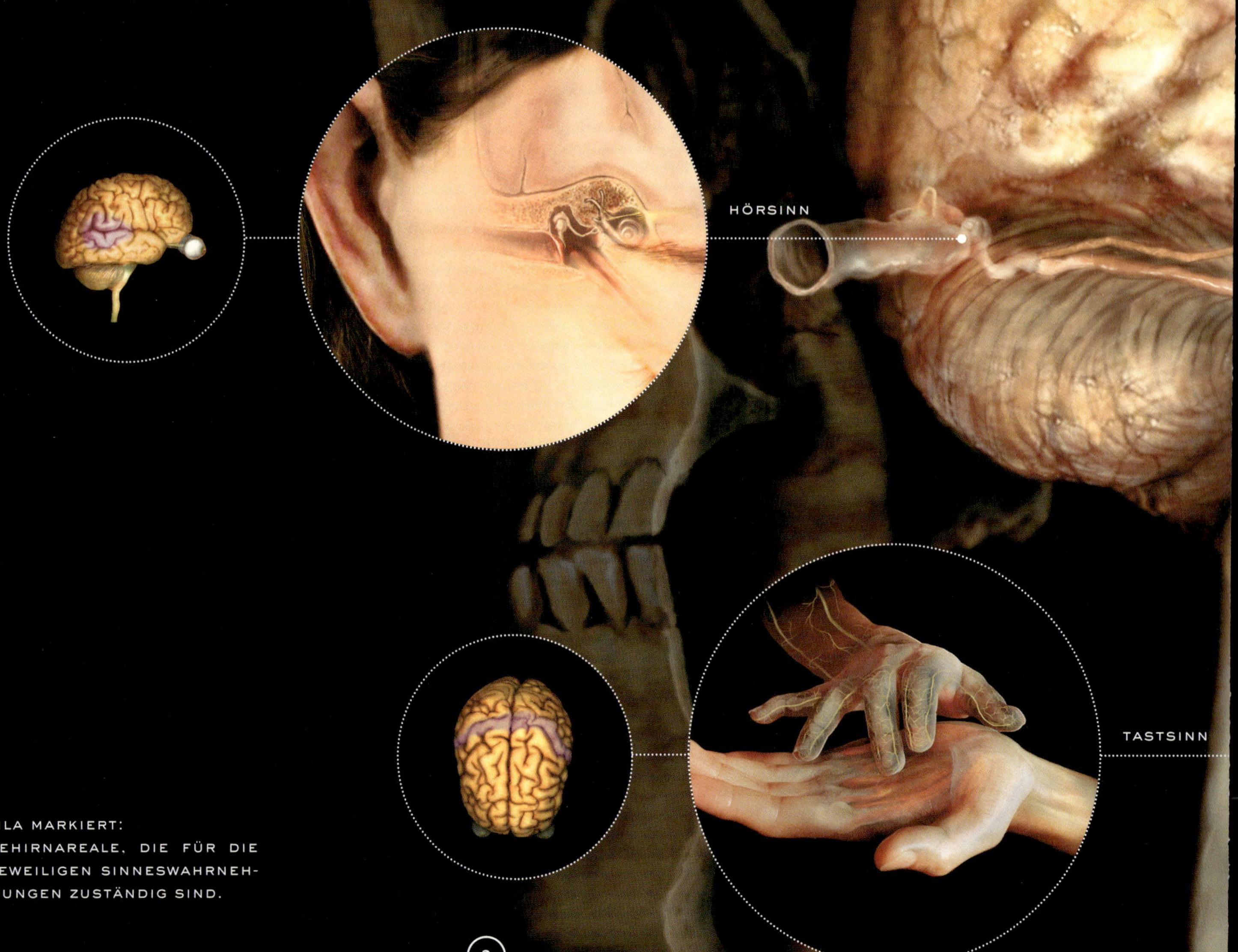

LILA MARKIERT: GEHIRNAREALE, DIE FÜR DIE JEWEILIGEN SINNESWAHRNEHMUNGEN ZUSTÄNDIG SIND.

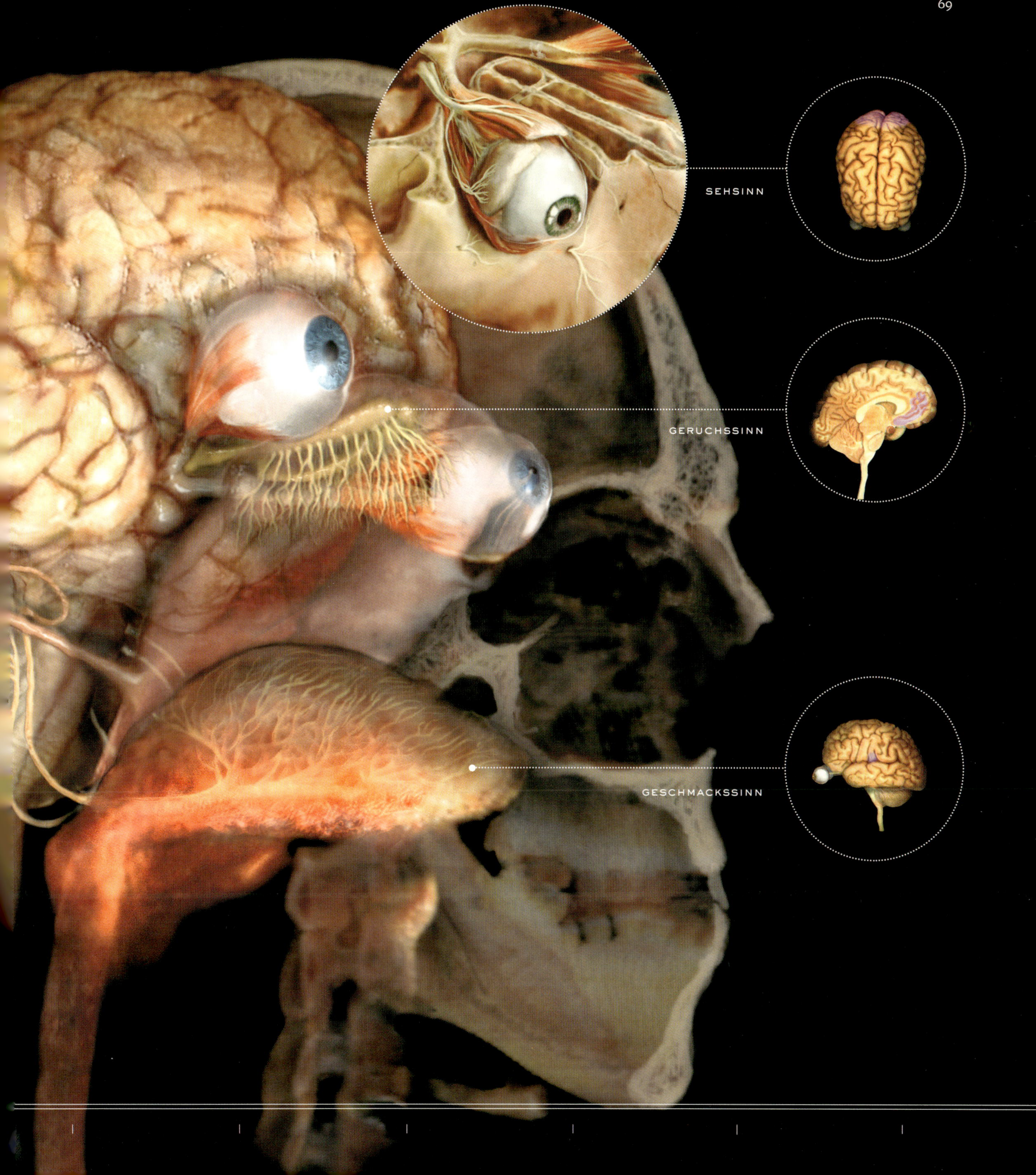
SEHSINN
GERUCHSSINN
GESCHMACKSSINN

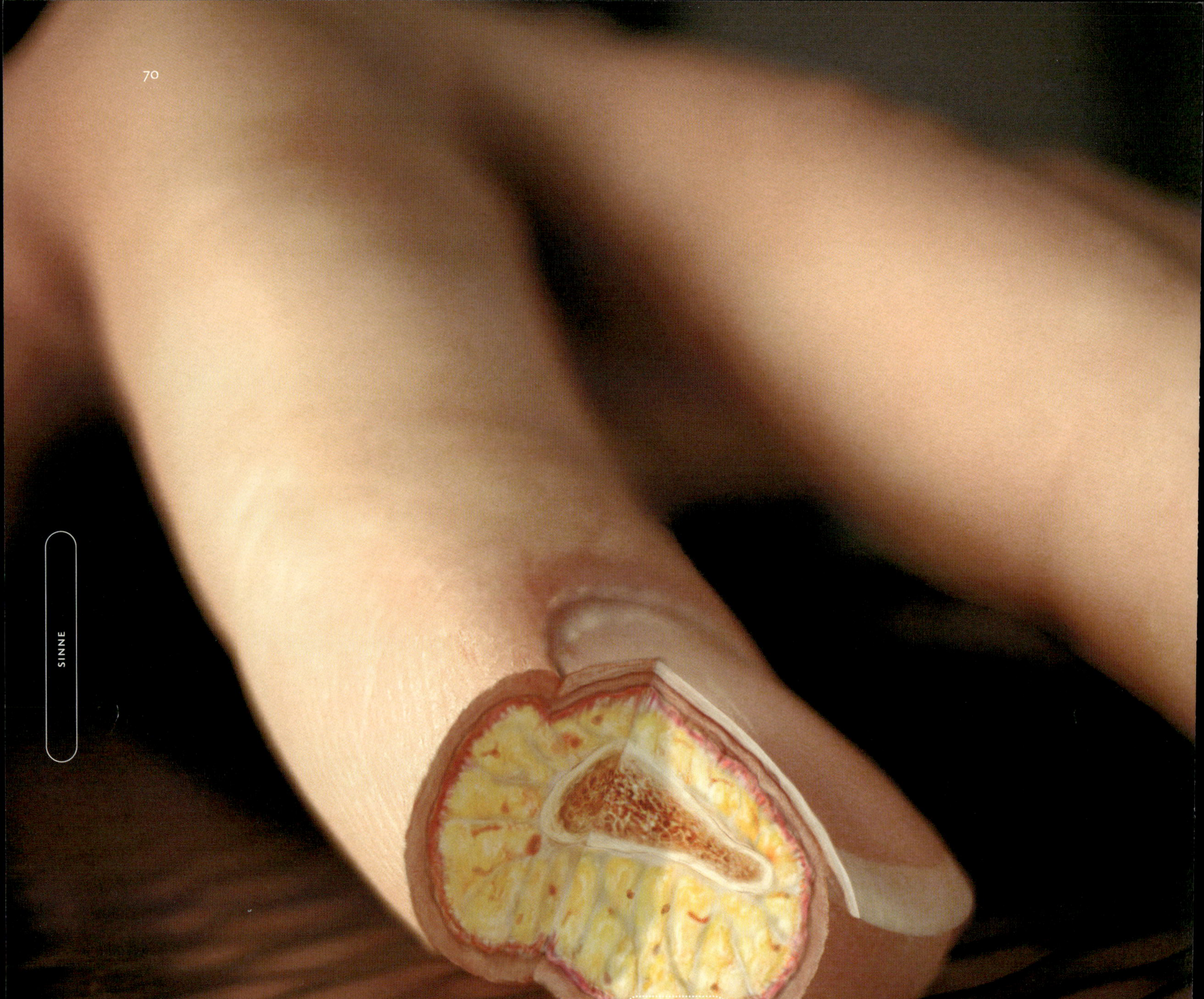

DER MENSCHLICHE TOUCH

Mit mehr Sinnesrezeptoren bestückt als jedes andere Organ, ist die Haut ein ausgeprägtes Scan-Netzwerk. Es ist ein »Kontinental-Radarsystem«, das Bewegungen registrieren kann, die so traumatisch sind wie eine Verbrennung oder so geringfügig wie die Bewegung eines einzelnen Haares im Windhauch. Jeder Rezeptor ist ein Empfangsgerät. Seine Struktur und Mechanik richten sich danach, welche Art von Informationen empfangen werden soll und wie nahe der Rezeptor an der Oberfläche liegt. In der Epidermis eingebettete scheibenförmige Zellen (A) registrieren leichte Veränderungen bei Berührung und Druck und helfen dabei, die Quelle zu lokalisieren. Die letzten Axonenverästelungen von Nervenzellen (D) passen sich in korbartige Zellstrukturen in der darunter liegenden Hautschicht ein und melden Schmerz, Wärme

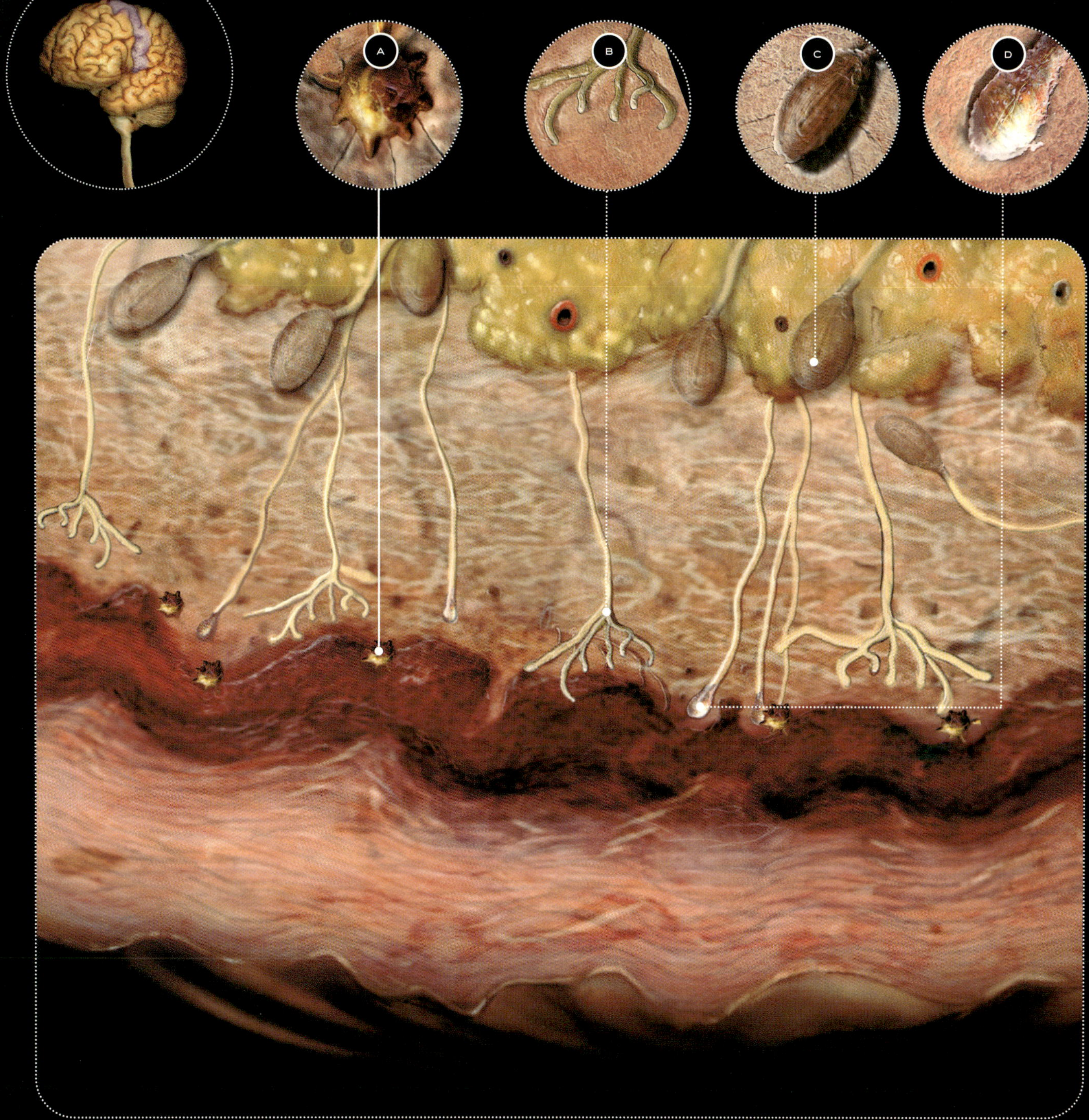

oder Kälte an das Gehirn. Tiefer liegende, verzweigte Körperchen (B) registrieren beständigen Druck. Darüber hinaus gibt es noch weitere verkapselte Rezeptoren (C), die größer und flacher sind und auf Schwingungen ebenso reagieren wie auf starken Druck tief im Hautinnern. Gemeinsam senden diese Rezeptoren ihre Eindrücke an eine Region an der Oberfläche des Gehirns, die Körperfühlsphäre oder Tastzentrum genannt wird.

Vor achtzig Jahren kartierte der kanadische Gehirnchirurg Wilder Penfield das Netzwerk des Tastsinns, indem er diese Hirnregion stimulierte, um zu sehen, welche Hautregionen darauf reagierten.

Die konvexe gummiartige Linse des menschlichen Auges funktioniert wie eine Kamera. Sie streckt sich, wird also dünner, wenn sie sich auf ein entferntes Objekt einstellt, und verdickt sich, wenn ein nahes Objekt fixiert wird. So passt sie sich an die Entfernung zwischen Augenöffnung und chemischer Oberfläche an. Auf der Rückseite des Augapfels – einer Art biologischer Kinoleinwand, auf der Lichtstrahlen konvergieren und Bilder entstehen – sind spezielle Nervenzellen konzentriert, die jede bis zu 100 Millionen lichtempfindliche Pigmentmoleküle enthalten, welche Licht in elektrochemische Signale konvertieren. Wenn Lichtenergie in Form eines »Päckchens« auf ein Retinalmolekül innerhalb des Pigments trifft, verbiegt dieses sein »Rückgrat«, was eine ganze Kette chemischer Reaktionen in Gang setzt.

Die große Mehrheit der Netzhautzellen – über 100 Millionen – sind *Stäbchen*, die am besten bei gedämpftem Licht funktionieren, aber keine Farben unterscheiden können. Das Farbsehen wird durch mehrere Millionen *Zapfen* ermöglicht, die jedoch nur auf helles Licht reagieren. Weil die Gene für rote und grüne Farbrezeptoren auf dem weiblichen Geschlechtschromosom liegen, leiden Männer viel häufiger als Frauen unter genetisch bedingter Rot-Grün-Farbenblindheit.

Der Unterschied ist rein mathematisch zu erklären: Frauen sind nur dann rot-grün-farbenblind, wenn ihre beiden x-Chromosomen betroffen sind; Männer hingegen, wenn ihr einziges x-Chromosom betroffen ist. Die Wahrscheinlichkeit der Farbenblindheit nimmt bei Männern also im Quadrat zu.

BELEUCHTUNGS-AKTIONEN

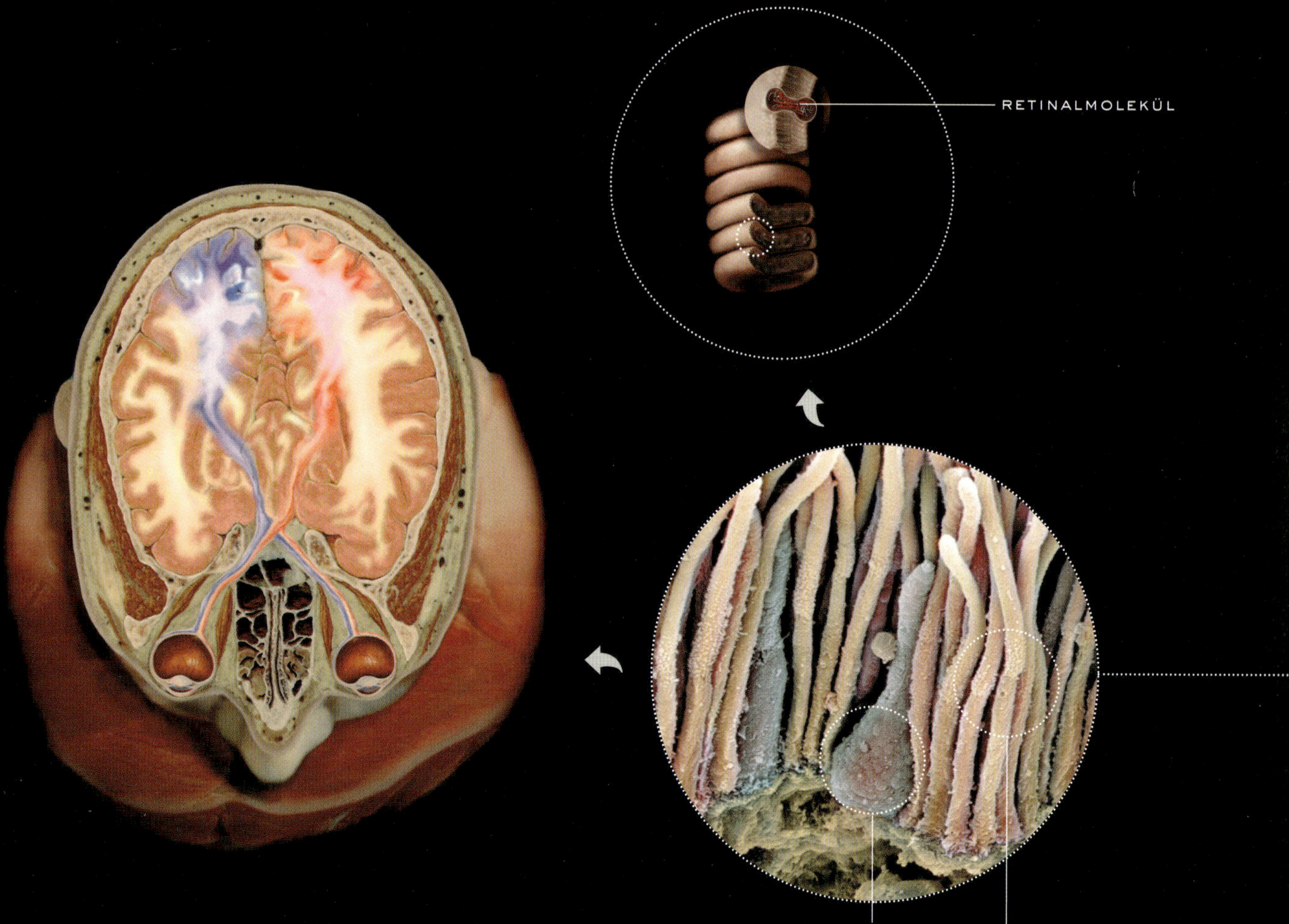

WIE DIE DEM AUGE NACHGEBILDETE KAMERA IST DAS AUGE EIN GERÄT ZUR BILDERZEUGUNG. DURCH EINE FLEXIBLE ÖFFNUNG DRINGT LICHT EIN, DURCHQUERT EINEN DUNKLEN RAUM UND TRIFFT AUF EINE MIT CHEMIKALIEN BEDECKTE OBERFLÄCHE. WENN DAS LICHT AUFTRIFFT, VERÄNDERN DIE CHEMIKALIEN IHRE STRUKTUR UND SIE LASSEN EIN ZUSAMMENGESETZTES BILD ENTSTEHEN, EINE PROJEKTION. DER PERSISCHE ANATOM AVICENNA SCHRIEB IM FRÜHEN 11. JAHRHUNDERT, DIE AUGEN SEIEN »WIE EIN SPIEGEL.
DAS SICHTBARE OBJEKT IST WIE DIE REFLEXION IM SPIEGEL.«

EIN KREISFÖRMIGER MUSKEL, DIE IRIS, VERÄNDERT DIE GRÖSSE DER PUPILLE, WODURCH SICH DIE ÖFFNUNG DES AUGES ERWEITERT UND DIE EINSTRÖMENDE LICHTMENGE REGULIERT WIRD.

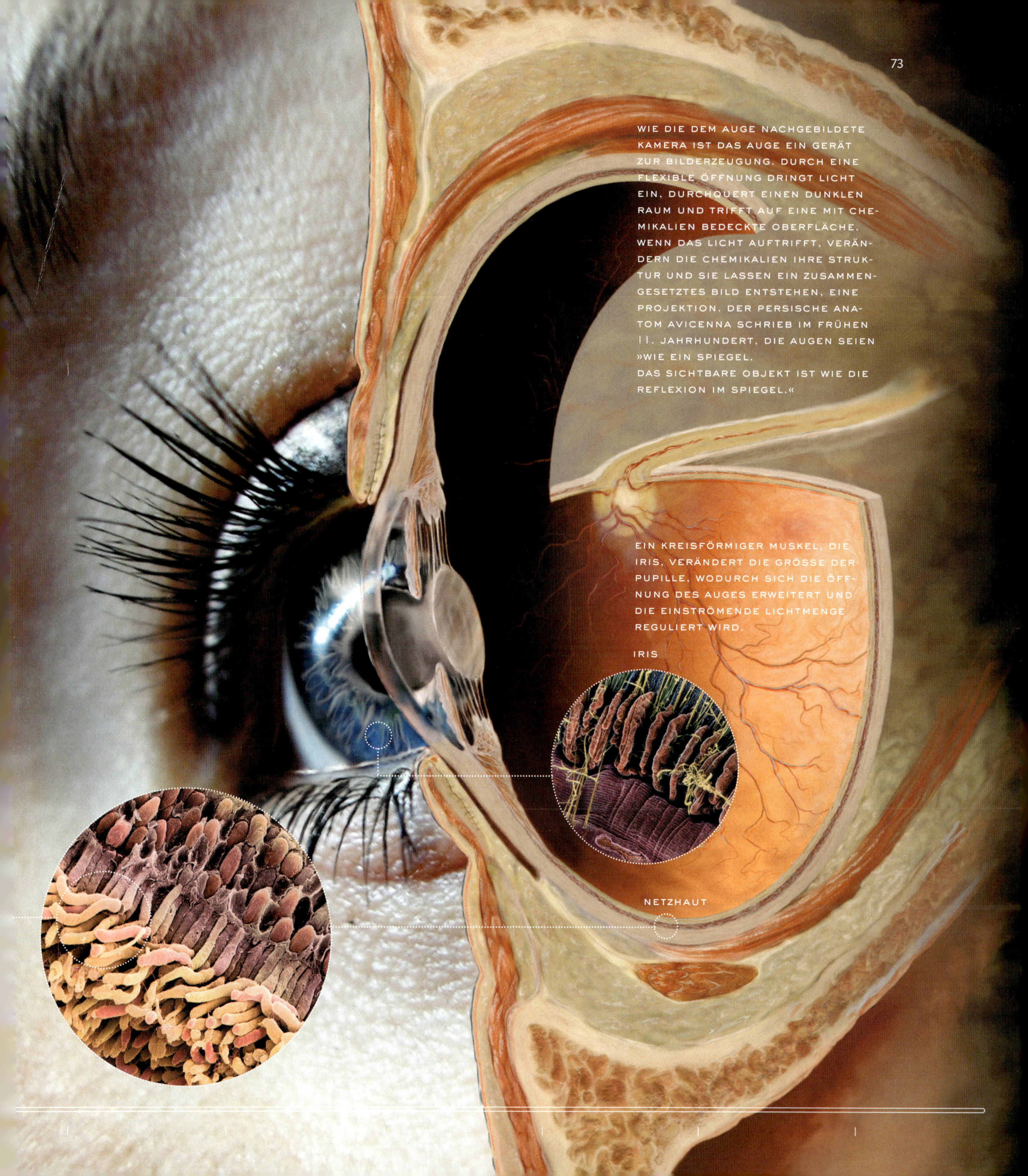

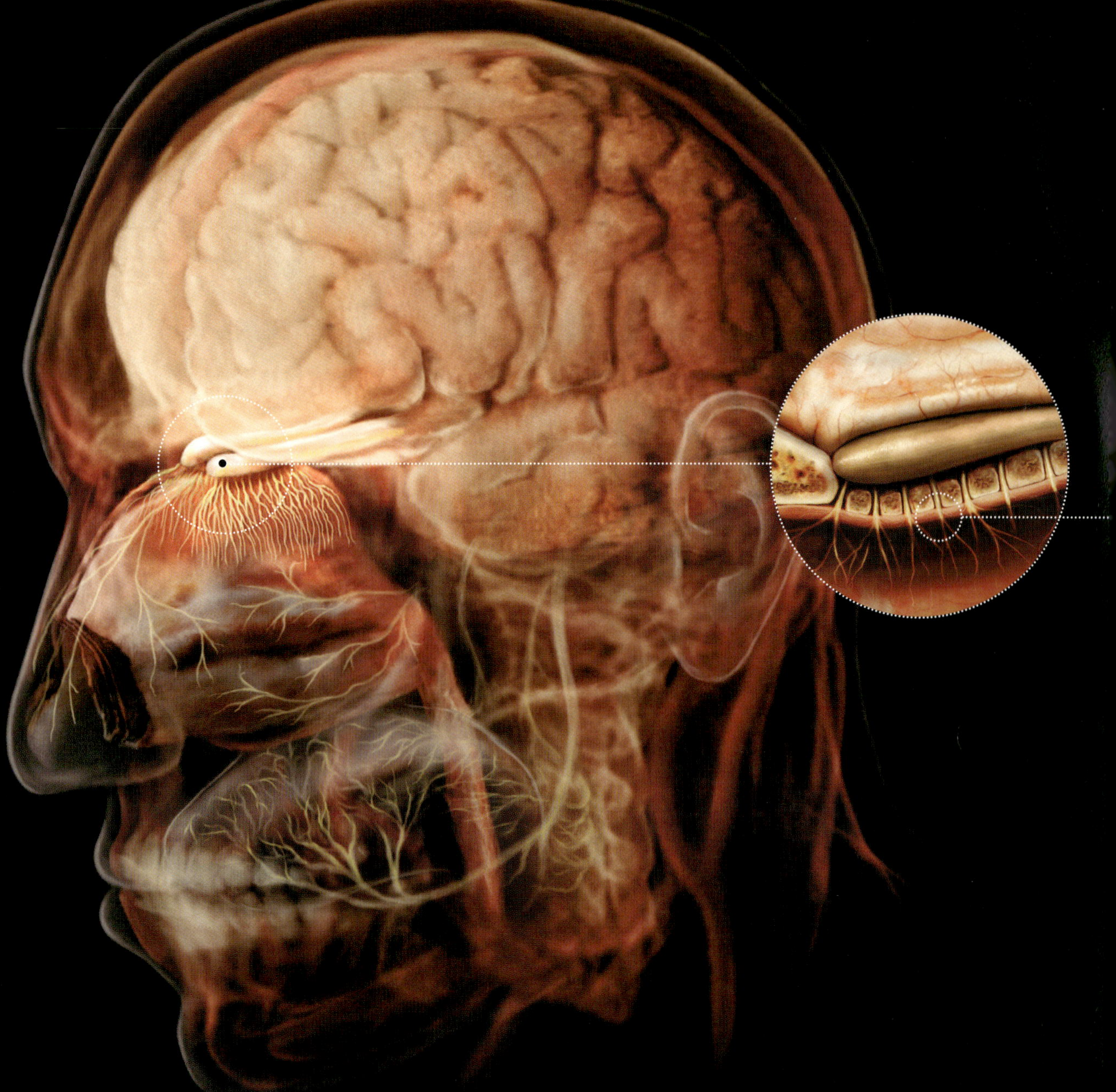

IMMER DER NASE NACH

Bei jedem unserer Atemzüge identifiziert ein chemisches Luftfiltersystem, das über und hinter den Nasenlöchern liegt, die Geruchsmoleküle und sagt uns, welche Empfindungen wir damit verbinden sollen. Wenn die Luft in die Nasenhöhle eindringt, erkennen Millionen langer, schlanker Zellen, die auf einer daumennagelgroßen Fläche in der Nähe des Nasendaches zusammengepfercht sind, mehr als 10 000 unterschiedliche Gerüche, und zwar noch in extrem niedrigen Konzentrationen von 1 : 30 Milliarden. Viele dieser olfaktorischen Sinnesnervenzellen haben 10 bis 20 tentakelähnliche Härchen, die mit ihrem unteren Teil in einem wässrigen Schleim stecken, der die Innenseite der Nasenhöhle auskleidet. Wie Seeanemonen in einer Wellenströmung treibend, sammeln diese Härchen (Zilien) Moleküle, die sich im Schleim lösen.

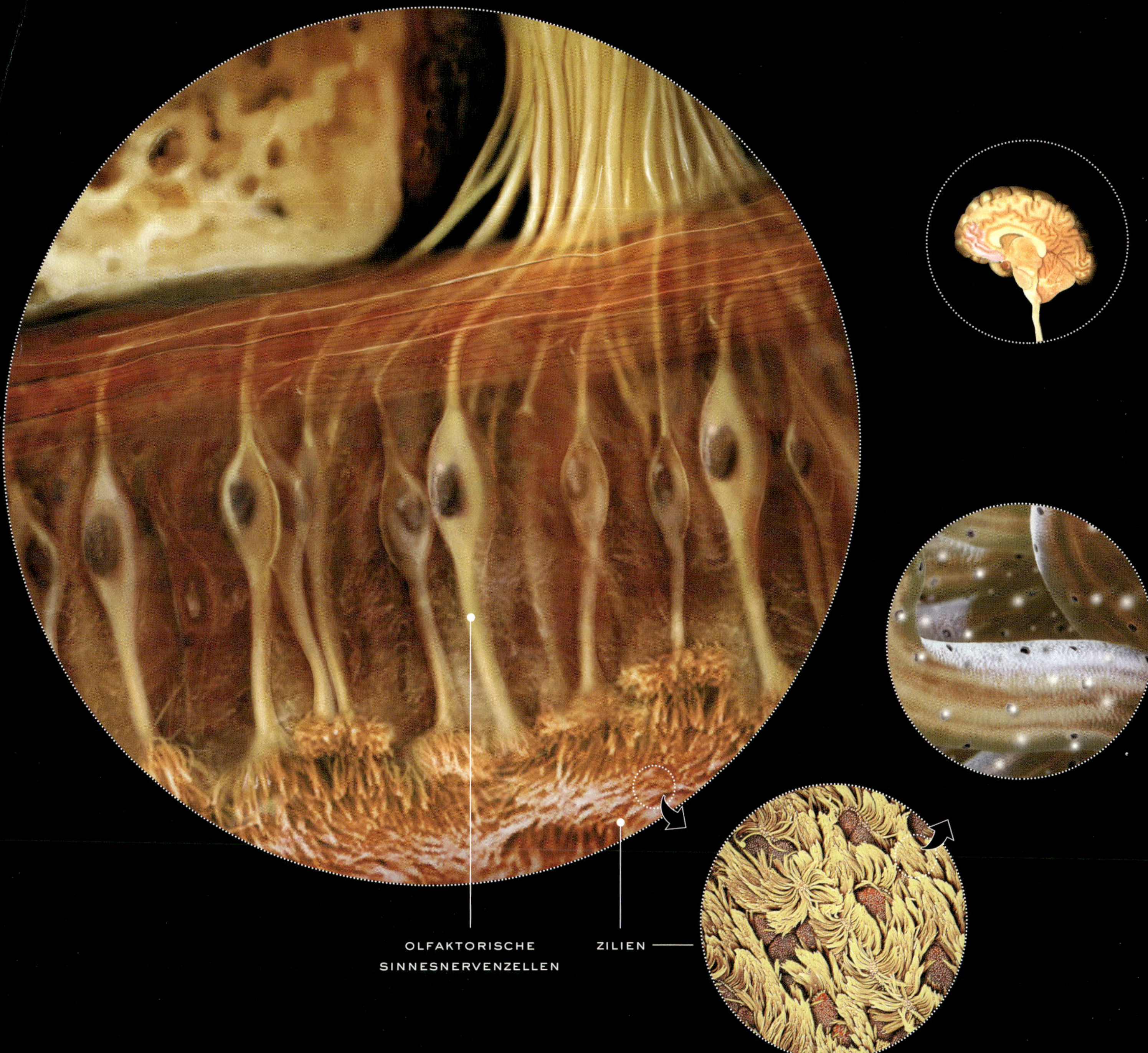

Die durch diesen Austausch ausgelösten Nervensignale werden gebündelt und teilweise in die Riechkolben geleitet. Diese ragen wie Wattestäbchen aus dem Mittelhirn hervor – jener Region, in der Erinnerungen mit Gefühlen verknüpft werden. Der Geruchssinn als direktester aller Sinne bezieht seine Macht, tief sitzende Emotionen hervorzurufen, daraus, dass er auf diese Weise direkt mit dem limbischen System verbunden ist. In dieser primitiven Hirnregion sind bei höher entwickelten Tieren Lust, Angst, Erinnerungen und durch Geruchsstoffe bedingte Erregungen zusammengefasst.

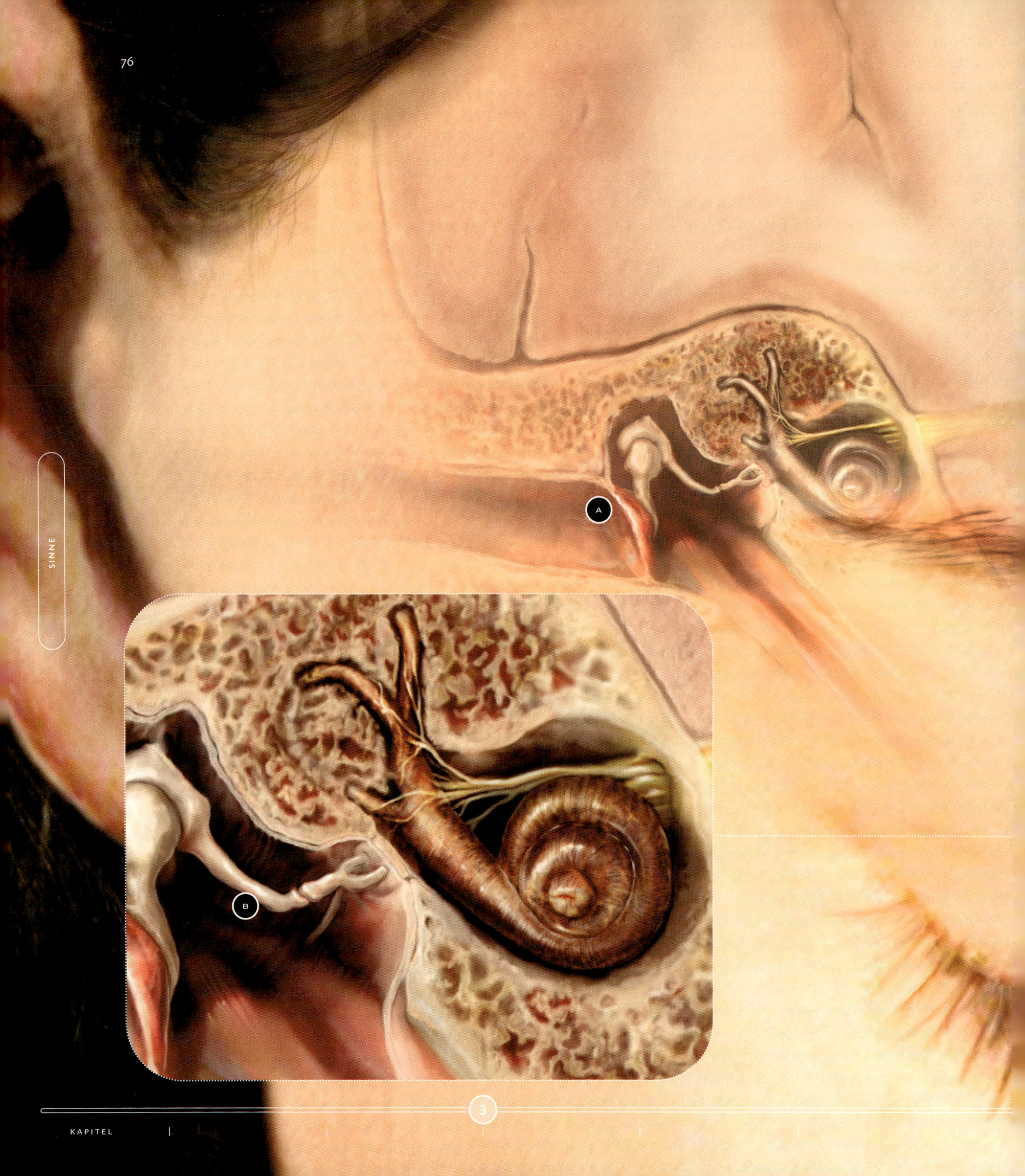
A
B

Das Ohr arbeitet erstaunlich effizient, wenn es Schallwellen zunächst in Flüssigkeitswellen umwandelt und schließlich in elektrische Impulse, denn 99,9 Prozent der Schallenergie, die in die winzige Schnecke (Cochlea), das eigentliche Hörorgan im Innenohr, übertragen wird, bleibt erhalten. Dabei muss die Schallenergie nicht einmal durch den Gehörgang des Ohres übertragen werden. Thomas Edison, der den ersten Phonographen erfand, obwohl er schon fast ertaubt war, prüfte die Qualität der Pianisten bei frühen Tonaufnahmen dadurch, dass er in das Bein des Flügels biss und den Klang durch seine Zähne ins Innenohr übertragen ließ.

Wahre Sturzfluten von Schwingungen von überall her stürzen auf uns ein. Das Außenohr leitet diese in einen kurzen Gehörgang, der mit dem Trommelfell endet (A). Es wird in Schwingungen versetzt, welche anschließend über drei miteinander verbundene Gehörknöchelchen (B – Hammer, Amboss und

DIE KLANGMASCHINE

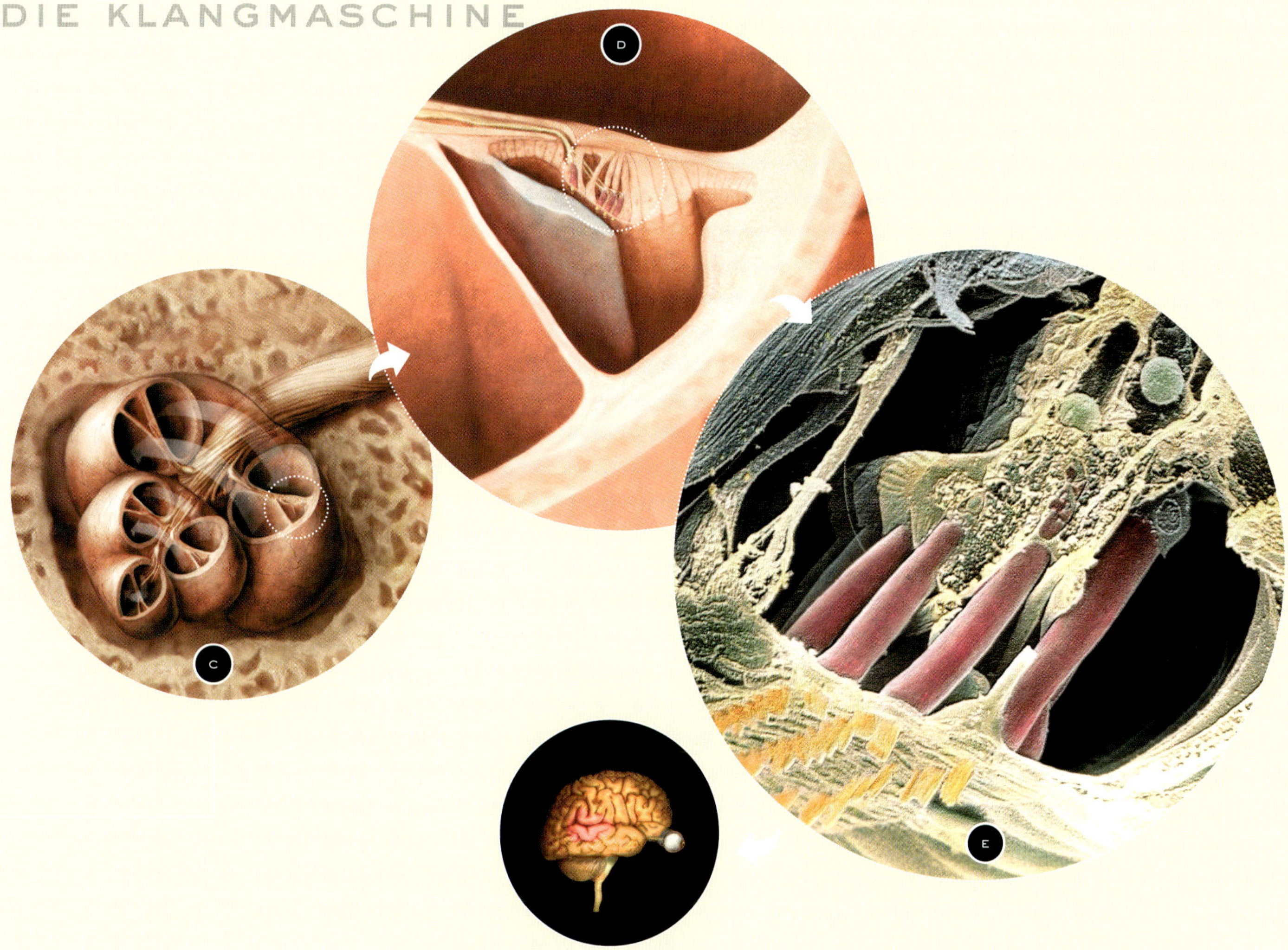

Steigbügel) zu einem Fenster im Innenohr weitergeleitet werden. Der Steigbügel funktioniert bei der Impulsübertragung wie eine mechanische Telegrafentaste. Hinter dem ovalen Fenster, im Innenohr, werden die Impulse in Flüssigkeit weiter übertragen. Die Gehörgangsschnecke oder Cochlea (C) ist in drei mit Flüssigkeit gefüllte Kammern unterteilt, die parallel in einen Knochen (das Felsenbein) eingebettet sind. Als Spirale in der Spirale enthält das Corti-Organ, das zentrale Hörorgan (D), Tausende reihenweise angeordneter Sinneshärchen (E). Durch die Wanderwellen der Flüssigkeit bewegen sich die Härchen und erregen Nervenzellen, welche die Impulse ins Gehirn senden. Die entsprechende Gehirnpartie interpretiert diese Signale schließlich als Töne und Geräusche.

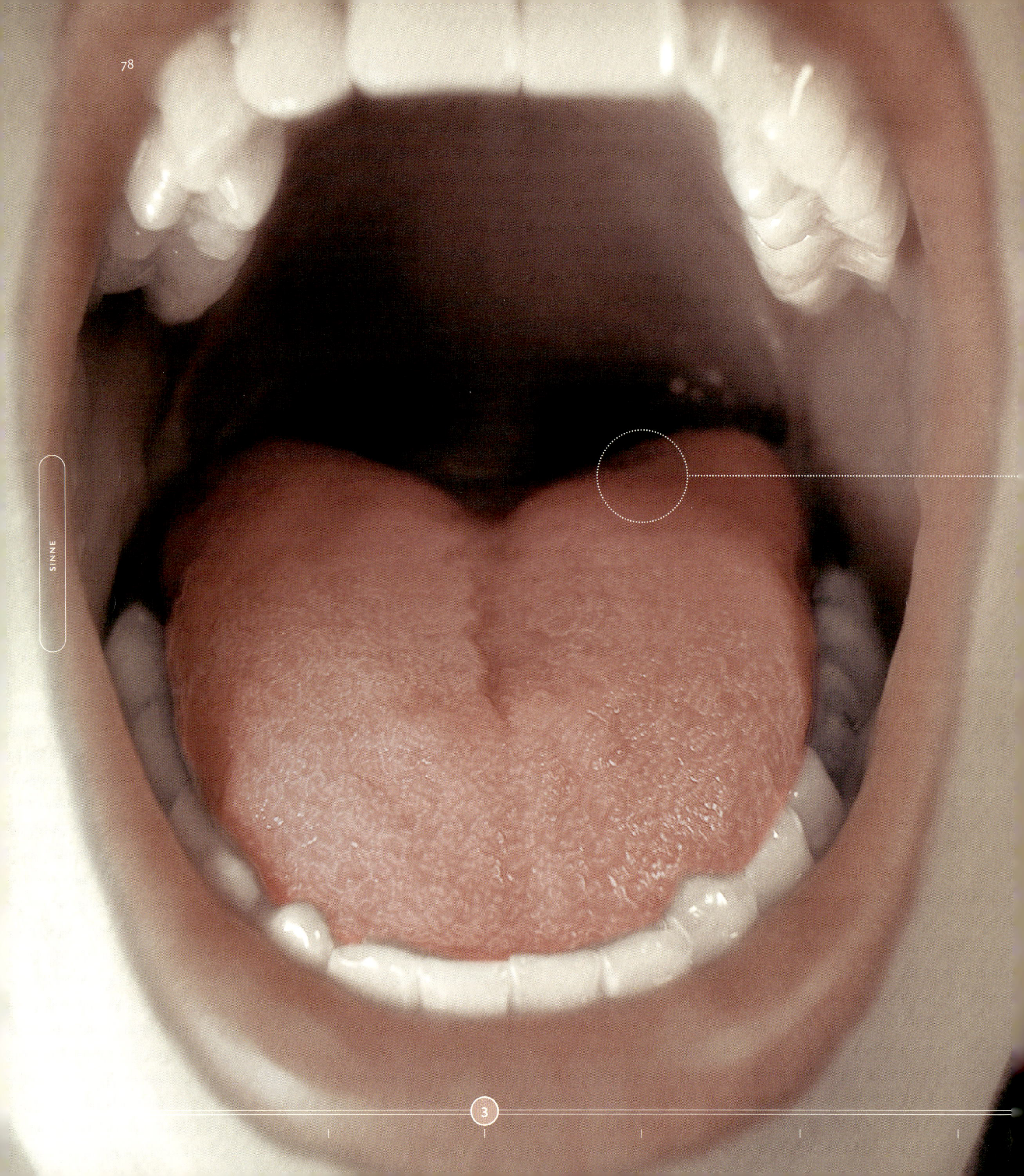

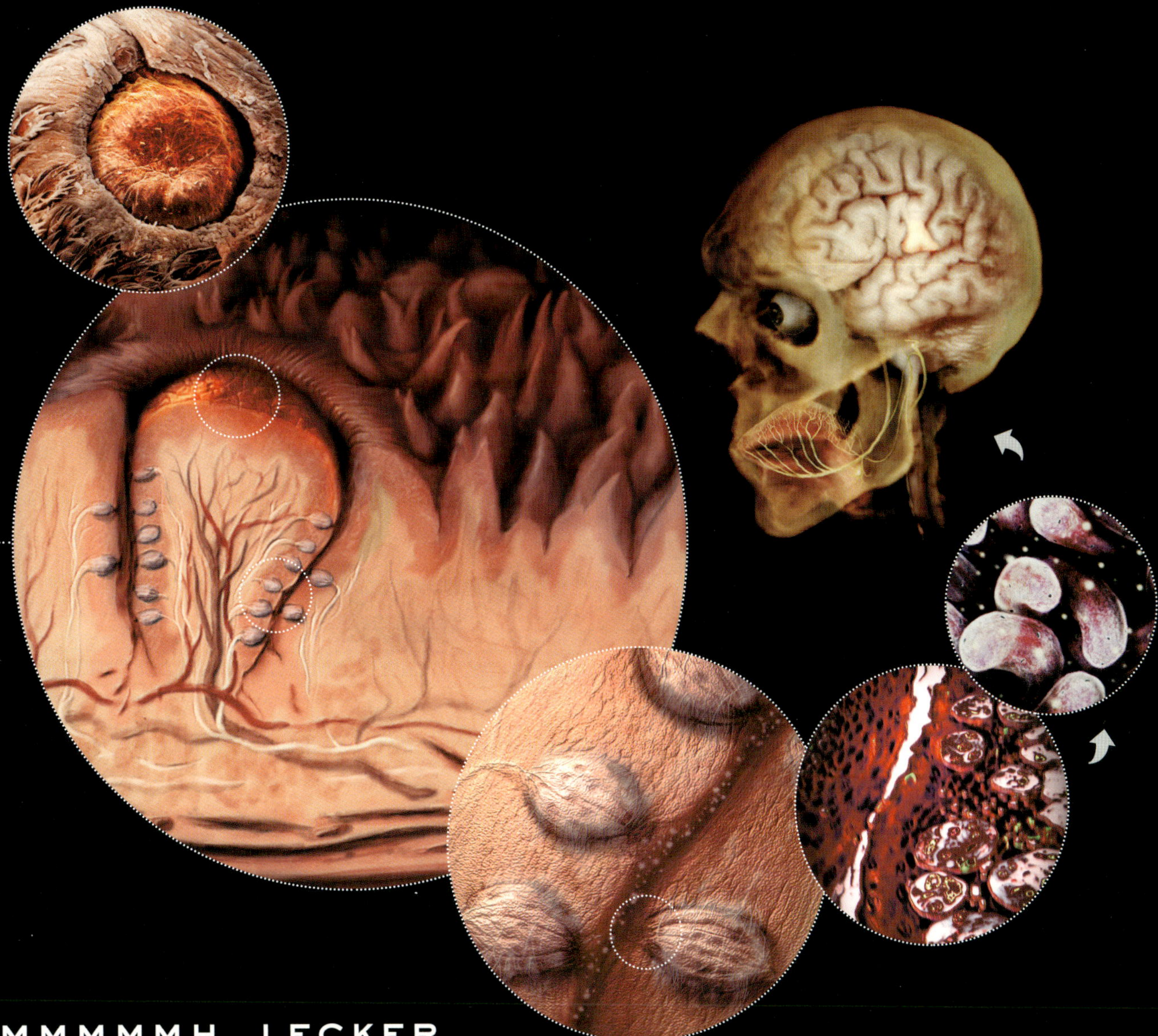

MMMMMH, LECKER, IGITT

Unser Geschmackssinn ist ein Wunderwerk. Chemische Stoffe, die in Speisen, Flüssigkeiten oder in anderer Form in unseren Mund gelangen, werden schnell verflüssigt, damit sie von den Geschmackssensoren auf der Zunge, an Gaumen, Kehldeckel und im Rachenraum gescannt werden können. Diese klassifizieren die Substanzen als süß, sauer, salzig oder bitter. In horizontaler Anordnung von der Spitze bis zum hinteren Teil bedecken, in Papillen angeordnet, Legionen von Geschmacksknospen die Zunge. Die Rezeptoren für süß kommen zuerst, weil die in den Zuckermolekülen gespeicherte Energie lebenswichtig ist. Jede zwiebelförmige Geschmacksknospe (vgl. den obigen Zyklus von Ausschnittvergrößerungen) enthält Gruppen langer Nervenzellen, an deren Spitze sich winzige Härchen mit dem Speichel mischen, der durch eine Pore eintritt. Die im Speichel transportierten Chemikalien werden von den Rezeptormolekülen in den Zellen identifiziert, die diese Informationen über zwei Paar Hirnnervenstränge weiterleiten. Je weiter Sie Ihre Zunge herausstrecken, desto mehr Rezeptoren stellen Sie zur Schau. Subtiler sind die Geschmacksreize allerdings, wenn sich Aromen mischen.

SPIEGELUNGEN IN DER NATUR

Der Schriftsteller Paul Valéry verglich voller Staunen über die enorme Formvielfalt von Muschelschalen – Spiralen, Zwiebelformen, Höhlen oder Schnecken – die Entstehung menschlicher Wesen mit den langsamen kontinuierlichen Formentwicklungen in der Natur.

Biologische »Blaupausen« werden in der Natur oft und gern kopiert: die Zellkanäle im Ziliarkörper des Auges ähneln Pilzlamellen; die Schnecke des Hörorgans im Innenohr sieht aus wie ein Schneckenhaus; die Stachelzellen der Geschmacksknospen weisen erstaunliche Ähnlichkeit zu den Stacheln einer Raupe auf. In extremer Nahansicht sieht alles immer auch wie etwas anderes aus.

SCHNECKE (COCHLEA) IM INNENOHR

SCHNECKENHAUS

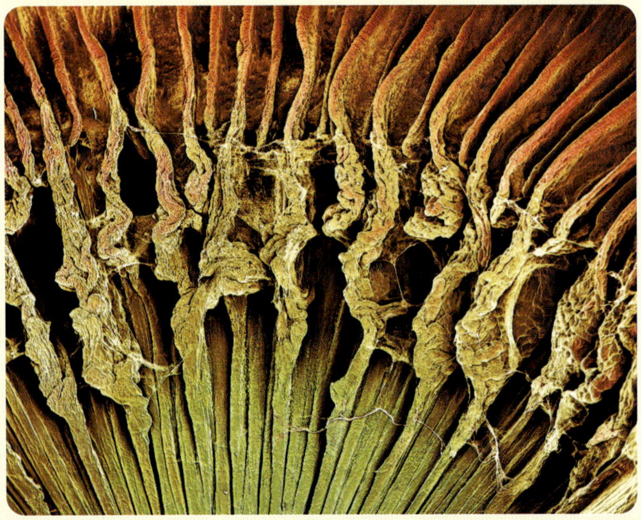

ZILIARKÖRPER DES AUGES

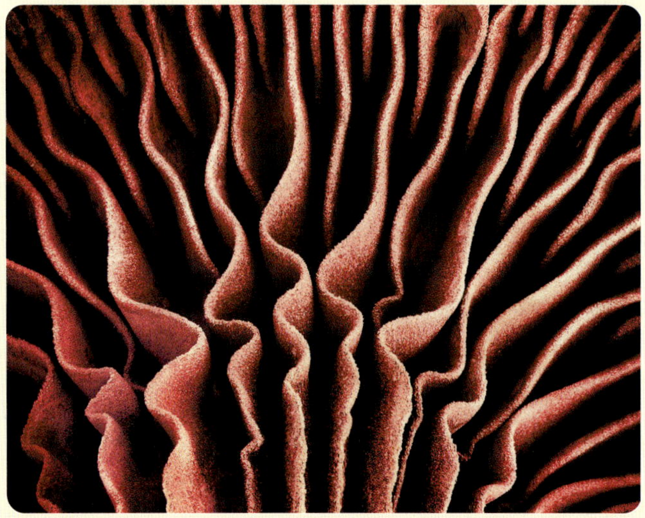

PILZLAMELLEN

Zwar kehren natürliche Muster in allen Sinnesnervenstrukturen häufig wieder, doch wird gelegentlich aus solchen Befunden allzu viel abgeleitet.

Die Iris, der Ringmuskel des Augapfels, gilt Anhängern der »Wissenschaft« von der Iridologie als »Landkarte des ganzen Körpers«. Wie bei der Fußreflexzonenmassage teilen iridologische Karten den Körper in Zonen ein, und die Iridologen untersuchen lagespezifische Farb-, Form- und Texturveränderungen der Iris. So weist Orange in der Verdauungszone angeblich auf eine vorhandene Diabetes-Neigung hin und ein schwarzer Fleck soll anzeigen, dass der Blinddarm operativ entfernt wurde.

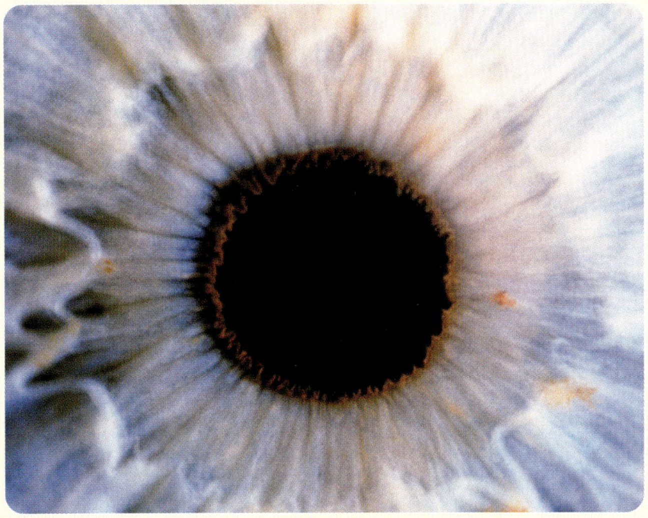

IRIS

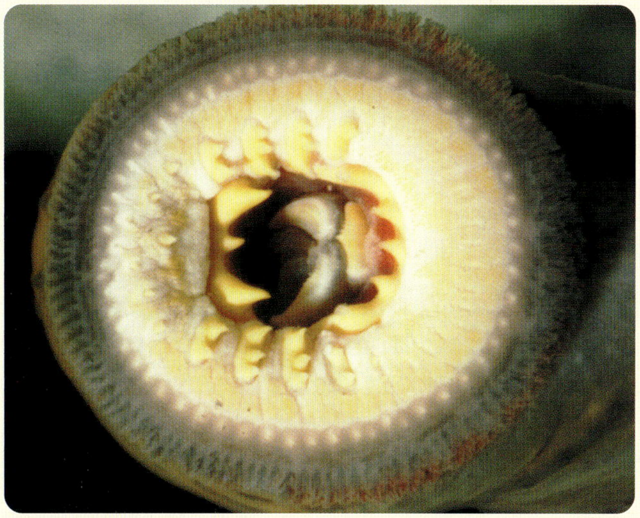

MUNDPARTIE EINES PAZIFIK-NEUNAUGES

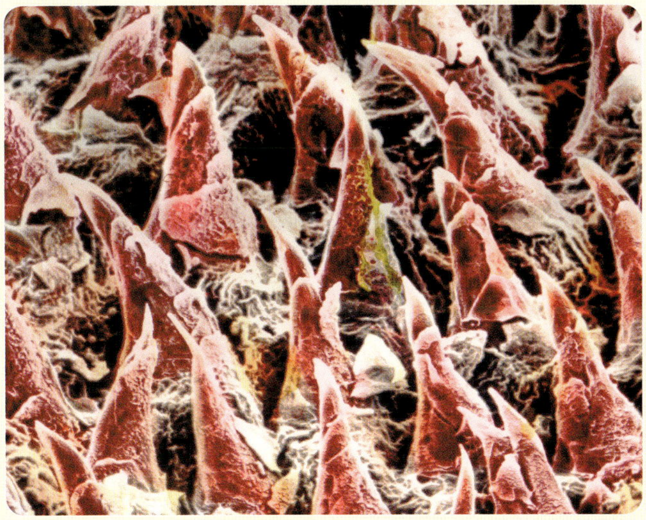

ZUNGENOBERFLÄCHE

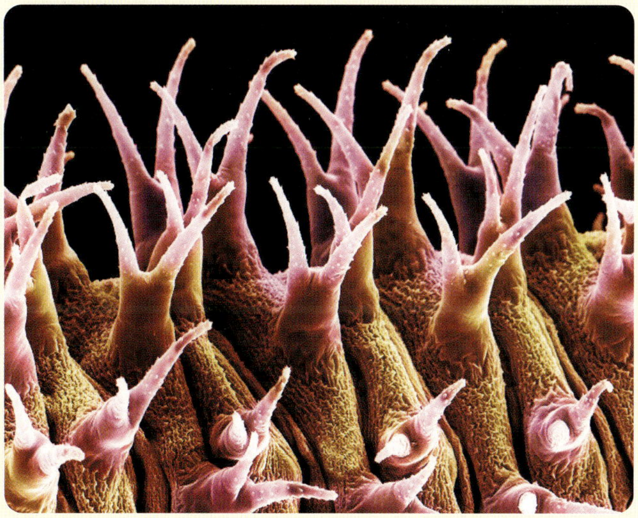

RAUPENSTACHELN

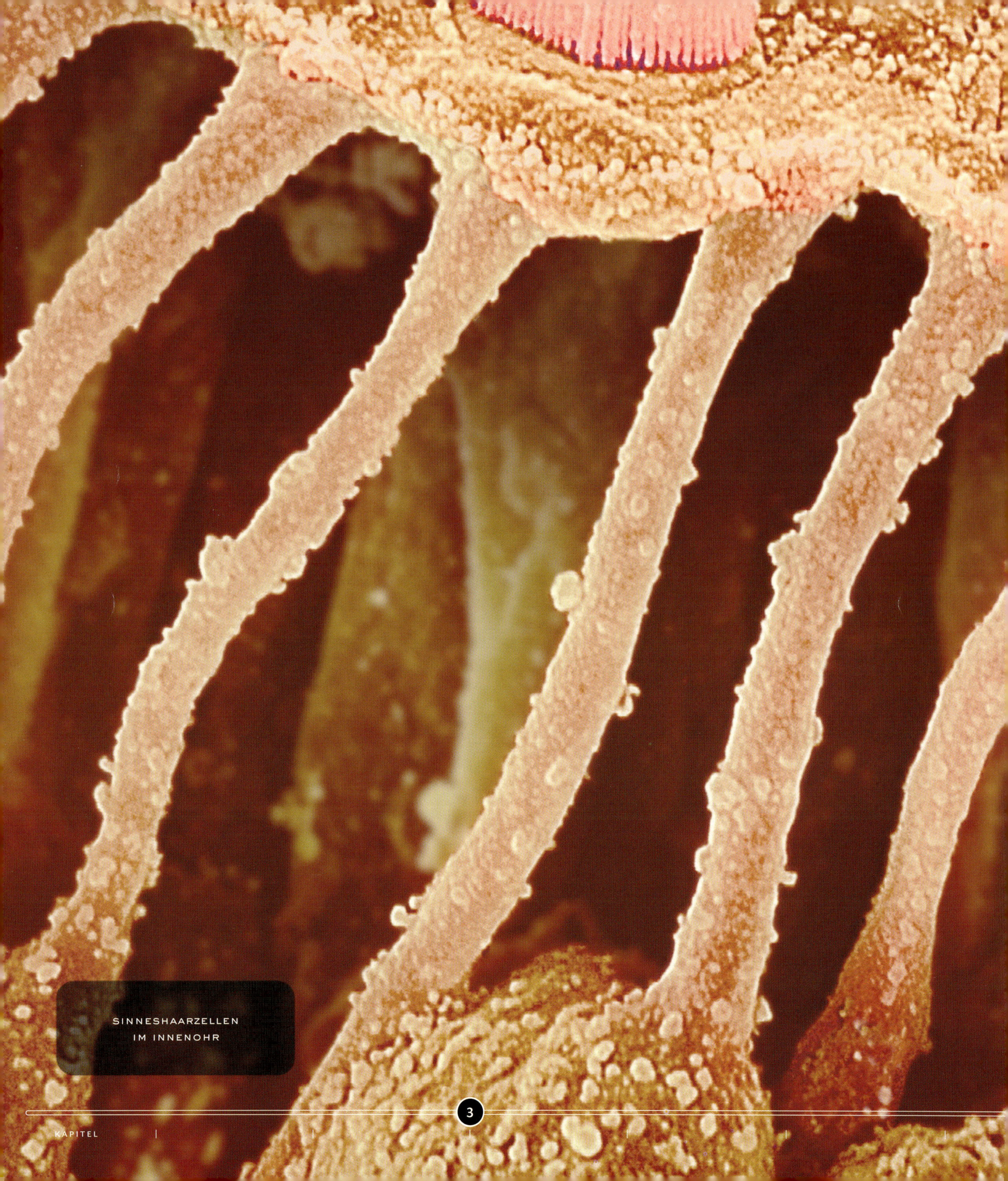

SINNESHAARZELLEN
IM INNENOHR

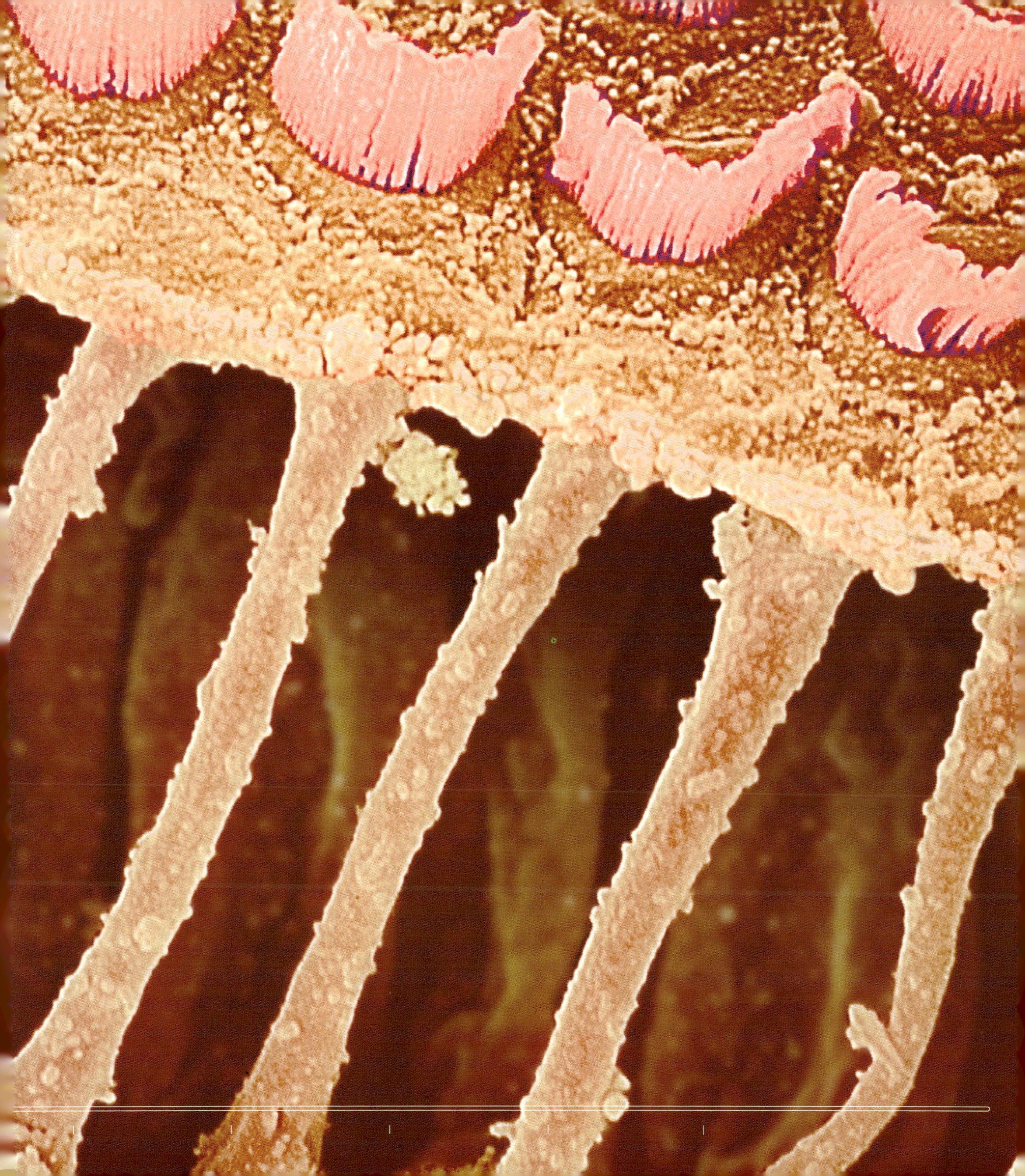

»… deine Knochen,
Rundlineale, Anstößer, runde Pfähle,
empfindungslose Noppen, Schwert aus Zucker.
Herr Skelett, ich hab das Gefühl, als ob der
Schädel sein eignes Leben führte in eigner
Haut.«

Anne Sexton

Rahmenstruktur

– das Skelett

Doppelt so widerstandsfähig wie Granit, wenn es gilt, Druck auszuhalten, viermal widerstandsfähiger als Beton gegenüber Spannung und Zugkraft, aber fünfmal leichter als Stahl. Wie D'Arcy Thompson zu Recht feststellte, sind Knochen der Traum eines Architekten – ein Baumaterial, das so formbar ist, dass man ihm praktisch jede Gestalt geben kann, so vielseitig, dass es, zu einem leichten, widerstandsfähigen Rahmen montiert, komplexe mechanische Bewegungen ausführen und aushalten kann, und so stark, dass es dem ganzen menschlichen Körper Gestalt und Stütze geben kann, ohne gestaucht und verbogen zu werden.

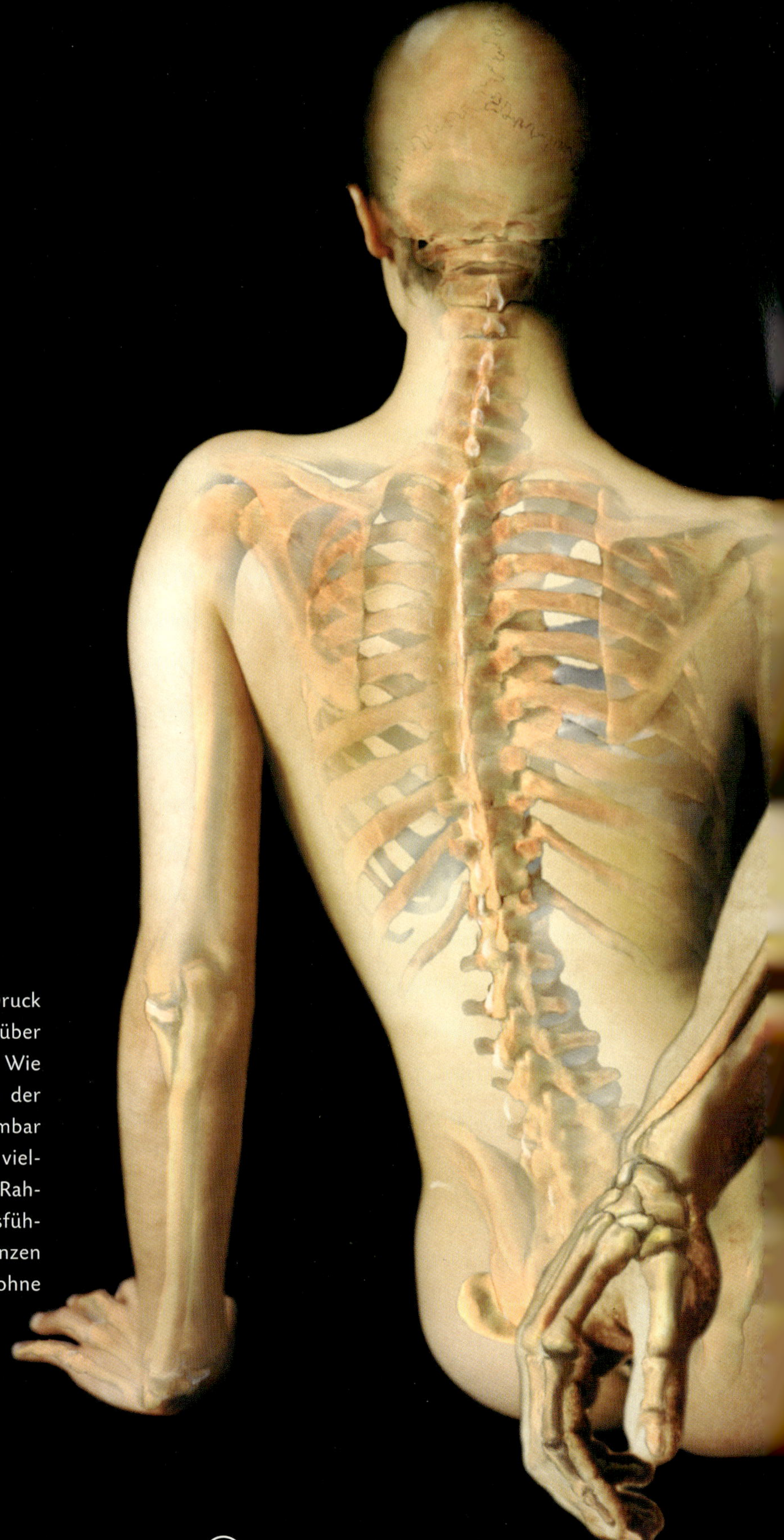

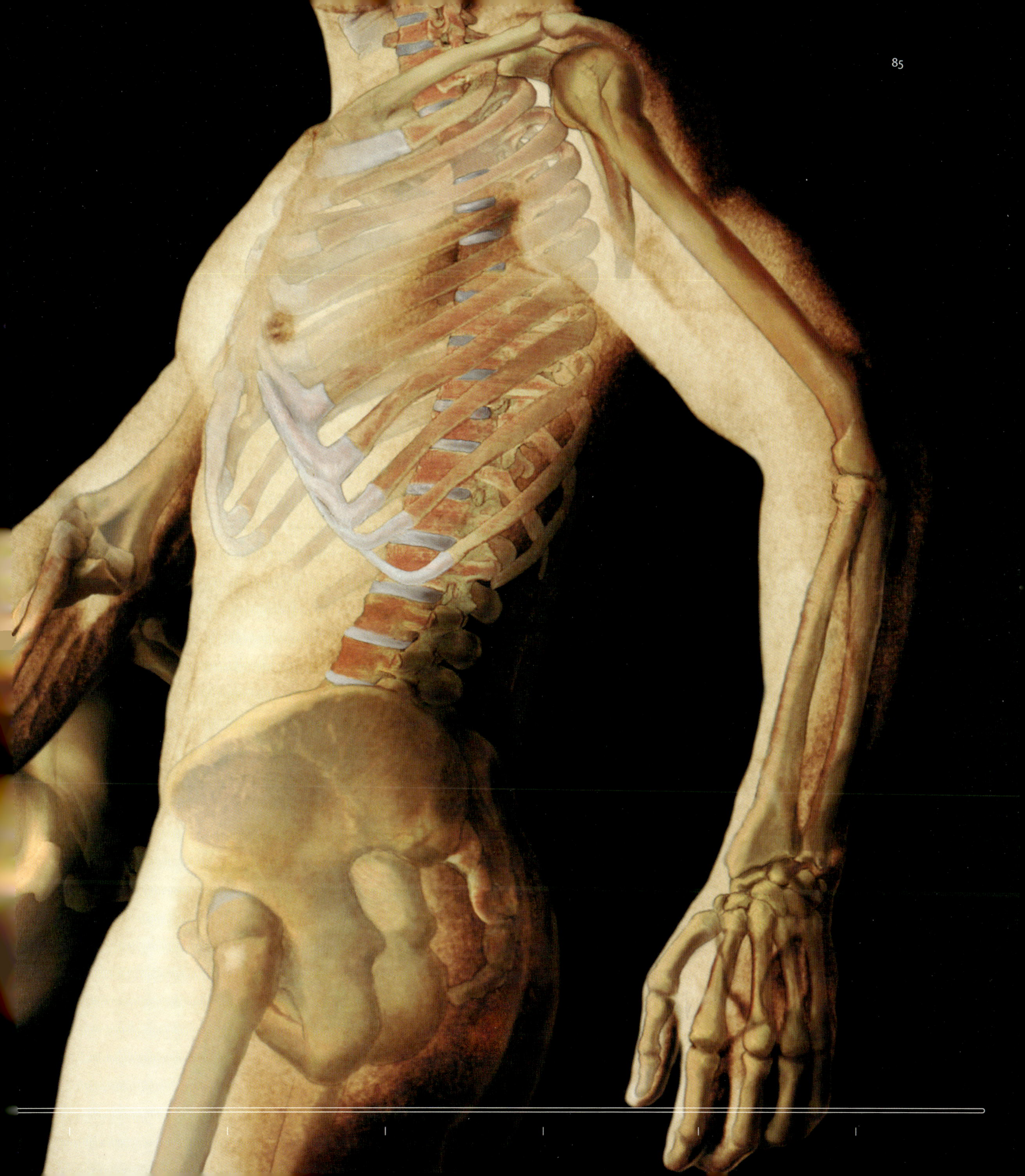

Im ersten Baustadium eines Gebäudes oder einer Brücke wird ein Gerüst aus Bewehrungsstahl errichtet. Es wird mit flüssiger Zementmasse umgeben, die sich fest mit dem Stahl verbindet. Die dabei entstehenden Stahlbetonträger halten Schwankungen aus und bewahren ihre Festigkeit und Stärke. Zement ohne Stahl wäre zu spröde und würde leicht brechen, und Stahl ohne Zement wäre zu schwach, um die Gesamtlast zu tragen; er würde sich verformen.

Genauso ist es bei den Knochen. Sechs Wochen nach der Empfängnis bilden Kollagenstäbe, eng gewundene Ketten langer Proteinmoleküle, die ersten »Moniereisen« des Körpers. So werden die Grundstrukturen des gesamten Skeletts gelegt. In den nächsten beiden Monaten kristallisieren Mineralien aus dem Blut aus und umgeben sie. Diese Mineralstoffe werden hart wie Zement, aber noch sind die Knochen nicht durch Gelenke verbunden. Bei der Geburt ist das Skelett hinreichend verknöchert, um den Körper stützen zu können, aber es dauert dann immer noch ungefähr ein Jahr oder länger, bis komplizierte Gelenkmechanismen alle Knochen fest verbunden haben. Erst dann sind die Knochen stark und flexibel genug, um zum Beispiel erste Gehbewegungen zu erlauben.

Die Knochenstrukturmatrix – ein festes, interaktives Gemisch aus Protein und Mineralien – macht Knochenmasse zu einem besseren Baumaterial als Legierungen und Verbundmaterialien. Das Bestechende an diesem Design ist aber vor allem, dass Knochen leben. Das Skelett ist wie jedes andere Körpersystem in ständigem Abbau und ständiger Erneuerung begriffen. Beim Heranwachsen nimmt der Körper Gestalt und Proportionen eines erwachsenen Körpers an, je mehr er den gehobenen Anforderungen genügen muss. Wenn Knochen brechen, heilen sie sich selbst.

STABILBAUKASTEN

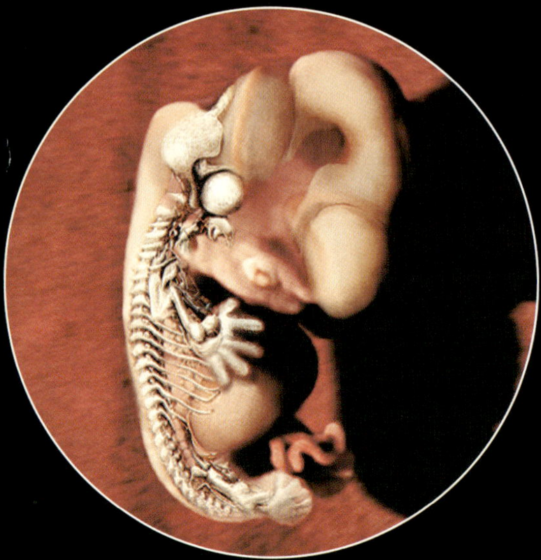

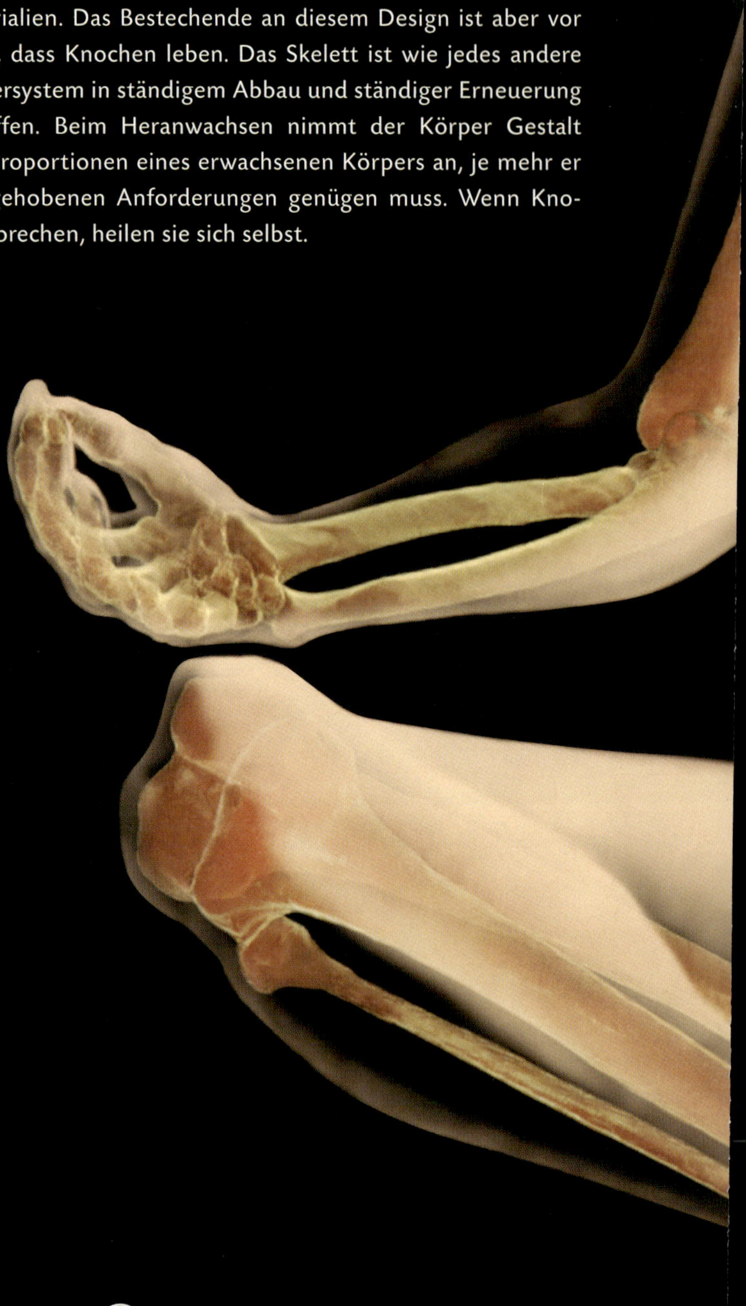

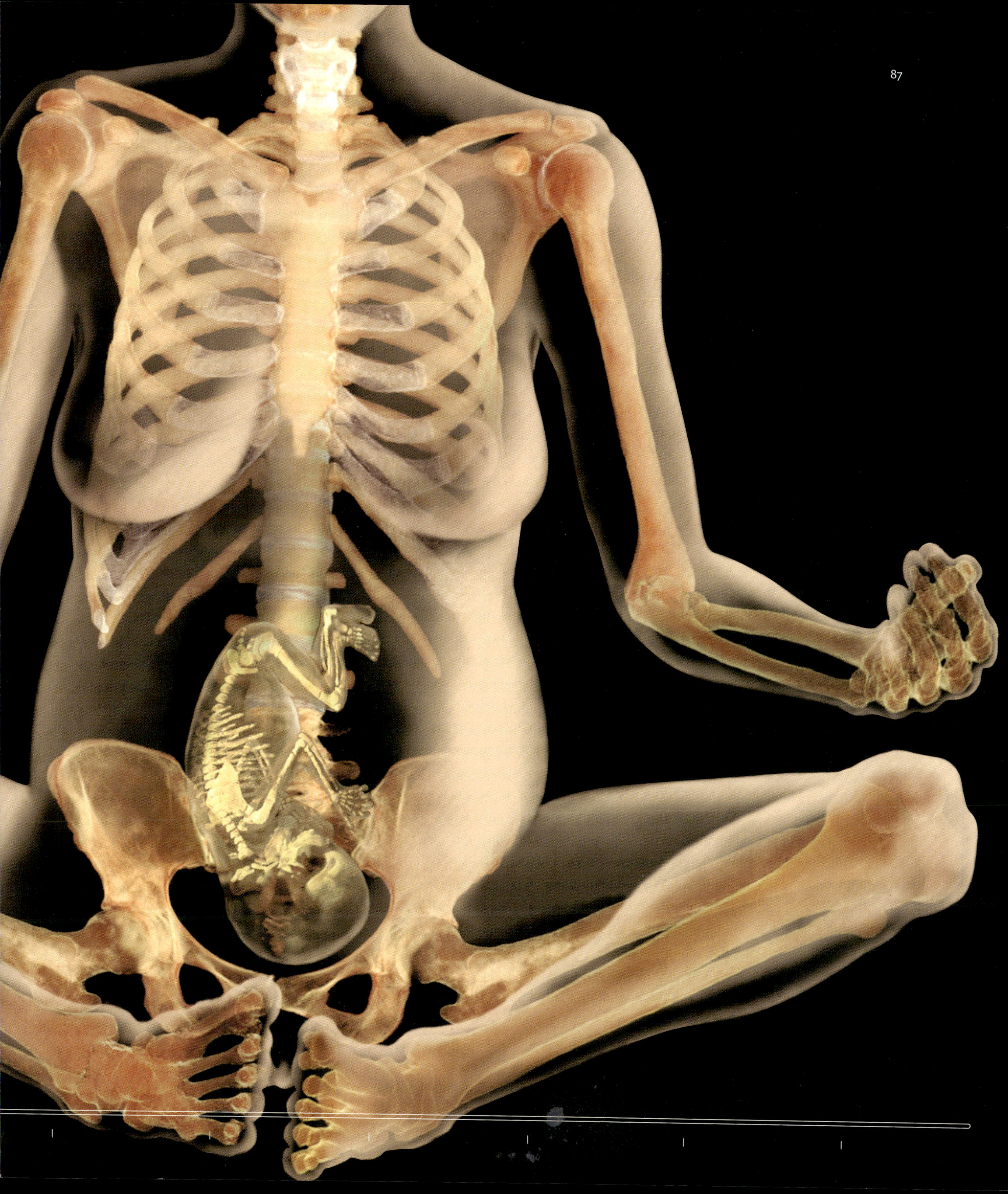

Das lebende Skelett ist eine Meisterleistung der Ingenieurkunst, was Kraft- und Lastverteilung betrifft. Es trägt nicht nur die Last des Körpers und ermöglicht Bewegungen, sondern es speichert auch Mineralstoffe, schützt innere Organe und beherbergt im schwammigen Knocheninnern die Blutfabrik des Körpers. Das flexible Gerüst aus Knochen ist um eine Zentralachse (das Rückgrat) herum angeordnet. Diese ist vielfältig beweglich und mit zwei Knochengürteln versehen, die die Verbindung zu den Gliedmaßen herstellen (Schulter- und Beckengürtel). Arme und Beine zeigen den gleichen strukturellen Aufbau: ein langer Knochen, zwei kürzere und eine klauenartige Ansammlung noch kleinerer Knochen, die alle mit gut beweglichen Gelenken zusammengehalten werden.

STÜTZE UND BEWEGUNG

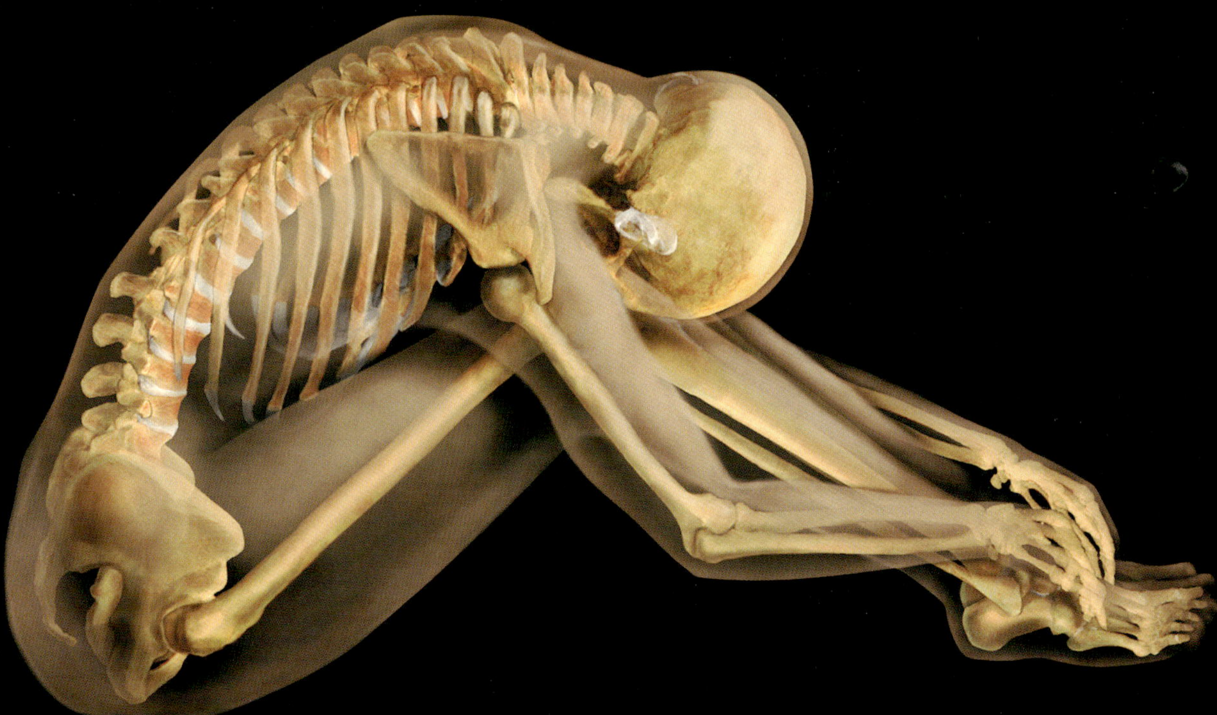

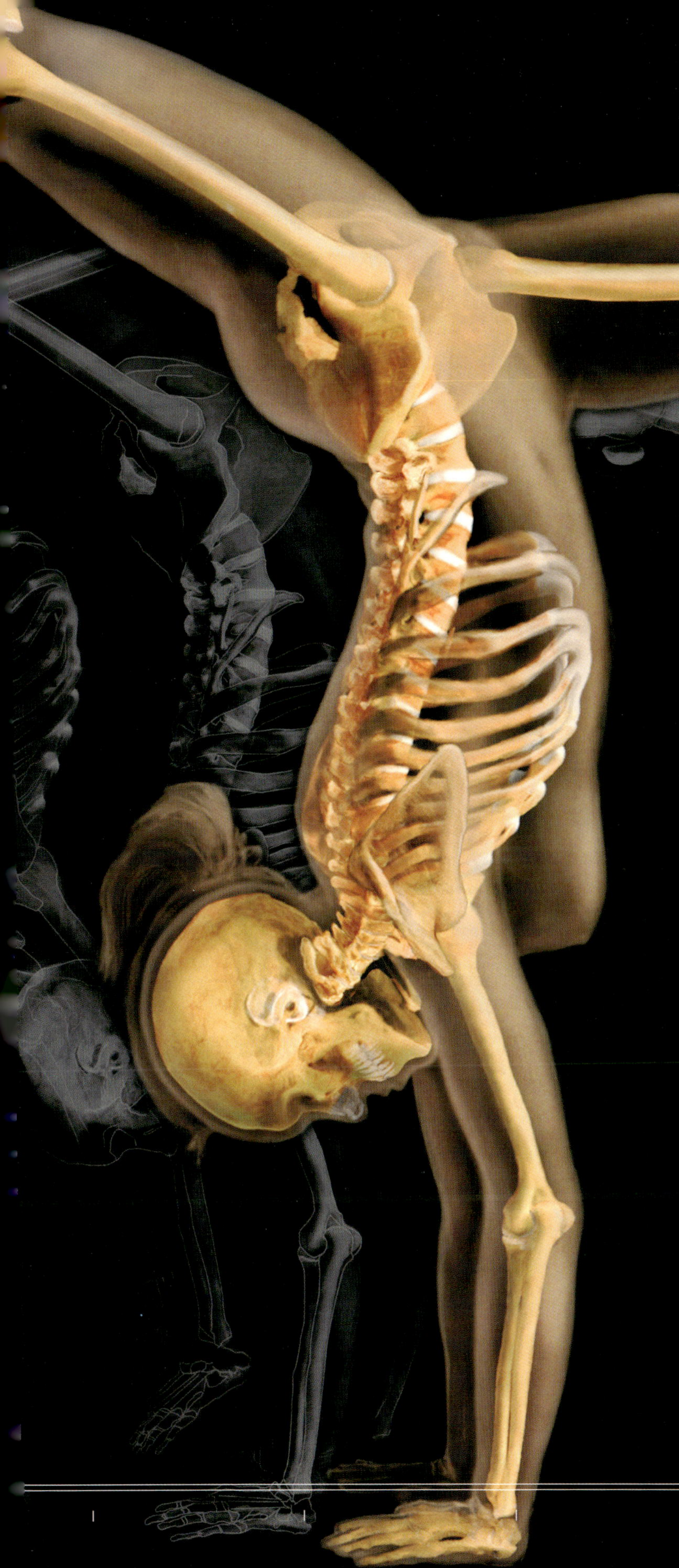

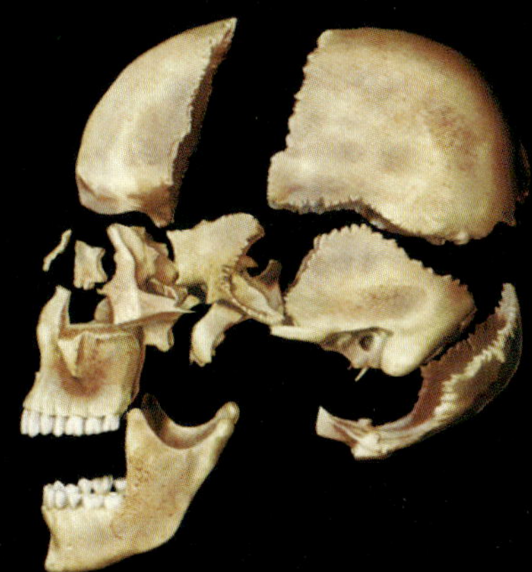

TEILE EINES GANZEN

Hamlet sah in Yoricks Totenschädel ein Fenster zu den tiefsten Geheimnissen des Lebens. Keine schlechte Wahl. Denn der Schädel ist der komplexeste Teil des Knochengerüsts: Er bestimmt Kopf- und Gesichtsform, schützt das Gehirn und beherbergt die speziellen Sinnesorgane. Der Schädel besteht aus 22 verschiedenen Knochen – 21 davon sind an den Gelenkstellen so fest verfugt und verschweißt, dass sie einen einheitlichen Block bilden. Nr. 22 ist der beweglich aufgehängte Unterkieferknochen. Luftgefüllte Hohlräume in einigen Knochen neben der Nase (Nebenhöhlen) verringern das Schädelgewicht und fungieren als Resonanzraum für die Stimme.

Die Form eines Knochens bestimmt seine Aufgabe, und umgekehrt. Lange Knochen heben und senken sich wie Hebel, kurze überbrücken bestimmte Räume, platte bilden Schutzschilde. Unregelmäßig gebaute Knochen wie Wirbel oder Beckenknochen dienen als maßgerechte Flanken, Kanten, Gürtel und Kronen. Sesambeine (in Sehnen eingelagerte Knochen) verlängern den Hebelarm von Muskeln und mindern Druck- bzw. Zugbelastungen am Gelenk, wie beispielsweise die Kniescheibe, der größte derartige Knochen. Die Art, wie die Zellen im Knochen angeordnet und miteinander verbunden sind, ist so angelegt, dass sich von außen wirkende Druck- und Zugkräfte optimal verteilen.

DIE FORM ERGIBT SICH AUS DER FUNKTION

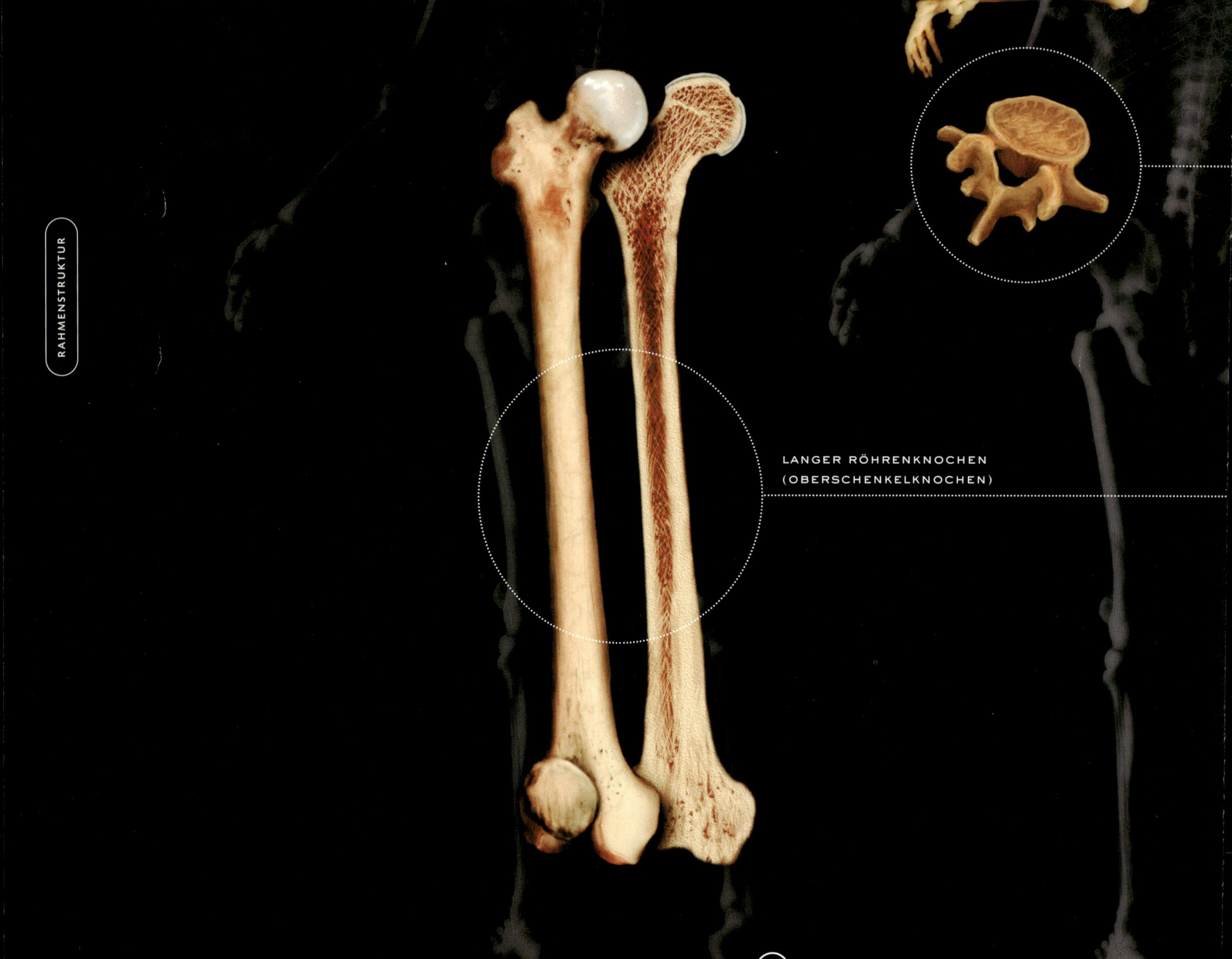

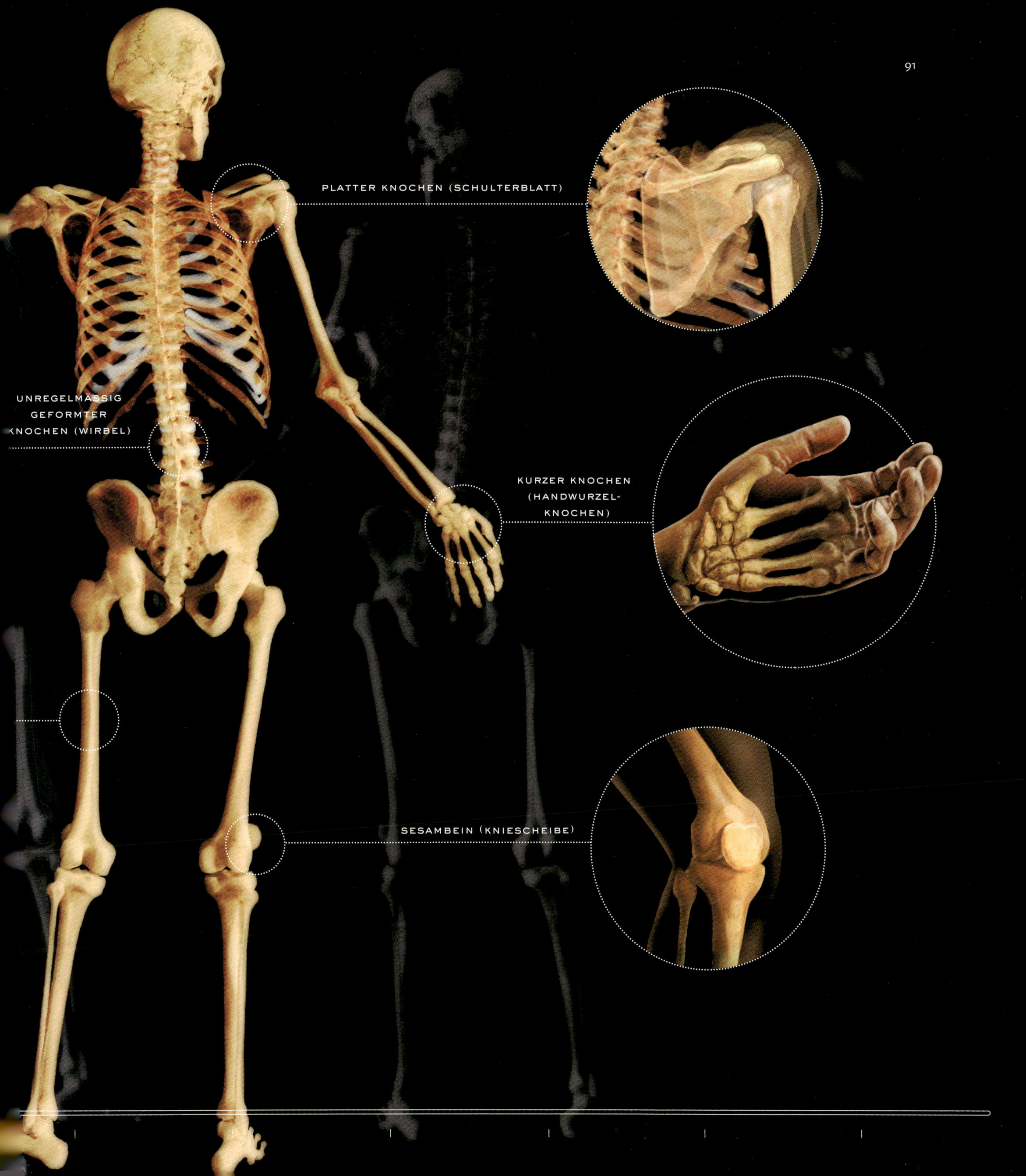
PLATTER KNOCHEN (SCHULTERBLATT)
UNREGELMÄSSIG GEFORMTER KNOCHEN (WIRBEL)
KURZER KNOCHEN (HANDWURZEL-KNOCHEN)
SESAMBEIN (KNIESCHEIBE)

STRUKTURKERN

Die Kombination von Stabilität, Flexibilität und Schutzpanzerung wird dadurch erreicht, dass die Wirbelsäule S-förmig ist und aus unterschiedlichen unregelmäßig geformten Knochen besteht. Zwischen ihnen liegen Bandscheiben aus festem Knorpel, die wie Kugellager wirken. Bei anstrengenden Bewegungen müssen sie Zentnerlasten auffangen. Die Wirbel sind mit Fortsätzen versehen, die sich so verbinden, dass Scharniere und Gelenke entstehen. So wird die Wirbelsäule vor Überdrehung geschützt und es wird verhindert, dass sie so stark gebeugt wird, dass unser Kopf nach hinten überschnappt oder in unseren Schoß fällt. Abgerundete Enden passen genau in entsprechende Aussparungen, sodass ein Effekt entsteht wie bei Scharnierstift-Türpuffern: die Bewegung wird auf einen bestimmten Radius beschränkt. Die S-Form erhöht die Widerstandskraft und sorgt dafür, dass der Schwerpunkt immer ausbalanciert ist.

»Ein erheblicher Teil vom Charakter eines Menschen versinnbildlicht sich in seinem Rückgrat. [...]
Noch nie hat ein dünnes Wirbelsäulchen einer starken, noblen Seele Halt geben können.«

Herman Melville

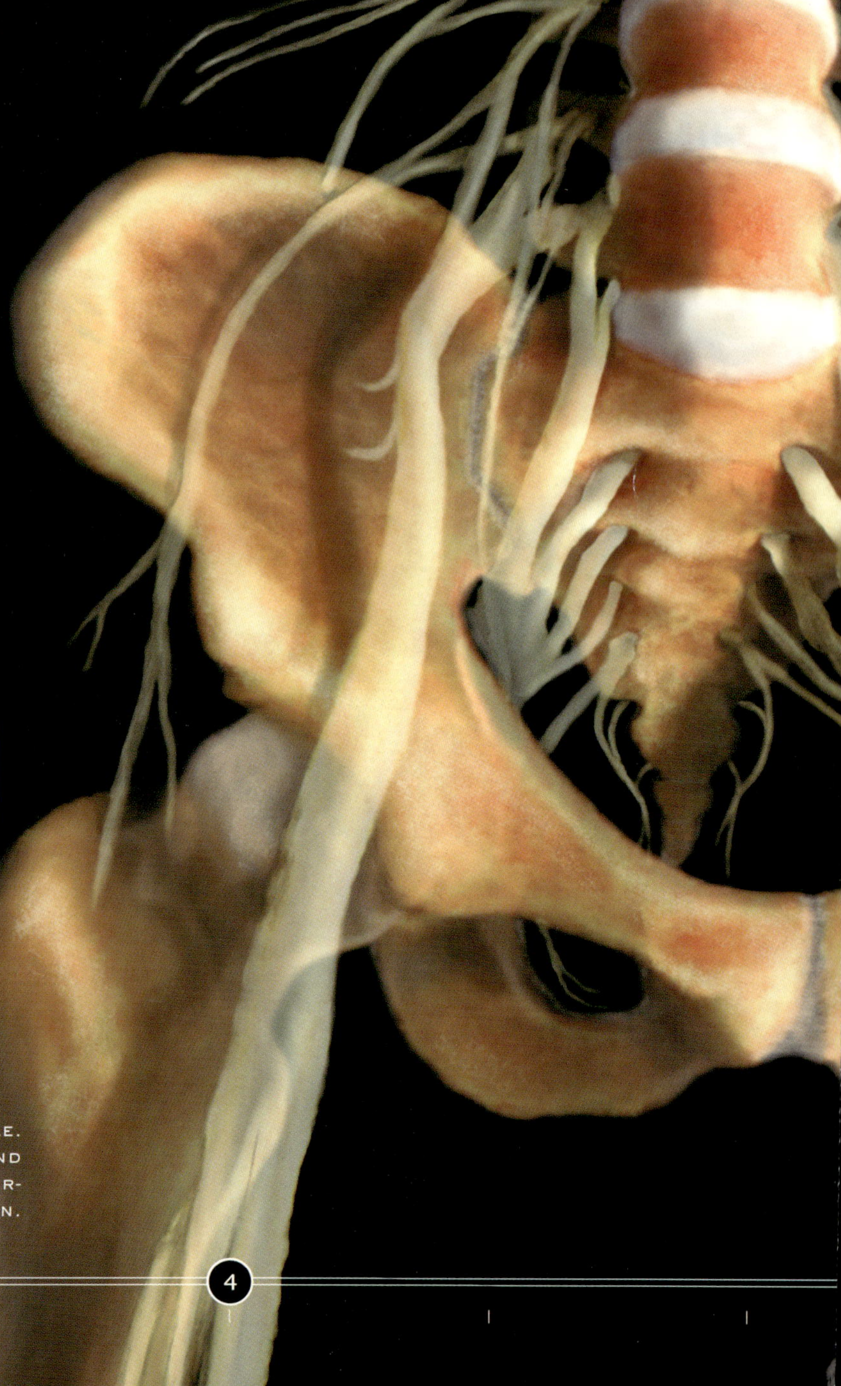

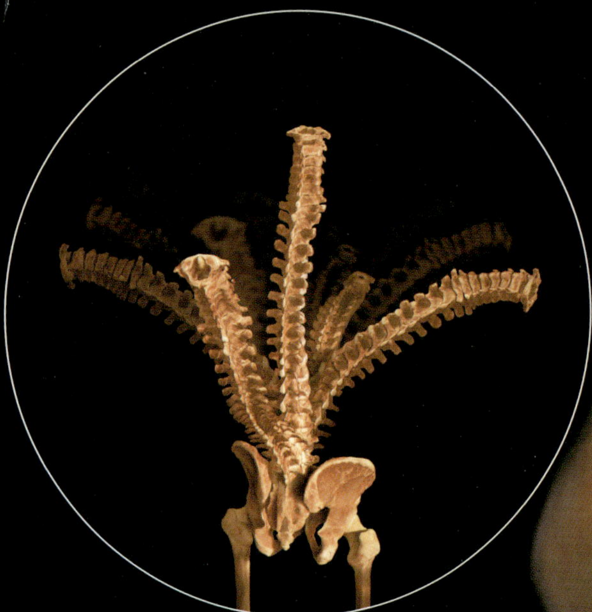

DIE WIRBELSÄULE IST MEHR ALS DIE SUMME IHRER TEILE. WIE EIN ZENTRALER PFEILER HÄLT SIE UNSEREN KOPF UND OBERKÖRPER AUFRECHT. ZUGLEICH ERLAUBT SIE DEM KÖRPER ABER AUCH, SICH ZU BEUGEN UND ZU VERDREHEN. ÜBERDIES BESCHÜTZT SIE DAS RÜCKENMARK.

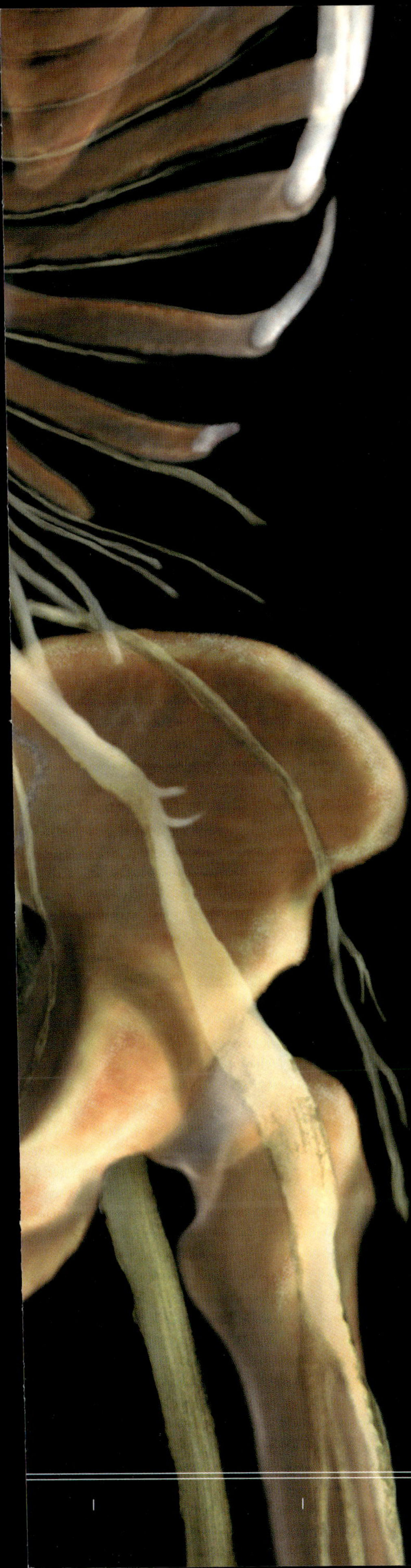

VERSCHIEDENE LAGE, VERSCHIEDENE GESTALT

Jede Sektion der Wirbelsäule ist für einen unterschiedlichen Zweck entworfen. Die abgeflachten Wirbel im oberen Bereich stützen Kopf und Nackenregion; die Brustwirbel halten den Brustkorb; die Lendenwirbel im unteren Bereich sind dick, breit und stark, damit sie das Gewicht tragen und Stabilität garantieren können.

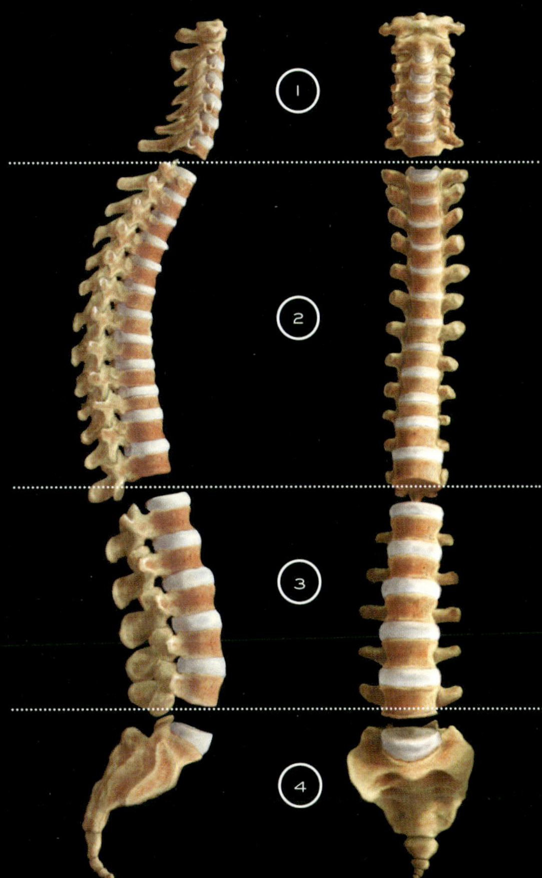

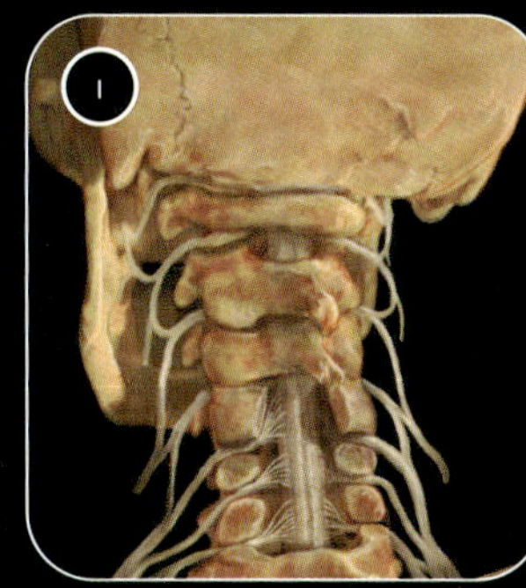

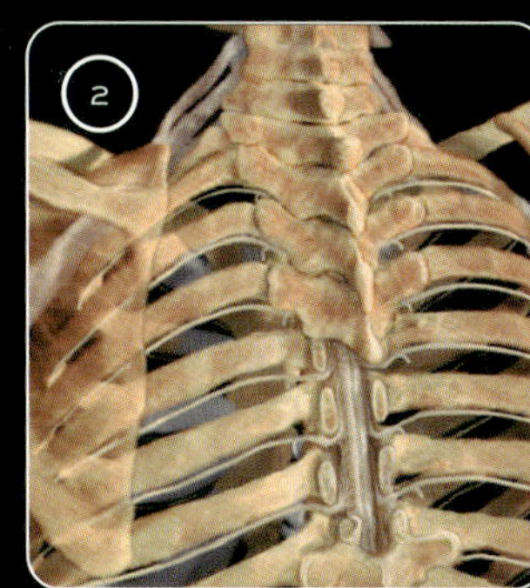

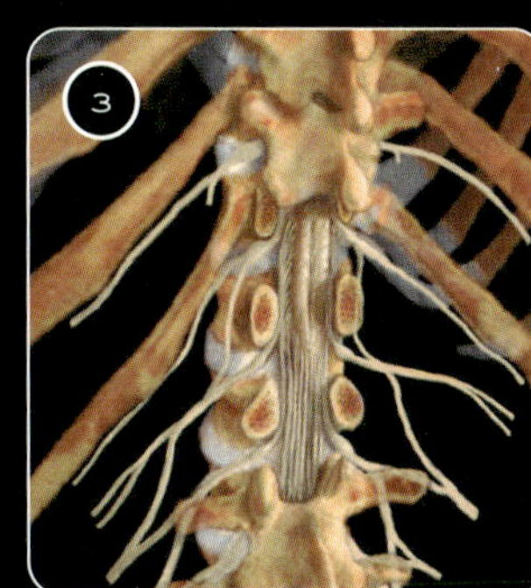

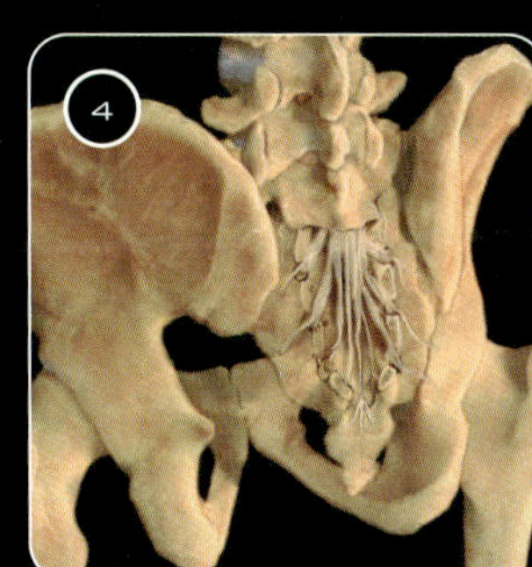

GESCHLECHTSUNTERSCHIEDE

Die Größe des weiblichen Schädels beträgt durchschnittlich nur vier Fünftel von der des männlichen. Sein Gesichtsbereich ist nicht so eckig wie der des Mannes: weniger kantig am Kinn, kein so starker Unterkiefer (A), an der Stirn eher konvex. In der »geschlechtsunterstützenden Schönheitschirurgie im Gesicht« – bei Menschen, die eine Geschlechtsumwandlung haben vornehmen lassen – gilt das besondere Augenmerk den Augenhöhlen (B). Im weiblichen Schädel wirken sie höher, runder und relativ groß. Daraus resultiert, wie es in einer Untersuchung über Geschlecht und Expressivität heißt, »der sanfte, ›aufrichtige‹ Gesichtsausdruck des weiblichen Gesichts«.

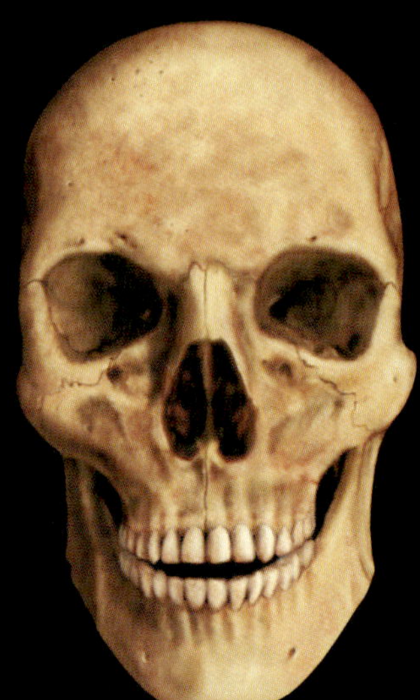

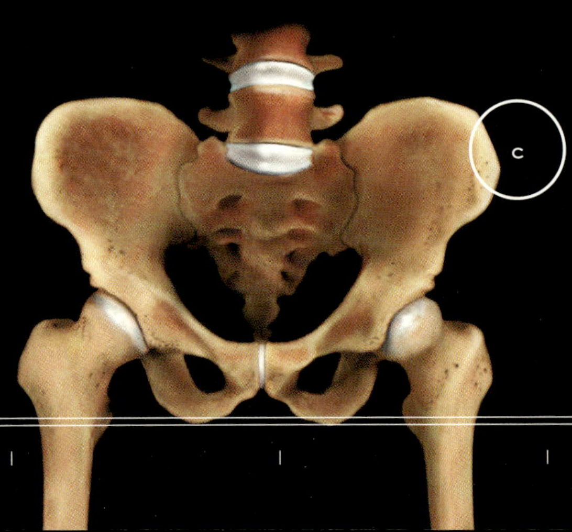

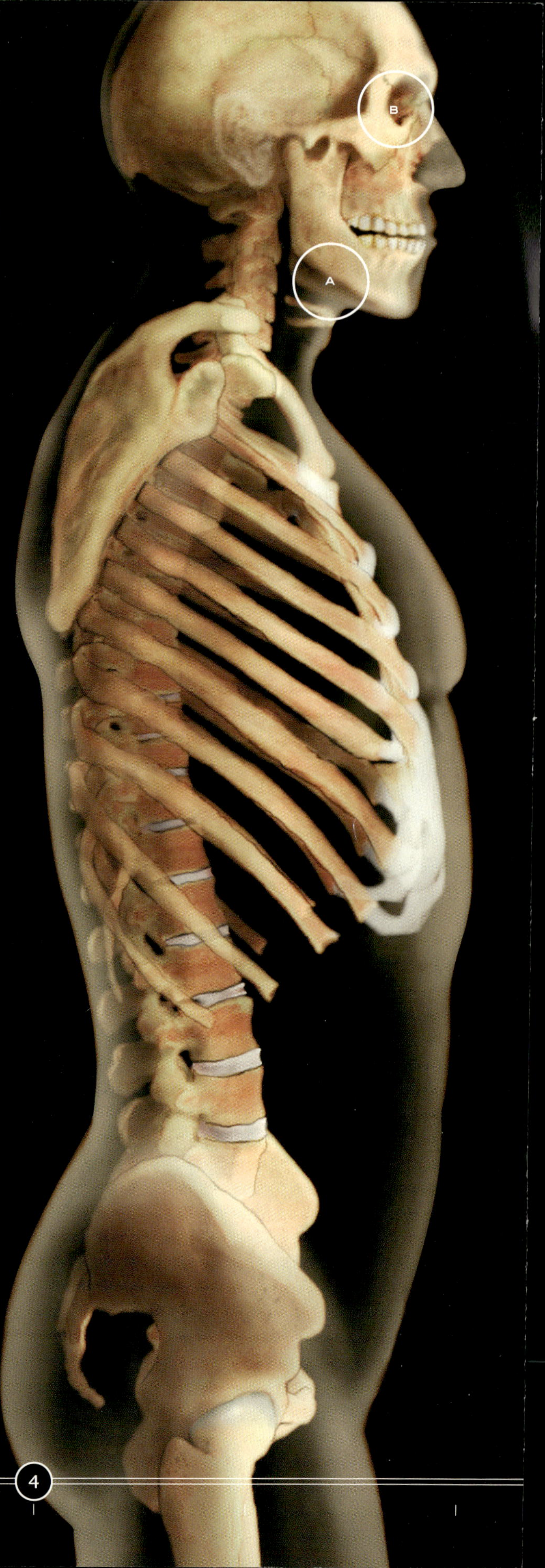

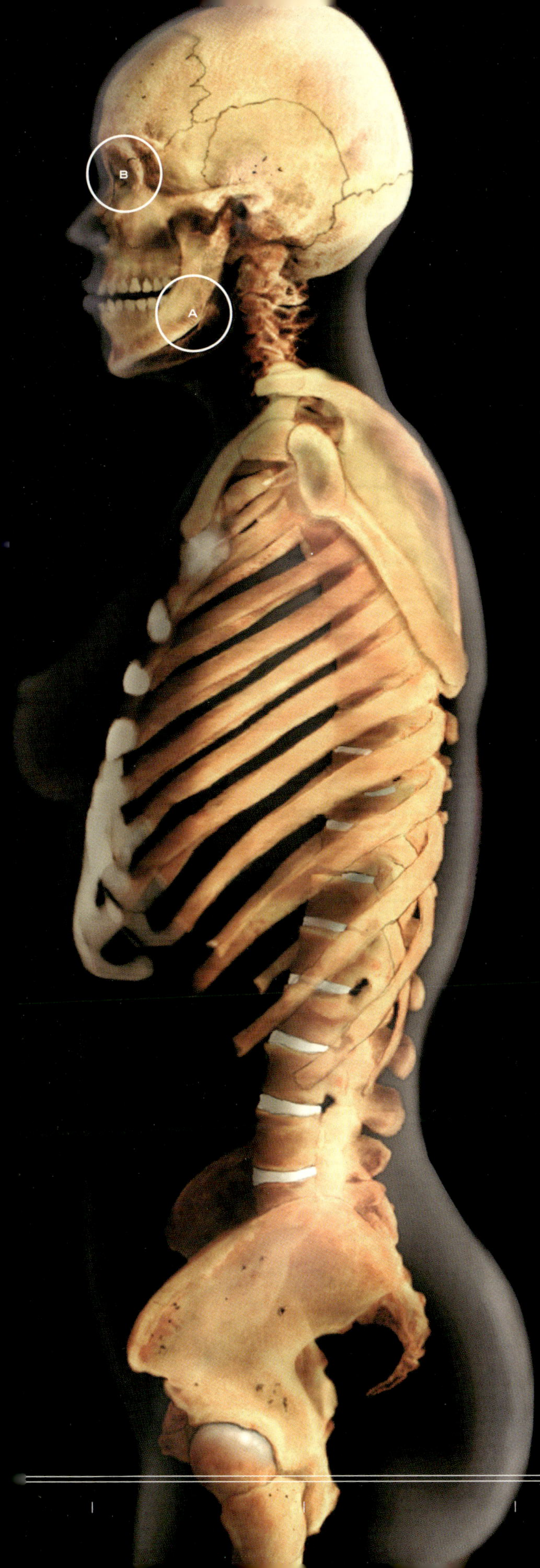

Frauen haben schmalere Schultern, und ihre Arme sind meistens kürzer. Das hat zur Folge, dass die Hebelwirkung beim Werfen geringer ist. Dafür sind die weiblichen Hüften breiter (C), was auf ein offeneres, gebärfreudigeres Becken zurückzuführen ist. Dadurch vergrößert sich jedoch der Winkel zwischen Becken und Oberschenkel. Die Folge: Frauen können ihre Knie nicht so weit hochziehen wie Männer. Auch können sie sich beim Laufen nicht so kräftig vom Boden abstoßen wie Männer. Andererseits sorgen niedrigere Hüften und schmalere Schultern für eine tiefere Lage des Schwerpunkts, was weiblichen Körpern mehr Stabilität verleiht.

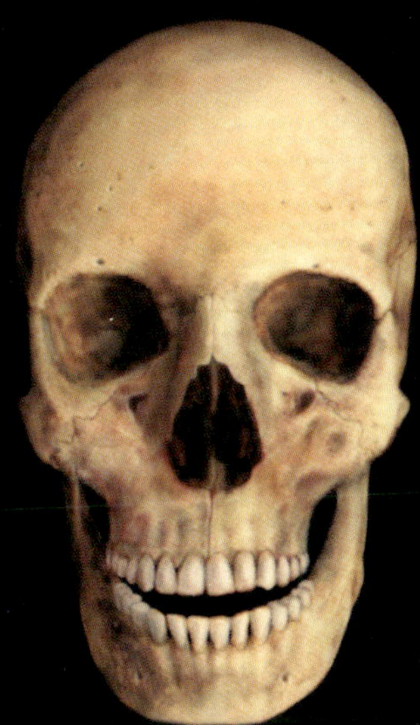

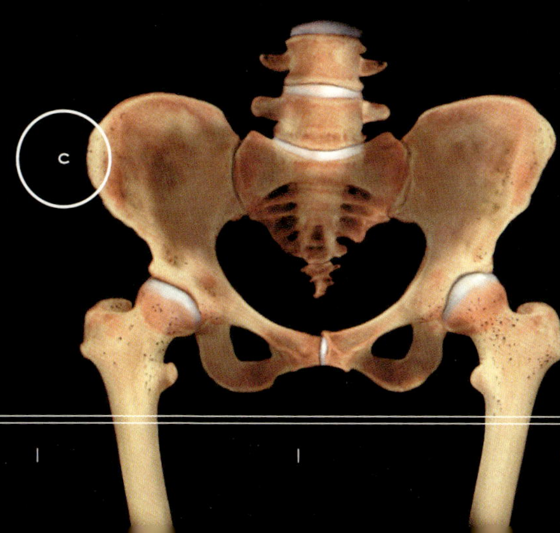

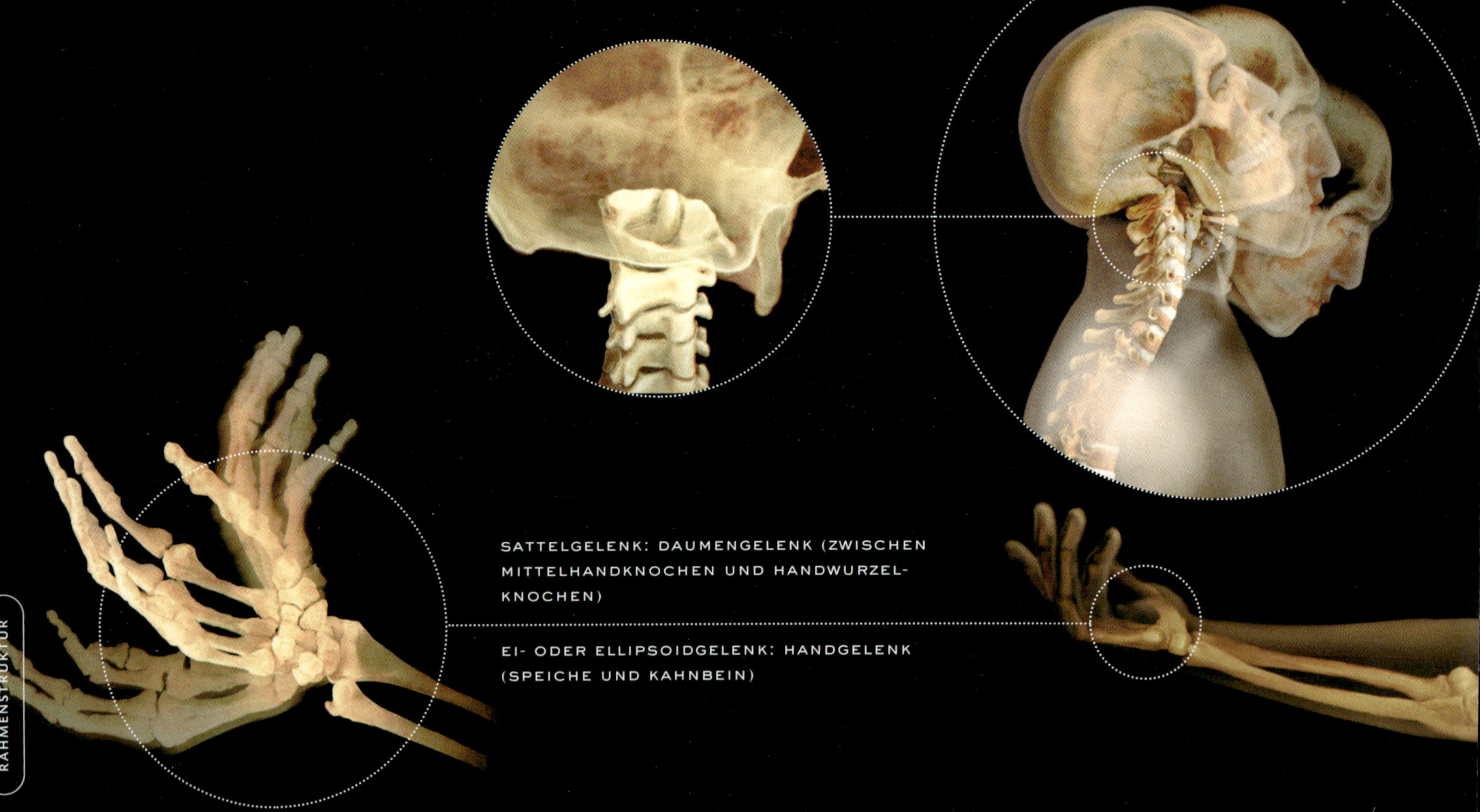

Geschmierte Gelenke sind eine weiteres Beispiel für die Tragfähigkeit des Vergleichs von Körper und Maschine. Sie sind dauerhafte, geschmierte Lager zwischen den Knochen, die es Letzteren ermöglichen, bei Bewegungen aneinander vorbeizugleiten.

Das Schultergelenk, ein Kugelgelenk, bei dem sich der runde Kopf des einen Knochens in der kugelförmig ausgehöhlten Gelenkpfanne des anderen Knochens bewegt, gestattet Bewegungen in zwei Ebenen plus Verdrehungen. Darum können wir uns in einer solchen Bewegungskombination den eigenen Rücken kratzen.

Bei einem Sattelgelenk wie an der Basis des Daumens fügen sich zwei sattelförmige Knochenenden so zusammen, dass zwei Bewegungsebenen entstehen (wodurch es etwa beim Klavierspiel möglich wird, den Daumen »unterzusetzen«). Mit ihren konkaven Bereichen können sich die Knochen vor und zurück sowie seitwärts verschieben; die Rotationsmöglichkeit ist jedoch begrenzt.

Wie etwa bei Autogetrieben und Türscharnieren sind geschmierte Gelenke (Synovialgelenke) dazu gedacht, die mechanische Kraftübertragung zu erleichtern, die Reibung zu mindern und Abnutzung zu vermeiden. In einer flexiblen Gelenkkapsel enthält jedes Synovialgelenk einen wasserdichten Hohlraum, in dem glatte Gelenkflächen an den Knochenenden durch einen Stoßdämpfer aus Knorpel, perlglattem elastischem Material, geschützt werden. Geschmiert wird das Ganze durch eine dickflüssige Gelenkflüssigkeit (Synovia), die dieser Gelenkstruktur ihren Namen gab.

BEWEGUNGSSPIELRAUM

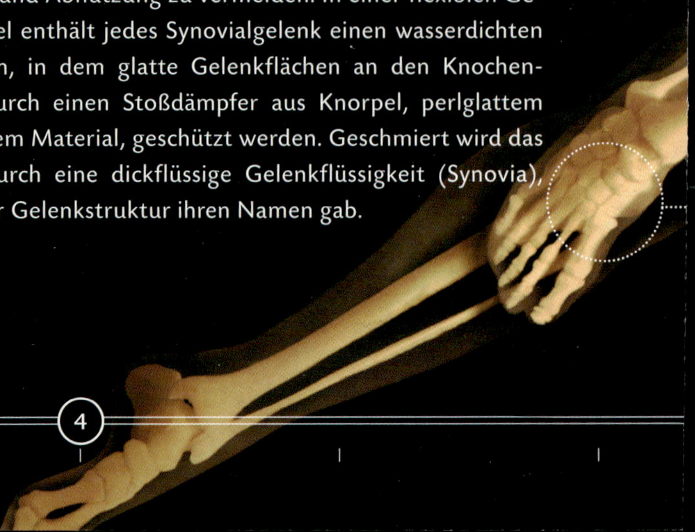

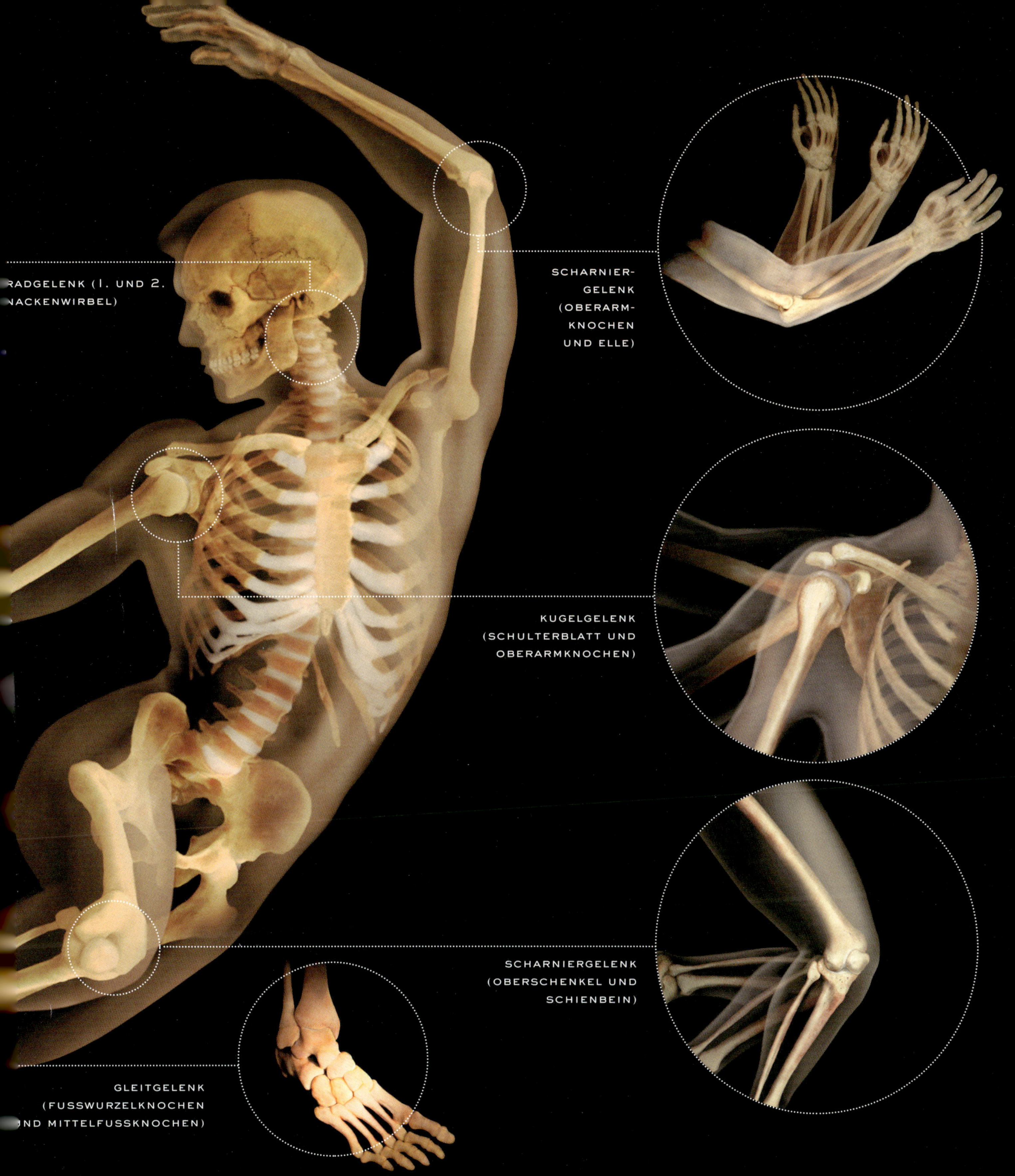
RADGELENK (1. UND 2.
NACKENWIRBEL)
SCHARNIER-
GELENK
(OBERARM-
KNOCHEN
UND ELLE)
KUGELGELENK
(SCHULTERBLATT UND
OBERARMKNOCHEN)
SCHARNIERGELENK
(OBERSCHENKEL UND
SCHIENBEIN)
GLEITGELENK
(FUSSWURZELKNOCHEN
ND MITTELFUSSKNOCHEN)

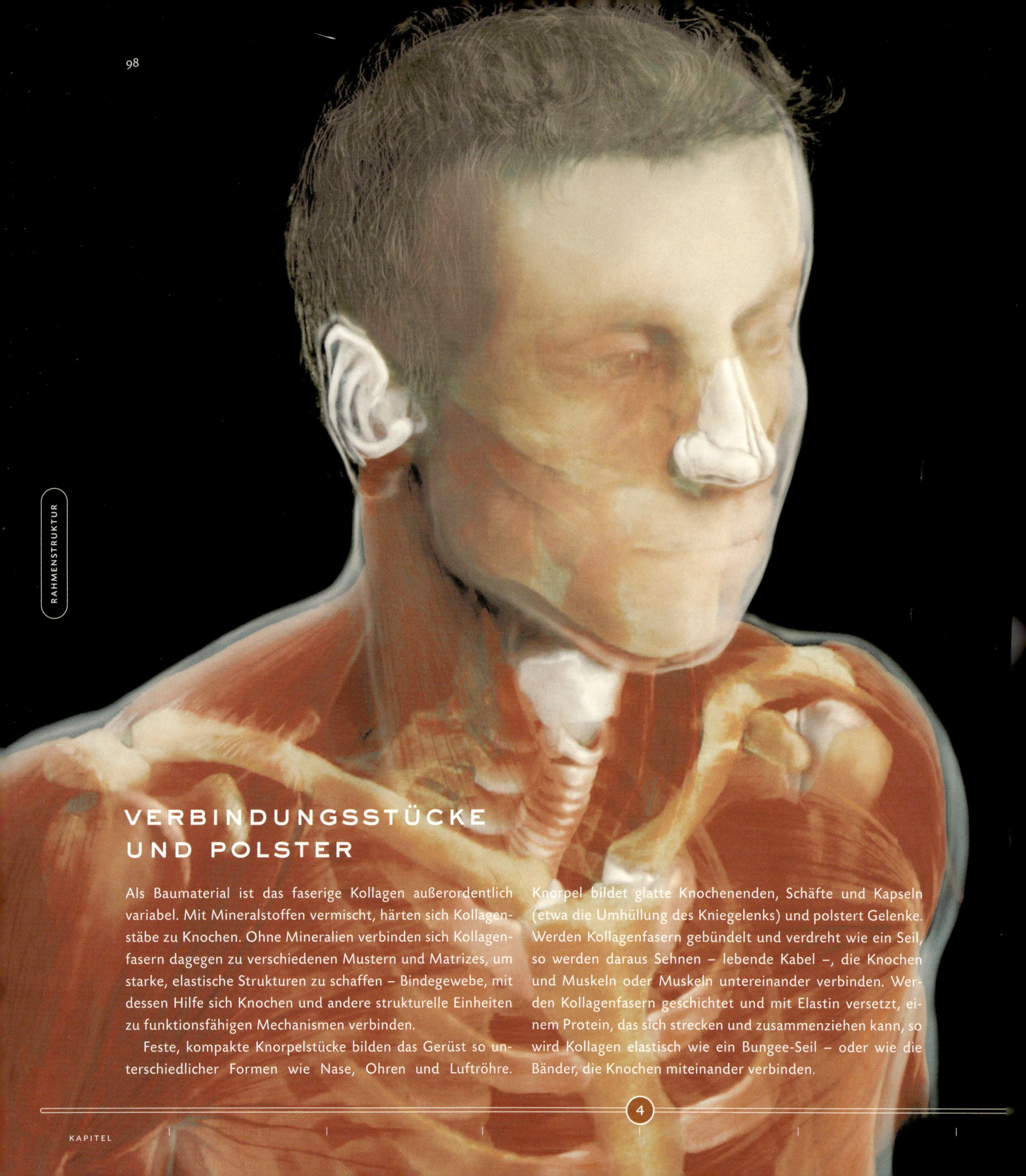

VERBINDUNGSSTÜCKE UND POLSTER

Als Baumaterial ist das faserige Kollagen außerordentlich variabel. Mit Mineralstoffen vermischt, härten sich Kollagenstäbe zu Knochen. Ohne Mineralien verbinden sich Kollagenfasern dagegen zu verschiedenen Mustern und Matrizes, um starke, elastische Strukturen zu schaffen – Bindegewebe, mit dessen Hilfe sich Knochen und andere strukturelle Einheiten zu funktionsfähigen Mechanismen verbinden.

Feste, kompakte Knorpelstücke bilden das Gerüst so unterschiedlicher Formen wie Nase, Ohren und Luftröhre. Knorpel bildet glatte Knochenenden, Schäfte und Kapseln (etwa die Umhüllung des Kniegelenks) und polstert Gelenke. Werden Kollagenfasern gebündelt und verdreht wie ein Seil, so werden daraus Sehnen – lebende Kabel –, die Knochen und Muskeln oder Muskeln untereinander verbinden. Werden Kollagenfasern geschichtet und mit Elastin versetzt, einem Protein, das sich strecken und zusammenziehen kann, so wird Kollagen elastisch wie ein Bungee-Seil – oder wie die Bänder, die Knochen miteinander verbinden.

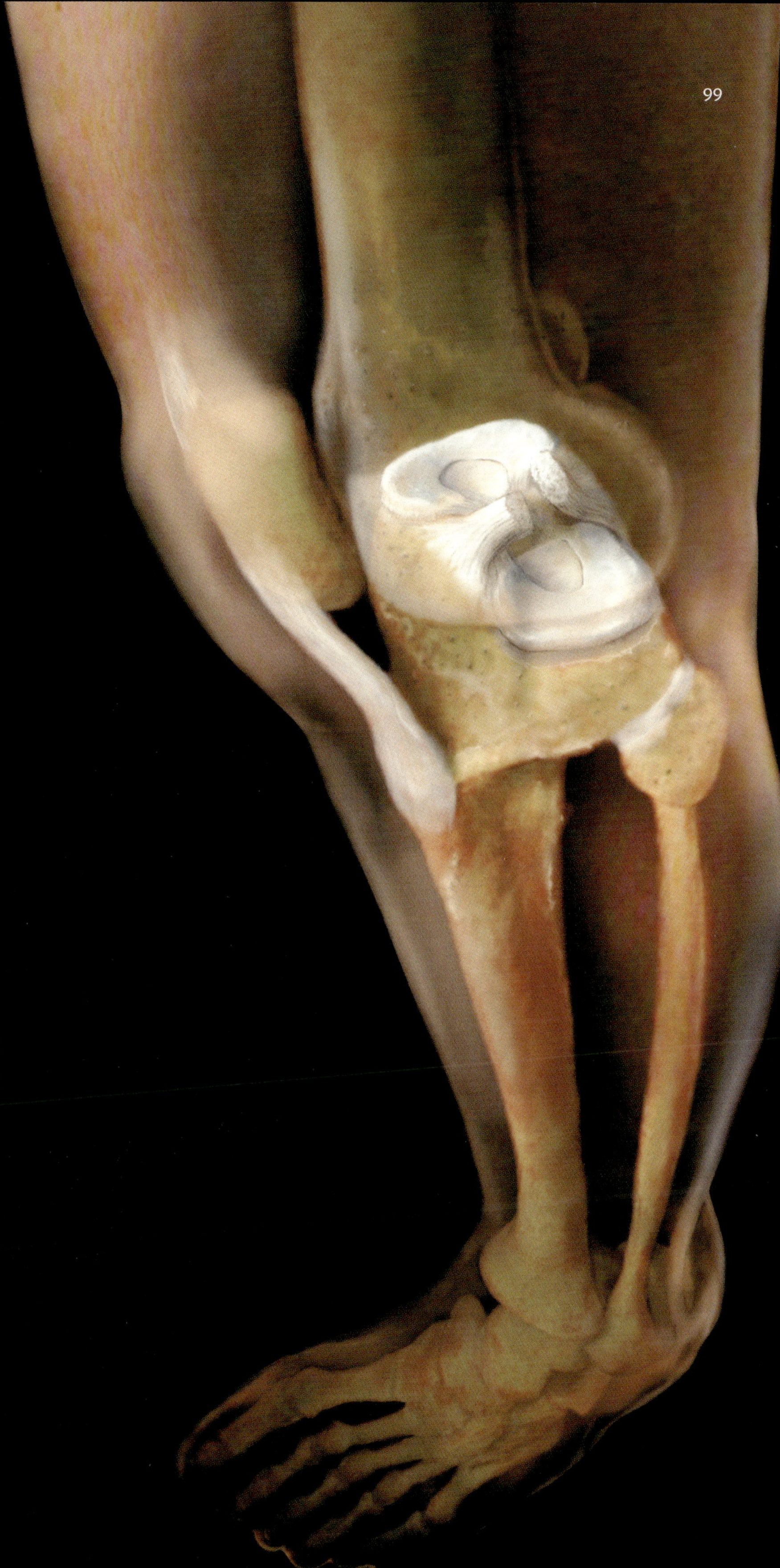

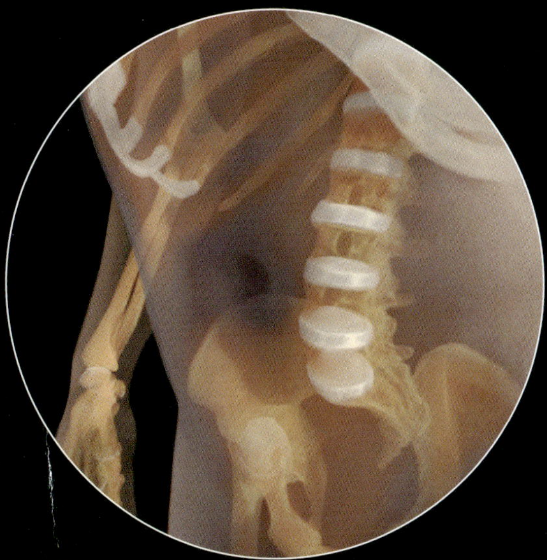

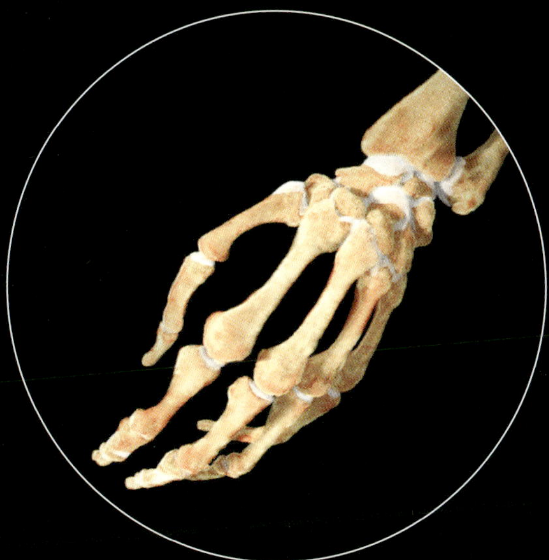

WEIL KOLLAGENMOLEKÜLE ZÄH UND BIEGSAM SIND, ABER NUR WENIG ELASTIZITÄT BESITZEN (MAN KANN DABEI AN MIKROSKOPISCH KLEINE SEILE DENKEN), LASSEN SIE SICH ZU DICHTEN, UNREGELMÄSSIGEN NETZWERKEN ZUSAMMENFÜGEN. DIESE SIND IN DER LAGE, SICH IN FAST JEDE RICHTUNG ZU STRECKEN.

Noch 1620 konnte ein gelehrter schottischer Arzt seinen Studenten in einer Vorlesung sagen: »Der Knochen wird [...] durch die Kraft der Hitze und durch den eingeborenen Geist aus Samen, Fett und Erde gewonnen.« Erst sieben Jahrzehnte später, als der englische Physiologe Clopton Havers erstmals die mikroskopischen Strukturen von Knochen beschrieb, wurden deren wichtigste Baumerkmale identifiziert.

Die Grundstruktur eines Knochens besteht aus lebenden Zellen und Proteinfasern, die sich um Schichten aus harten Mineralsalzen gruppieren. Lange Röhrenknochen (wie der Oberschenkelknochen) bestehen aus konzentrischen Ringen, geformt aus dieser Mischung, deren Spektrum von korallenähnlichen oder kompakten, holzähnlichen Texturen bis zu felsenfester Konsistenz reicht. Es handelt sich um eine Struktur aus Röhren, die, durchsetzt von »Wurmlöchern«, in anderen Röhren verlaufen. Die im Innern liegende schwammige Knochenmarkhöhle enthält das fettige und das blutbildende Knochenmark (A). Sie ist eine Matrix aus kleinen steifen Streben (Knochenbälkchen). Diese nehmen dem Knochen einiges von der Last, die er zu tragen hat, und lassen zugleich Raum für die Produktion roter Blutkörperchen.

Clopton Havers entdeckte, dass die mittlere, kompakte Schicht des Knochens aus konzentrischen Knochenröhren (B) besteht. In jeder dieser Röhren findet sich ein System von Kanälen, die Blutgefäße enthalten. Spezielle Vertiefungen geben einzelnen Knochenzellen (C) genügend Raum, Knochensalze abzusondern, die für Knochenwachstum und -regeneration benötigt werden. Die Außenschicht des Röhrenknochens (D), die Knochenhaut, enthält Blutgefäße, die von dort auch ins Knocheninnere verlaufen, und Nervenzellen. Darum ist die Knochenhaut im Unterschied zum eigentlichen Knochen schmerzempfindlich.

ZUSAMMENSETZUNG

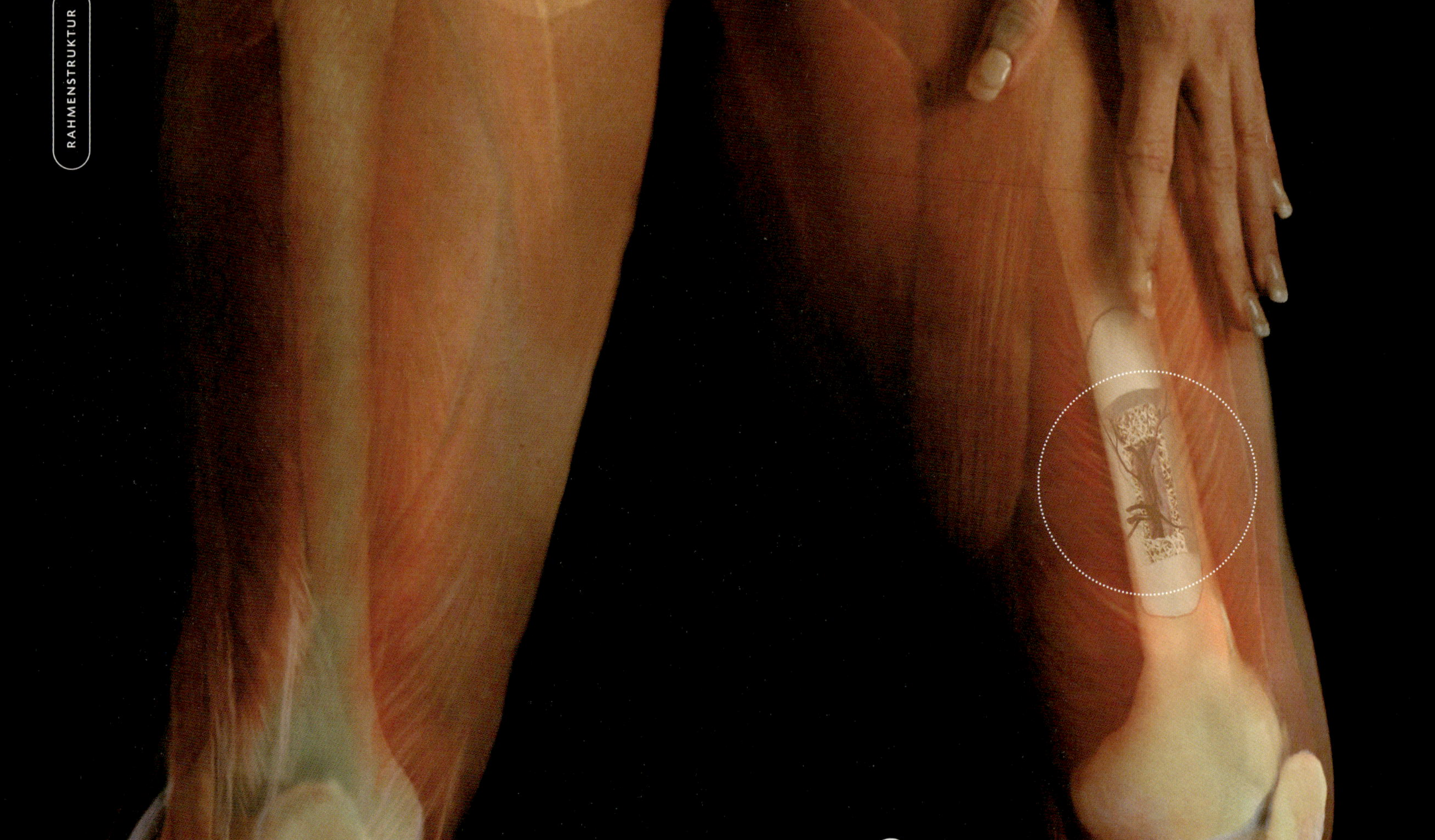

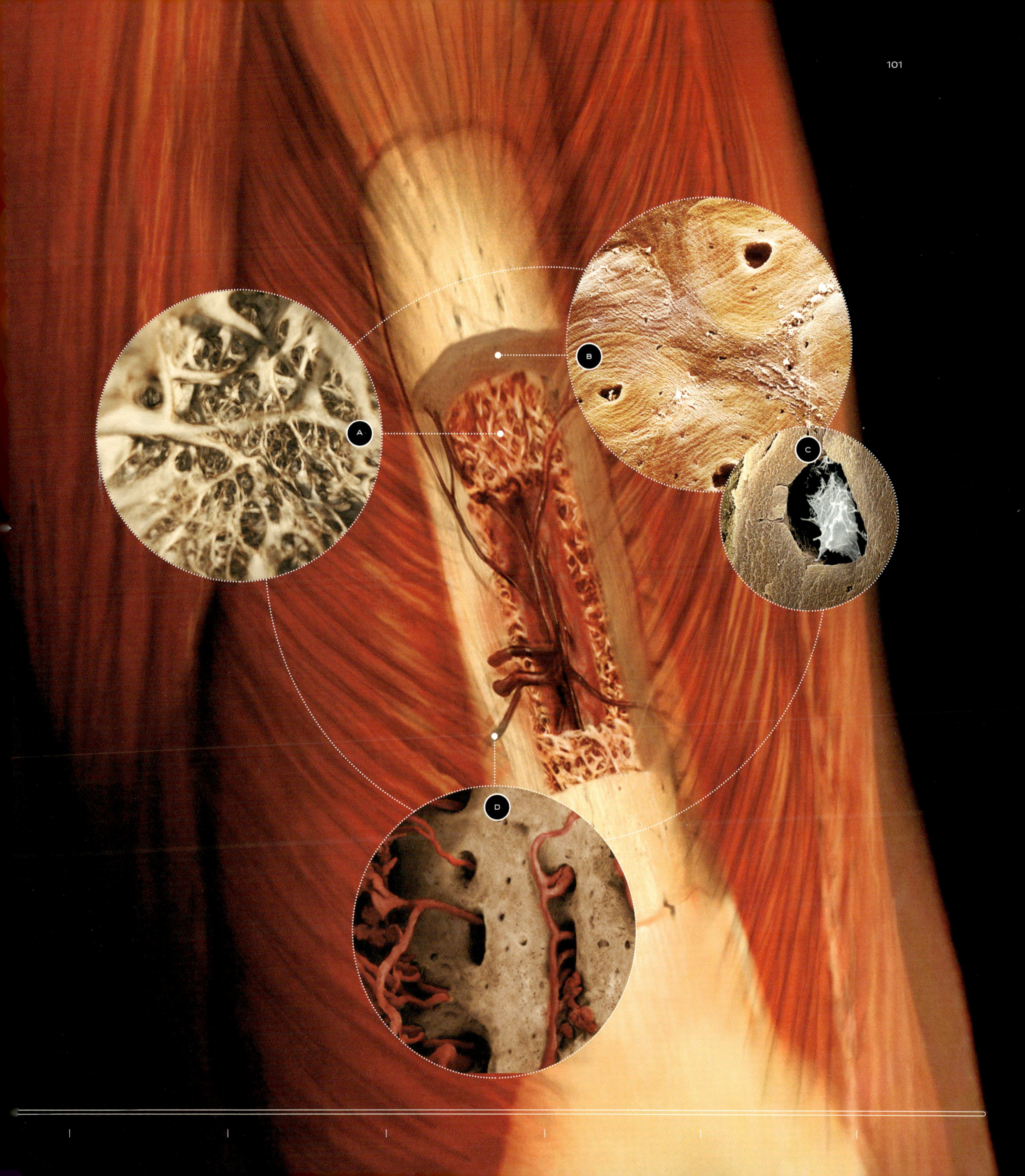
A
B
C
D

SPIEGELUNGEN IN DER NATUR

Das schwammige Gitterwerk des Knochenmarks ist typisch für nischenähnliche Strukturen in der Natur, die vielfältigen Aktivitäten Raum gibt. Die konzentrischen, Lauchstangen ähnelnden Konstruktionen des harten Knochenbereichs sind

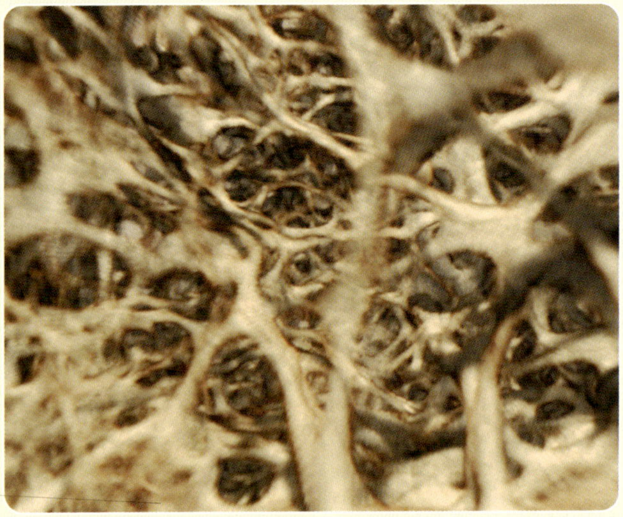

KNOCHENBÄLKCHEN IM KNOCHENMARK

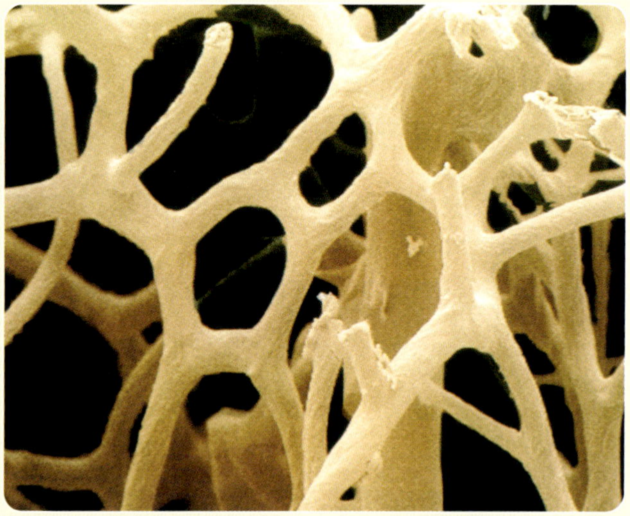

NATÜRLICHER SALZWASSERSCHWAMM

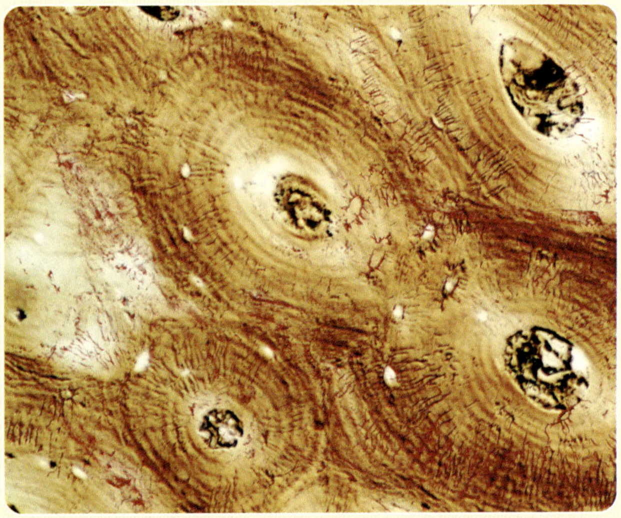

HARTE KNOCHENSCHICHT (KORTIKALIS)

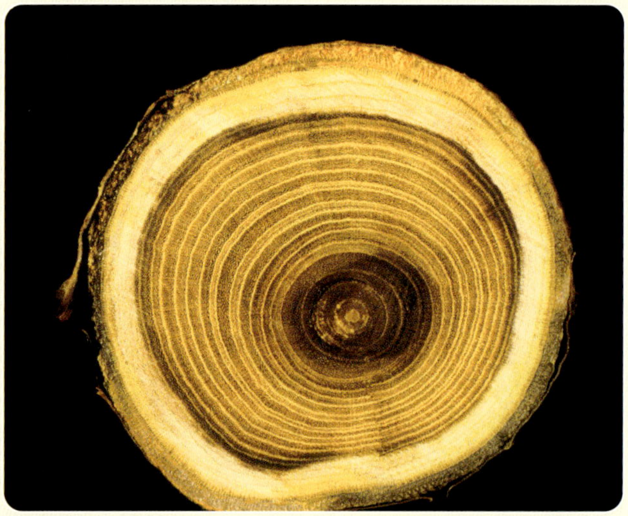

JAHRESRINGE EINES BAUMES

hingegen überwiegend auf Stabilität ausgerichtet. Risse können sich hier nur schwer ausbreiten. Kollagen ähnelt den faserigen Strukturen von Pappelholz. Die fächerförmige Anordnung der Handknochen erinnert an Fischflossen.

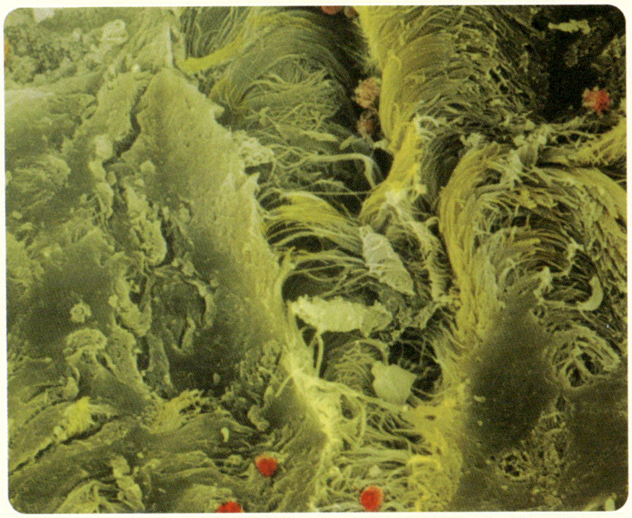

KNOCHEN-KOLLAGEN

PAPPELHOLZ

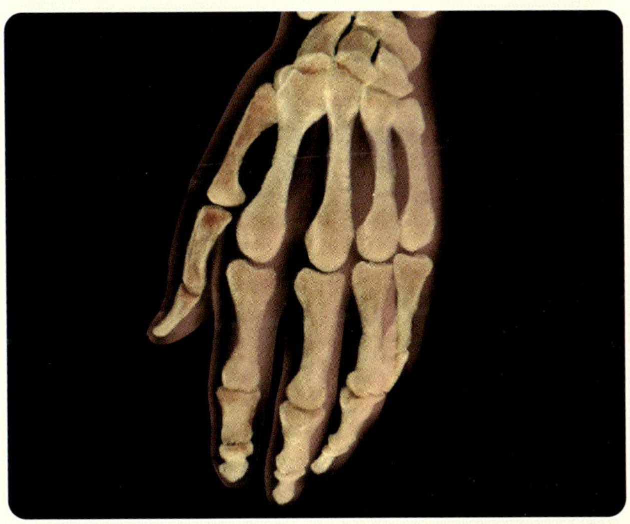

HANDKNOCHEN

FISCHFLOSSE (QUASTENFLOSSER)

DIE KOMPAKTE KNOCHENSCHICHT BESTEHT AUS SCHICHTEN GEHÄRTETER, ZUSAMMENGEPRESSTER KOLLAGENFASERN.

»Die Kraft der Fortbewegung ist die, welche Muskeln zusammenzieht und entspannt, wodurch Glieder und Gelenke bewegt werden. Diese Kraft erreicht die Gliedmaßen über die Nerven, und es gibt so viele Formen der Kraft, wie es Formen der Bewegung gibt. Jeder Muskel hat seine eigene besondere Aufgabe, und er gehorcht dem Befehl des Geistes.«

Avicenna, persischer Mediziner (11. Jahrhundert)

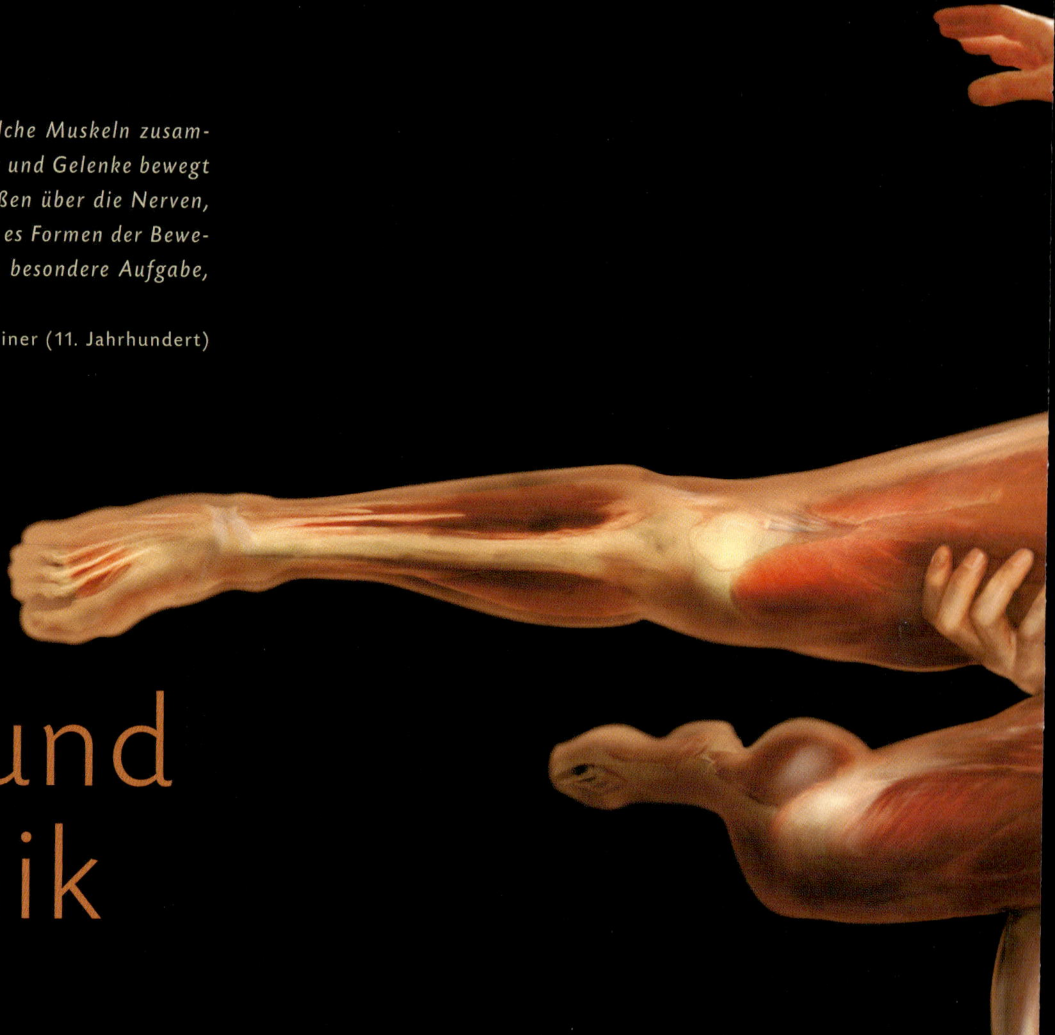

Motor und Mechanik

– die Muskulatur

Die Poesie der menschlichen Bewegung liegt unter der Haut, in der exquisiten Koordination von mehr als 600 einzelnen Zugmitteln, einer »Takelage« aus starken elastischen Bändern, die ungefähr die Hälfte des Körpergewichts ausmacht. All diese Vorrichtungen arbeiten nur einseitig – sie ziehen sich zusammen und kehren dann in ihre Ausgangsstellung zurück. Daher hat jeder Muskel auch einen »Gegenspieler«, der denselben Knochen in die entgegengesetzte Richtung zieht. Gruppen von 30 Muskeln und mehr, die sich gemeinsam anspannen und strecken, können ganze Knochengruppen bewegen, anheben und kreisen lassen und bewerkstelligen so die wichtigsten Bewegungen und Haltungen des Körpers.

Seit der Mitte des 19. Jahrhunderts wissen die Forscher, dass Muskeln chemisch-mechanische Einrichtungen sind: Wie winzige innere Verbrennungsmotoren verwandeln sie chemische Energie in Arbeit. Ihre Struktureinheiten, die Muskelzellen, sind längliche Ruten aus Faserbündeln. Die Fasern bestehen genau wie Bindfäden ihrerseits aus haarfeinen Mikrofasern (Fibrillen). Anfang der dreißiger Jahre des 20. Jahrhunderts identifizierte ein deutscher Biochemiker, Karl Lohmann, den universalen Brennstoff, der Muskeln mit Energie versorgt: Adenosintriphosphat (ATP), eine energiereiche Verbindung. Wenn ATP in den Zellen gespalten und seine Energie frei wird, gleiten die Fibrillen aneinander entlang und verhaken sich, als würde ein Seil von vielen Händen gezogen. Dieser Vorgang findet nicht nur in einer Faser, sondern in einem ganzen Muskelgewebe statt. Wird er in jeder Muskelfaser von Tausenden von Muskelfibrillen hunderte Male pro Sekunde wiederholt, dann zieht sich der ganze Muskel zusammen und entspannt sich wieder.

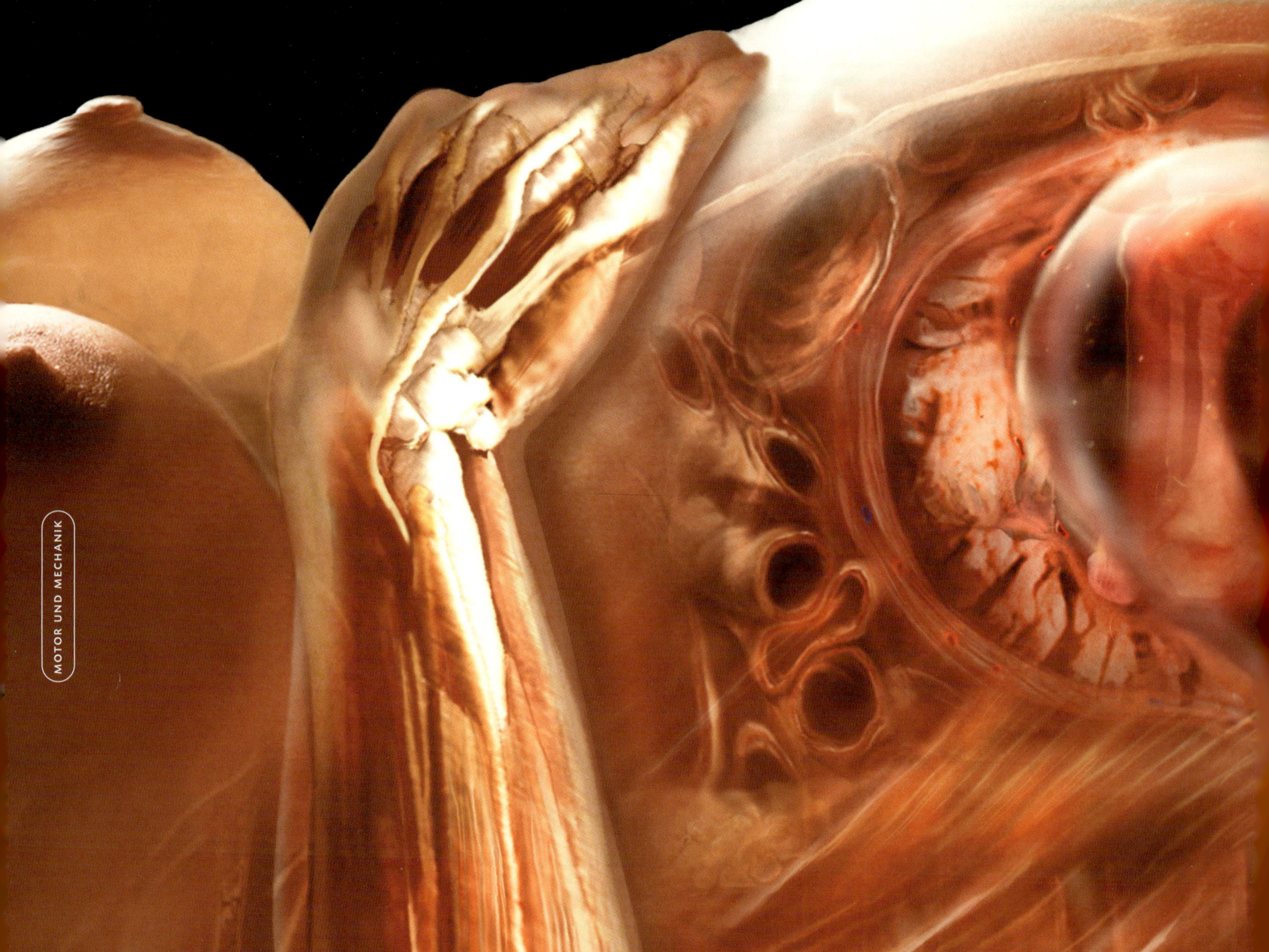

ENTWICKLUNG

Drei Arten von Muskeln beginnen sich gegen Ende des ersten Schwangerschaftsmonats zu entwickeln: die Herzmuskulatur, die (unwillkürliche) glatte und die (willkürliche) quergestreifte Muskulatur. Vier Wochen später, wenn sich das Herz in Kammern teilt, der Magen-Darm-Kanal sich bis zum Darm erstreckt und Arm- und Beinknospen erkennbar werden, sind alle Muskelblöcke in Aktion. Um die Mitte des zweiten Schwangerschaftsdrittels pumpt das Herz pro Tag bereits rund 25 Liter Blut durch den Körper, während die Skelettmuskulatur stärker und koordinierter wird und reflexartig agiert – lange bevor Neugeborene dies alles benötigen.

Zwar ist das System der willkürlichen Skelettmuskulatur bei der Geburt schon vollständig angelegt, aber es dauert noch viele Jahre, bis sich ein ausgereiftes Bewegungsmuster entwickelt hat. Nehmen wir zum Beispiel den aufrechten Gang auf zwei Beinen. Erwachsene verlagern dabei das Körpergewicht mit minimaler Verlagerung des Schwerpunkts über einem Angelpunkt, wobei sie – wie Orthopäden sagen würden – »reziproke

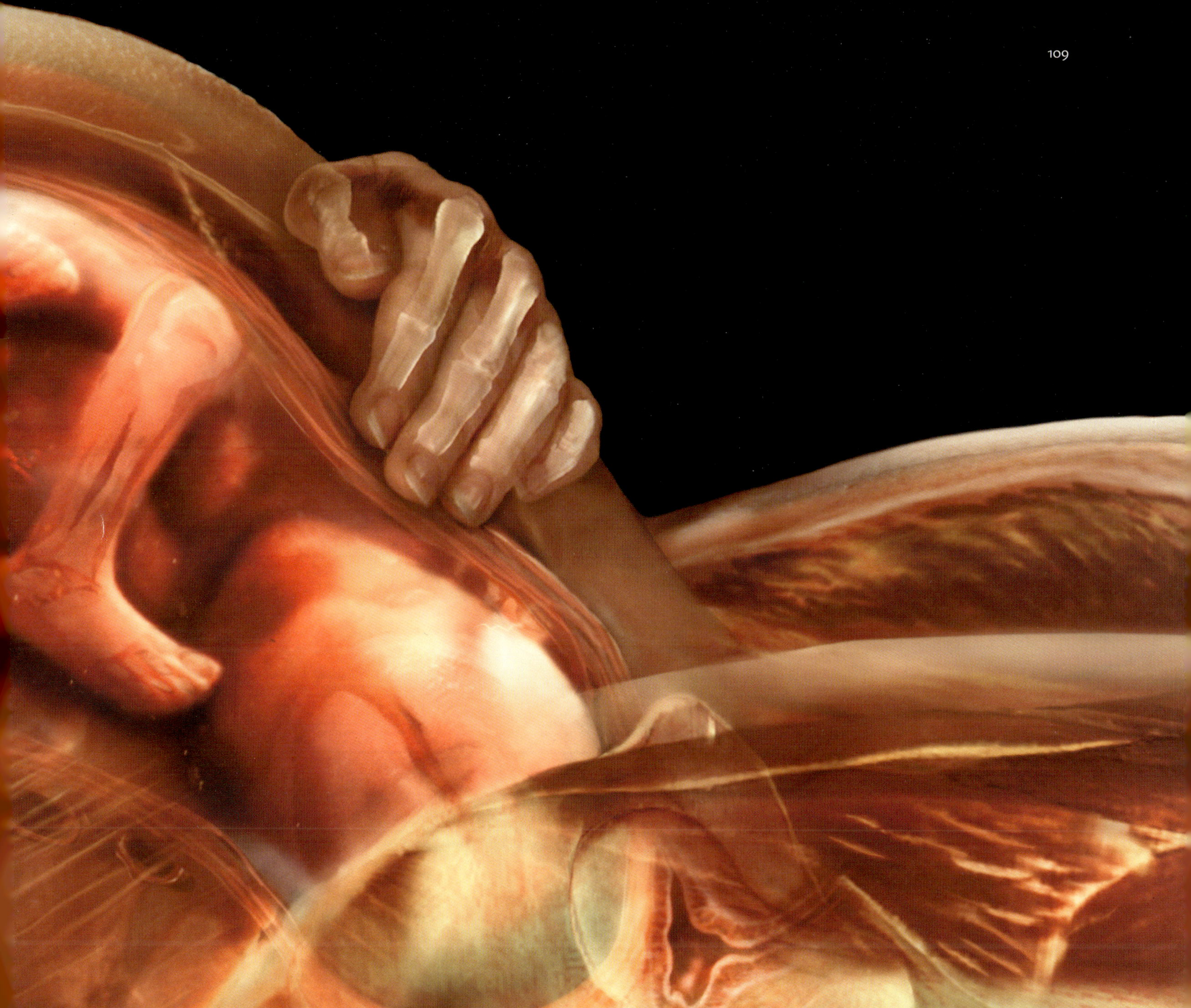

Armbewegungen« ausführen. All das muss erst erlernt werden – zuerst durch Unterdrückung unkontrollierter, chaotischer primitiver Reflexe, damit das Gehirn die Muskulatur fest unter seine Kontrolle bringen kann, und dann durch jahrelange Übung.

Kleinkinder gehen tapsig, weil breitbeinig, und sie rollen den Fuß nicht ab. Sie haben Schwierigkeiten, das Gleichgewicht zu halten: Ihre Hüften rotieren, während ihre Knie gebeugt bleiben und ihre Arme wie zum Schutz erhoben sind. Im Alter von zwei Jahren, wenn das Gehirn beginnt, die Bewegungen vieler Gelenke und Muskeln zu integrieren, befindet sich das kindliche Becken bereits weniger in Schräglage. 80 Prozent der Kinder haben jetzt damit begonnen, die Arme beim Gehen zu schwingen. Sie können jetzt schon ein Drittel länger auf einem Bein stehen. Mit drei Jahren beherrschen die meisten Kinder das Gangmuster der Erwachsenen, mit den entsprechenden Gelenkstellungen. Doch es sind noch mehrere Jahre weiteren Knochenwachstums und Übung erforderlich, bevor Kinder denselben Gang, dieselbe Schrittlänge und Schnelligkeit wie Erwachsene haben.

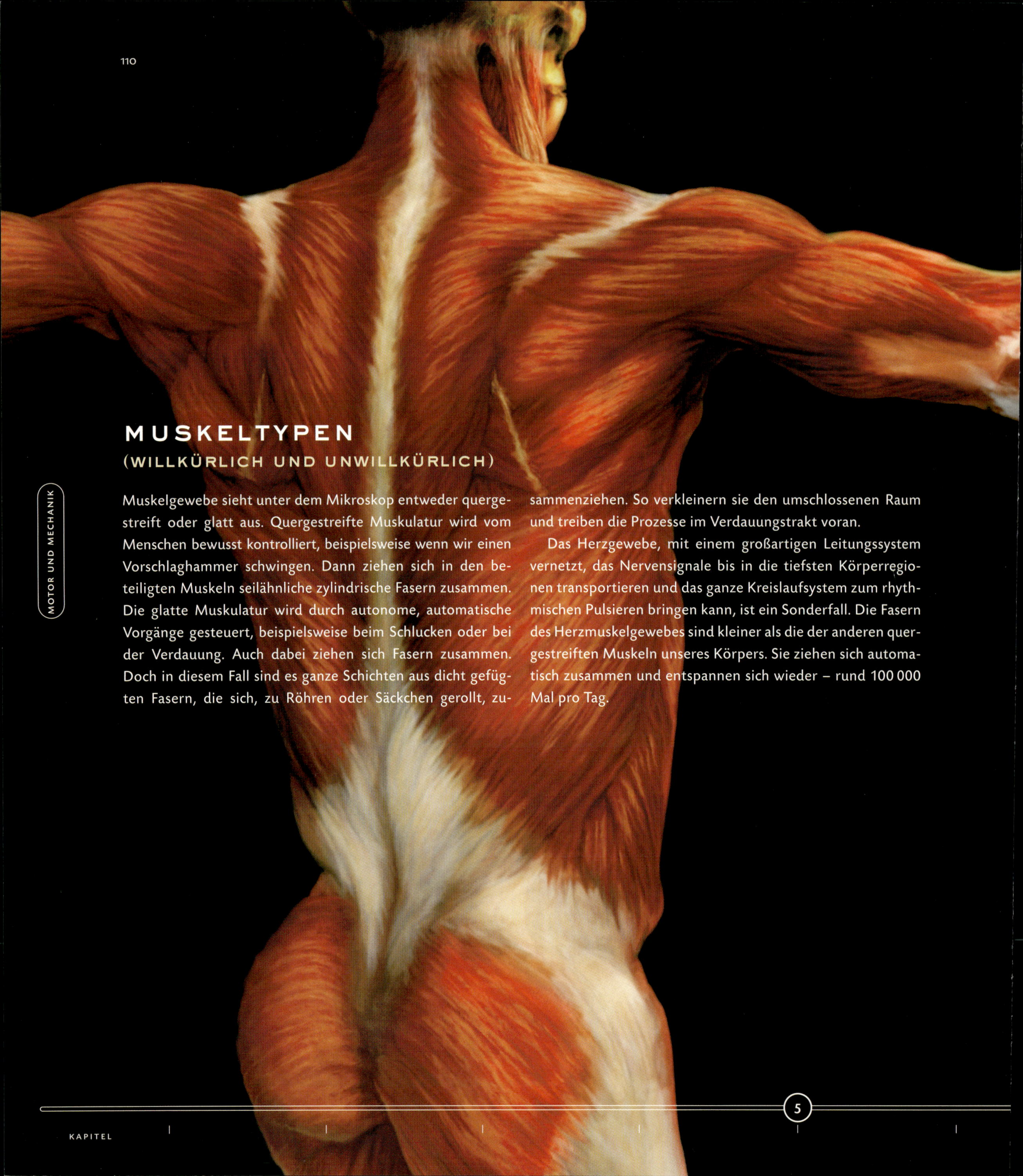

MUSKELTYPEN

(WILLKÜRLICH UND UNWILLKÜRLICH)

Muskelgewebe sieht unter dem Mikroskop entweder quergestreift oder glatt aus. Quergestreifte Muskulatur wird vom Menschen bewusst kontrolliert, beispielsweise wenn wir einen Vorschlaghammer schwingen. Dann ziehen sich in den beteiligten Muskeln seilähnliche zylindrische Fasern zusammen. Die glatte Muskulatur wird durch autonome, automatische Vorgänge gesteuert, beispielsweise beim Schlucken oder bei der Verdauung. Auch dabei ziehen sich Fasern zusammen. Doch in diesem Fall sind es ganze Schichten aus dicht gefügten Fasern, die sich, zu Röhren oder Säckchen gerollt, zusammenziehen. So verkleinern sie den umschlossenen Raum und treiben die Prozesse im Verdauungstrakt voran.

Das Herzgewebe, mit einem großartigen Leitungssystem vernetzt, das Nervensignale bis in die tiefsten Körperregionen transportieren und das ganze Kreislaufsystem zum rhythmischen Pulsieren bringen kann, ist ein Sonderfall. Die Fasern des Herzmuskelgewebes sind kleiner als die der anderen quergestreiften Muskeln unseres Körpers. Sie ziehen sich automatisch zusammen und entspannen sich wieder – rund 100 000 Mal pro Tag.

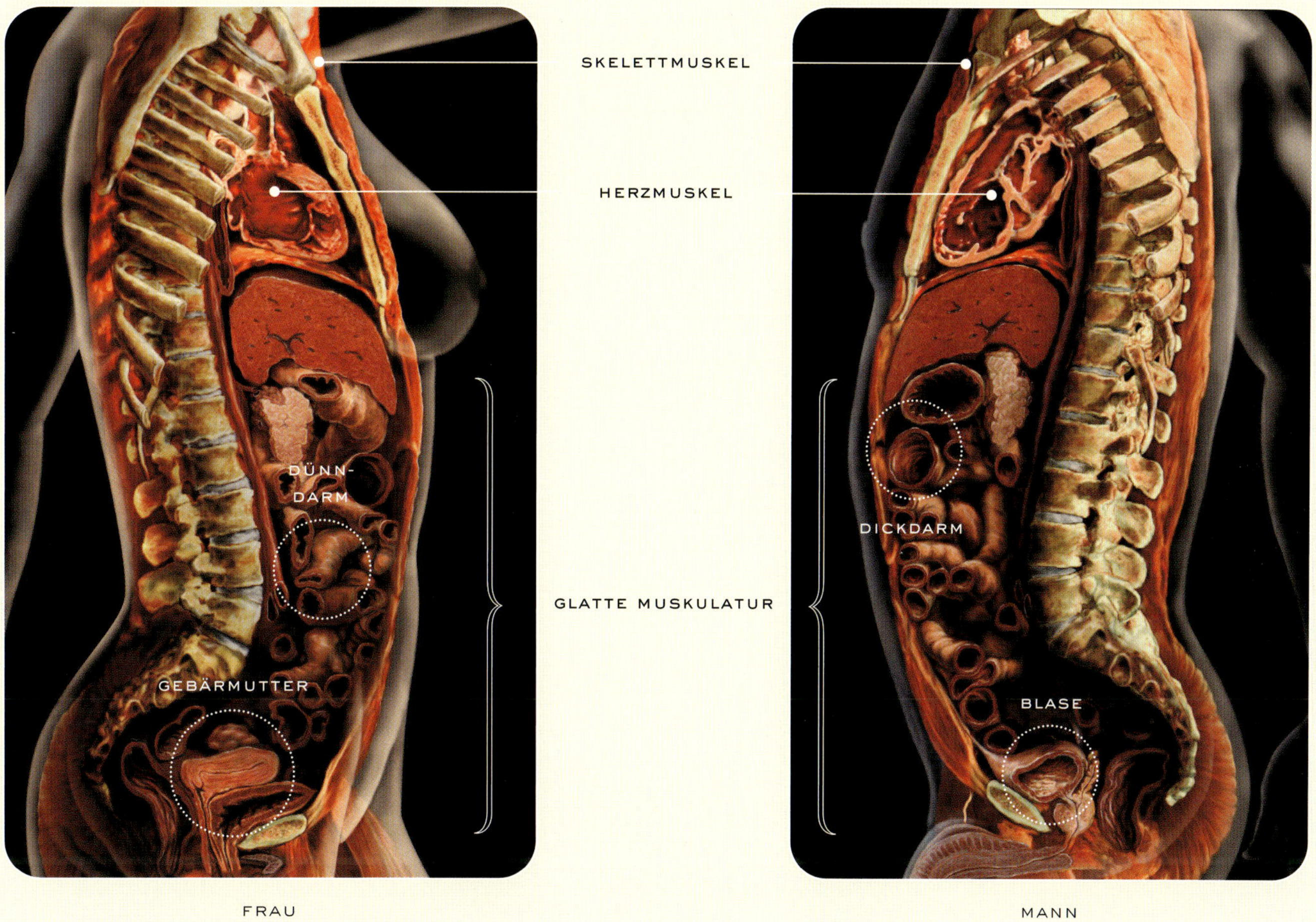

GESCHLECHTSUNTERSCHIEDE

Die Körpermasse des Mannes besteht zu rund 40 Prozent aus Muskeln, bei Frauen sind es 30 Prozent. Auch die Muskelstrukturen von Männern und Frauen unterscheiden sich. Kleinere Muskeln sind nicht so kräftig; sie ermüden leichter und sind verletzungsanfälliger. Studien zeigen, dass Frauen sich bei Sportarten, die viele Dreh- und Ruckbewegungen beinhalten, achtmal häufiger Knieverletzungen zuziehen als Männer. Weil ihre Kniemuskulatur weniger massiv ist, erreicht sie ohne spezielles Training oft nicht genug Festigkeit, um die sensiblen Bänder hinter der Kniescheibe zu schützen.

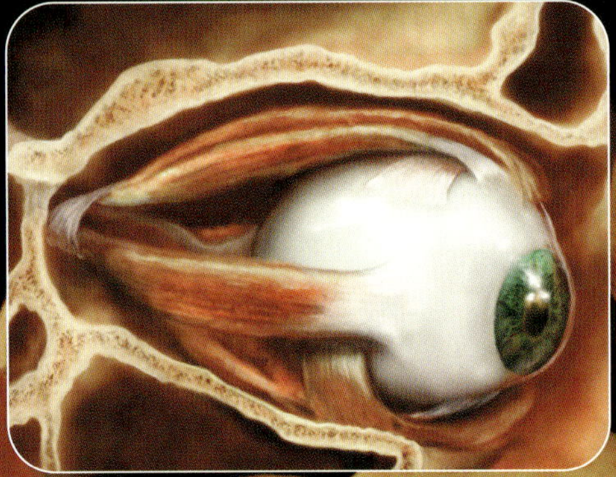

Bei einer Toleranz von 0,25 Millimeter können die sechs Muskeln, die ein Auge bewegen, dieses in alle Richtungen drehen, in einem Bogen von weniger als 1 Grad.

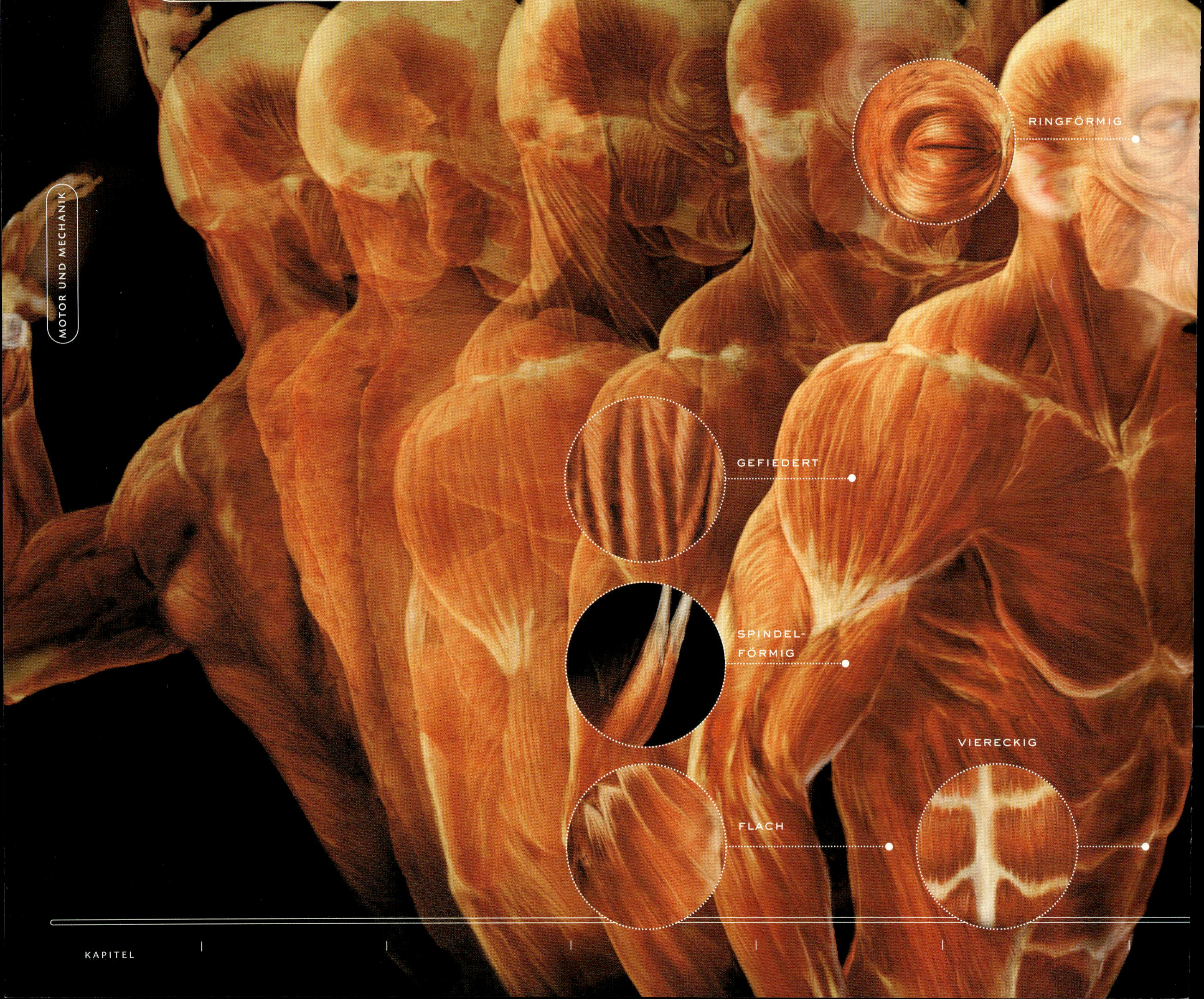

Wenn man einen Fußball schießt, fungiert das Bein wie ein kräftiger dreiteiliger Hebel. Muskelgruppen, die mit- und gegeneinander arbeiten, drehen den Oberschenkel an der Hüfte, den Unterschenkel am Knie und bringen im Sprunggelenk den Fuß in Schräghaltung. Der Wadenmuskel zieht am Fersenbein, um den Fuß nach unten zu kippen, während sein Antagonist, der Schienbeinmuskel, an der Vorderseite von Sprunggelenk und Fußknochen zieht, um die Zehen anzuheben. So werden Kraft und Genauigkeit des Schusses um ein Vielfaches gesteigert.

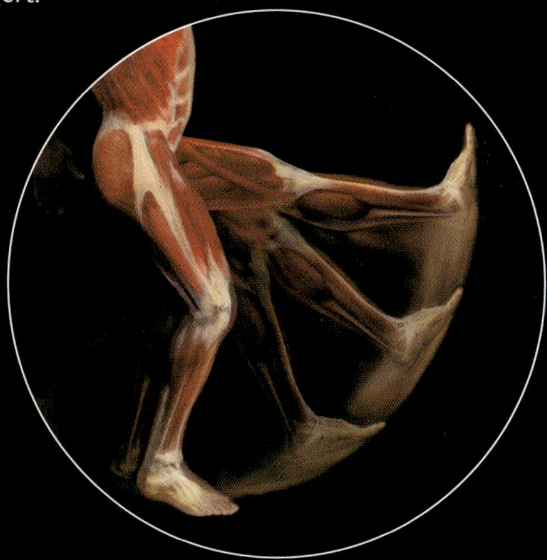

BEWEGUNGSMECHANIK

Um ein Rugby-Ei im hohen Bogen über das Spielfeld werfen zu können, muss der Körper zum Katapult werden. Hervorragende Beinarbeit, ein Schleuderarm, genaue Kontrolle des Handgelenks und der Fingerspitzen ... Mehr als alle anderen Athleten – vielleicht mit Ausnahme der Radrennfahrer, die ihre Körper so in eine Gesamtdynamik einfügen müssen, dass die Drehkraft ihrer Maschinen maximiert wird – müssen Quarterbacks im American Football eine komplexe Mechanik der Körperbewegung im Raum meistern. Diese Mechanik bringt Balance, Kontrolle und Kraft in Einklang.

Muskeln und die Knochen, an denen sie befestigt sind, fungieren als Hebel. Um den Unterarm anzuheben, zieht beispielsweise der Bizeps am Ellbogen, dem Drehpunkt des Armes. Dadurch wird die Bewegung so effizient, dass sich der Muskel nur leicht zusammenziehen muss, um den Unterarm um etliche Zentimeter anzuheben.

Die einzelnen Muskeln sind im Körper je nach Typ und Bewegungsanforderungen organisiert. Ihr Aufbau definiert sich durch die Anordnung der Muskelfasern relativ zur Achse der Krafterzeugung. Spindelförmige Muskeln, in denen alle Fasern dieselbe Länge haben und parallel angeordnet sind, sind rötliche Stränge, die am Ende spitz zulaufen. Sie sind am besten für schnelle und große Bewegungen geeignet. Die Fasern der gefiederten Muskeln sind immer im leichten Winkel zu beiden Seiten einer Achse angeheftet; so können sie mehr Kraft entwickeln als glatte Muskelstränge derselben Länge. Ringmuskeln, die an den Augenhöhlen und an den Augenlidern ansetzen, öffnen und schließen die Augen.

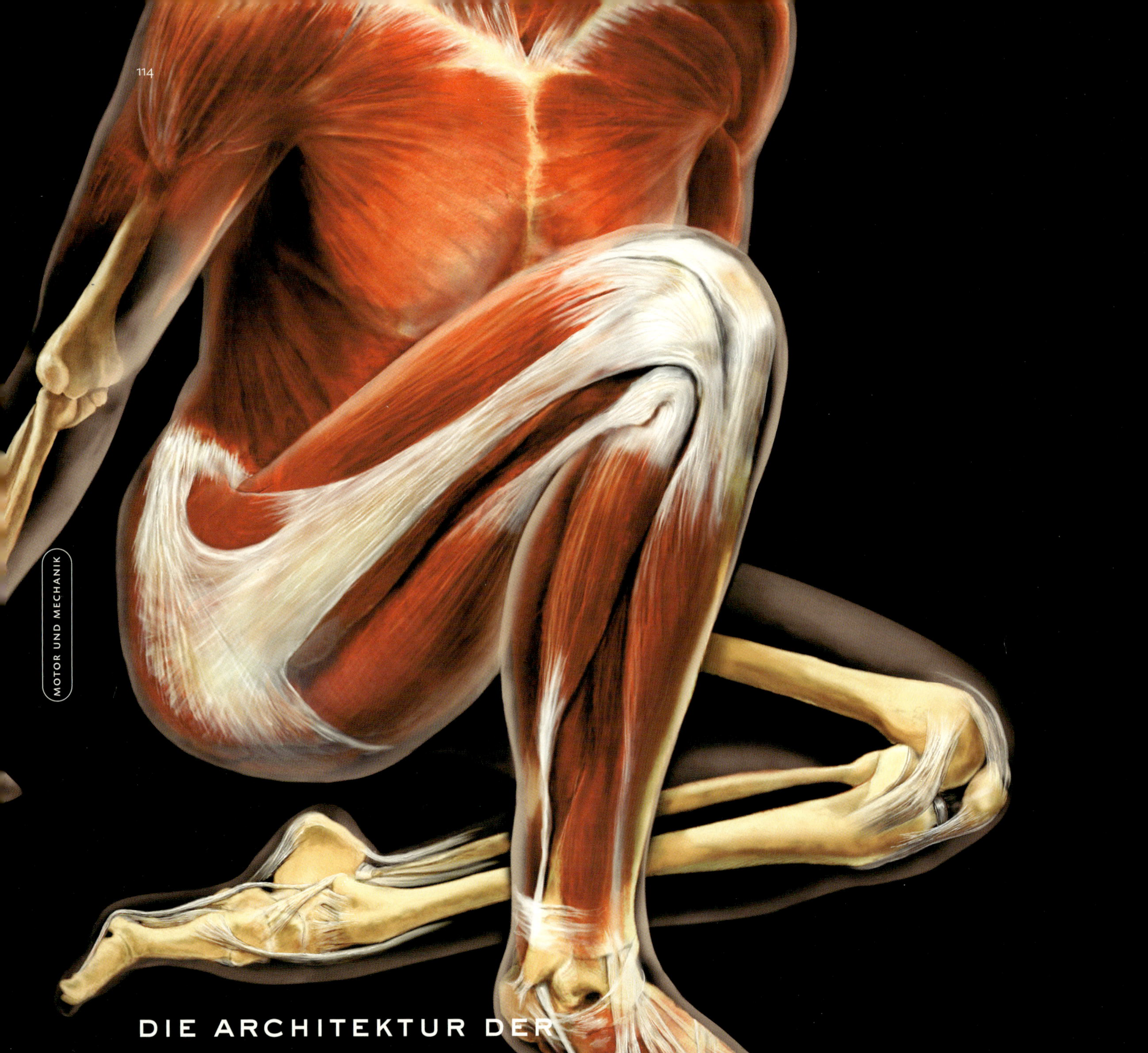

DIE ARCHITEKTUR DER SKELETTMUSKULATUR

Die Beinmuskeln entfalten ihre Wirkung auch dadurch, dass sie bewegliche Knochen in die Richtung fixierter Knochen ziehen – mithilfe von Sehnen. Sollen zum Beispiel die Knie angezogen werden, müssen Becken- und Oberschenkelknochen durch eine Sehne, die über der Kniescheibe verläuft, mit dem Schienbein verbunden werden. Will man auf Zehenspitzen gehen, ist eine Streckung des Fußes nach unten erforderlich. Dafür muss das untere Ende des Schienbeins mit dem Fersenbein verbunden werden – über einen Wadenmuskel und die stärkste Sehne im ganzen Körper, die Achillessehne.

Als klassisches Beispiel für das Verhältnis von Struktur und Funktion kann in der Biologie die Skelettmuskulatur dienen – ein System, das der Kraftentwicklung und Stabilität dient. Kraft entsteht hier dadurch, dass die Muskelfasern zu einer Art Motor organisiert sind, der nur in eine Richtung arbeitet. Die Kraftentfaltung der Schultermuskulatur etwa dient einer Reihe von Zwecken. Die vorderen Muskeln heben den Arm, ziehen ihn nach vorn und drehen ihn, aber sie beugen auch den Kopf nach vorn, drehen ihn und neigen ihn seitwärts. Schichtweise angeordnet und mit kollagenreichen Sehnen an den Knochen befestigt, bewegt die Schultermuskulatur die Skelettteile von Brust, Rücken, Hals und Oberarmen über eine Serie von Gelenken. Dabei geht es nicht nur um Bewegung, sondern auch um Stabilität. Manche Muskeln bleiben immer kontrahiert, um den ganzen Bereich beim Aufrechtgehen zu versteifen.

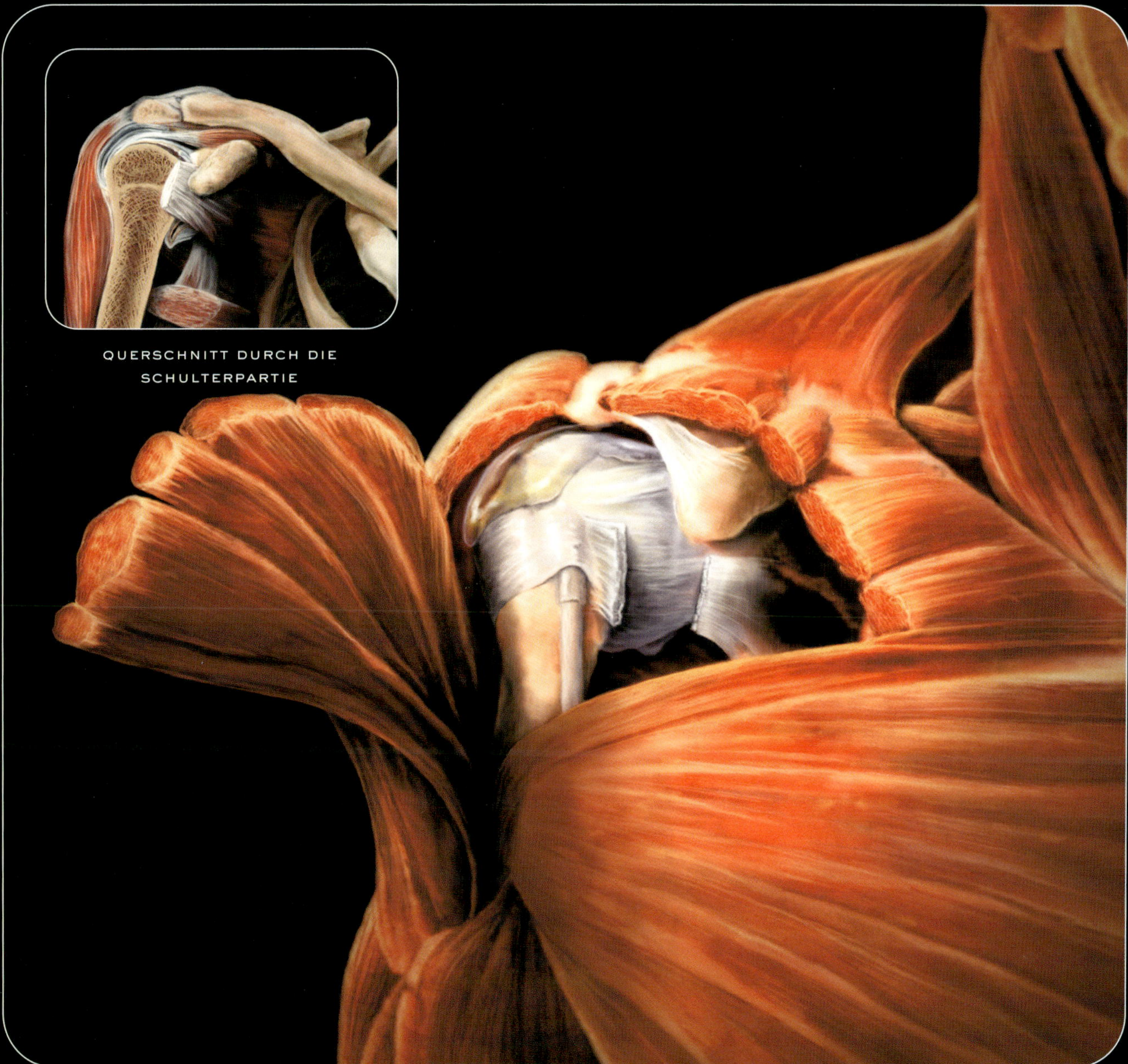

QUERSCHNITT DURCH DIE SCHULTERPARTIE

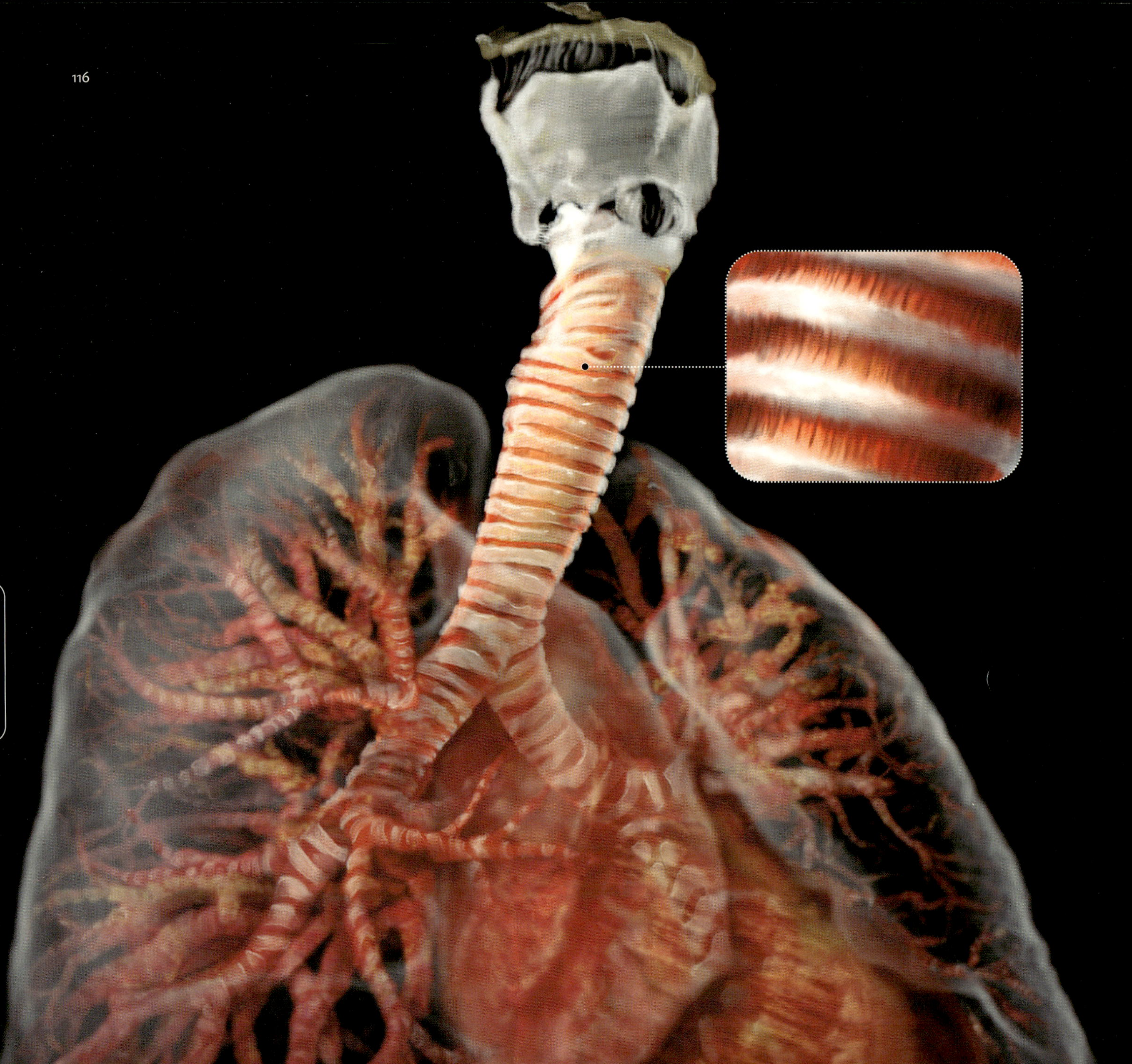

DIE ARCHITEKTUR DER GLATTEN MUSKULATUR

Die Peristaltik, der Mechanismus, durch den die unwillkürliche, nicht mit den Knochen verbundene glatte Muskulatur Bewegung erzeugt, ist ein »Dienstplansystem«. Zähe, ringförmige Muskeln in der Speiseröhre (Bild rechts) rotieren »nach Plan«. Indem sie sich abwechselnd zusammenziehen und entspannen, drücken sie den Speisebrei so stark nach unten in den Magen, dass er nicht wieder hochkommt (im Bedarfsfall kann der Prozess bekanntlich auch in umgekehrter Richtung verlaufen). Die parallelen Muskelringe schaffen eine »Wanderwelle«, die auf ihrem Weg nach unten gegen die jeweils nächste Muskelschicht stößt, welche sich daraufhin entspannt und Raum für den nächsten Bissen schafft.

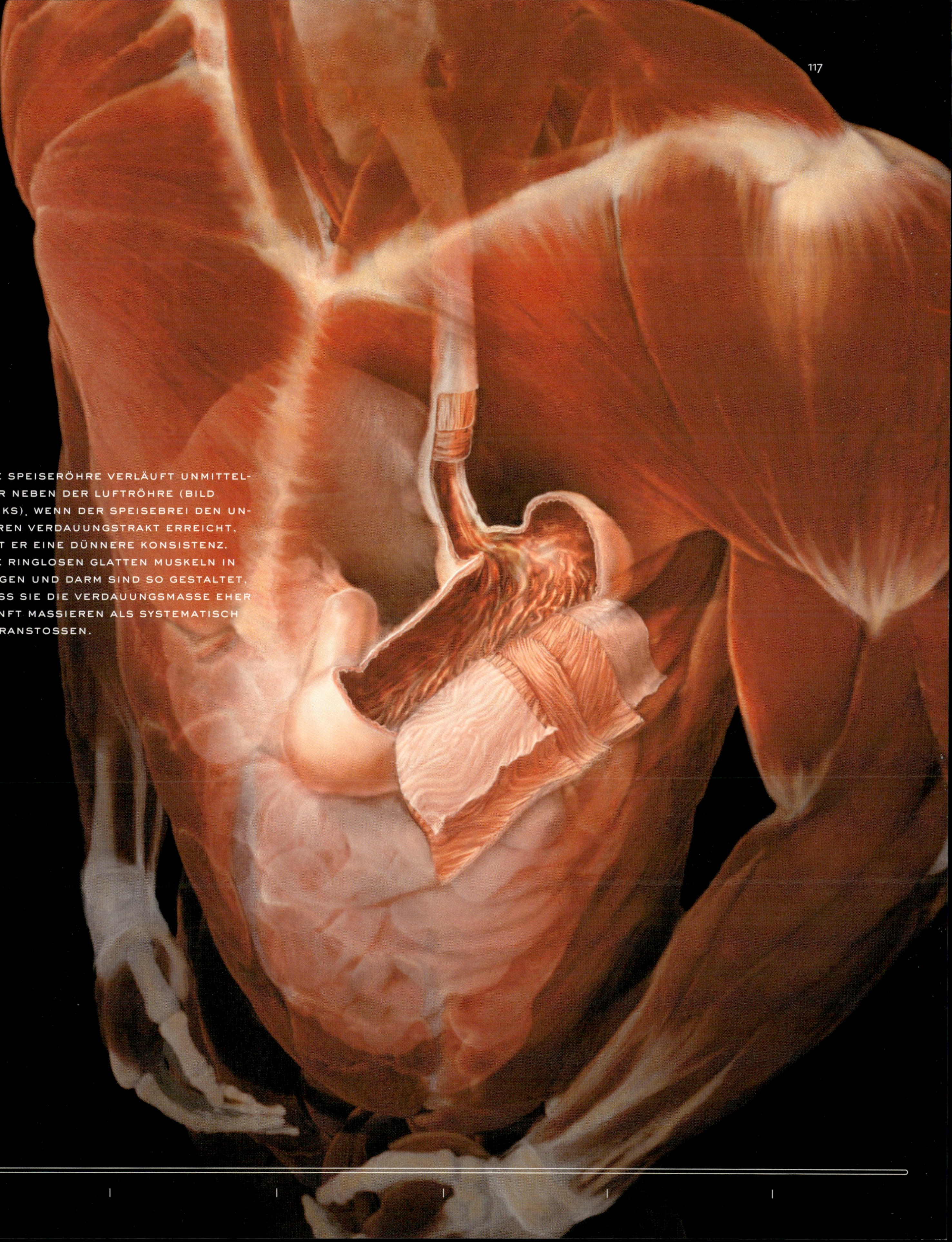

DIE SPEISERÖHRE VERLÄUFT UNMITTELBAR NEBEN DER LUFTRÖHRE (BILD LINKS). WENN DER SPEISEBREI DEN UNTEREN VERDAUUNGSTRAKT ERREICHT, HAT ER EINE DÜNNERE KONSISTENZ. DIE RINGLOSEN GLATTEN MUSKELN IN MAGEN UND DARM SIND SO GESTALTET, DASS SIE DIE VERDAUUNGSMASSE EHER SANFT MASSIEREN ALS SYSTEMATISCH VORANSTOSSEN.

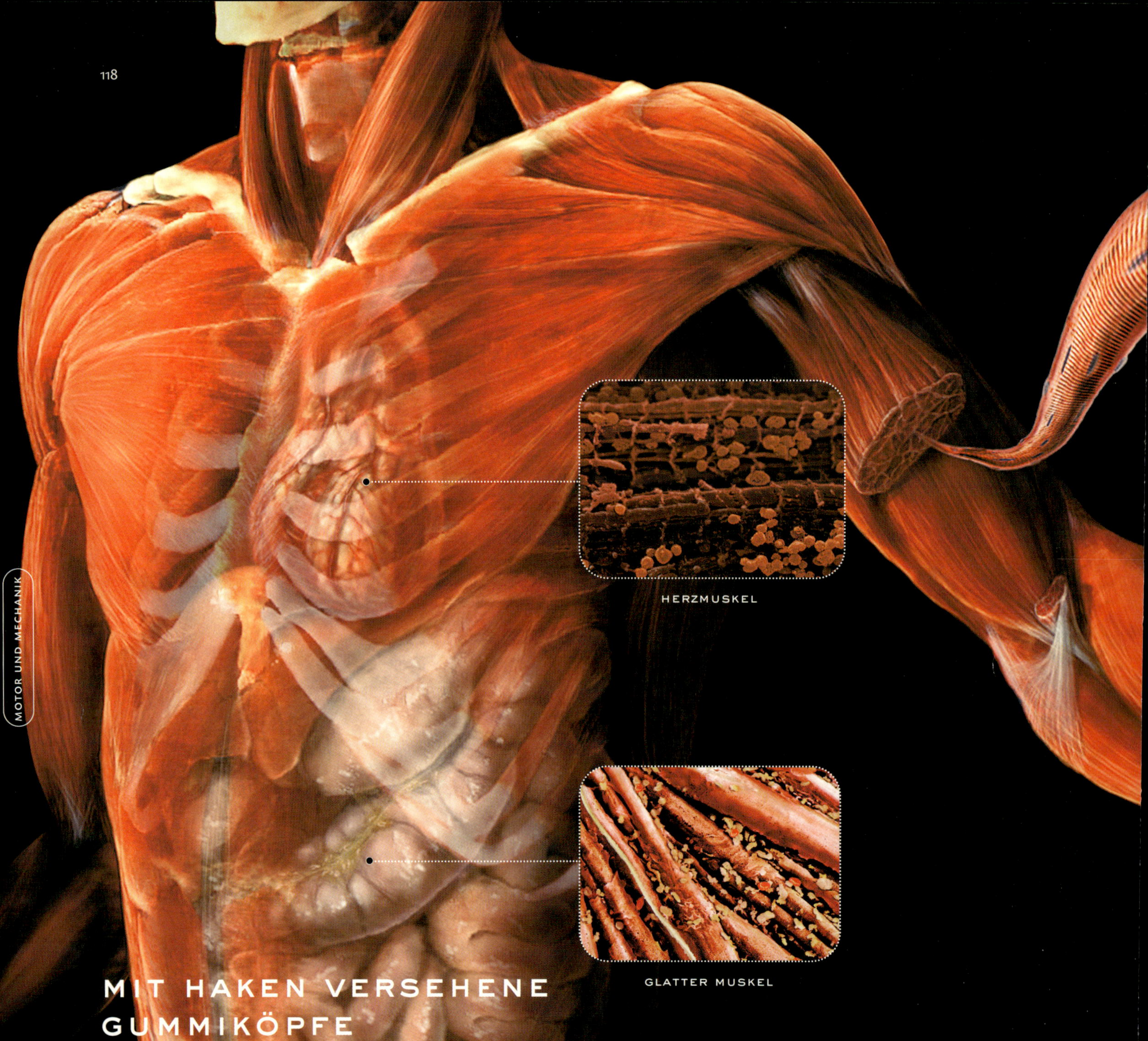

HERZMUSKEL

GLATTER MUSKEL

MIT HAKEN VERSEHENE GUMMIKÖPFE

Die Kontraktion der Skelettmuskeln wird auf molekularer Ebene dadurch erreicht, dass zwei lange, parallel laufende Proteine interagieren – das eine hat mehr die Form eines Seils, das andere die Form einer Leiter, die in regelmäßigen Abständen mit klebrigen Köpfen versehen ist. Diese Proteine (Myosin und Aktin) berühren sich, ziehen aneinander vorbei, lassen los und wiederholen die Bewegung erneut. Dabei verwandeln sie wie ein molekularer Motor chemische in physikalische Energie. Die hier wirksame Triebkraft wird in unendlich kleinen Einheiten gemessen: Protonen pro Umdrehung. Und doch, wenn alles koordiniert und konzentriert verläuft, entwickelt sich genügend Zugkraft, um einen ganzen Arm zu beugen. Die langsam kontrahierenden, spindelförmigen Fasern glatter Muskeln und die elastischen scheibenförmigen Fasern des Herzmuskels ziehen gleichzeitig in unterschiedliche Richtungen, nicht unbedingt in paralleler Koordination.

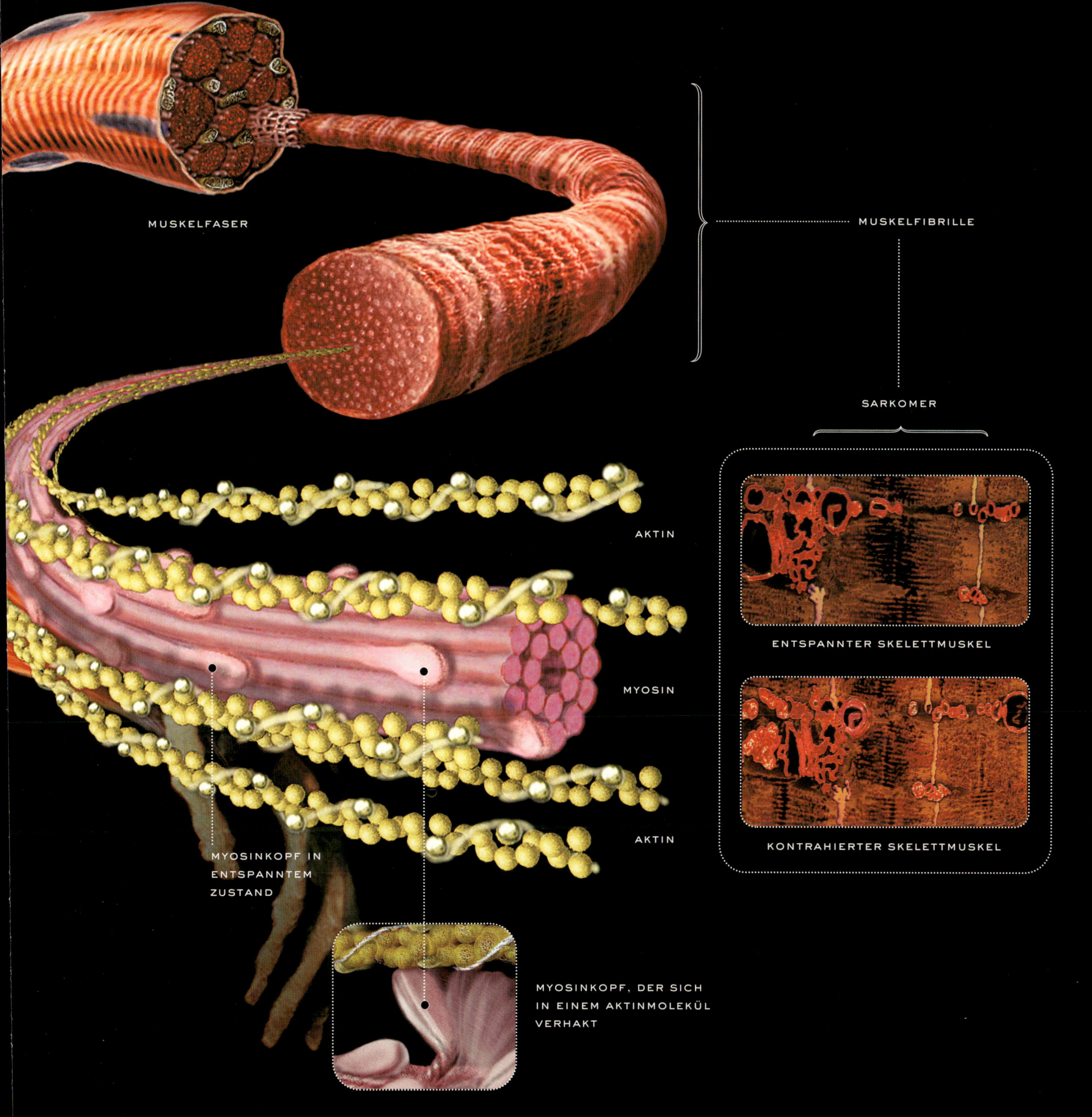
MUSKELFASER
MUSKELFIBRILLE
SARKOMER
AKTIN
ENTSPANNTER SKELETTMUSKEL
MYOSIN
KONTRAHIERTER SKELETTMUSKEL
AKTIN
MYOSINKOPF IN ENTSPANNTEM ZUSTAND
MYOSINKOPF, DER SICH IN EINEM AKTINMOLEKÜL VERHAKT

SPIEGELUNGEN IN DER NATUR

»Eine einzelne Faser macht noch keinen Faden, ein einzelner Baum noch keinen Wald.«
Chinesisches Sprichwort

Die Bündelung mikroskopisch kleiner Muskelfibrillen zu funktionierenden Großstrukturen ist ein Paradebeispiel für die Architektur der Natur: Das Ganze ist stets mehr als die Summe seiner Teile. Die Fasern in den Muskeln verbinden sich nicht

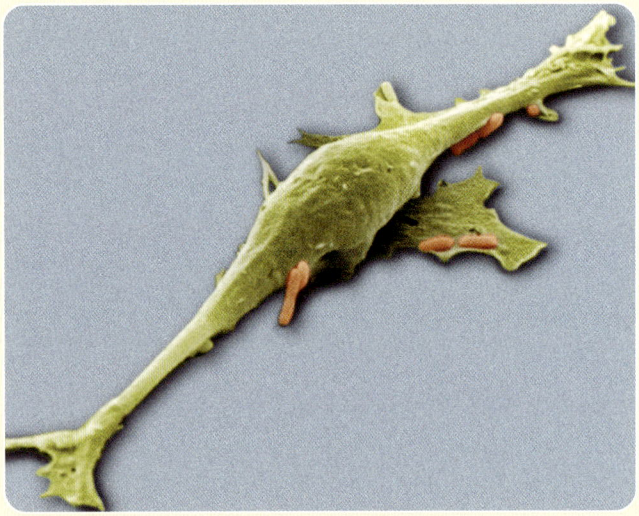

GLATTE MUSKELZELLE

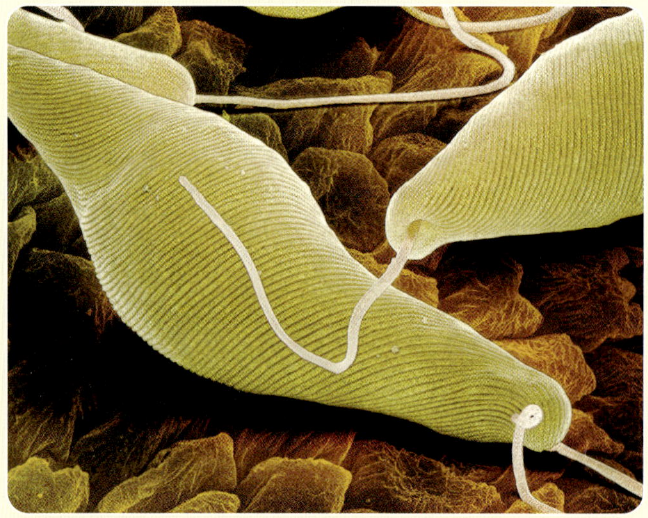

EINZELLER

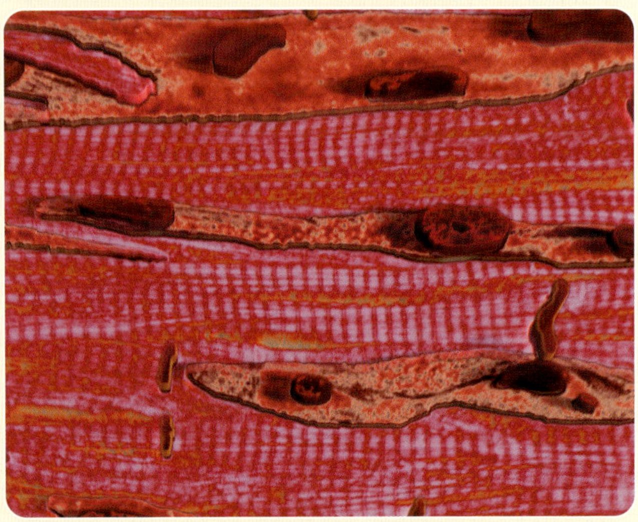

HERZMUSKELFASERN

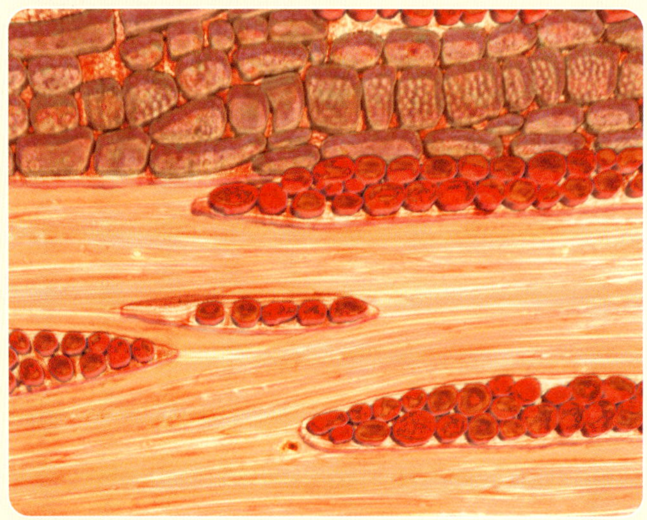

TRANSVERSALER QUERSCHNITT DURCH ESCHENHOLZ

nur, sondern sie verleihen sich auch gegenseitig Kraft – »ewige Zähigkeit und sehnige Struktur«, wie es jemand einmal über den Bürgerkriegsgeneral Ulysses C. Grant gesagt hat. Doch es war Achilles, dessen verwundbare Sehne offenbarte, dass selbst die zähesten, widerstandsfähigsten Faserstrukturen überdehnt und verschlissen werden können, bis sie reißen. Oder sie werden durchtrennt und machen den Betreffenden zum Invaliden.

FUSSSEHNEN

ZYPRESSENWURZELN

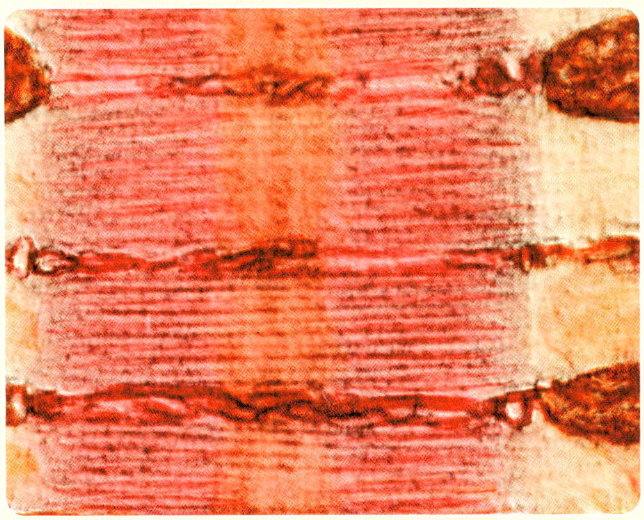

SKELETTMUSKELFASER

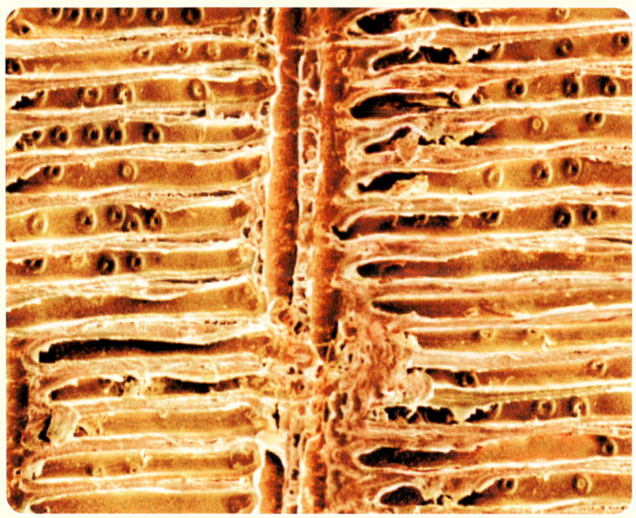

WASSERLEITGEWEBE EINER PFLANZE

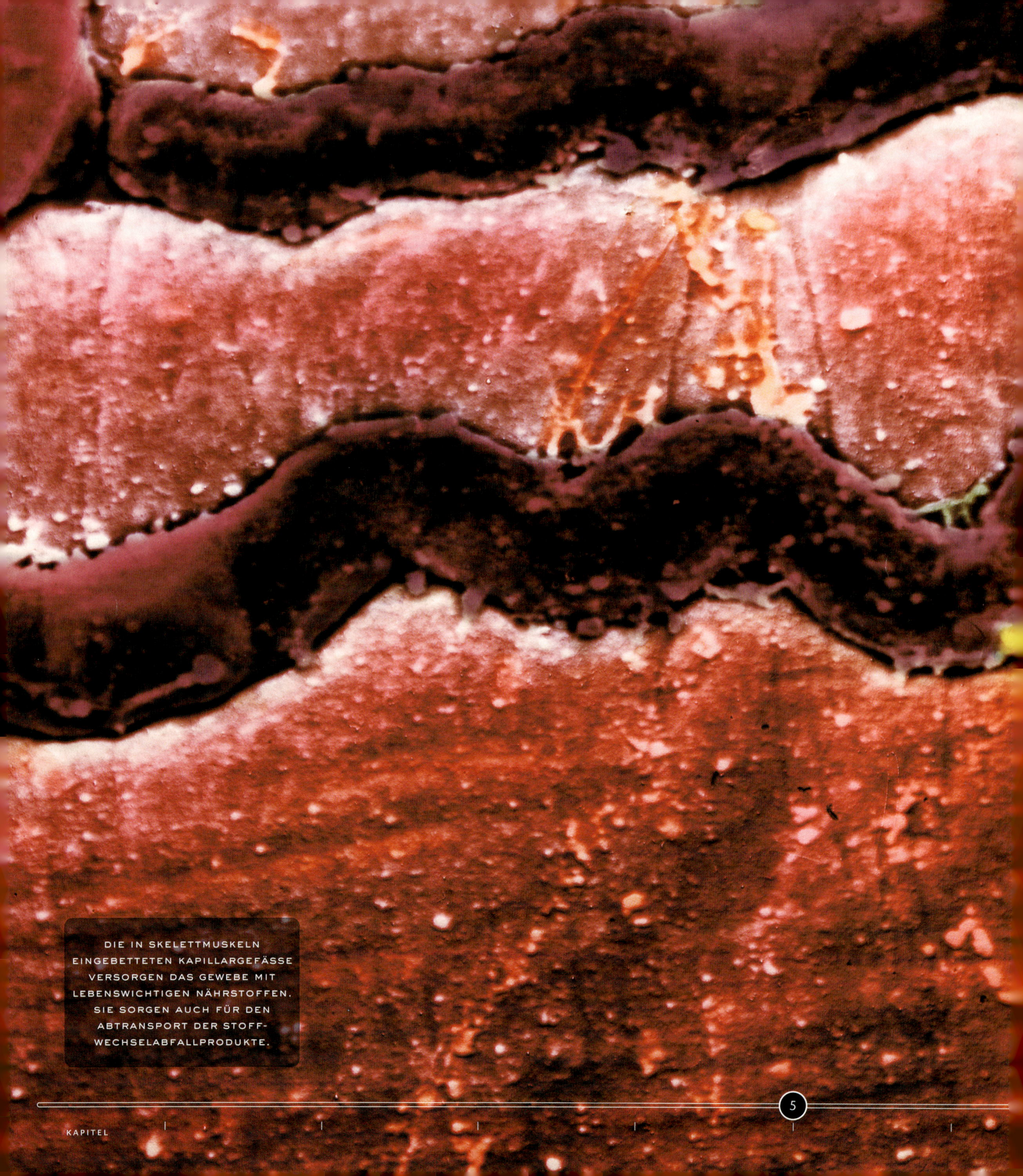

DIE IN SKELETTMUSKELN EINGEBETTETEN KAPILLARGEFÄSSE VERSORGEN DAS GEWEBE MIT LEBENSWICHTIGEN NÄHRSTOFFEN. SIE SORGEN AUCH FÜR DEN ABTRANSPORT DER STOFFWECHSELABFALLPRODUKTE.

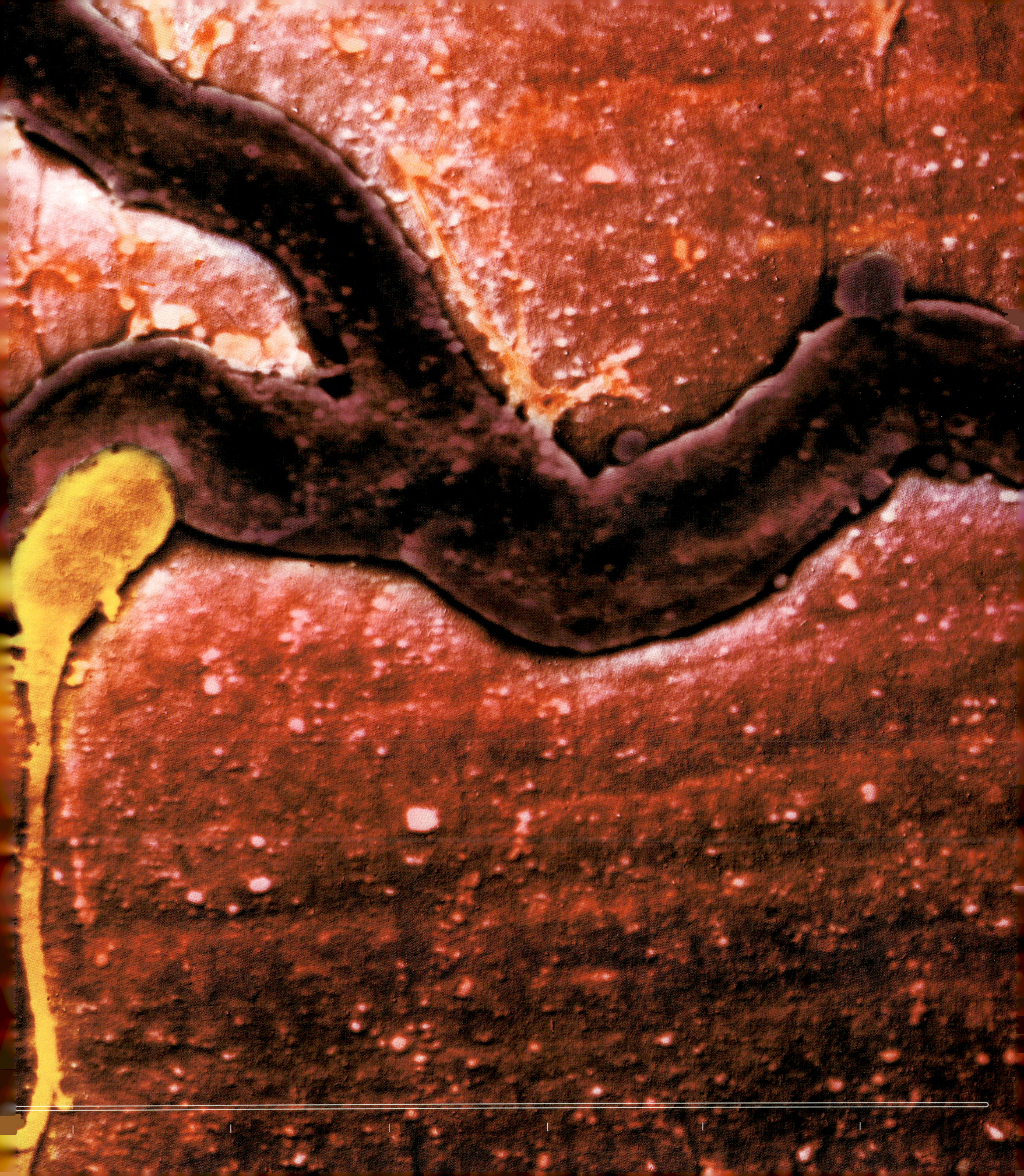

Chemische Kontrolle

– das endokrine System

Der Harvard-Physiologe Walter B. Cannon prägte in seinem 1932 erschienenen Buch *The Wisdom of the Body* (Die Weisheit des Körpers) den Begriff Homöostase (aus den griechischen Wörtern für »dasselbe« und »Zustand«). Ein homöostatisches System erhält seine Struktur und Aktivitäten mittels interner Kontrollmechanismen aufrecht – egal, ob es sich um das Ökosystem der Erde handelt oder um den Weltmarkt für Öl, um ein Auto und seinen Fahrer, um eine Gesellschaft, eine Person oder eine Zelle. In einem Wort, es handelt sich um Selbstregulierung. Homöostase ist die Erklärung dafür, dass und wie unser Körper trotz heftiger Außentemperaturschwankungen seine eigene Temperatur konstant hält. So lässt sich aber auch erklären, wie das Nuckeln eines Babys die Mutterbrust zur Milchabgabe stimuliert oder warum wir nicht alle unter Diabetes leiden, also unter einer Über- oder Unterproduktion von Blutzucker. Homöostase ist die Erklärung dafür, wie wir in einer Welt überleben können, die in

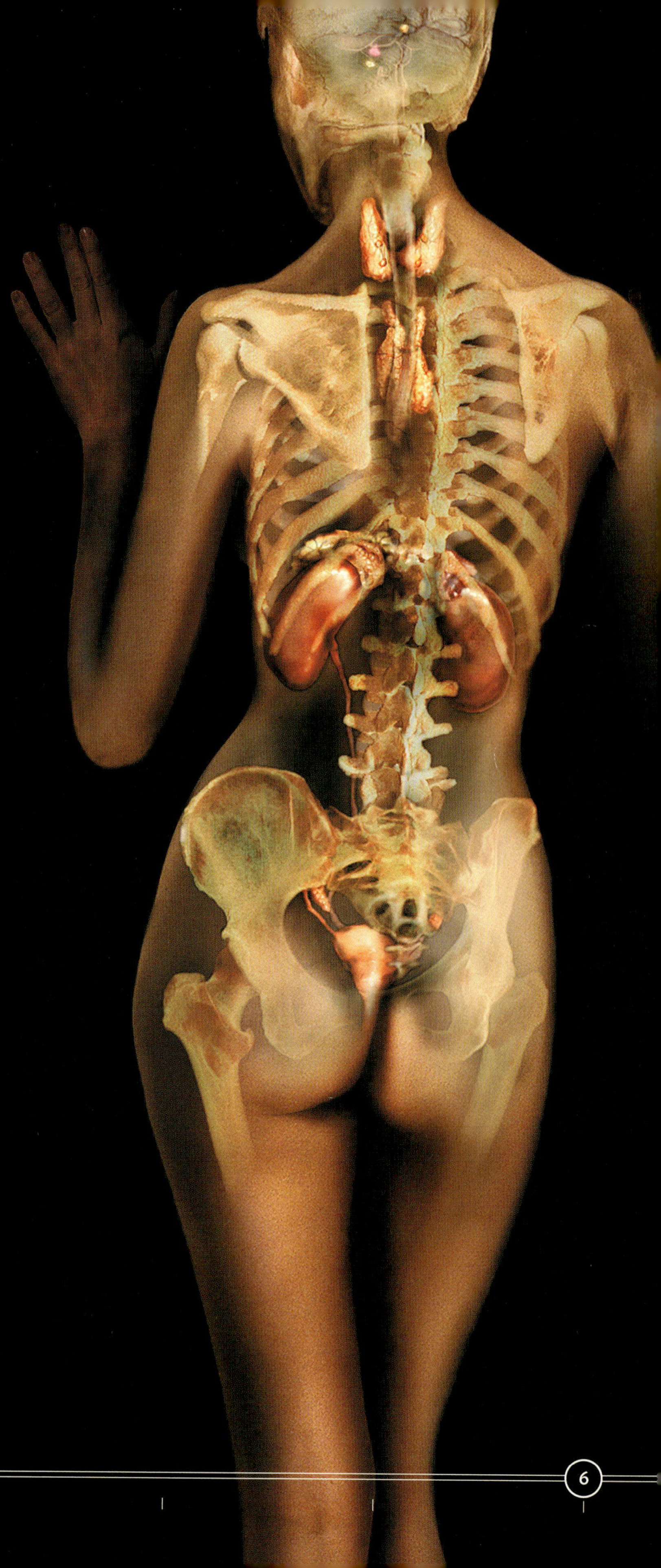

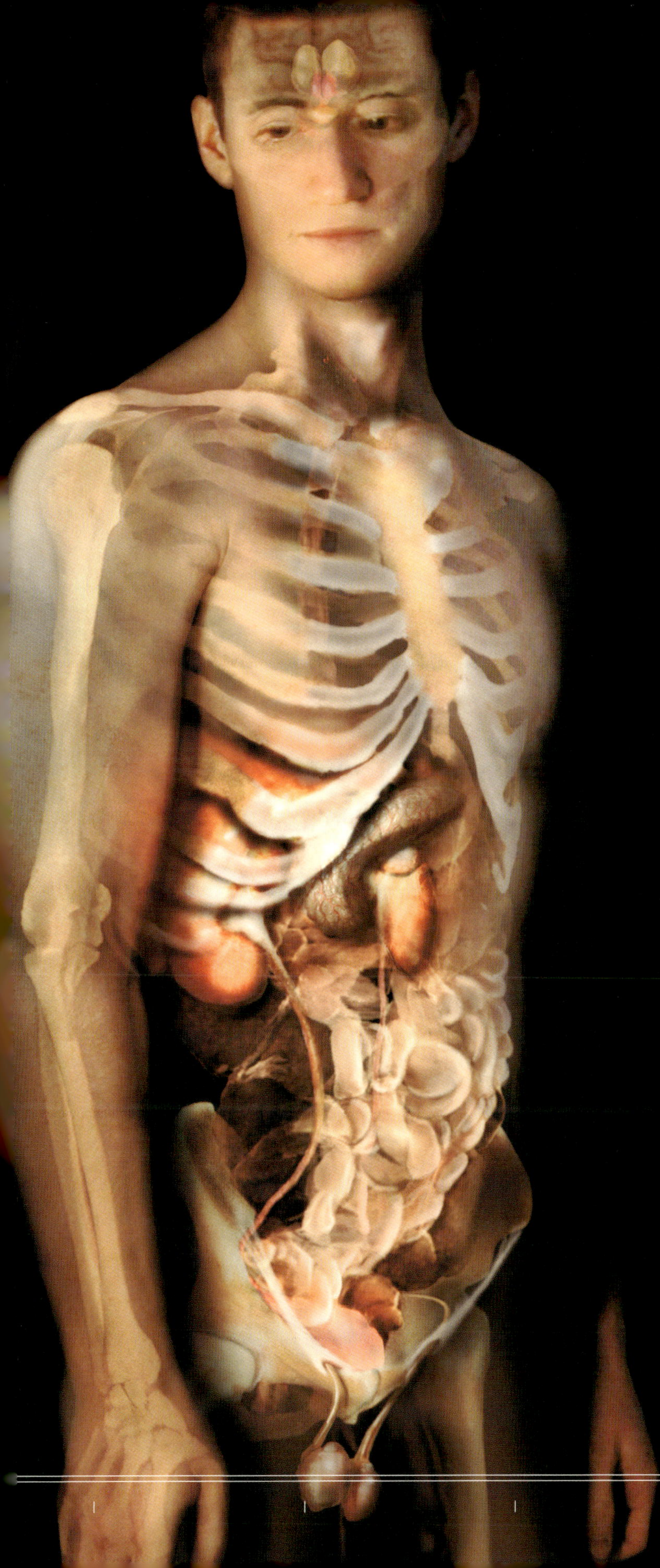

stetem Wandel begriffen ist. »Wenn ich nicht in der Lage bin, den Lauf der Dinge zu kontrollieren, so kontrolliere ich mich selbst«, schrieb der Renaissance-Essayist Michel de Montaigne. »Und ich passe mich ihnen an, wenn sie sich nicht mir anpassen.«

Wie das autonome Nervensystem Körperaktivitäten durch Regelkreise steuert, so kontrollieren auch die Hormondrüsen des endokrinen Systems die überwältigend komplexen biochemischen Vorgänge im ganzen Körper mittels einer ausgeklügelten Hierarchie von Signalen und Gegensignalen. »Feedback loop«, Regelkreis, ist ein weiterer Begriff aus Cannons Buch – einer, der sozusagen die Quintessenz des ganzen Buches enthält. Wir haben es mit einem Kreislauf von Reiz, Überwachung und Reaktion zu tun. Doch anders als beim Nervensystem sind die endokrinen Mechanismen (und die Informationen, die sie transportieren) Chemikalien, die im Blut zirkulieren. Das erfordert eine diffusere Architektur.

BEFEHL UND KONTROLLE

Hormone (benannt nach dem griechischen Wort für »in Bewegung setzen, antreiben«) sind jene biochemischen Verbindungen, die das Verhalten der anderen chemischen Stoffe im Körper bestimmen – molekulare Herrscher und Kontrolleure. Einige ihrer Aktivitäten sind zielgerichtet, andere breit gestreut. Damit beeinflussen sie nicht zuletzt auch Größe, Lage und Organisation der Gewebe, in denen sie produziert werden.

Hormone sorgen nicht nur für Homöostase, sondern sie kontrollieren auch Fortpflanzung, Stoffwechsel, Verhaltensweisen, Wachstum und Entwicklung. So findet in jeder Sekunde eine überwältigende Anzahl chemischer Prozesse statt. Sekretorische Drüsen werden mit zunehmendem Alter größer und produktiver – mit einer bemerkenswerten Ausnahme: der Thymusdrüse, eines weichen, abgeflachten, rötlich-grauen Organs, das bei Kindern in markanter Gestalt vor dem Herzbeutel liegt.

Als Sitz des Immunsystems nimmt die Thymusdrüse weiße Blutkörperchen auf und verwandelt sie unter dem Einfluss eines in der Düse produzierten Hormons in so genannte T-Zellen (Thymus-Zellen, T-Lymphozyten). Das sind Wächterzellen, die Eindringlinge lokalisieren, identifizieren und vernichten. Bei der Geburt ist die Thymusdrüse faustgroß, bei Kindern hat sie die Größe einer Orange. Ist das Immunsystem mit dem Einsetzen der Pubertät ausgereift, stellt die Drüse ihre Aktivitäten ein und schrumpft erheblich zusammen. 2002 begannen australische Immunologen mit Versuchen, bei Patienten mit irreparablen Schäden im Immunsystem die Thymusdrüse wieder zur ursprünglichen Größe aufzupäppeln, um daraus neue T-Zellen zu gewinnen.

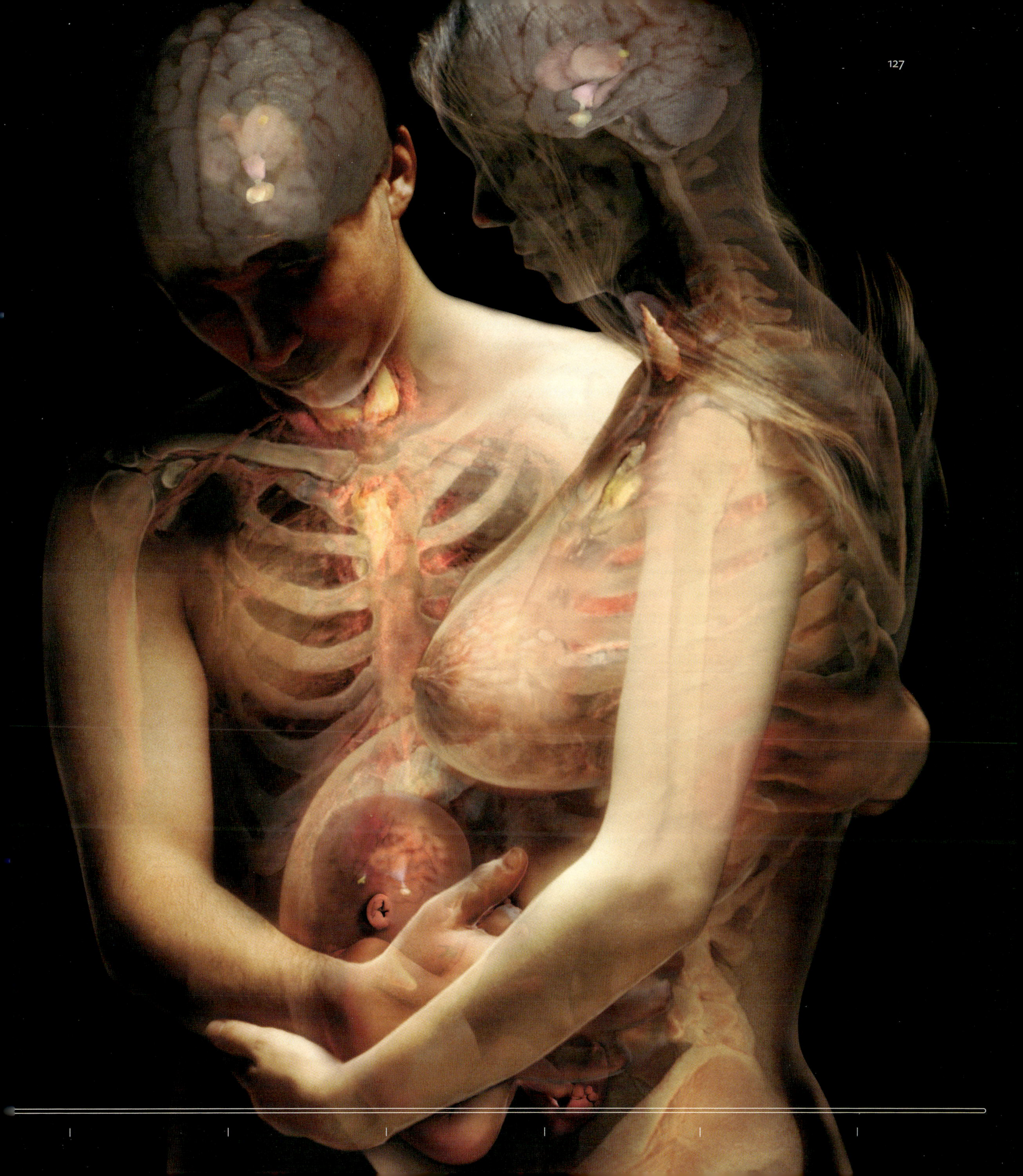

Ungefähr zehn große und eine Fülle kleinerer Drüsen produzieren mehr als 200 Hormone und hormonähnliche Substanzen. Jede dieser Drüsen weist eine spezifische Liste von Zielorganen und -geweben auf, darunter auch andere endokrine Organe. Wenn die Moleküle in Kaskaden durch die Blutbahnen ziehen, wird ihr Fahrplan durch einander überlappende Verkehrskontrollsysteme aufrechterhalten. Diese Systeme verfügen jeweils über eine Fülle von eingebauten Sensoren, Überwachungsmitteln und Regelkreisen.

Die wichtigsten Zentren liegen im Kopf und im Hals, wo sie eng mit dem Zentralnervensystem verbunden sind. An der Spitze des Systems steht der Hypothalamus, die so genannte »Königin der Drüsen«. Sie produziert selbst auch einige Hormone, ist aber vor allem deshalb wichtig, weil sie die endokrinen Funktionen mit dem Gehirn verbindet. Nicht allzu weit vom Hypothalamus entfernt, direkt vor der Kehle, liegt die Schilddrüse, ein blutreiches, schmetterlingsförmiges Organ, das durch Ausschüttung des Hormons Thyroxin den Stoffwechsel kontrolliert, einschließlich Herzfrequenz und Energieverbrauch. Wenn der Hypothalamus, der die Thyroxinkonzentration im Blut kontrolliert, eine zu geringe Konzentration registriert, sendet er der benachbarten Hirnanhangdrüse (Hypophyse) ein chemisches Signal. Die Hypophyse sondert dann TSH ab, das thyreotrope Hormon, das die Produktion von mehr Thyroxin in der Schilddrüse anregt. Die Nebenschilddrüsen (Parathyreoidea) sind vier kleine paarige Drüsen, die mit der Schilddrüse zusammenarbeiten. Sie entziehen den Knochen Kalzium (das dort gespeichert ist) und geben es zur Muskelaktivierung wieder ins Blut ab.

DIE KÖNIGIN DER DRÜSEN UND IHR HOFSTAAT

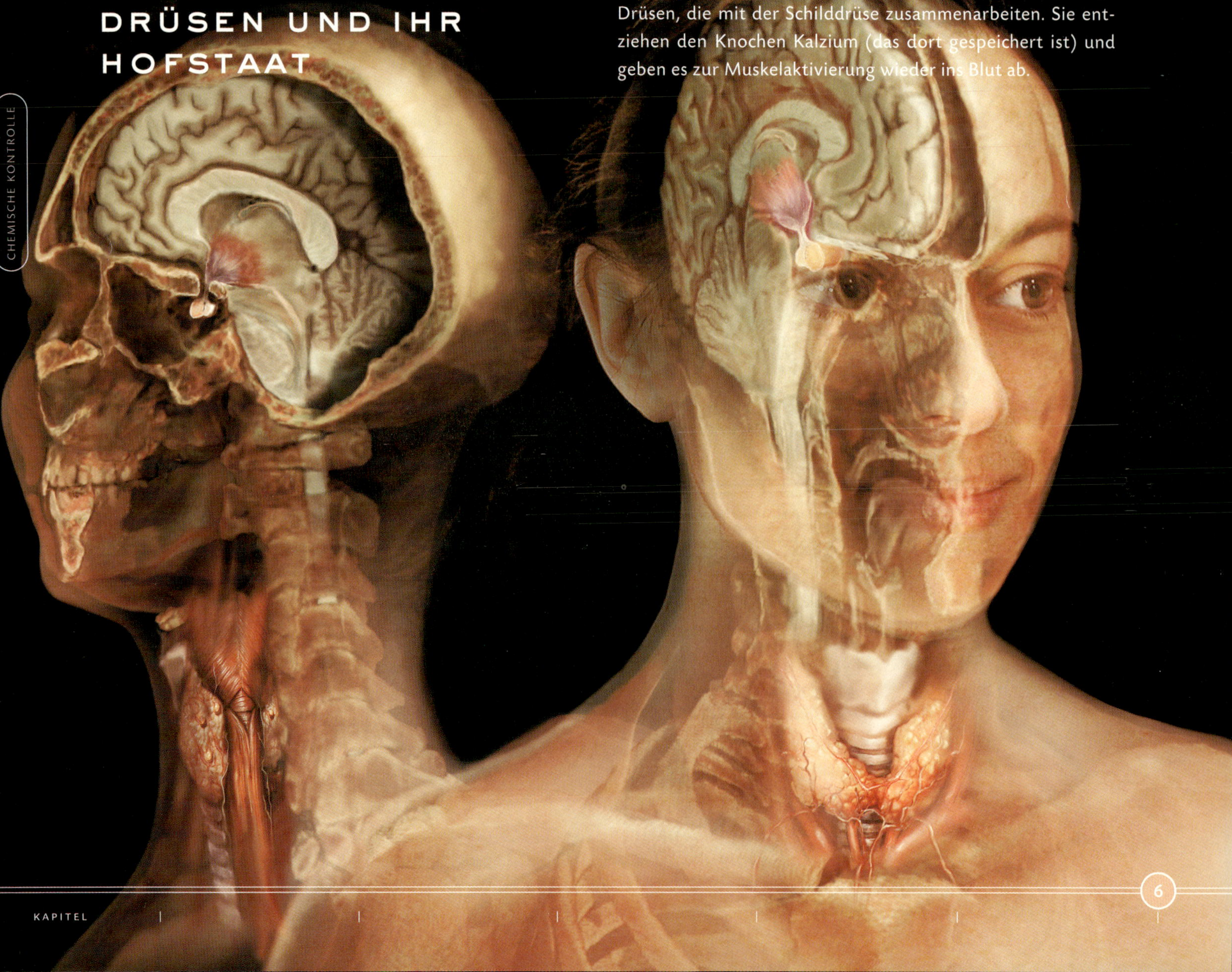

GESCHLECHTSUNTERSCHIEDE

Die auf hormonale und physische Veränderungen zurückgehenden Geschlechtsunterschiede kulminieren in der Pubertät, doch sind bereits vorher signifikante Unterschiede festzustellen. Bei Jungen wie bei Mädchen kann schon vor Beginn des achten Lebensjahres ein steigender Pegel männlicher Geschlechtshormone (Androgene) in den Nebennierendrüsen vorzeitige biochemische Veränderungen herbeiführen. Dazu gehören, bei Mädchen häufiger als bei Jungen, vorzeitige Schambehaarung, Gerüche von Drüsensekreten und Akne. Wenn die Keim- oder Geschlechtsdrüsen (Gonaden) mit der Absonderung von Sexualhormonen anfangen, beginnen die sexuelle Entwicklung und die Fortpflanzungsfunktion. Zwar produzieren Männer und Frauen männliche wie weibliche Geschlechtshormone, aber deren Wirkung ist tendenziell trotzdem geschlechtsspezifisch. Ein erhöhter Testosteronspiegel wird mit Aggressivität und Herrschsucht in Verbindung gebracht, während ein schwankender Östrogenspiegel mit Stimmungsschwankungen korreliert.

Bei Frauen sind vor allem die mandelförmigen Eierstöcke die Hauptquelle der chemischen Botenstoffe, die den Körper sexualisieren – die also die Schamhaare wachsen lassen, die Fetteinlagerung in Brüsten und Hüften veranlassen, das Becken weiter werden und die Menstruationsblutungen beginnen lassen. Diese Hormone (Östrogen-Steroide) wirken bei der Steuerung des Fortpflanzungszyklus mit. Zum Beispiel Östradiol, das wichtigste weibliche Hormon bei Frauen im gebärfähigen Alter. Es sorgt dafür, dass im ersten Teil des Zyklus, wenn das Ei auf die Ovulation vorbereitet wird, an der Innenwand der Scheide (Vagina) die Zellen länger werden, sodass sie die Form von Getreideähren annehmen. So wird die Vaginalschleimhaut dichter und ist dann besser auf den Geschlechtsverkehr vorbereitet.

MANN

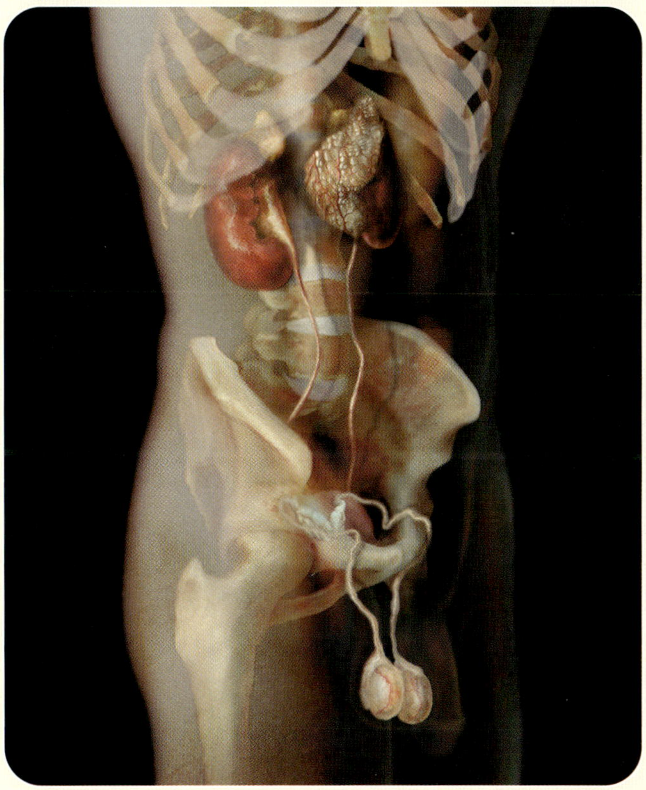

FRAU

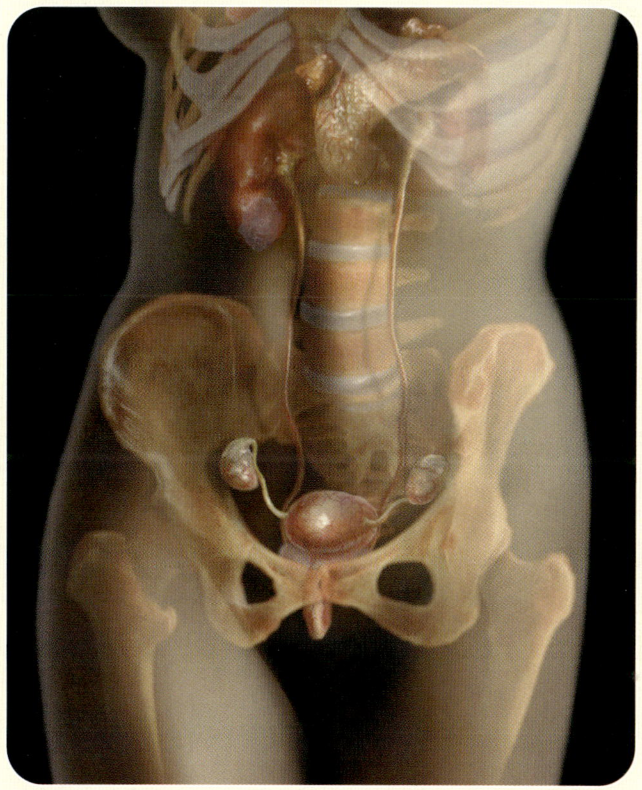

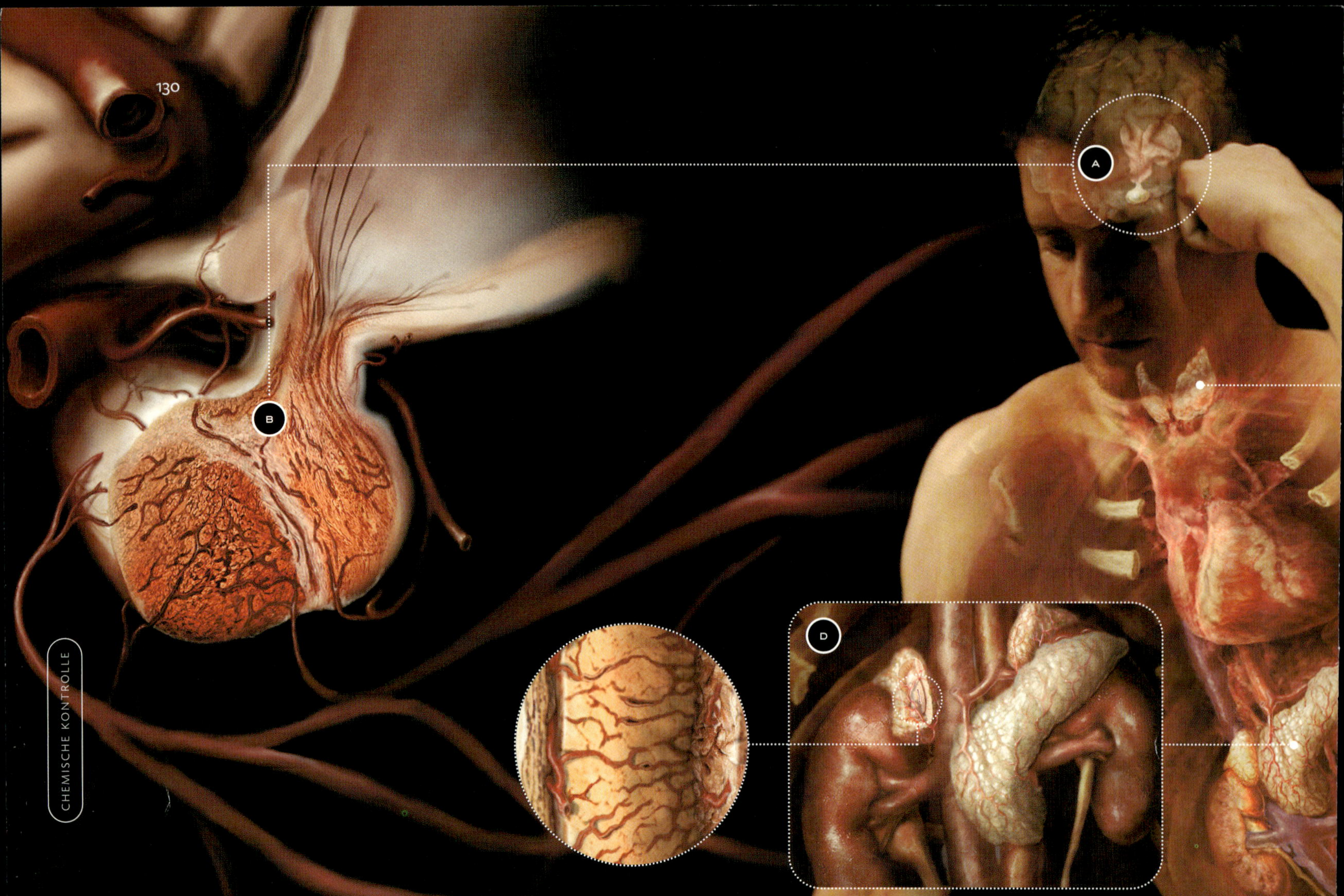

HYPOPHYSENABHÄNGIG

Der Neurochirurg Harvey Cushing machte im Jahrzehnt vor dem Ersten Weltkrieg fundamentale Entdeckungen bezüglich der erbsengroßen Hirnanhangsdrüse (Hypophyse, A). Er nannte sie »den Dirigenten des endokrinen Orchesters«. Eigentlich wäre »Konzertmeister« treffender, denn der wahre Dirigent, der die Partitur interpretiert und die Aufführung leitet, ist der Hypothalamus. Doch die Beziehung zwischen der Hormonproduktion der Hypophyse (insgesamt neun wichtige Hormone) und einem weiten Spektrum körperlicher Prozesse – Stoffwechsel, Fortpflanzung, Brustentwicklung, Geburt, Wachstum und Reparatur, Milch-, Urin- und Steroidproduktion – provoziert immer noch überschwängliche Vergleiche. »Hormone«, schreibt Natalie Angier, »haben etwas Musikalisches an sich, sie sind molekulare Lyrik.«

Durch einen kurzen Stiel mit dem Hypothalamus verbunden, hängt die Hypophyse von der Hirnbasis herab. Sie hat zwei Lappen (B). Der größere Vorderlappen enthält die Drüsenzellen und produziert die meisten der Hormone, welche von der Hypophyse in das Blut abgegeben werden. Manche, etwa das menschliche Wachstumshormon (HGH), regen gezielt bestimmte Drüsen und Gewebe an. Andere, wie das thyroidsteuernde Hormon (Thyrotropin, TSH), dienen dazu, den Ausstoß anderer Hormone zu stimulieren, in diesem Fall den Thyroxinausstoß in der Schilddrüse (C). Der hintere Lappen besteht weitgehend aus Nervenfasern, die aus dem Hypothalamus kommen. Überdies speichert er zwei Hormone, die er über einen als Neurosekretion bezeichneten Prozess freisetzt.

Das Hormon ACTH (Corticotropin, adrenocorticotropes Hormon) signalisiert den Nebennierenrinden (D), sie sollten Steroidhormone produzieren, darunter auch jene, die den Salz- und Wasserpegel im Blut regulieren.

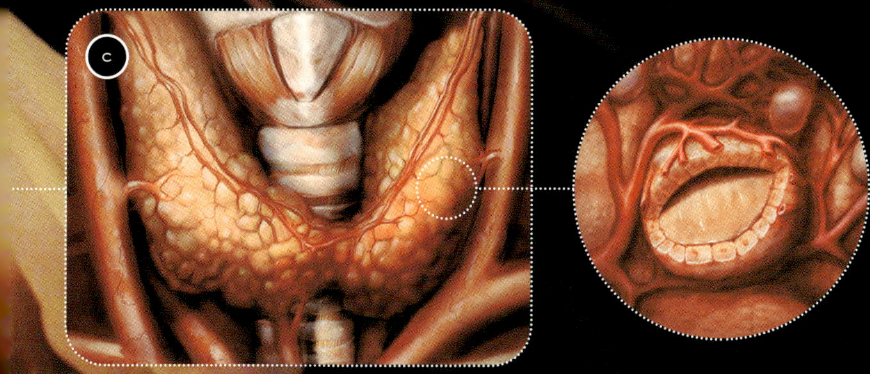

Die männlichen und weiblichen Keimdrüsen werden von denselben Botschaften aus der Hypophyse stimuliert, wenn auch mit unterschiedlicher Wirkung. Bei Frauen regt das follikelstimulierende Hormon FSH die Eierstöcke (E, rechts: Gelbkörper; darunter: Östradiol-Molekül) zur Entwicklung von Eizellen an, und das Luteinisierungshormon LH sorgt für deren Ausstoßung; außerdem regt es die Östrogenproduktion an. Bei Männern stimuliert FSH die Spermienproduktion, während LH die Hoden (F, rechts: Hodenkanälchen und Testosteron produzierende Zellen; darunter: Testosteron-Molekül) zur Testosteronproduktion anregt.

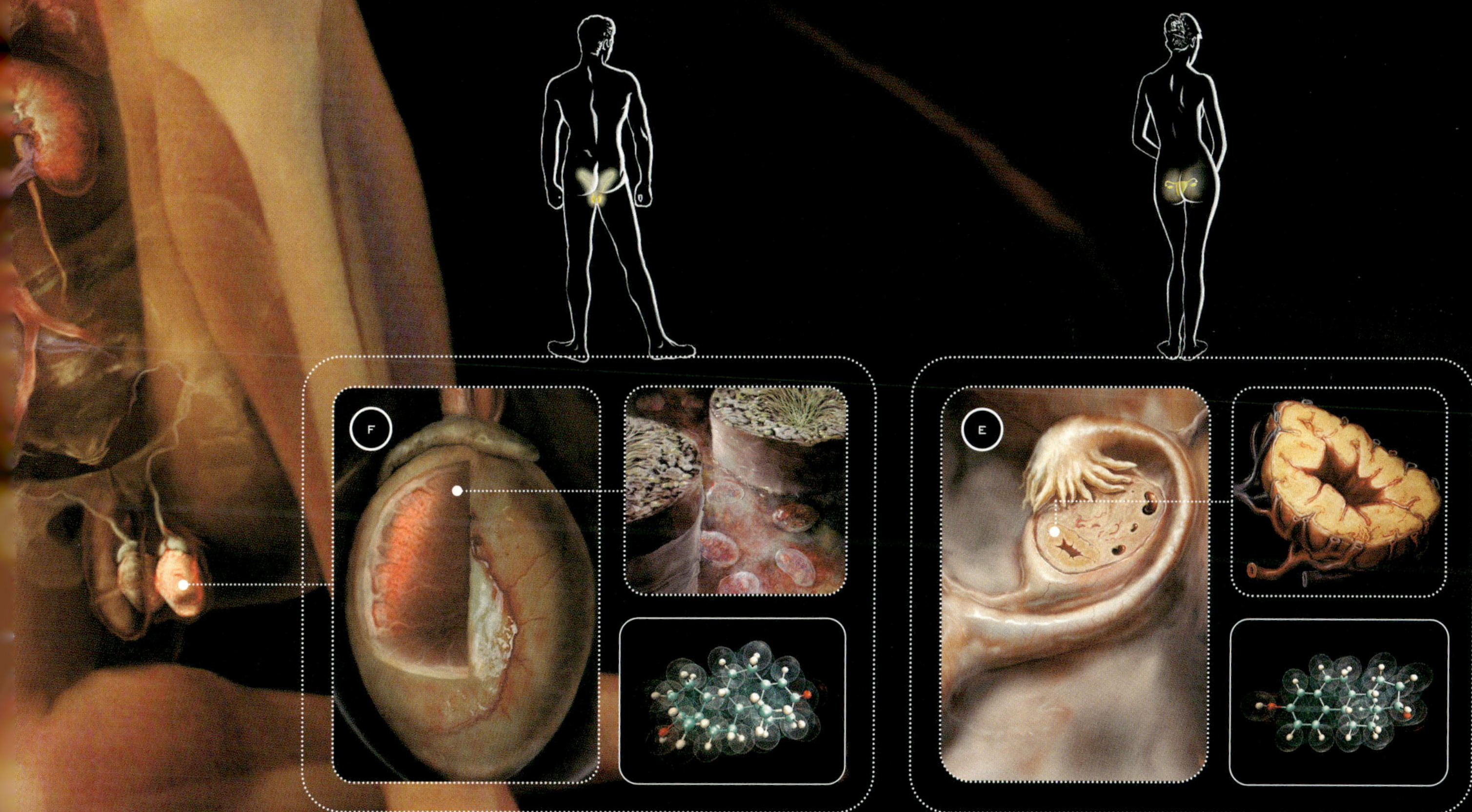

Die Steuerung des Körpers beinhaltet eine regelmäßige Überwachung. Außerdem erfordert sie die präzis getimte und gezielte Absonderung von Chemikalien. Ein ganzer Archipel von Außenposten schüttet jene Schlüsselhormone im Blut aus, die spezifische Funktionen im Tages- oder Stundenrhythmus kontrollieren. Die Zirbeldrüse (Epiphyse, A) sondert Melatonin ab, das Körperrhythmen wie Wachen und Schlafen regelt. Die erbsengroßen Nebenschilddrüsen (B) produzieren das Parathormon, das zur Anpassung des Kalziumspiegels im Blut beiträgt. Die Thymusdrüse (C) sondert Hormone ab, welche Reifung, Verbreitung und Funktion der T-Zellen steuern. Zellagglomerate in der Bauspeicheldrüse, die so genannten Langerhans-Inseln (D), produzieren Insulin und Glucagon. Über Sensorsysteme regulieren diese Hormone den Blutzuckerspiegel, wobei Glucagon die Produktion anregt, Insulin sie drosselt. Die Nieren (E) schließlich sondern Erythropoietin und Renin ab, wobei Ersteres die Produktion roter Blutkörperchen anregt, Letzteres bei der Regulierung des Blutdrucks mitwirkt. Weil mit Ausnahme von T-Zellen alle genannten Stoffe auch synthetisch hergestellt werden können, sind viele der Krankheiten, die durch ihr Fehlen verursacht werden, inzwischen durch Hormonersatztherapien heilbar.

HYPOPHYSEN-UNABHÄNGIG

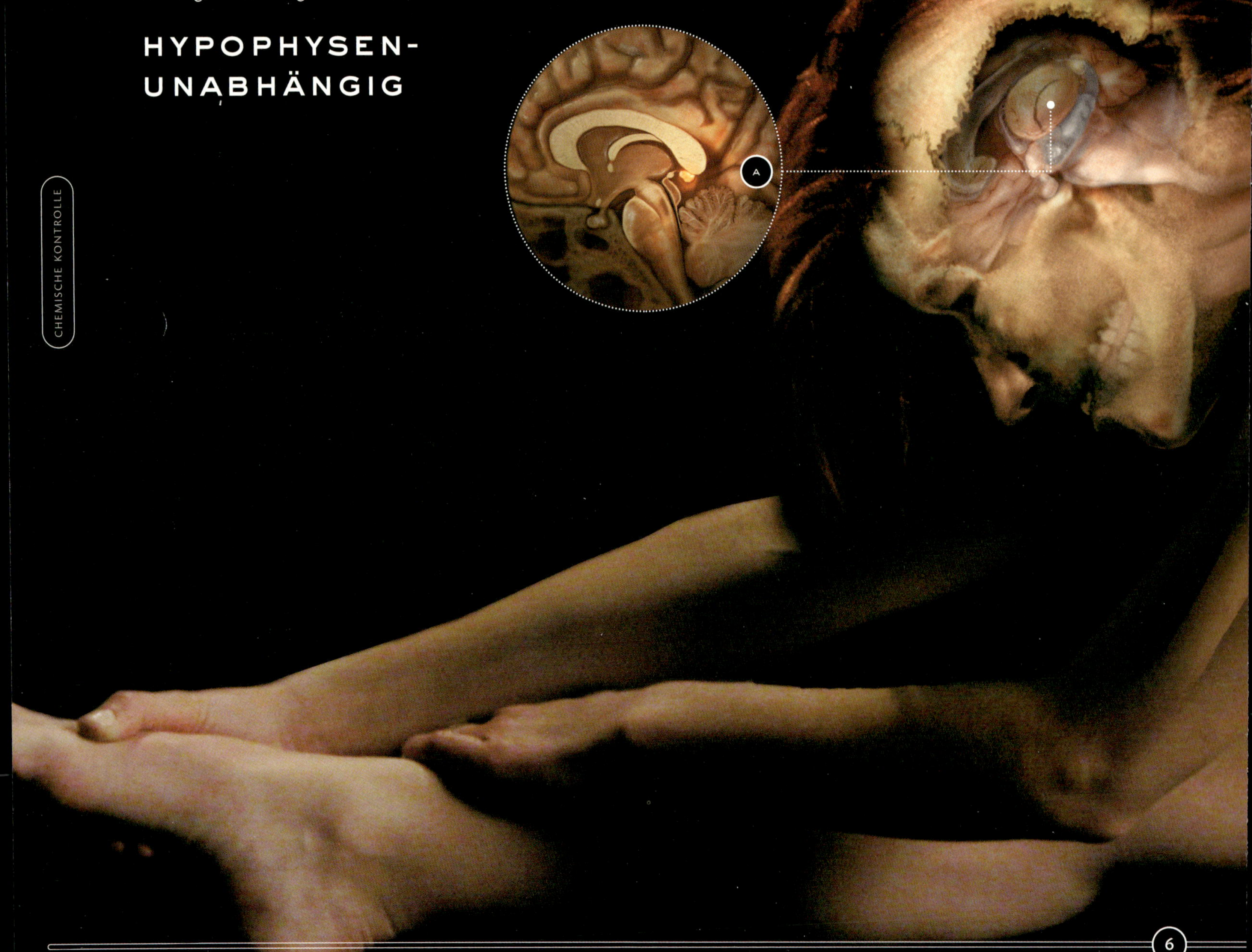

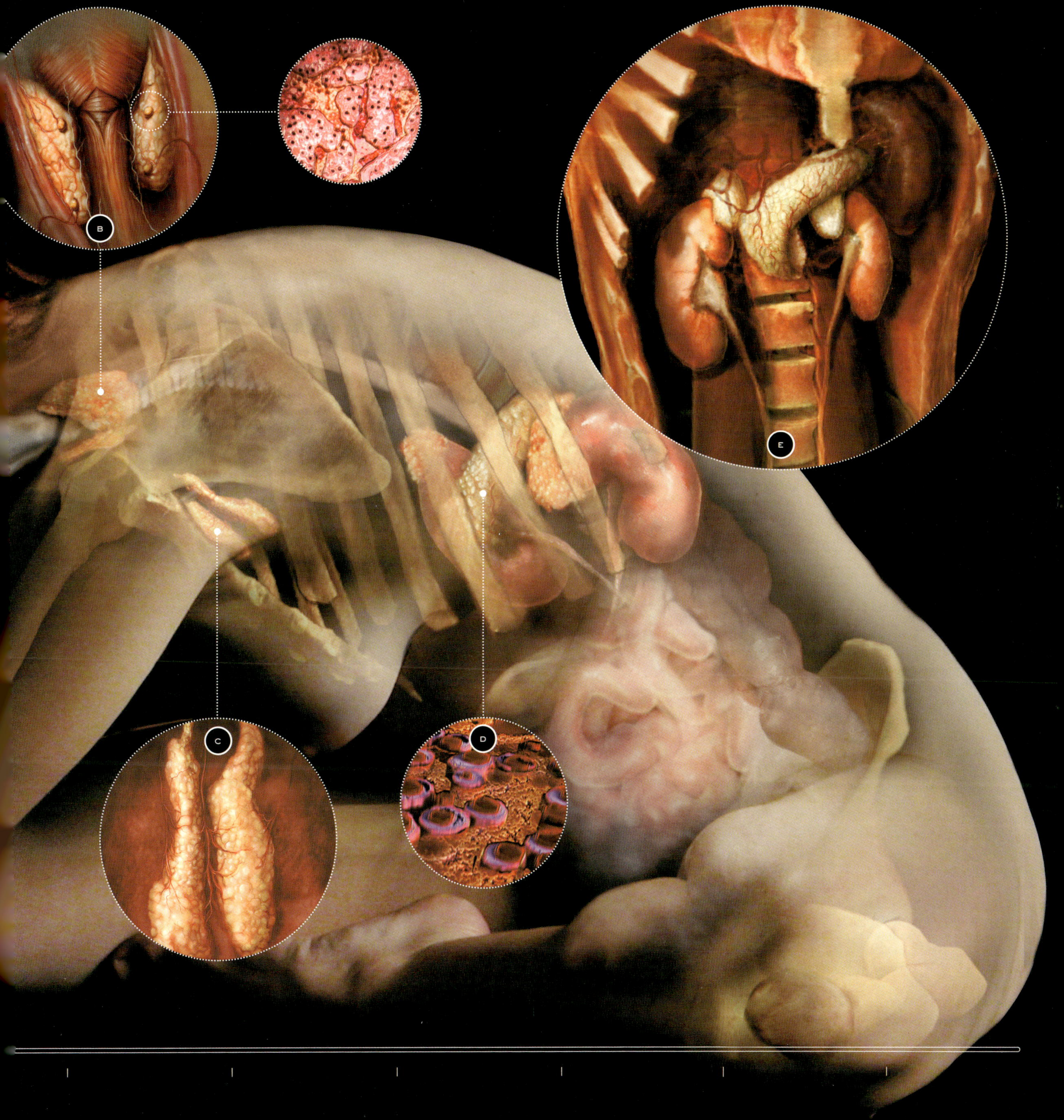
B
C
D
E

SPIEGELUNGEN IN DER NATUR

Die Aufgabe von Drüsengewebe besteht darin, komplexe chemische Stoffe abzusondern. Daher sind ihre Grundstrukturen optimal auf Produktion und Transport langer Moleküle eingerichtet. Wie die Organellen in Grünpflanzen, die Nahrung herstellen und speichern, ist die Schilddrüse mit kugelförmigen Säckchen gefüllt. Diese enthalten Chemikalien, die benötigt werden, um die primären Hormone zusammenzusetzen. Viele Hormone in der Hypophyse sind auf spezifische

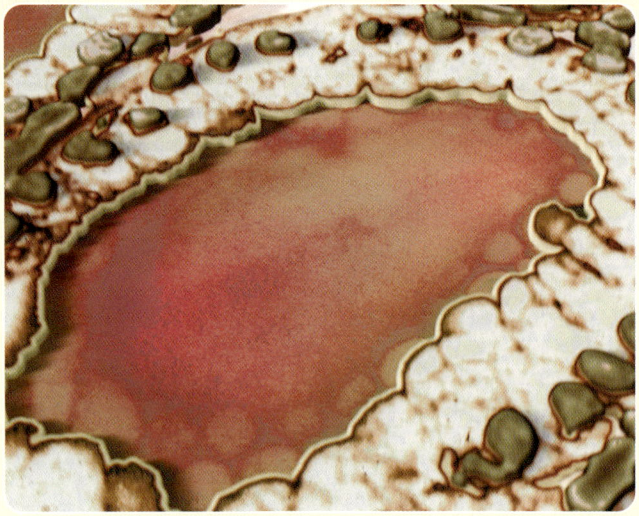

FOLLIKULÄRE SCHILDDRÜSENZELLEN

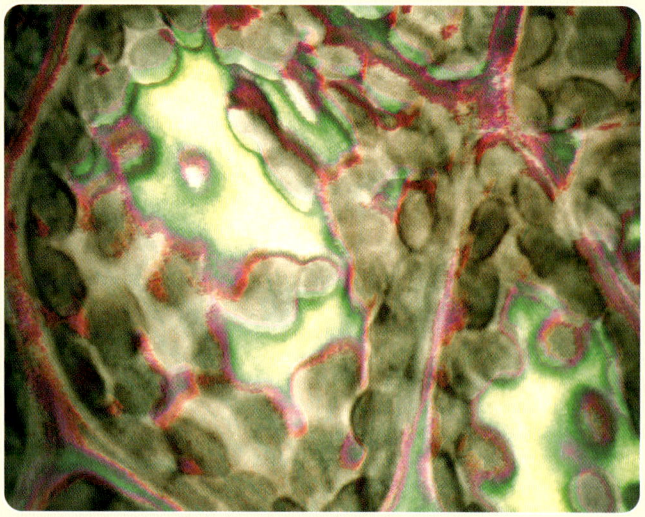

PFLANZENCHLOROPLASTE

HYPOPHYSENZELLEN

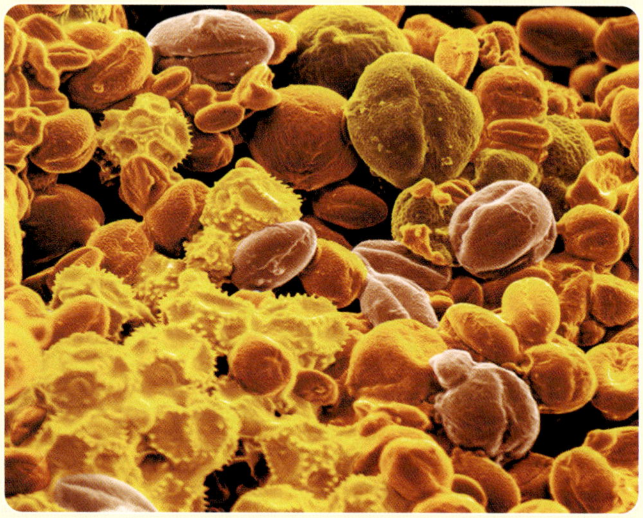

POLLENKÖRNER

Gewebe, Organe und Zellen ausgerichtet – ungefähr so, wie Pollenkörner die Reproduktionszellen einer anderen Pflanze suchen, um Samen bilden zu können. Die fest geknäuelten Samenkanälchen in den Hoden ähneln in ihrer Radialsymmetrie wirbellosen Meerestieren. Die Wasser speichernden Zellen eines Spinatblatts funktionieren ganz ähnlich wie Bauchspeicheldrüsenzellen, die Verdauungs- und Hormonprodukte speichern.

SAMENKANÄLCHEN IN DEN HODEN

KORALLENPOLYPEN

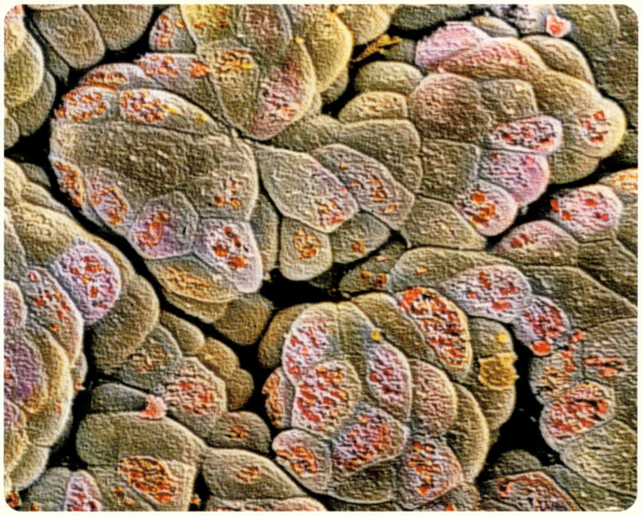

BAUCHSPEICHELDRÜSENZELLEN

ZELLEN EINES SPINATBLATTS

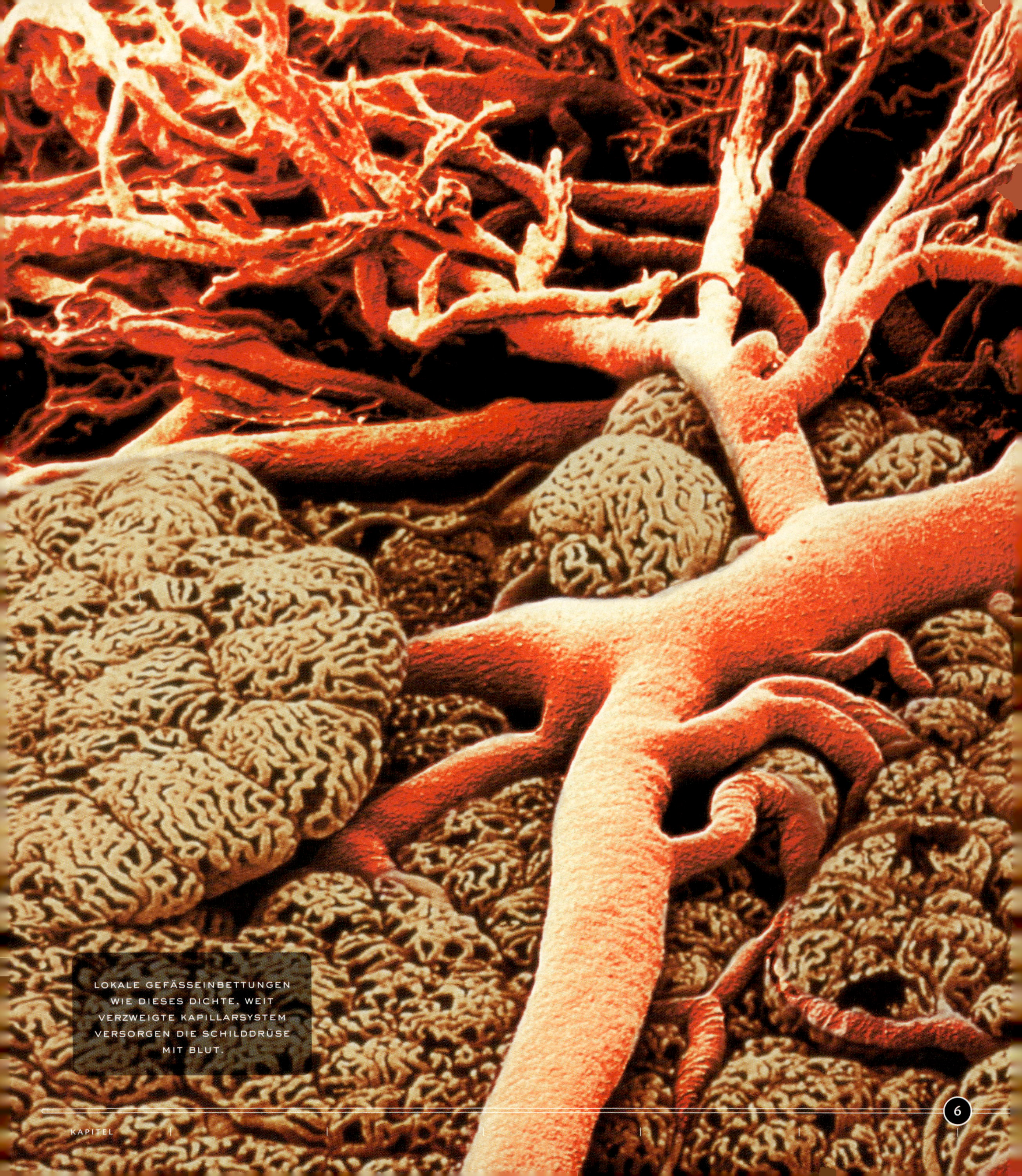

LOKALE GEFÄSSEINBETTUNGEN WIE DIESES DICHTE, WEIT VERZWEIGTE KAPILLARSYSTEM VERSORGEN DIE SCHILDDRÜSE MIT BLUT.

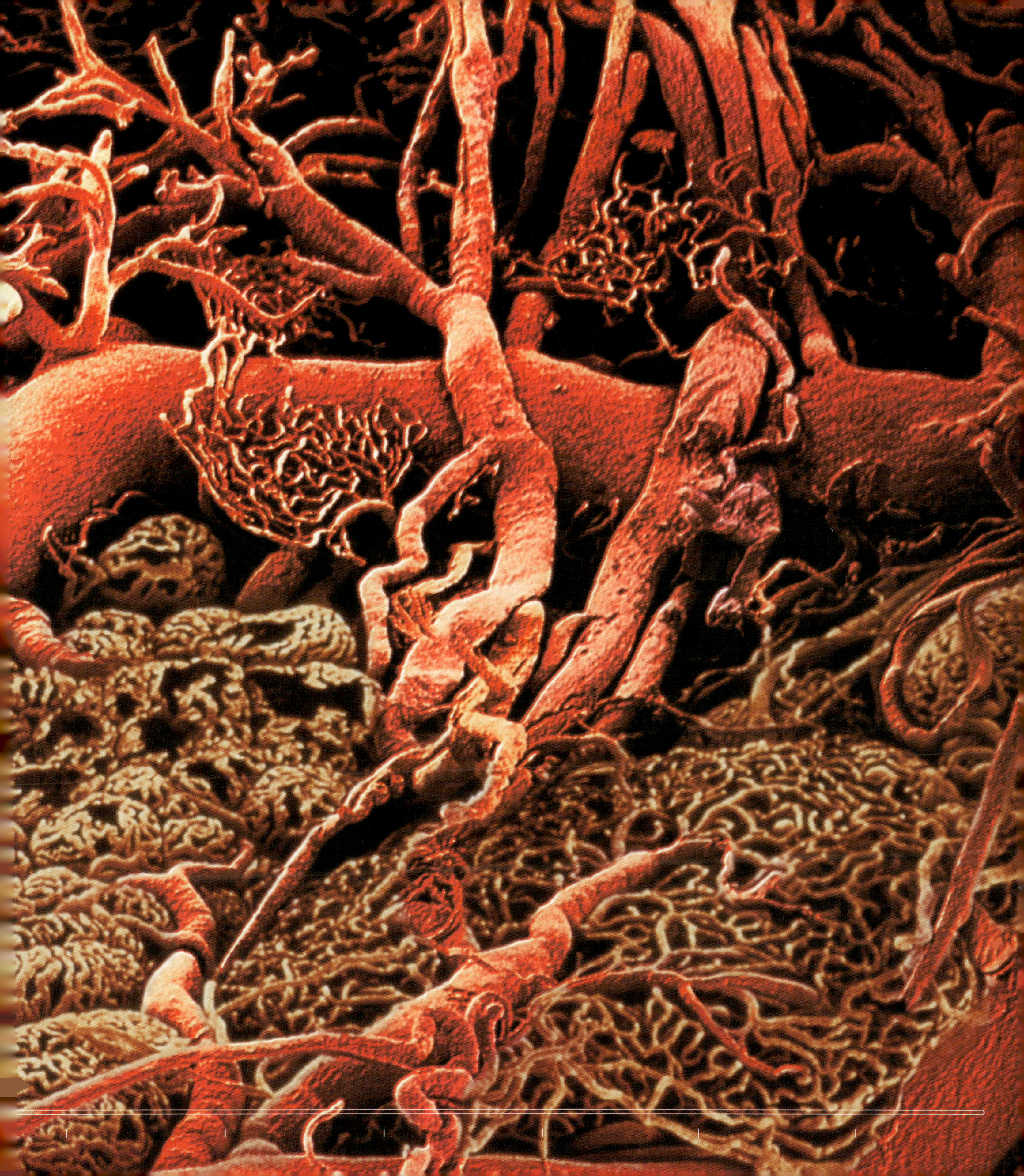

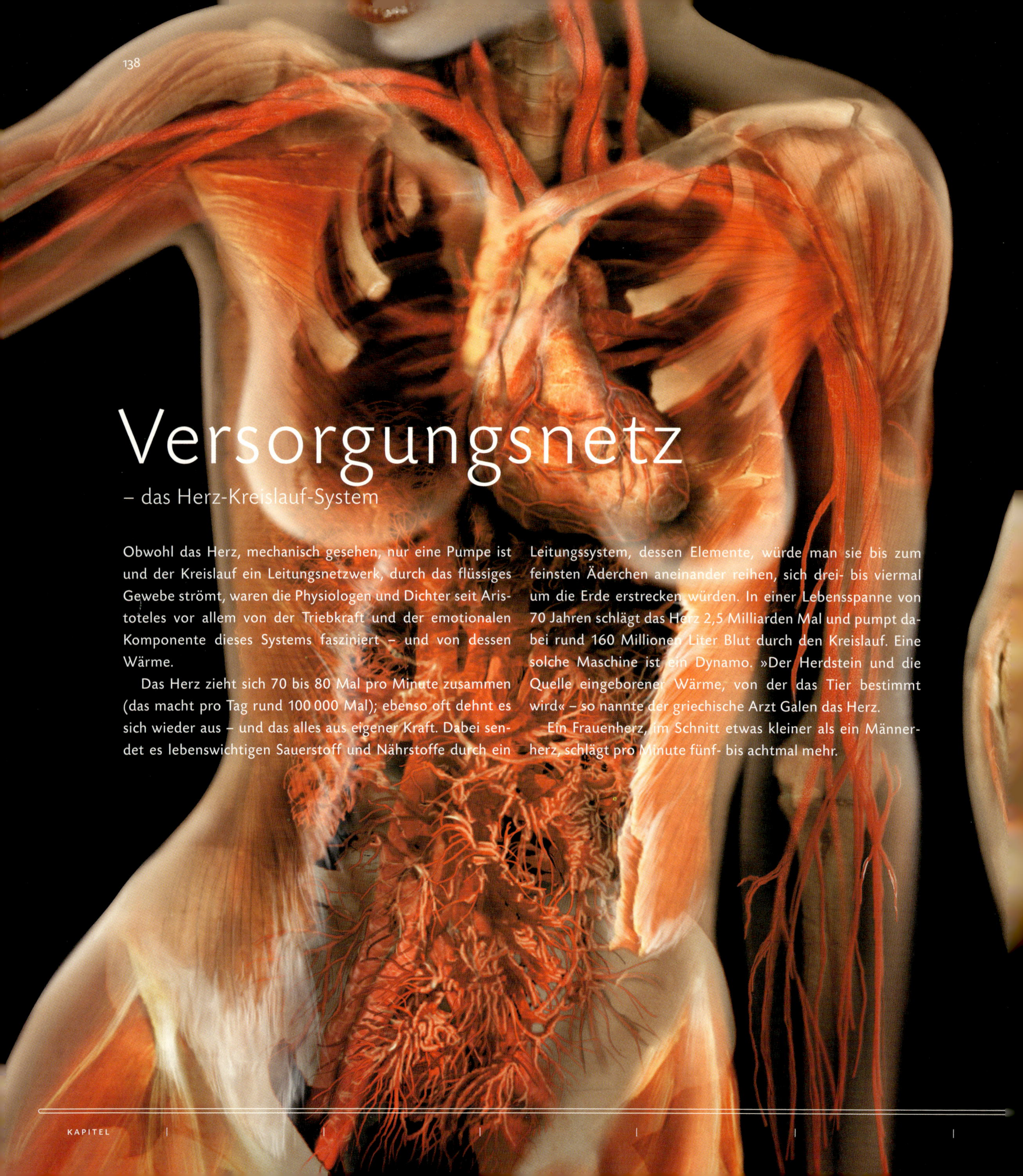

Versorgungsnetz

– das Herz-Kreislauf-System

Obwohl das Herz, mechanisch gesehen, nur eine Pumpe ist und der Kreislauf ein Leitungsnetzwerk, durch das flüssiges Gewebe strömt, waren die Physiologen und Dichter seit Aristoteles vor allem von der Triebkraft und der emotionalen Komponente dieses Systems fasziniert – und von dessen Wärme.

Das Herz zieht sich 70 bis 80 Mal pro Minute zusammen (das macht pro Tag rund 100 000 Mal); ebenso oft dehnt es sich wieder aus – und das alles aus eigener Kraft. Dabei sendet es lebenswichtigen Sauerstoff und Nährstoffe durch ein Leitungssystem, dessen Elemente, würde man sie bis zum feinsten Äderchen aneinander reihen, sich drei- bis viermal um die Erde erstrecken würden. In einer Lebensspanne von 70 Jahren schlägt das Herz 2,5 Milliarden Mal und pumpt dabei rund 160 Millionen Liter Blut durch den Kreislauf. Eine solche Maschine ist ein Dynamo. »Der Herdstein und die Quelle eingeborener Wärme, von der das Tier bestimmt wird« – so nannte der griechische Arzt Galen das Herz.

Ein Frauenherz, im Schnitt etwas kleiner als ein Männerherz, schlägt pro Minute fünf- bis achtmal mehr.

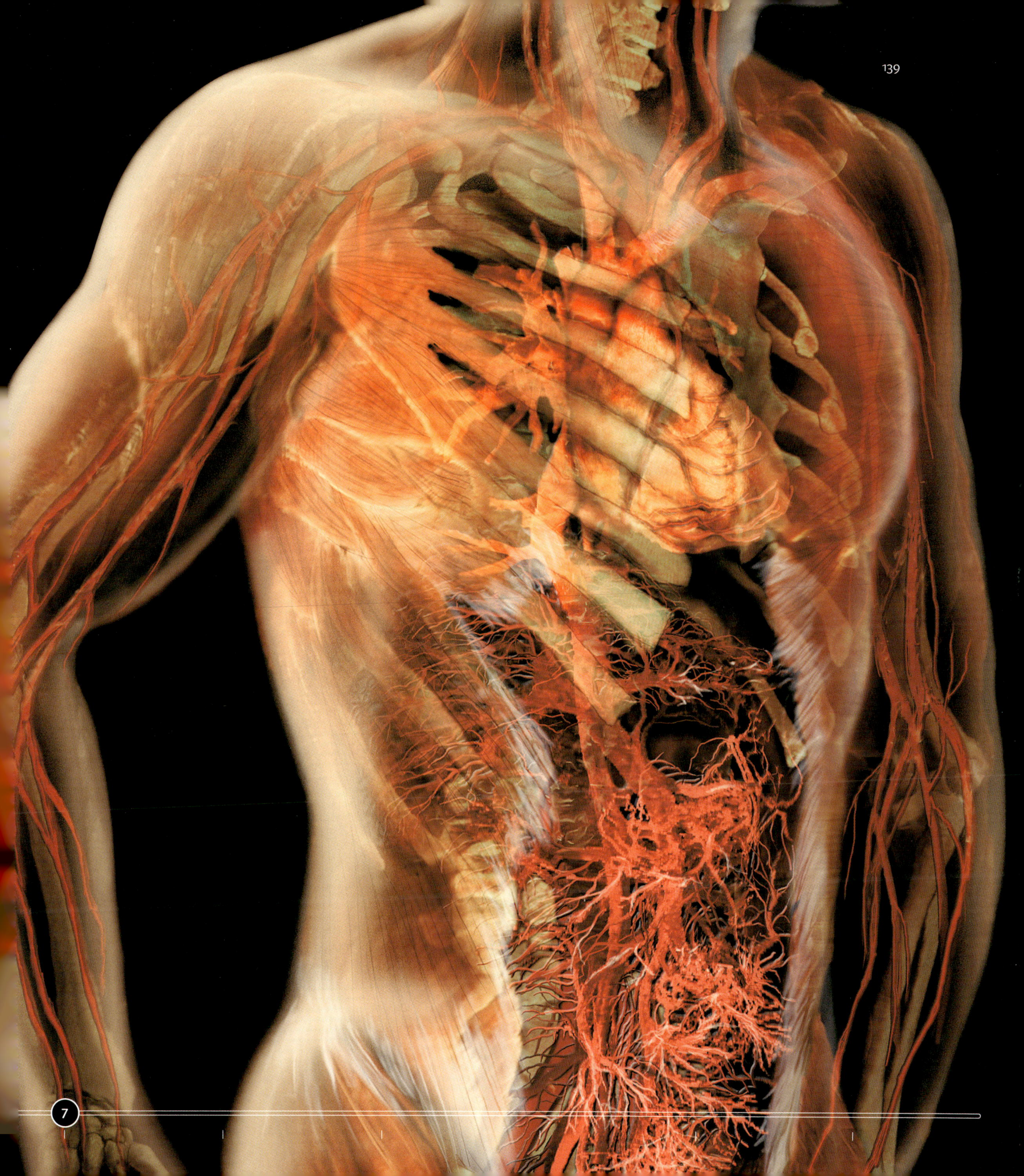

Vor der Geburt hat das Herz-Kreislauf-System noch keine Verwendung für die Lunge. Der Gasaustausch findet über den mütterlichen Organismus statt. Das Blut, das aus dem Körper in den rechte Herzvorhof zurückfließt, wird entweder durch eine temporäre Öffnung in der Vorhofscheidewand (das so genannte ovale Fenster) in den linken Vorhof abgeleitet oder aber in die dickwandigere rechte Herzkammer. Mit jedem Schlag pumpen beide Herzseiten das Blut parallel in den kleinen Körper und beflügeln so dessen enormes Wachstum. Ein konstant hoher Druck in den entleerten Lungen verhindert ein Zurückströmen des Blutes.

Wie in allen Leitungssystemen strömt die Flüssigkeit von Bereichen mit hohem zu solchen mit niedrigem Druck. Wenn sich bei der Geburt unsere Lungen erstmals mit Luft füllen, ändert sich die Herzmechanik. Der Lungenkreislauf tritt in Aktion, und so strömt mehr sauerstoffarmes Blut aus dem rechten Vorhof in die rechte Herzkammer, die es in die Lunge weiterleitet. Sodann fließt sauerstoffreiches Blut aus der Lunge in den linken Herzvorhof und erhöht dort den Druck.

Gemeinsam sorgen diese Veränderungen dafür, dass die zähe, elastische Herzscheidewand zusammengedrückt wird, wodurch sich das ovale Fenster schließt. Die Trennung des Kreislaufs in zwei Hälften – eine rechte und eine linke – ist nun vollzogen. Innerhalb weniger Tage schließt sich auch der Kurzschluss (Ductus arteriosus), der das Blut aus der rechten Kammer unter Umgehung der Lunge direkt in die Aorta leitete. Erst jetzt beginnt das ausgereifte Herz zu schlagen – eigentlich sind es zwei Pumpen in einer.

ALS ERSTES MUSS EIN LOCH GESTOPFT WERDEN

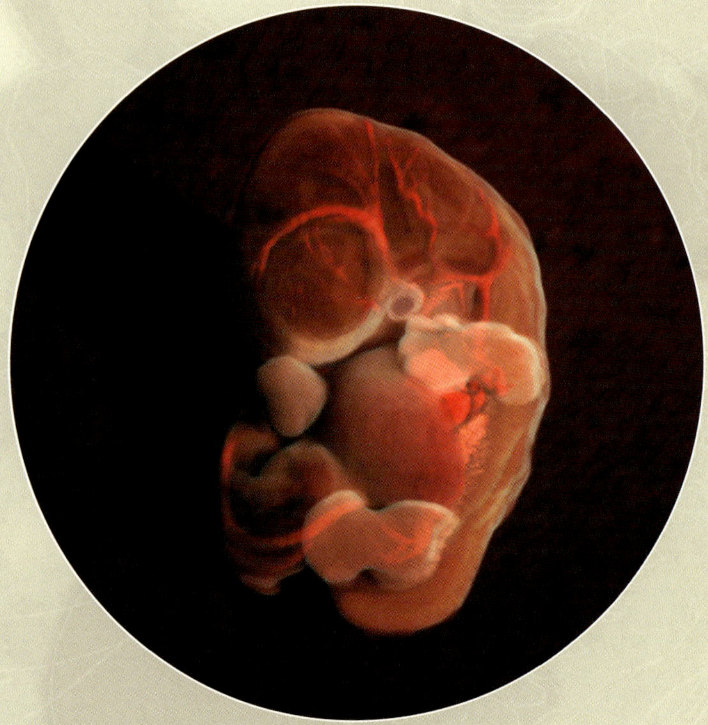

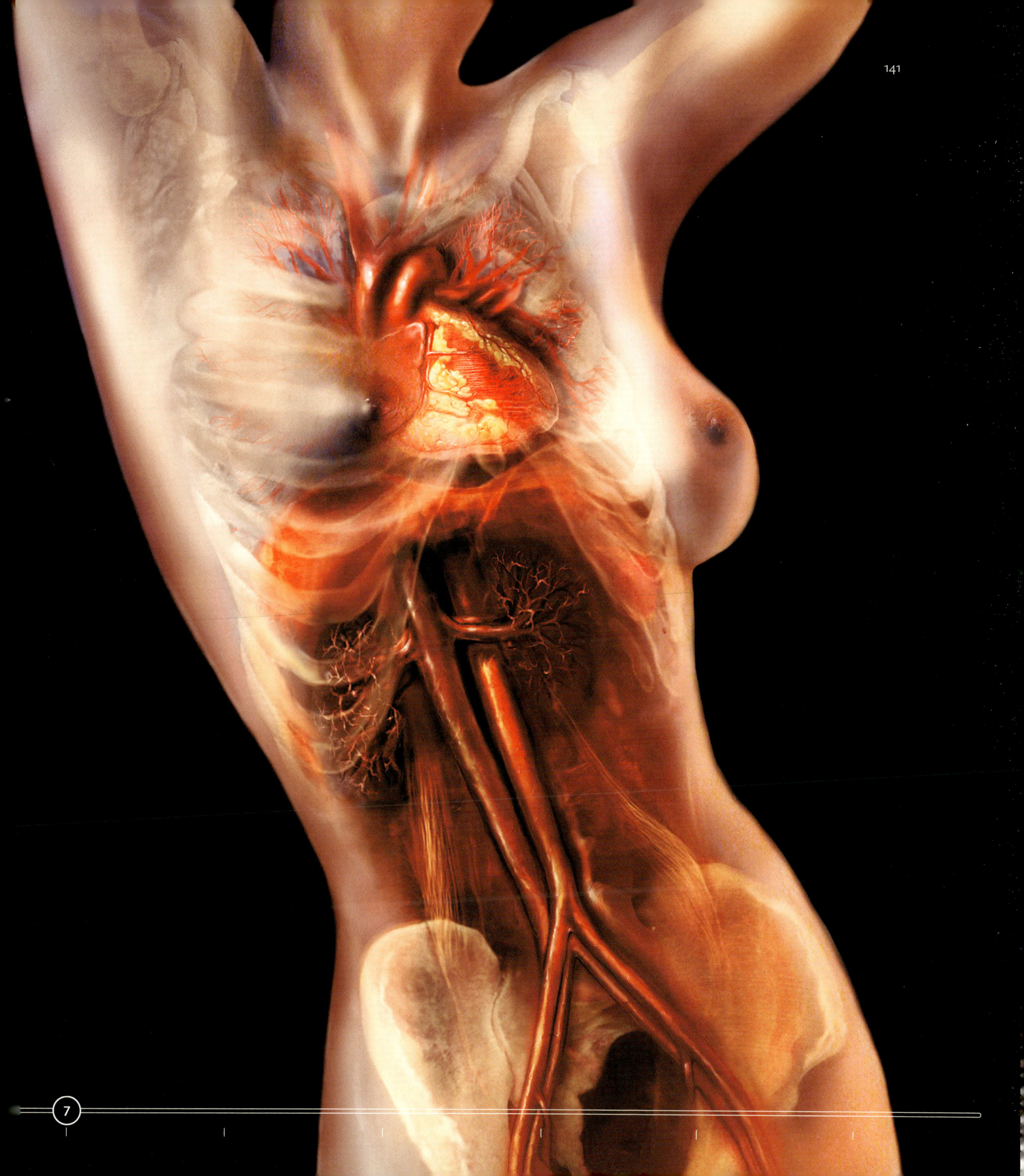

Als elegante Vereinigung von Form und Funktion sind Herz und Blutgefäße nicht nur für die Zirkulation des Blutes entworfen, sondern auch für dessen Rückfluss – was die Sache erheblich komplizierter und dynamischer macht. Obwohl es im Kreislauf keine Pausen gibt, kann man sagen, dass alles beginnt, wenn das Herz sich entspannt. Die Vorhöfe füllen sich mit Blut, die Einlassventile (Herzklappen, hier Pulmonalklappe und Aortenklappe) schließen sich, um einen Rückfluss des Blutes in die Lunge oder in den Körperkreislauf zu verhindern. Dann ziehen sich die Vorhöfe zusammen und drücken das Blut in die Herzkammern. Die Einlassventile bleiben geschlossen, aber die Ventile zwischen den Vorhöfen und Kammern (die Segelklappen) werden geöffnet. In der dritten Phase ziehen sich die Hauptkammern des Herzens zusammen und drücken das Blut in die Lungen und in den Körperkreislauf. Nun öffnet der Blutstrom die beiden ersten Herzklappen wieder, während sich das zweite Paar jetzt schließt. Der nächste Zyklus kann beginnen.

DAS GANZE SYSTEM

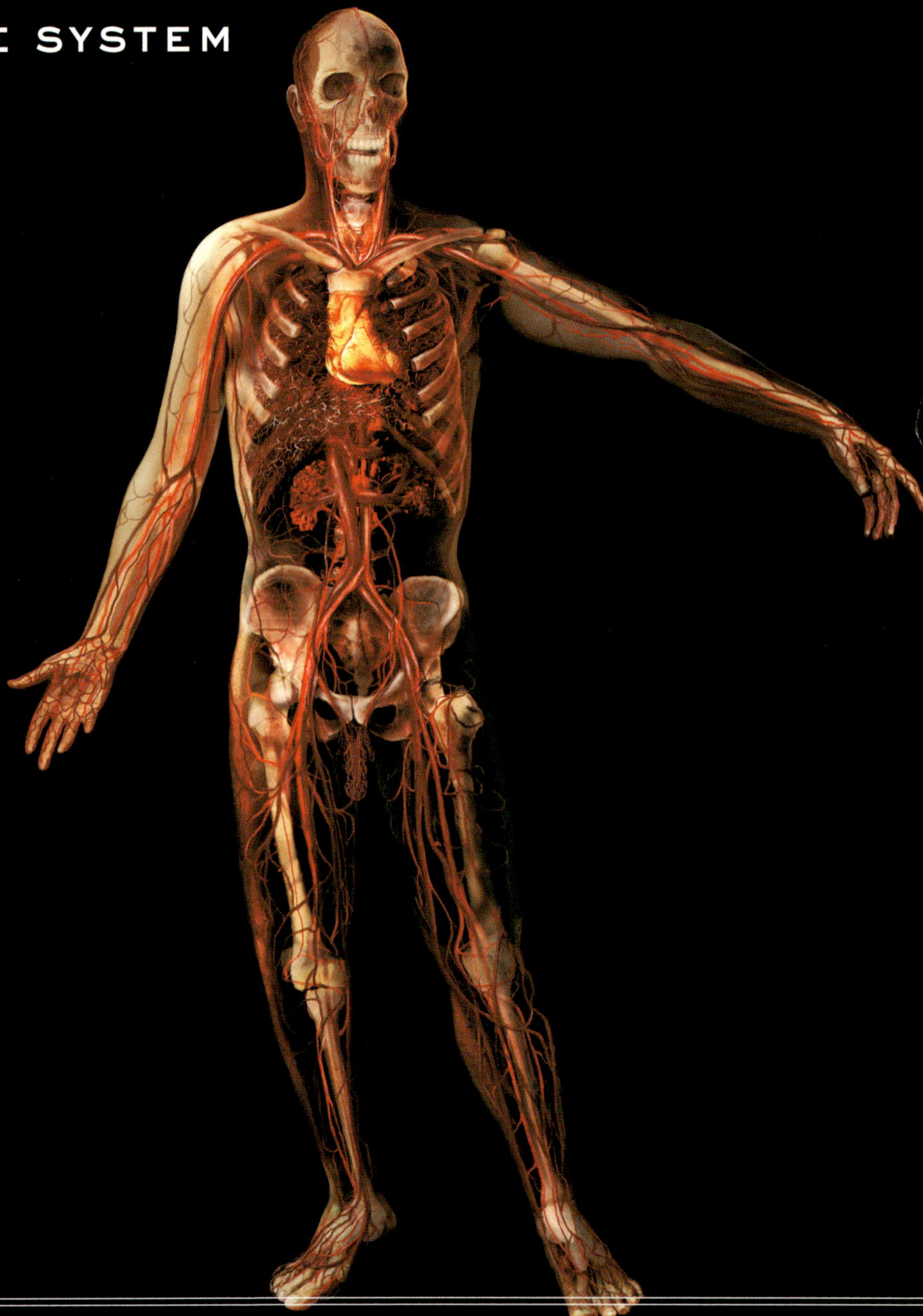

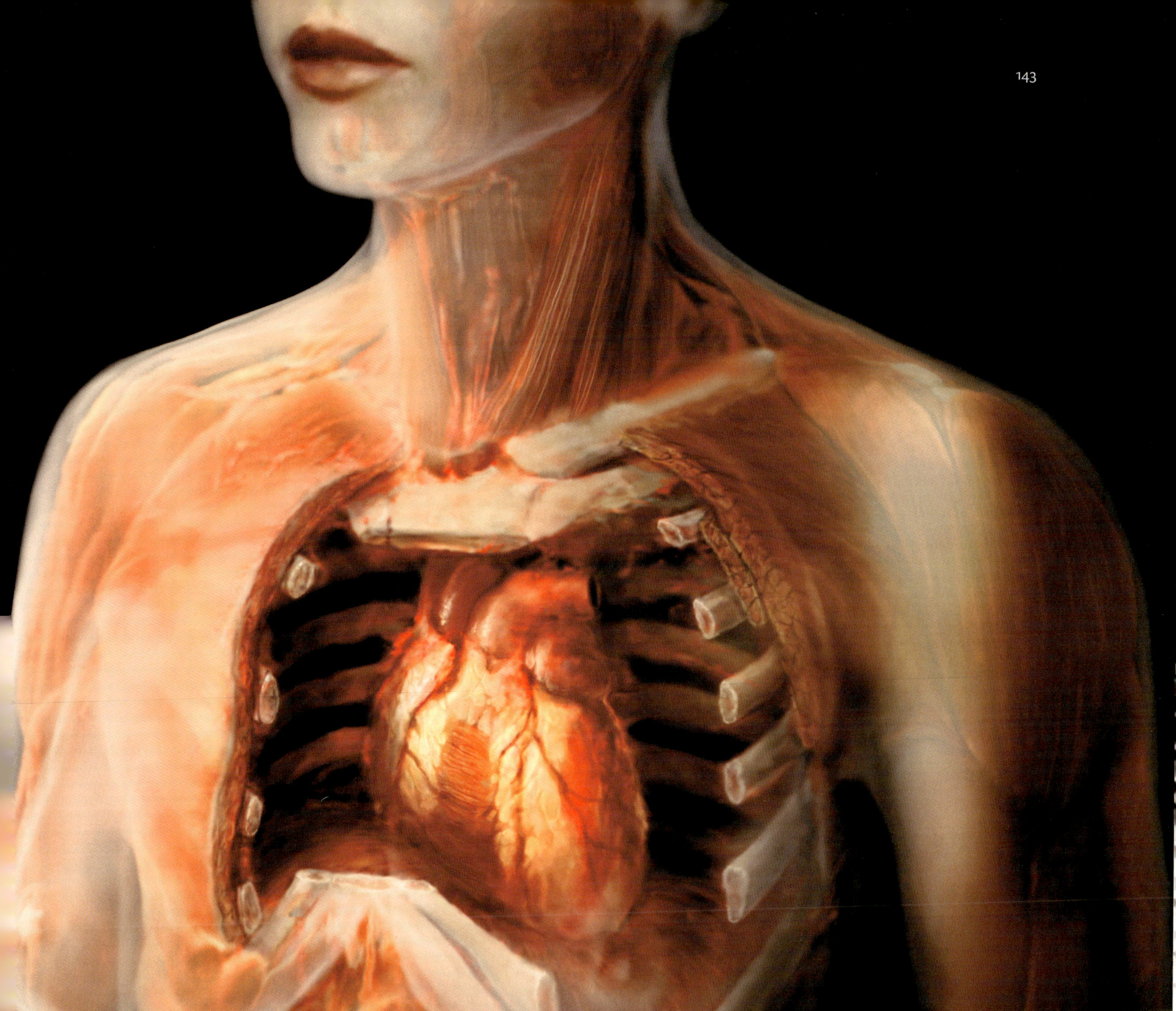

Geschlechtsunterschiede zeigen sich hauptsächlich bei chronischen Erkrankungen, von denen man lange annahm, sie kämen nur bei Männern vor. Inzwischen weiß man, dass auch viele Frauen betroffen sind. Erkrankungen der Herzkranzgefäße kommen zustande, wenn Cholesterinbelag und anderes Zellmaterial sich an der Innenseite von Arterien ablagern und so die Blutversorgung des Herzmuskels beeinträchtigen oder gar blockieren. Dann sterben zunächst einzelne Zellen und später das ganze Organ ab. Solche Symptome kommen bei Frauen im Schnitt zehn bis zwanzig Jahre später vor als bei Männern. Wenn die Erkrankung erst einmal diagnostiziert worden ist, sterben Frauen aus noch unbekannten Gründen schneller an Herzversagen als Männer.

Bei einer anderen schweren Herzerkrankung, der Stauungsinsuffizienz, sind die Frauen im Vorteil. Das Herz kann bei dieser Krankheit nicht mehr genug Blut in die anderen Organe pumpen. Mit solchen Schädigungen können Frauen doppelt so lange überleben wie Männer.

Der Herzmuskel umschließt vier kleeblattförmig angeordnete zähe faserige Ringe und vier Herzklappen. Das Herz arbeitet pausenlos, entfaltet Kraft durch rhythmische Kontraktionen. Es pumpt Blut in ein Leitungssystem, das wie eine Acht aussieht – zunächst durch den Lungenkreislauf, um Sauerstoff aufzunehmen, dann durch den Körperkreislauf, um den Sauerstoff in alle Körperregionen zu bringen.

Ein natürlicher Herzschrittmacher, der Sinusknoten, gibt dem Zyklus das Startzeichen. Er ist oben im rechten Vorhof in die Herzwand eingebettet und gibt regelmäßige elektrische Schläge ab, die in nervenähnlichen Kabeln durch die Herzvorhöfe geleitet werden und diese zur Kontraktion veranlassen. An einem zweiten Knoten (dem Vorhofkammerknoten) pausieren die Signale ganz kurz, ehe sie sich nach links und rechts verzweigen und sich weiter in ein Netzwerk modifizierter Muskelfasern in den Wänden der Herzkammern unterteilen. Wenn ein Stromstoß diese Muskelfasern erreicht, ziehen sie sich zusammen.

FLUSSMECHANIK

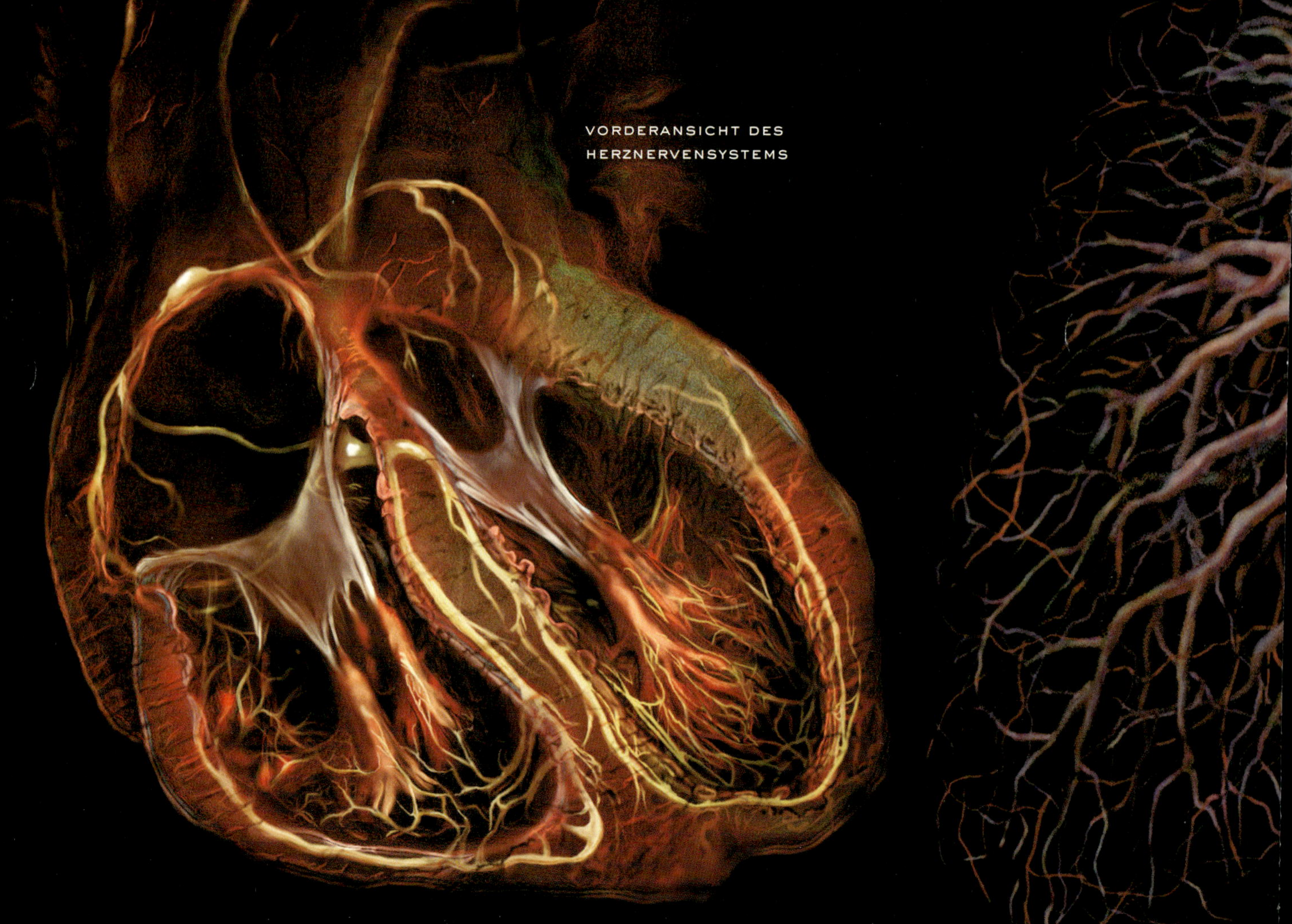

VORDERANSICHT DES HERZNERVENSYSTEMS

Die Leitungen sind so verlegt, dass die Kontraktionen an der Herzbasis beginnen und sich nach oben fortpflanzen. So ist sichergestellt, dass das Blut in die großen Schlagadern getrieben wird und sich nicht am Boden der spitz nach unten zulaufenden Herzkammern sammelt. Die pausenlose Aktivität hat ihren Preis: einen enormen Sauerstoffbedarf. Nur das Gehirn braucht noch mehr Sauerstoff. Darum hat das Herz sein eigenes getrenntes Adernetz – die Herzkranzgefäße.

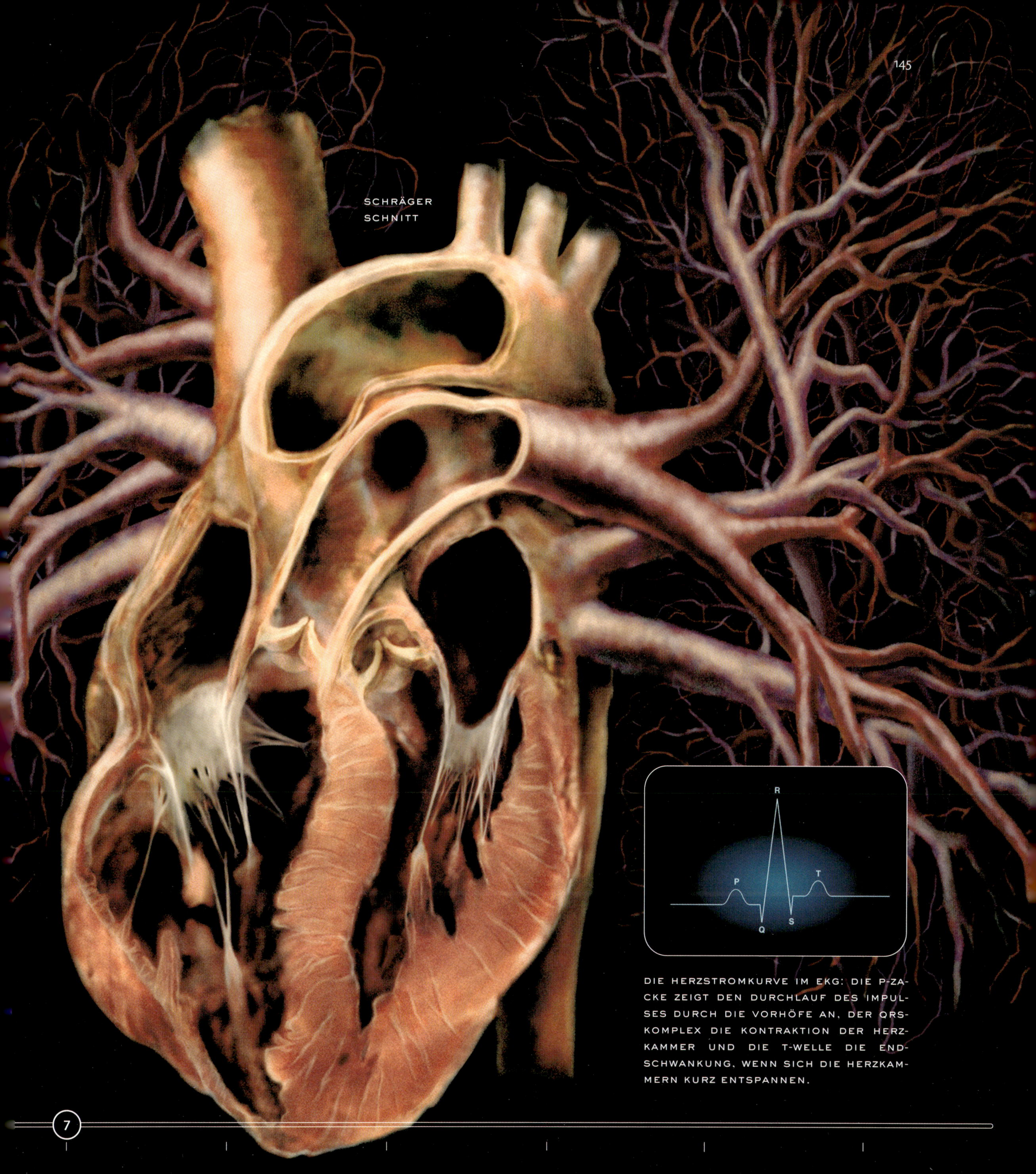

DIE HERZSTROMKURVE IM EKG: DIE P-ZACKE ZEIGT DEN DURCHLAUF DES IMPULSES DURCH DIE VORHÖFE AN, DER QRS-KOMPLEX DIE KONTRAKTION DER HERZKAMMER UND DIE T-WELLE DIE ENDSCHWANKUNG, WENN SICH DIE HERZKAMMERN KURZ ENTSPANNEN.

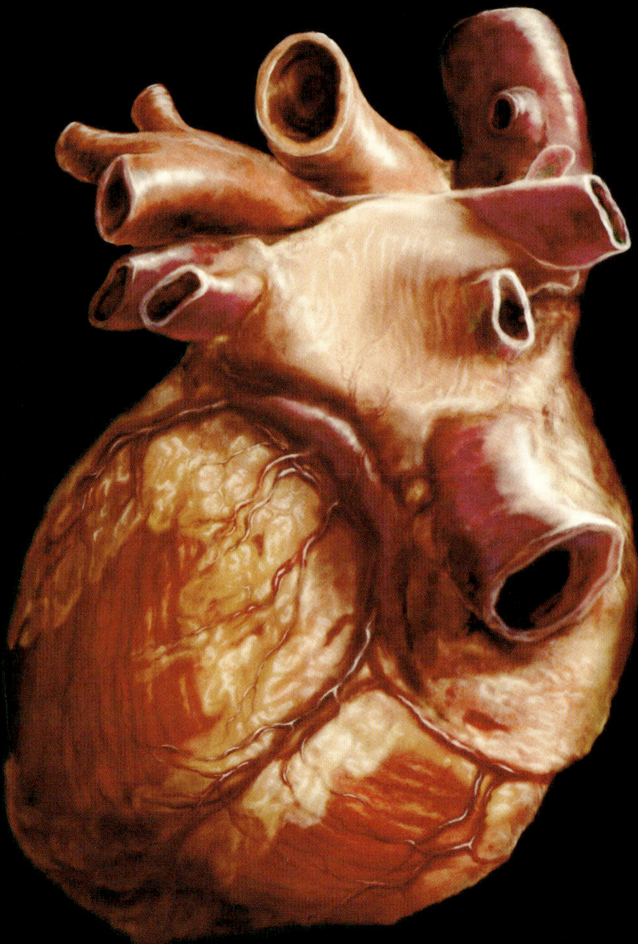

HINTERANSICHT

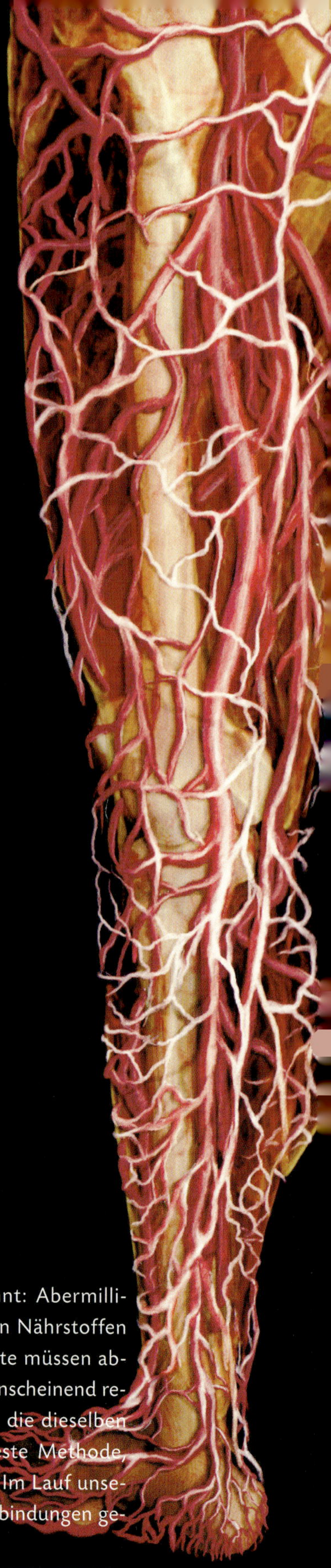

REDUNDANZ UND GLEICHLAUF

Unter der Oberfläche unserer Haut, durch die wir an vielen Stellen Venen und Arterien in unseren Beinen, Armen und Handgelenken sehen können, liegt – je nach Körpergröße – ein Adernnetz von insgesamt rund 100 000 Kilometer Länge. Man glaubt es kaum, aber davon sind nur rund 1,5 Kilometer mit bloßem Auge zu erkennen. Der Rest ist so klein, dass er nur unter dem Mikroskop oder mit Hilfe anderer starker Bildgebungstechnologien zu sehen ist. Das Kreislaufsystem ist aus einem simplen Grund so ausgedehnt: Abermillionen Zellen müssen mit lebenswichtigen Nährstoffen versorgt werden, und ihre Abfallprodukte müssen abtransportiert werden. Die gleichläufige, anscheinend redundante Präsenz multipler Blutgefäße, die dieselben Gewebe ver- und entsorgen, ist die beste Methode, diese komplexe Aufgabe zu bewältigen. Im Lauf unserer Entwicklung werden immer mehr Verbindungen ge-

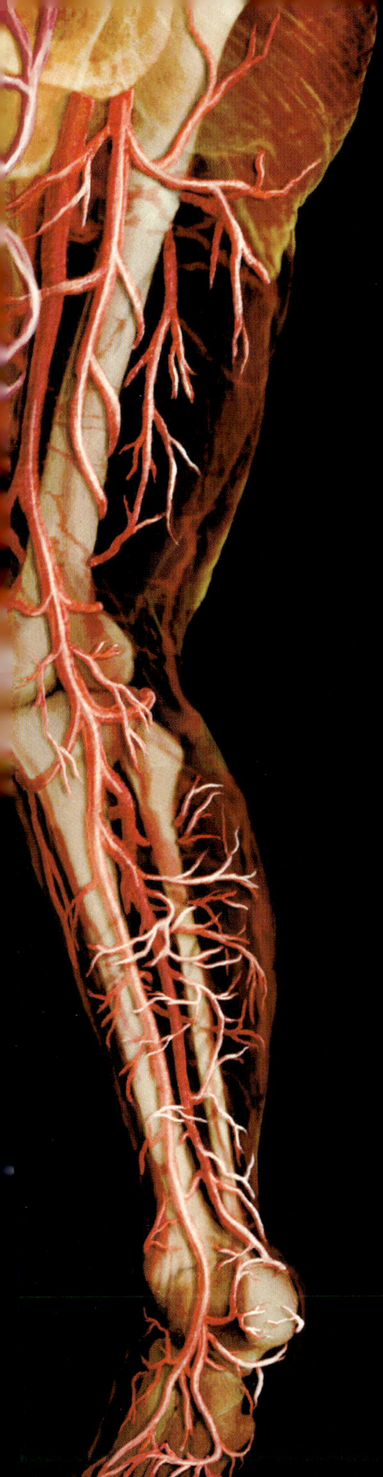

FEINE ARTERIEN UND VENEN, DIE BIS IN DIE LETZTEN SPITZEN DER GLIEDMASSEN REICHEN, PASSEN IN DEN FÜSSEN UND ZEHEN BLUTMENGE UND BLUTFLUSS DER JEWEILIGEN TEMPERATUR AN. BLUTGEFÄSSE, DIE IM BEIN VERSCHIEDEN TIEF UNTER DER HAUT VERLAUFEN, SIND IM KÖRPER AM WEITESTEN VOM HERZEN ENTFERNT. WEIL DORT DIE DRUCKWIRKUNG DES HERZENS FEHLT, UNTERSTÜTZEN UMGEBENDE MUSKELN DIE VENEN BEIM RÜCKTRANSPORT DES BLUTES ZUM HERZEN, INDEM SIE SICH ZUSAMMENZIEHEN.

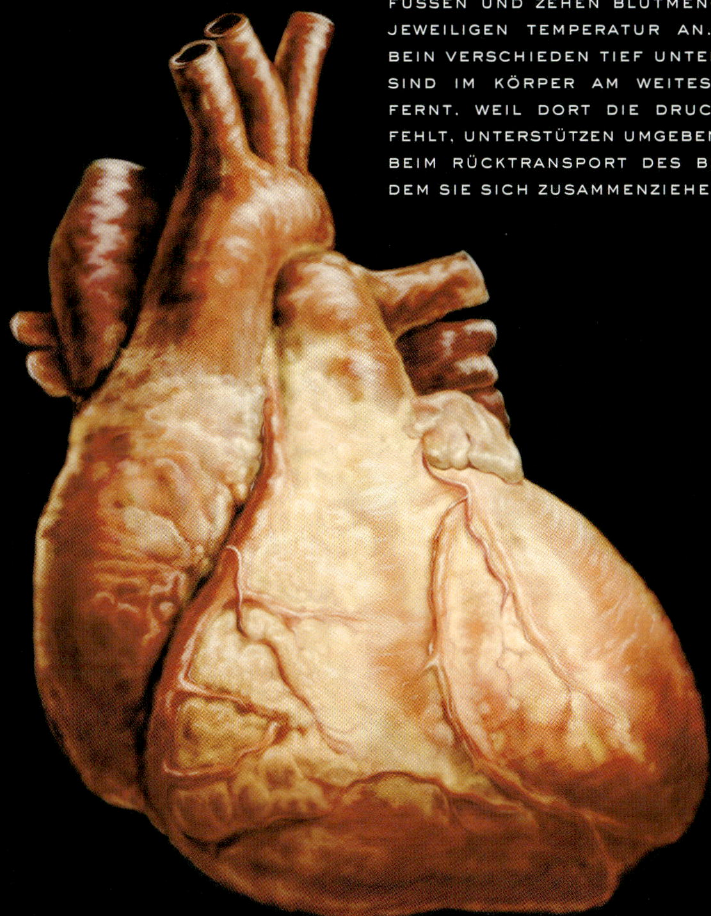

VORDERANSICHT

knüpft und Gefäßnetze geschaffen (Anastomose). Auf diese Weise verfügen wir über ein eingebautes Sicherheitssystem: Sollte ein Blutgefäß einmal beschädigt oder blockiert sein, kann der Körper die Versorgung der betroffenen Gewebepartien mit Nährstoffen weiterhin sicherstellen. Makroskopisch gesehen führen die Hauptstränge der Arterien bis zu den Zielgeweben, wo sie sich dann immer weiter verzweigen, bis sie ein feines Kapillarsystem bilden. Dort findet der Austausch von Nähr- und Abfallstoffen statt. Der Weg zu Herz und Lungen wird dann in den Venen zurückgelegt. Am einfachsten lässt sich unser Herz-Kreislauf-System verstehen, wenn man Arterie und Vene gemeinsam als einfachen Kreislauf betrachtet – vergleichbar den Kreisbahnen des Nervensystems, durch die Botschaften gesendet und empfangen werden. Weil für den Rücktransport des Blutes zum Herzen dieselben Pfade benutzt werden, finden sich Venen fast immer direkt neben Arterien.

LEITUNGSNETZWERK

Die komplexen Strukturen des Kreislaufsystems transportieren nicht nur Sauerstoff, Nähr- und Abfallstoffe, sondern wirken auch bei der Regulierung des Wasserhaushalts, der Körpertemperatur und des pH-Gleichgewichts mit. Sie weisen lokale Unterschiede auf, die die unterschiedlichen Funktionen widerspiegeln.

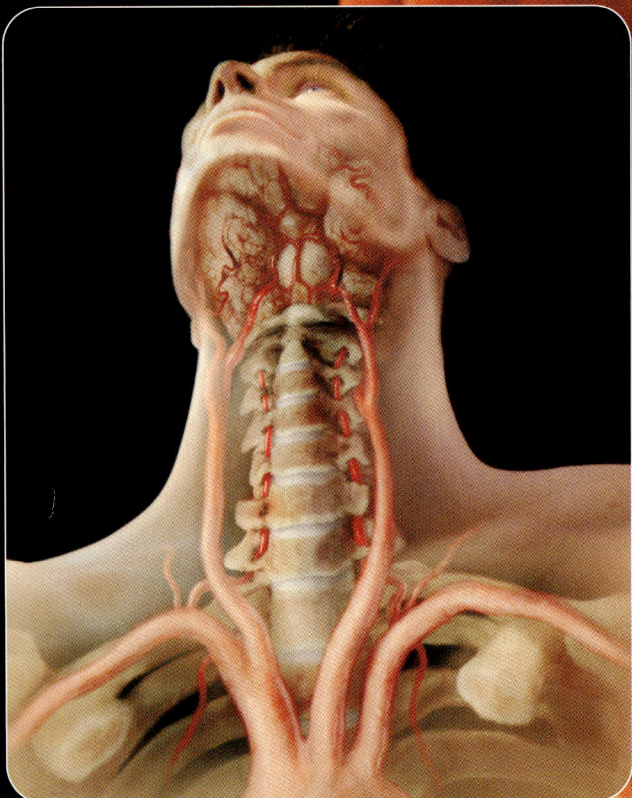

Weil das Gehirn ungefähr ein Fünftel des in den Lungen absorbierten Sauerstoffs benötigt, stellen zwei Paar große Blutgefäße (Schlagadern) die konstante und reiche Blutversorgung des Gehirns sicher. Eine der Schlagadern verläuft durch die Wirbel, die andere steigt aus der Brust auf.

Im unteren Verdauungstrakt strömt sauerstoffarmes Blut aus Magen, Milz, Därmen und Bauchspeicheldrüse in die Leber, wo Nährstoffe aufgenommen und Giftstoffe beseitigt werden. Das Blut kehrt dann durch eine große Hohlvene zum Herz und zu den Lungen zurück. Ein unabhängiges venöses Gefäßnetz (das Pfortadersystem) benötigt eine eigene unwillkürliche Muskulatur für den Bluttransport.

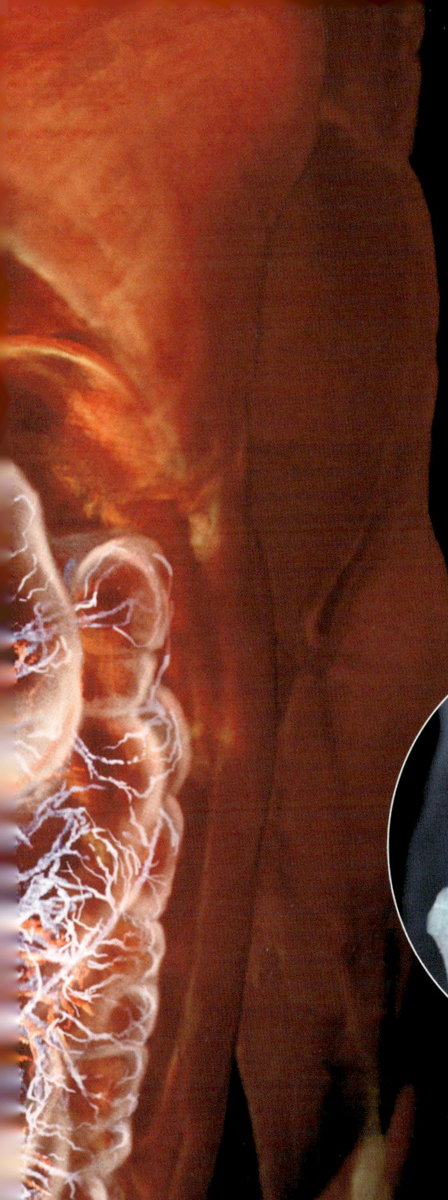

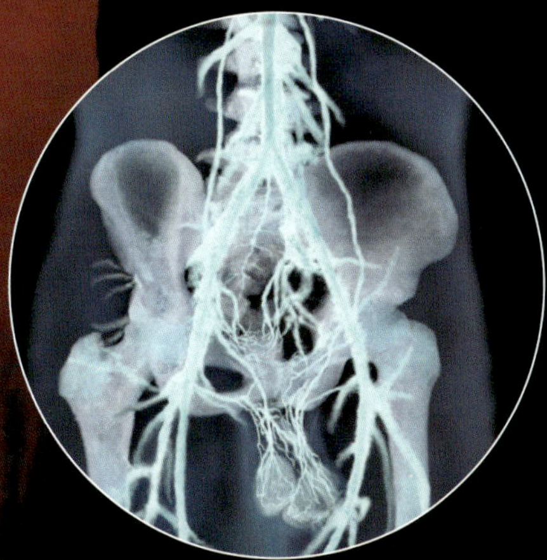

MANN

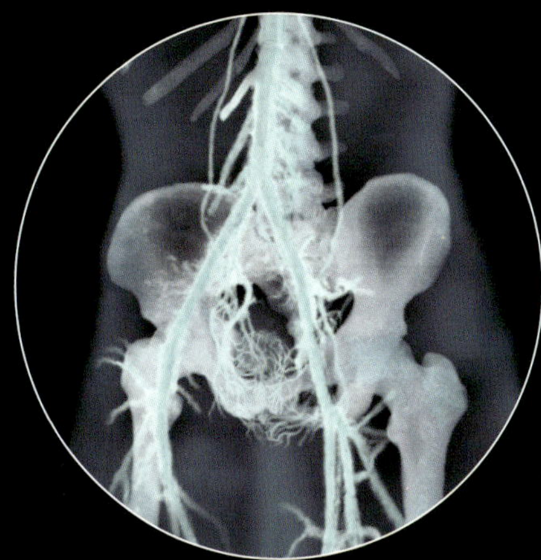

FRAU

BLUTSTROM UND SEXUALITÄT

Der Blutstrom in den Fortpflanzungsorganen ist von zentraler Bedeutung. Dazu gehören auch ausgeklügelte Anordnungen von Blutgefäßen und Kapillarnetzen, vor allem aber Wechselbeziehungen zwischen Venen und Arterien.

Die Samenproduktion erfordert niedrigere Temperaturen, weshalb die Hoden, in denen die Spermien produziert werden, außerhalb des Rumpfes liegen. Die Arterien, die sauerstoffreiches Blut in den Hodensack transportieren, sind – als raffiniertes Wärmeaustauschsystem – eng mit den Venen verschlungen, die es abtransportieren. Das heiße Arterienblut gibt Wärme an das kühlere Venenblut ab. So kühlt sich das Arterienblut um 3 bis 4 °Celsius ab, bevor es in die Hoden gelangt. Für eine Erektion müssen drei Schwellkörper im Penis mit Blut gefüllt werden. Dabei drückt das schwammige Gewebe dieser Zylinder die Venen an den Außenwänden des Penis ab, sodass das Blut nicht mehr aus dem Penis abfließen kann. Wenn immer mehr Blut hinein- und kaum noch etwas hinausfließt, versteift sich der Penis und bleibt erigiert.

Bei Frauen erfordern die periodischen Schwankungen und Umstellungen im Körper sehr anpassungsfähige Gefäßstrukturen. Am bedeutsamsten sind die spiralförmigen Arterien, die die Gebärmutterschleimhaut mit Blut versorgen. Bei einer Schwangerschaft versorgen sie die Plazenta mit Sauerstoff und Nährstoffen; bei der Menstruation sickert Blut aus der Arterienbasis, tötet die Schleimhautschicht ab und spült diese aus der Gebärmutter hinaus. Eine erhöhte Durchblutung der Scheidenmuskulatur führt zu deren Expansion, und der Mechanismus der Vergrößerung und Erregung der Klitoris ist im Wesentlichen mit dem des männlichen Penis vergleichbar.

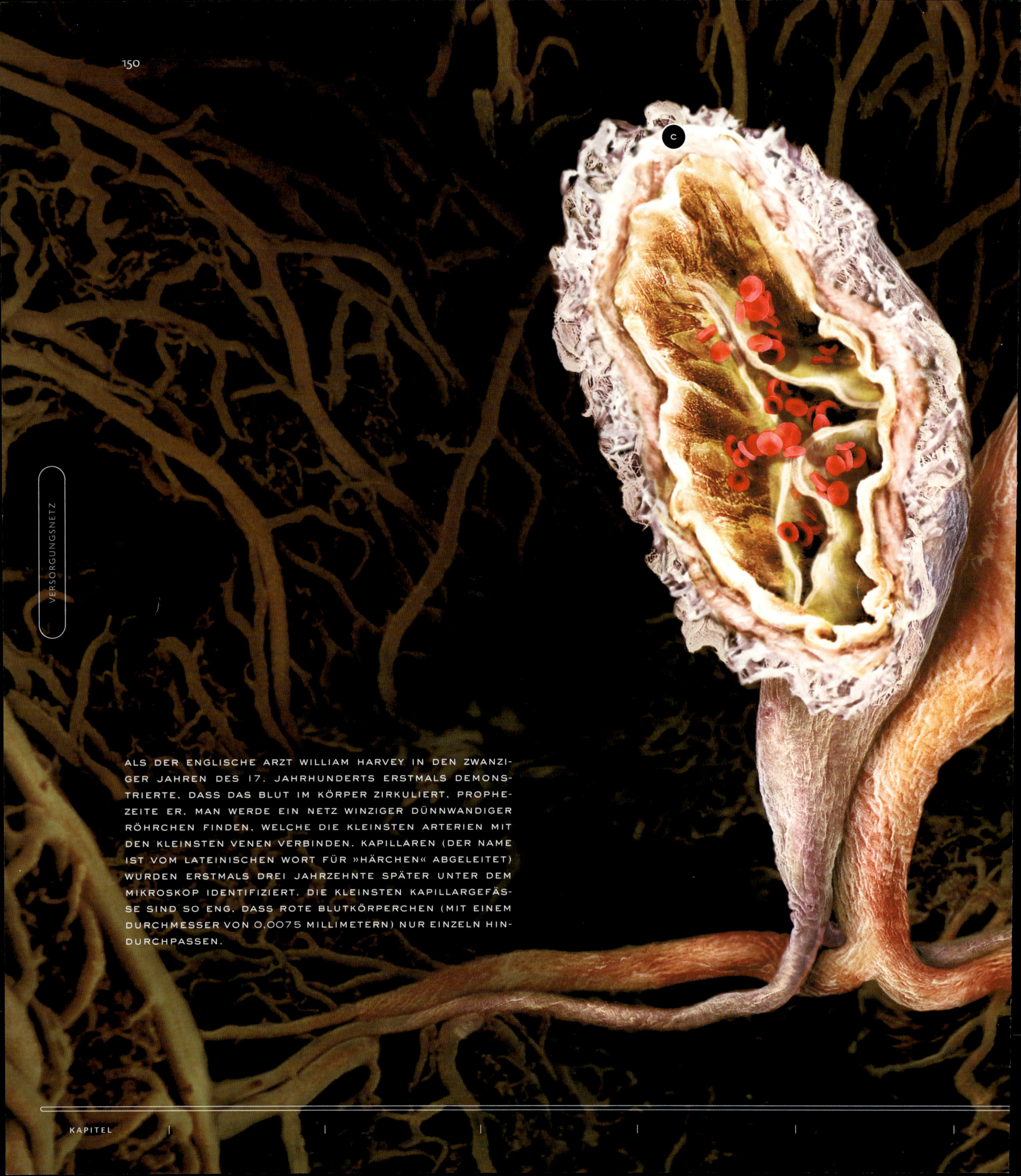

ALS DER ENGLISCHE ARZT WILLIAM HARVEY IN DEN ZWANZIGER JAHREN DES 17. JAHRHUNDERTS ERSTMALS DEMONSTRIERTE, DASS DAS BLUT IM KÖRPER ZIRKULIERT, PROPHEZEITE ER, MAN WERDE EIN NETZ WINZIGER DÜNNWANDIGER RÖHRCHEN FINDEN, WELCHE DIE KLEINSTEN ARTERIEN MIT DEN KLEINSTEN VENEN VERBINDEN. KAPILLAREN (DER NAME IST VOM LATEINISCHEN WORT FÜR »HÄRCHEN« ABGELEITET) WURDEN ERSTMALS DREI JAHRZEHNTE SPÄTER UNTER DEM MIKROSKOP IDENTIFIZIERT. DIE KLEINSTEN KAPILLARGEFÄSSE SIND SO ENG, DASS ROTE BLUTKÖRPERCHEN (MIT EINEM DURCHMESSER VON 0,0075 MILLIMETERN) NUR EINZELN HINDURCHPASSEN.

ARTERIEN, KAPILLARGEFÄSSE UND VENEN

Oberflächlich betrachtet sehen Arterien und Venen gleich aus. Sie laufen parallel und sind ungefähr gleich dick. Strukturell indes unterscheiden sie sich. Arterien (A), die unter hohem Druck sauerstoffreiches Blut vom Herzen in die Gewebe transportieren, besitzen in ihren Wänden eine dicke Mittelschicht aus Muskelfasern und elastischem Gewebe. Auf diese Weise können sie sich ausdehnen und wieder zusammenziehen, wenn das Herz kontrahiert oder sich entspannt. Kleinere Arteriolen sind von glatten Muskelfasern (B) umgeben, die sich zusammenziehen und entspannen und auf diese Weise Blutfluss und Blutdruck regulieren. Venen (C) transportieren dagegen sauerstoffarmes Blut unter niedrigem Druck zurück zum Herzen. Sie haben dünnere Wände und können deshalb bei ihren Aufgaben leichter von umgebendem Muskelgewebe unterstützt werden – durch dessen Kontraktion. Überdies verhindert eine ganze Reihe von Venenklappen den Rückfluss des Blutes. Weil Venenblut sich durch Gefäße mit größerem Querschnitt bewegt, macht es stets mehr als zwei Drittel des gesamten Blutvolumens im Körper aus

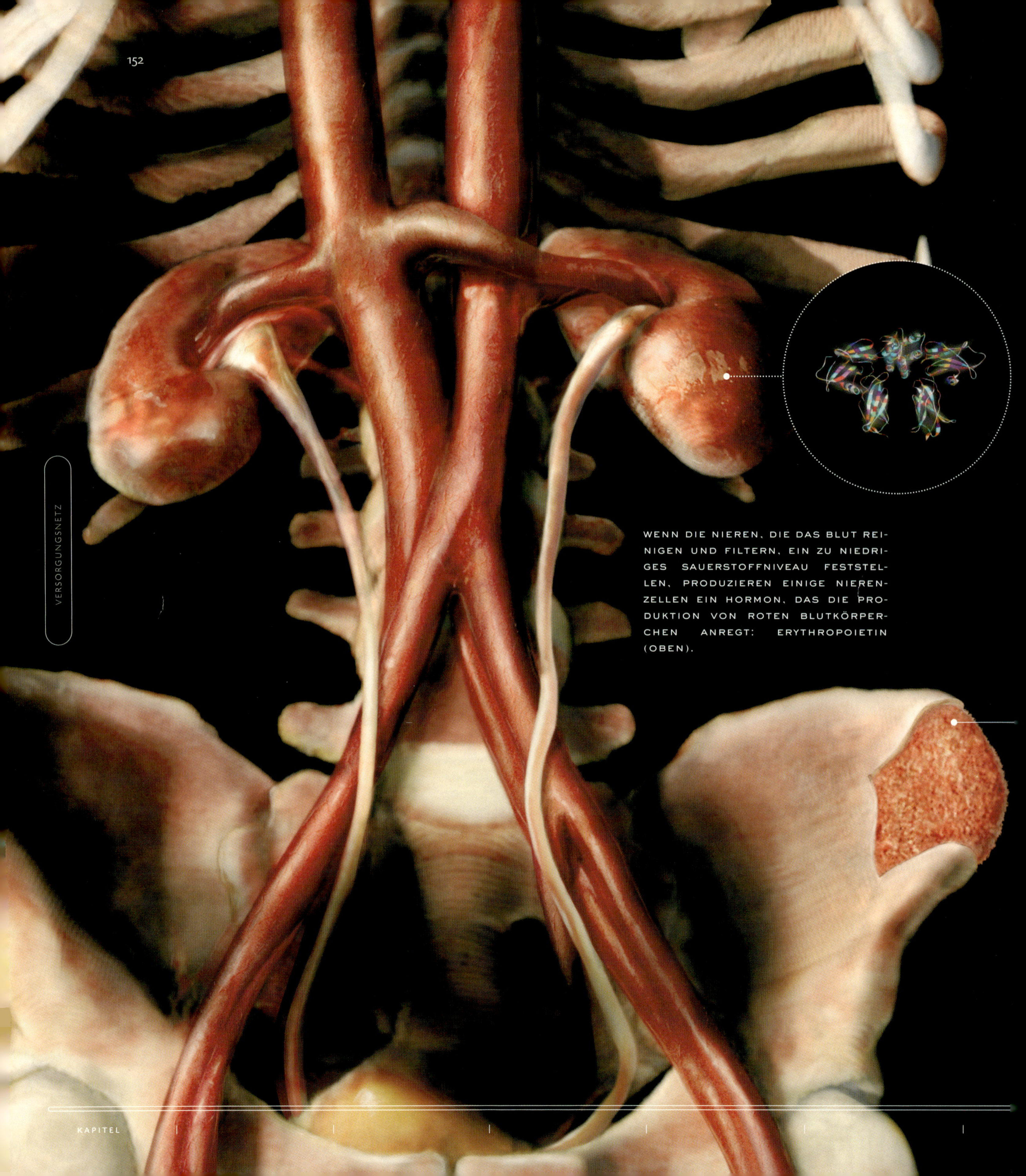

WENN DIE NIEREN, DIE DAS BLUT REINIGEN UND FILTERN, EIN ZU NIEDRIGES SAUERSTOFFNIVEAU FESTSTELLEN, PRODUZIEREN EINIGE NIERENZELLEN EIN HORMON, DAS DIE PRODUKTION VON ROTEN BLUTKÖRPERCHEN ANREGT: ERYTHROPOIETIN (OBEN).

Hämoglobin (rechts), ein großes kugelförmiges Protein in den roten Blutkörperchen (überdies das erste Protein, dessen Atomstruktur entschlüsselt wurde), ist ein Musterbeispiel für die Ehe von Form und Funktion. Jedes Molekül (von dem sich rund 250 Millionen in jeder Zelle finden) besteht aus zwei Paaren gefalteter Atomketten. Jede diese Ketten enthält ein rötliches Eisenatom, das wie ein submikroskopischer Magnet Sauerstoffatome aufnimmt und abgibt. Der Sauerstoff in den Lungenbläschen verbindet sich mit dem Eisenatom und lässt sich in den Arterien vom Blutstrom bis in die Kapillargefäße treiben, wo er abgegeben und in den umliegenden Zellen zur Energiegewinnung benutzt wird.

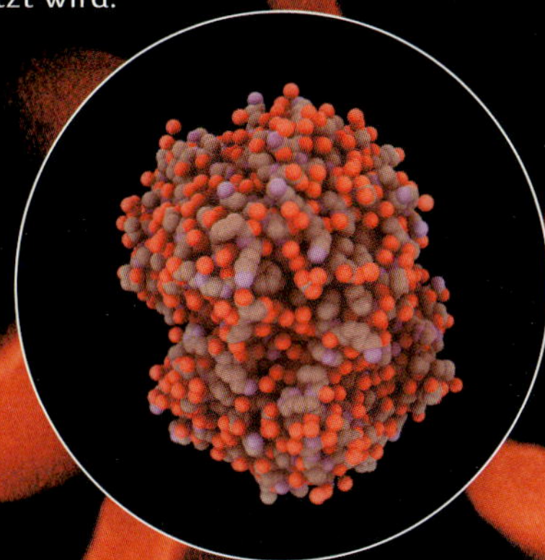

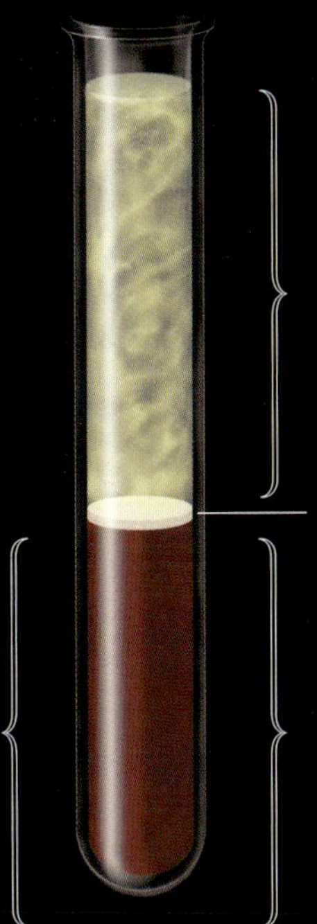

FLÜSSIGES LEBEN

Wie Knochen und Knorpel kann man auch das Blut als verbindendes Gewebe betrachten, als eine Zellenmasse, die in einem Gerüst eingebettet ist. Weil der Aufgabenbereich dieses »Gewebes« jedoch örtlich nicht fixiert, sondern mobil ist, ist die entsprechende Matrix eine Flüssigkeit – das Blutplasma. Im Plasma schweben Billionen von Blutkörperchen. Rote Blutkörperchen (Erythrozyten) sind eingedellte kleine Scheiben mit einem optimalen Verhältnis von großer Oberfläche und kleinem Volumen – was den Sauerstofftransport in die Gewebe erleichtert. Granulozyten, weiße Blutkörperchen mit einem mehrfach segmentierten Kern (gegenüber roten Blutkörperchen mit rund 1 : 700 in Unterzahl), sind mobile Abwehrkräfte und als solche Teil des Immunsystems. Blutplättchen, die bei Blutgerinnung und Gewebereparatur zum Einsatz kommen, sind winzige runde oder ovale Zellfragmente. Sie sammeln sich um Schadstellen im Blutkreislauf, schwellen auf und verkleben miteinander. So bilden sie temporäre Pfropfen, die Lecks abdichten.

Rote Blutkörperchen haben eine Lebensdauer von drei bis vier Monaten; jede Sekunde sterben zwei Millionen ab. Sie werden jedoch im roten Knochenmark, einer schwammigen, Kolonien bildenden Matrix im Innern der Knochen (z. B. im Becken), in gleicher Zahl ersetzt.

SPIEGELUNGEN IN DER NATUR

»Besteige bei Anbruch der Nacht einen der Stahlgiganten unten in der Stadt, und du wirst sehen, wie das, was wir eine Großstadt nennen, dem Bild des materiellen Menschen entspricht – seiner ruhmreichen Größe wie seiner Bedrohlichkeit. [...] Aus tausenden Hektar Zellgewebe bestehend, erstreckt sich das Fleisch der Großstadt, Schicht für Schicht, durchzogen von einem komplexen Netz von Venen und Arterien, die sich strahlenförmig in die Düsternis erstrecken, und darin zirkuliert – so, wie das Blut in deinen Adern zirkuliert – mit gedämpftem, aber unablässigem Dröhnen der fast pausenlose Puls der Großstadtaktivitäten. Auf dessen Erfordernisse ist alles ausgerichtet.« Frank Lloyd Wright, 1904

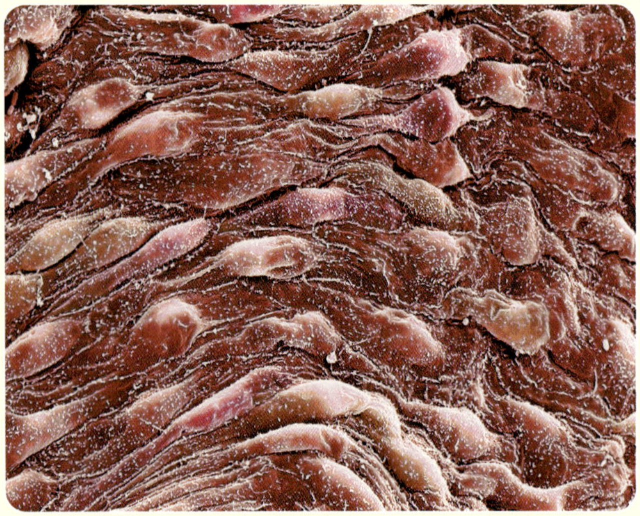

INNENAUSKLEIDUNG EINES BLUTGEFÄSSES

LUFTBLÄSCHEN IN SEETANG

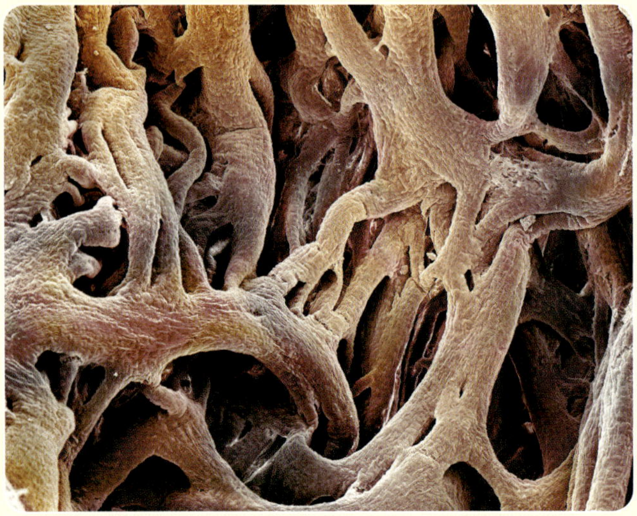

SEHNENGEWEBE EINER HERZKLAPPE

PENICILLIUM

Aus architektonischer Sicht ist Frank Lloyd Wrights Vergleich zwischen dem »materiellen Menschen« und einer pausenlos pulsierenden Großstadt nichts hinzuzufügen. Besser kann man es nicht sagen. Die lebenden Formen, die mit dem Kreislauf verbunden sind – elastische Muskelzellen, röhrenförmige Gefäßsysteme und kugelige oder krapfenförmige Blutkörperchen –, evozieren andere Formen der Natur. Deren primäre Aufgabe besteht darin, lebende Materie durch großstadtähnliche Gebilde zu transportieren – ohne Unterbrechung rund um die Uhr.

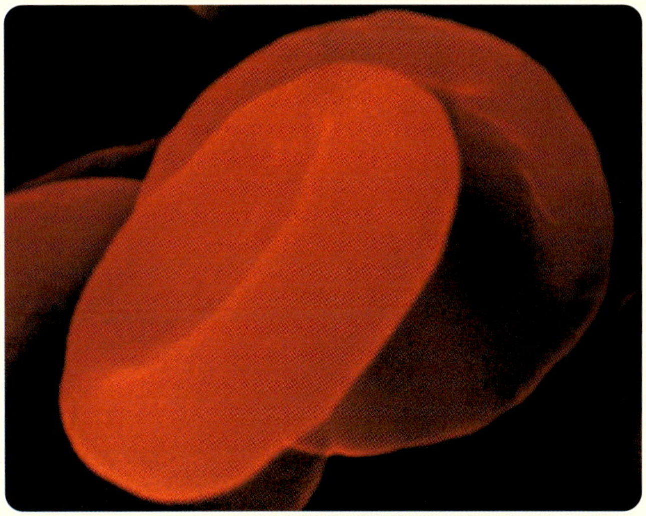

ROTES BLUTKÖRPERCHEN

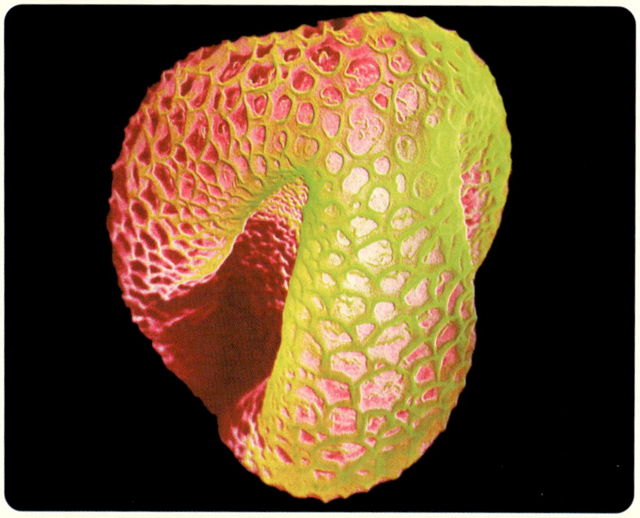

POLLEN

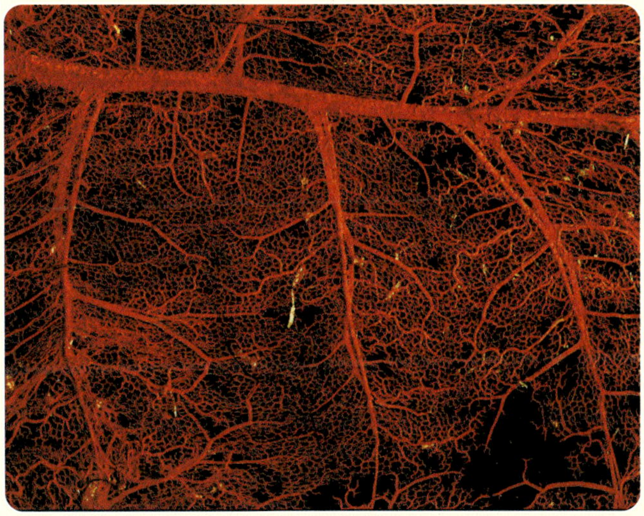

BLUTGEFÄSSE

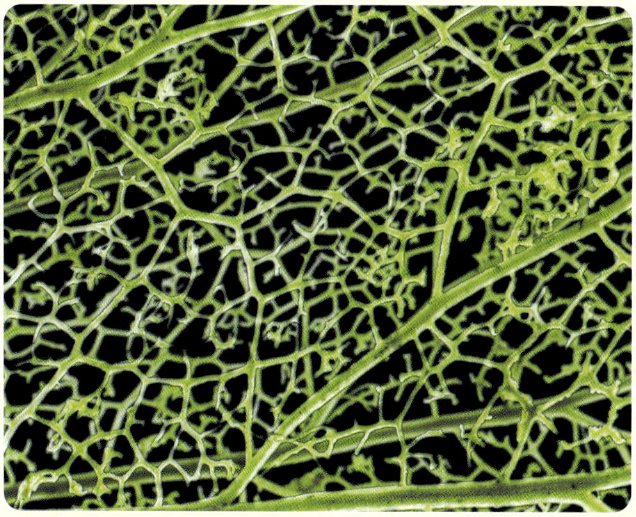

BLATTADERN

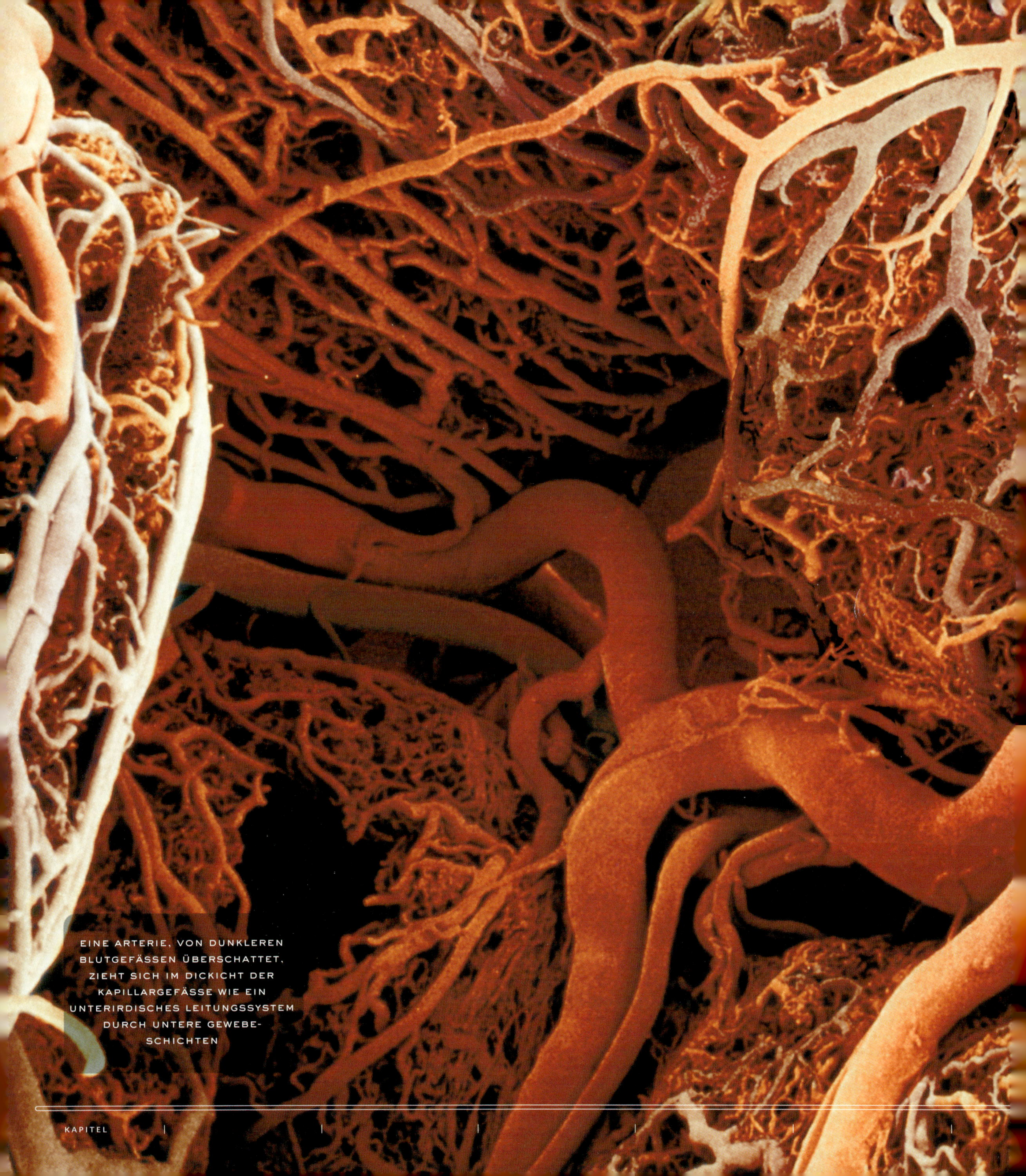

EINE ARTERIE, VON DUNKLEREN BLUTGEFÄSSEN ÜBERSCHATTET, ZIEHT SICH IM DICKICHT DER KAPILLARGEFÄSSE WIE EIN UNTERIRDISCHES LEITUNGSSYSTEM DURCH UNTERE GEWEBE-SCHICHTEN

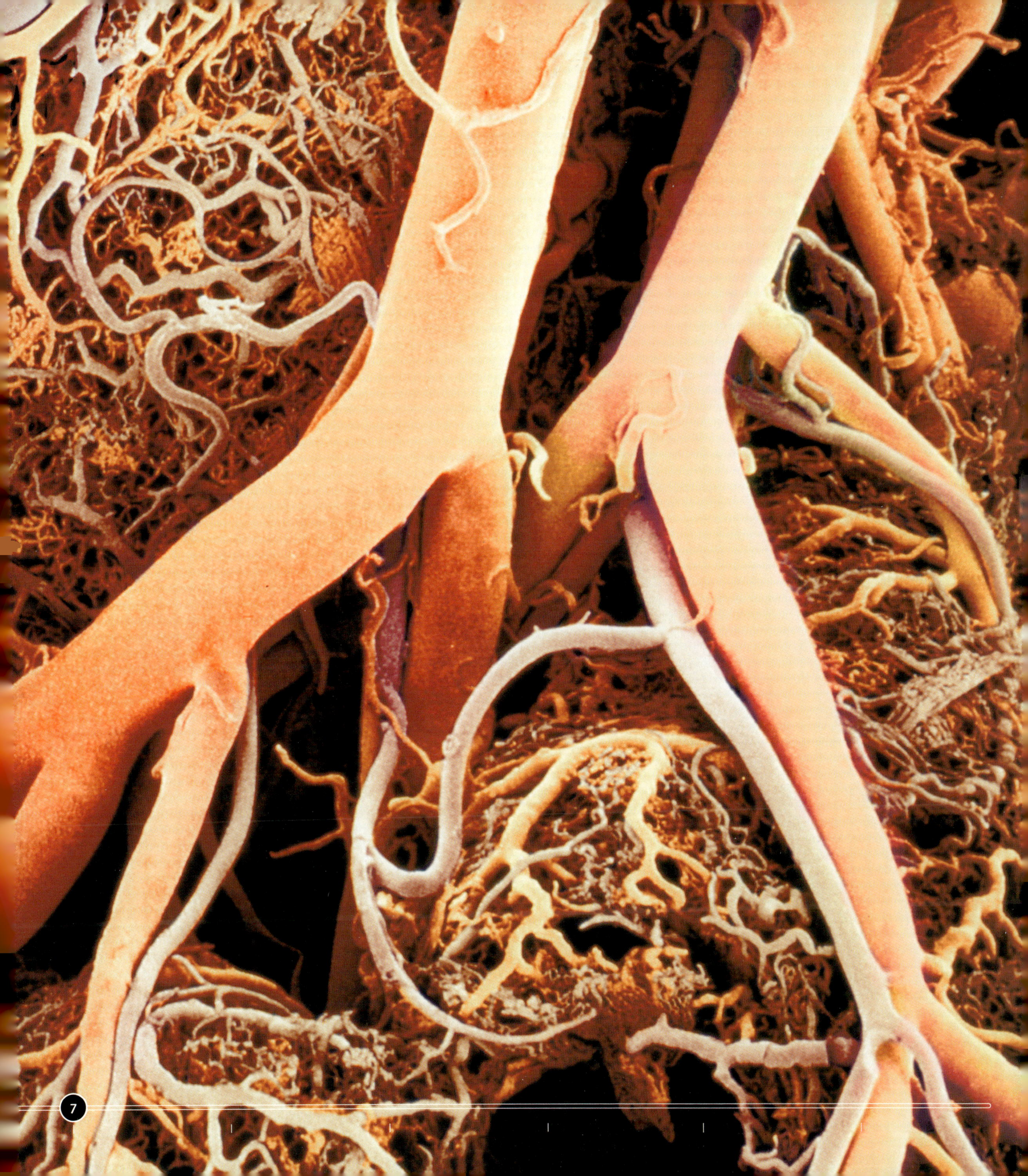

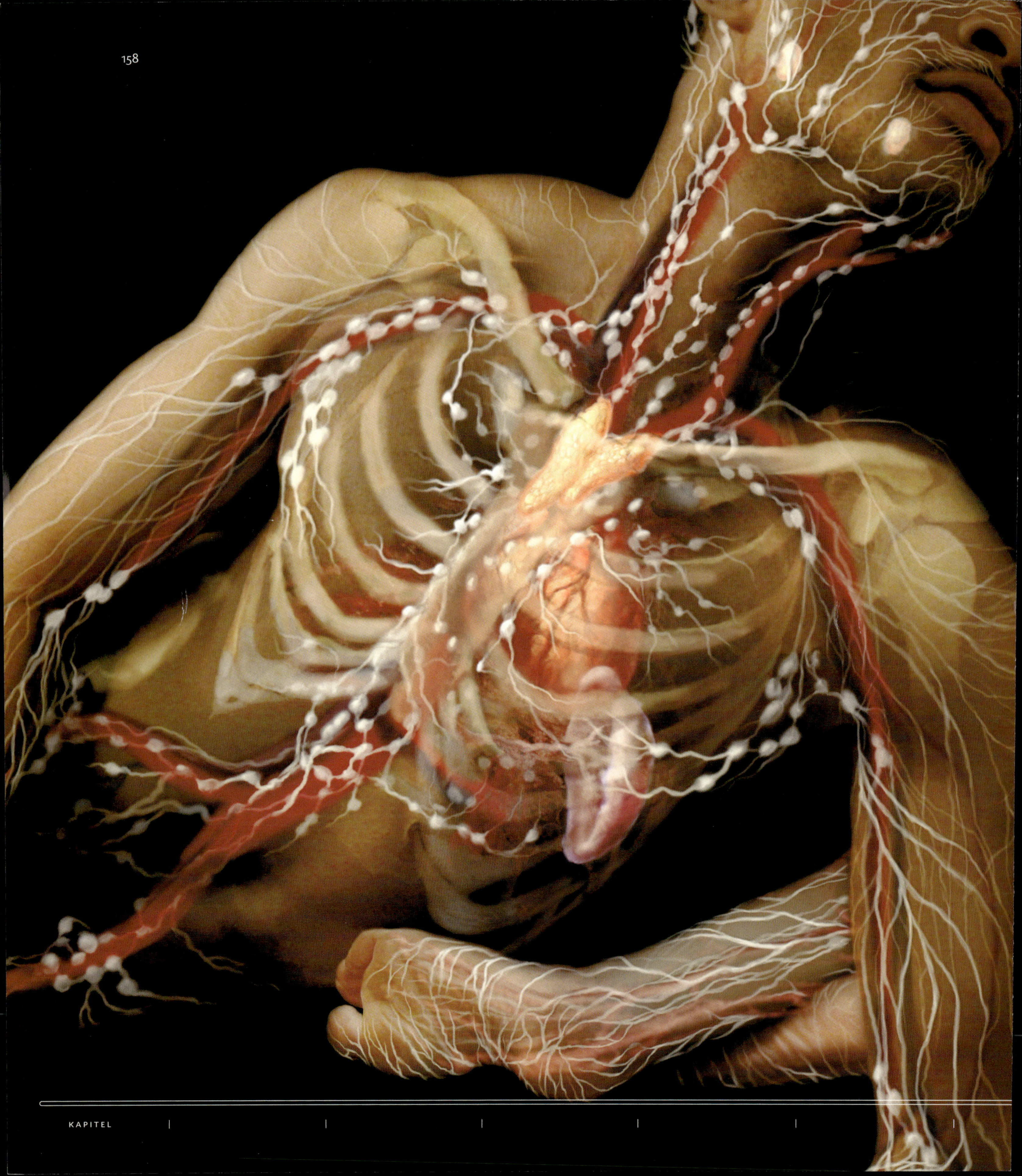

Entwickler von Sicherheitssoftware lieben das Immunsystem. Es ist ihr Bild von Perfektion. Fremdcode hat für sie die Gestalt eines »Virus« oder »Wurms«, unerwarteter Code gilt als »Trojaner« (eine Bezeichnung, die auch für mikrobielle »Kidnapper« wie HIV verwendet wird), fehlerhafte Codeteile sind »Bugs«. Nicht autorisierte Nutzer, beschädigte Daten – wie virtuelle Krankheitserreger drohen digitale Feinde von innen und außen ohn' Unterlass. Die Programmierer entwickeln Gegencodes, um die Schädlinge zu blockieren und zu zerstören. Computer-Sicherheitssysteme gelten als »Architekturen zur Selbstheilung«.

Dem menschlichen Immunsystem ist es gelungen, zwischen Körpereigenem und Körperfremdem zu unterscheiden, zwischen Selbst und Nichtselbst. Dieses »immunologische Bewusstsein«, wie es Sir Peter Medawar nennt, beinhaltet ausgeklügelte Konzepte von Identität und Schutz – auf der Ebene der Zellen ebenso wie auf der Ebene der Moleküle. Zu den kritischen Funktionen gehören: die Fähigkeit, eine stabile Definition des *Selbst* zu bilden; die Fähigkeit, gefährliche Fremdaktivitäten (sprich: Infektionen) zu verhindern oder zu entdecken und sie dann zu eliminieren; die Fähigkeit, sich an frühere Infektionen zu erinnern, neue Infektionen zu erkennen; und die Fähigkeit, das Immunsystem selbst vor Angriffen zu schützen. Die Organe des Immun- und Lymphsystems sehen wie um den Körper gelegte Perlenschnüre aus, von denen keines größer ist als eine Faust, die meisten hingegen kleiner als eine Weintraube. Aber sie leisten etwas, wovon Microsoft nur träumen kann.

Sicherheit

– das Immunsystem

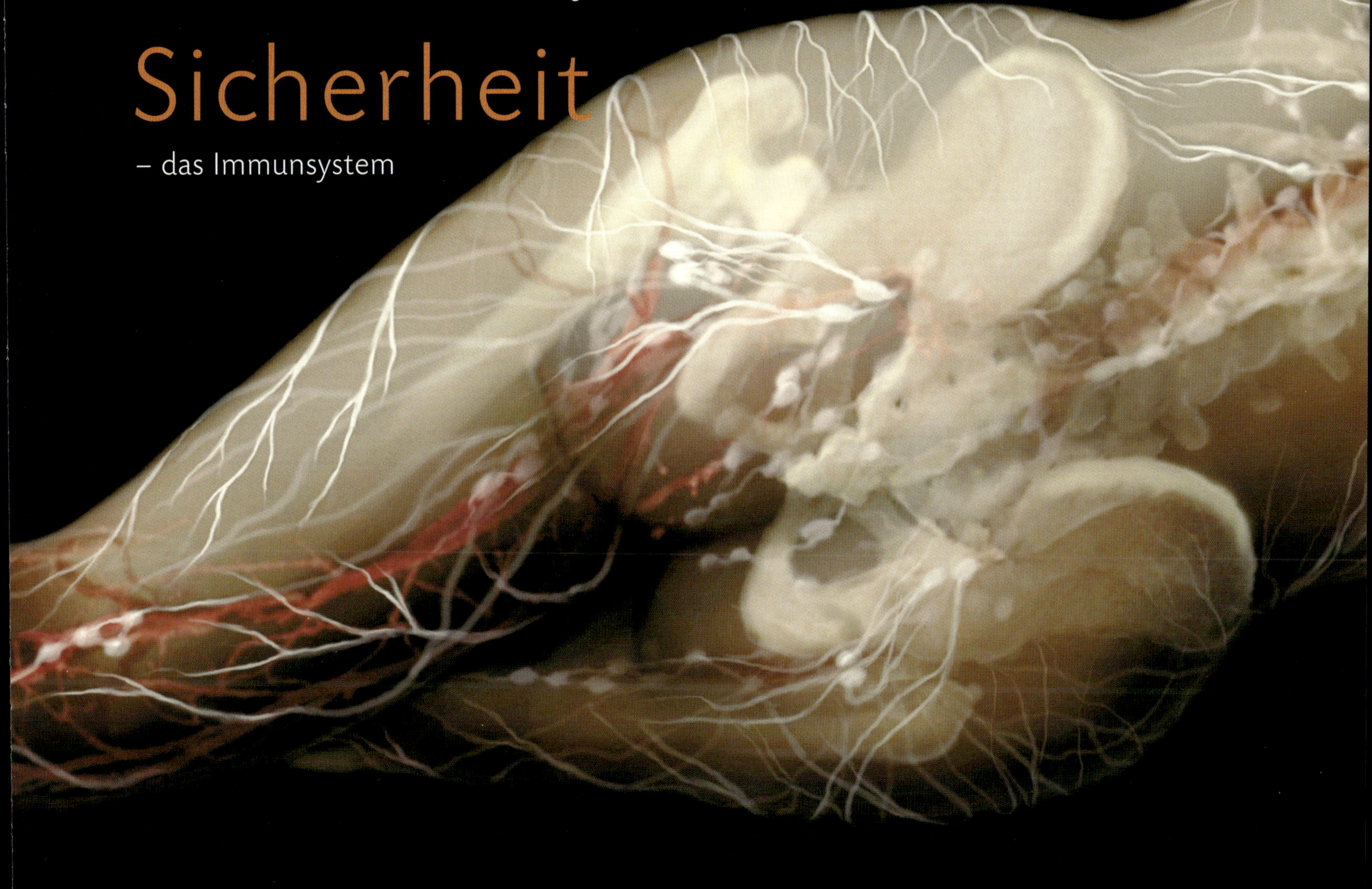

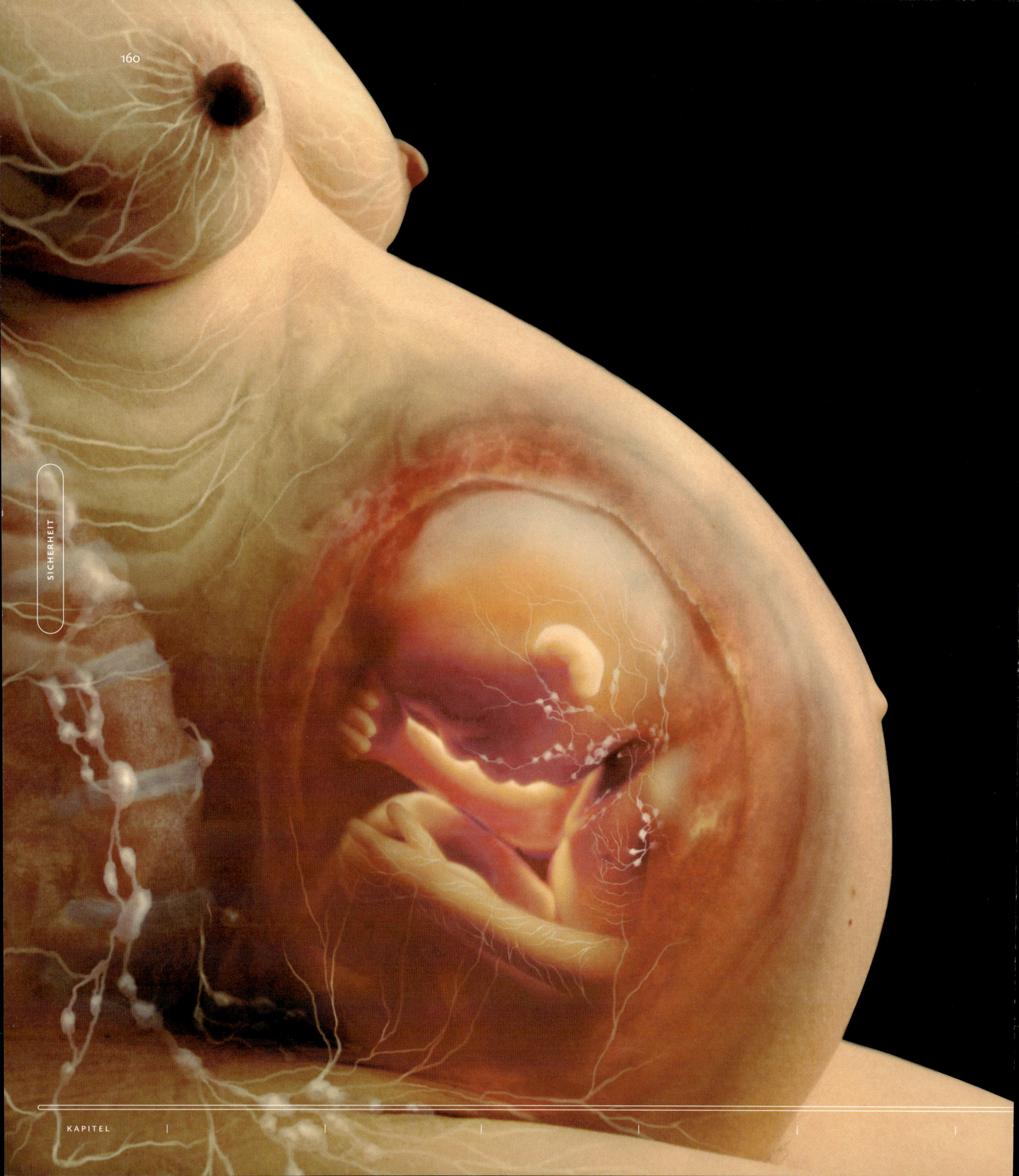

IN DER MUTTERMILCH IST TEMPORÄRER, PASSIVER IMMUNSCHUTZ ENTHALTEN; ER WIRD BEIM STILLEN WEITERGEGEBEN.

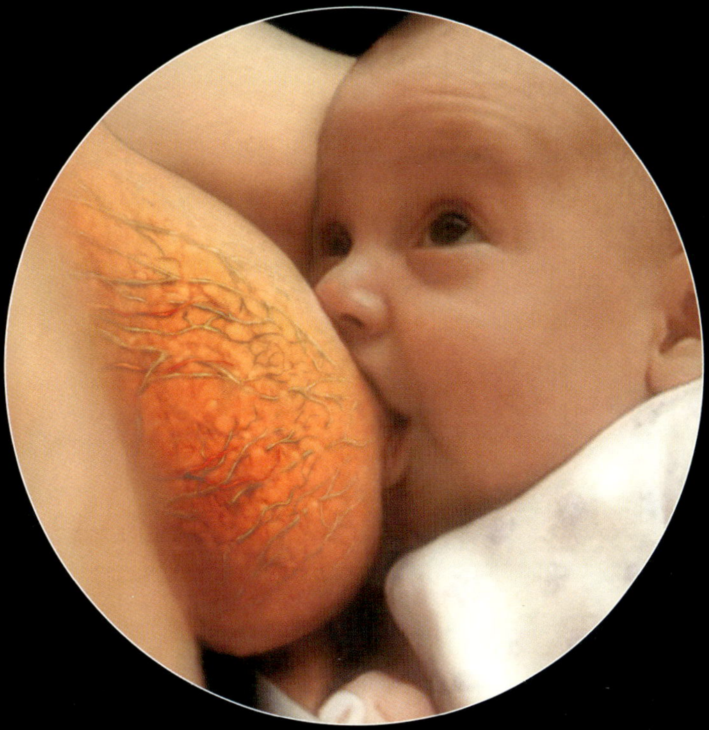

ERSTABWEHR

Als »Sicherheitsinstanz«, ausgebildet zur Zerstörung chemischer und biologischer Angreifer, ist das Immunsystem des Fötus schon vorhanden und einsatzbereit. Es muss allerdings erst noch richtig programmiert werden. Anders ausgedrückt, aktive Immunität muss auf der Basis der körperlichen Fähigkeit, Bedrohungen zu erkennen, erst noch entwickelt werden.

Neugeborene sind dank einer Mischung aus generisch angelegten Lymphozyten und Immunproteinen (Antikörpern), die aus dem Blut der Mutter »heruntergeladen« wurden, vorübergehend in der Lage, schädlichen Keimen zu widerstehen, mit denen sie zuvor noch nichts zu tun hatten.

Nach der Geburt lernen Zellen der spezifischen Immunabwehr, Krankheitserreger und andere Fremdkörper anhand von Antigenen (Proteinmarkern auf der Zelloberfläche) als körperfremd zu erkennen. Die Spezialeinheiten greifen jeweils einen bestimmten Krankheitserreger gezielt an und legen dessen Antigenstrukturen zur Erinnerung in einer Art Datenbank ab.

So kann der Körper im Falle eines erneuten Angriffs sofort mit der Herstellung von Antikörpern reagieren. Unspezifische Abwehrmechanismen sind angeboren und bilden einen ersten Schutzwall gegen Eindringlinge aller Art. Zwar ist das System äußerst fein abgestimmt, aber Fehler kommen trotzdem gelegentlich vor. So sind zum Beispiel Autoimmunerkrankungen mit Feuer aus den eigenen Reihen im Krieg vergleichbar: Körpereigene Zellantigene werden dann fälschlich als körperfremd identifiziert und vom eigenen Immunsystem angegriffen.

WAS GESCHIEHT, WENN EINE MIKROBE AUS DER LUFT IN DIE NASE GERÄT

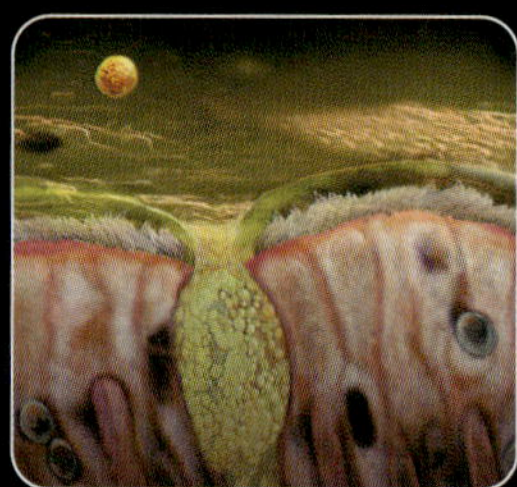

BECHERZELLEN AUS DER NASENSCHLEIMHAUT SONDERN SCHLEIM AB.

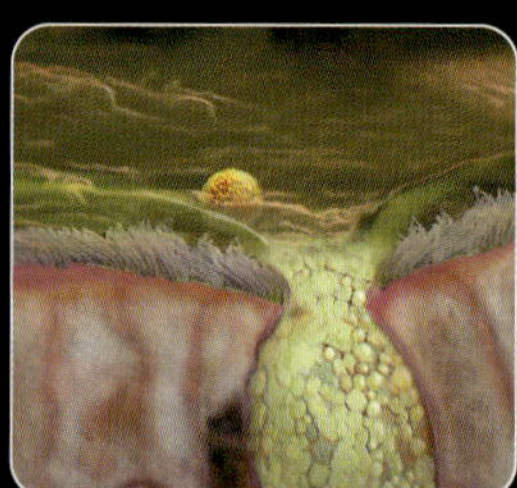

DIE MIKROBE WIRD IM SCHLEIM GEFANGEN.

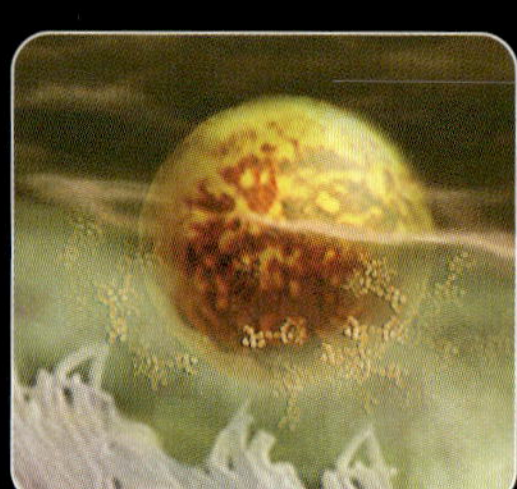

IMMUNZELLEN WANDERN ZU DER MIKROBE UND GREIFEN SIE DURCH ENZYMABSONDERUNG AN.

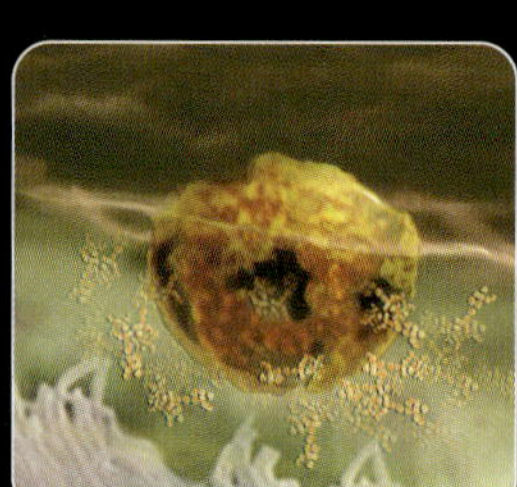

ENZYME ZERTEILEN DIE MIKROBE, UND DIE HÄRCHEN (ZILIEN) TRANSPORTIEREN DIE RESTE AB.

Ein doppelter Schutzschild beschützt die Körperperipherie: zuerst kommt eine äußere Barriere aus externen Membranen, welche Mikroorganismen am Eindringen hindern. Dahinter kommen »schnelle Eingreiftruppen«, die eine Entzündung hervorrufen. Man kann sich das vorstellen wie bei einem Computer im Online-Betrieb: Er wird von einer Firewall vor dem Eindringen zahlloser neuer Viren und Würmer beschützt und verfügt außerdem im Hintergrund über ein System, bei dem kleine Codestückchen wie aus dem Nichts auftauchen, um alles, was durch die Sperrlinien gelangen konnte, anzugreifen, zu blockieren und zu zerstören.

Bei einer Schnittverletzung wird die Haut beschädigt. In den darunter liegenden Blutgefäßen zirkulieren weiße Blutkörperchen, die zum Ort der Verletzung wandern und chemische Signale aussenden, welche eine Entzündung einleiten: Bakterienfressende Zellen (neutrophile Granulozyten) eilen herbei, um Eindringlinge zu stoppen. Gleichfalls durch chemische Signale werden kurzlebige weiße Blutkörperchen, Monozyten, herbeigerufen, die vor Ort zu langlebigen hydraähnlichen Makrophagen heranreifen. Letztere haben die Fähigkeit, alle fremden Antigene zu erkennen und zu verdauen. Anschließend erledigen sie die Aufräumarbeiten.

FRONTLINIEN

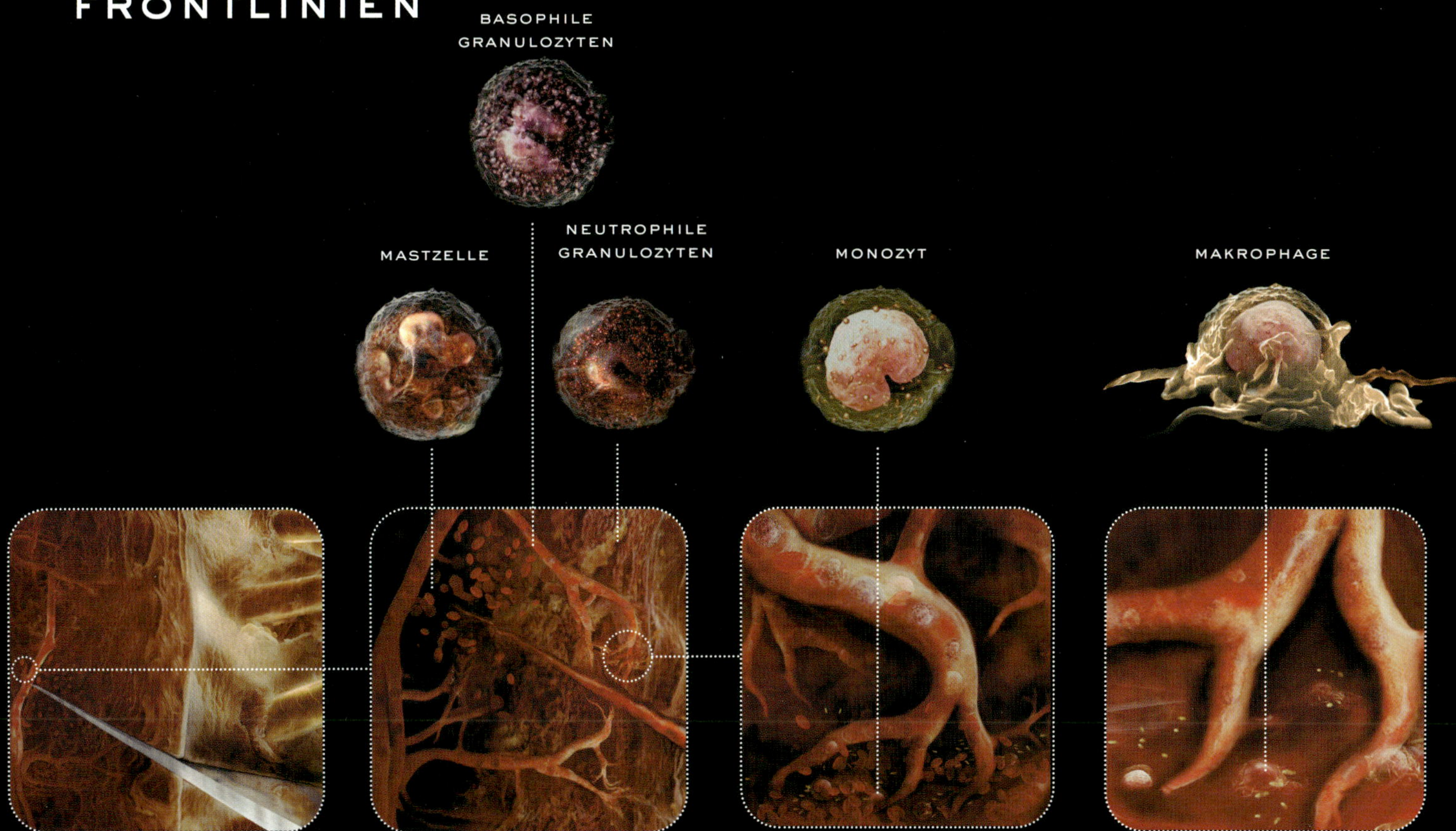

Bei Hautverletzungen setzt die unspezifische Abwehr einen Entzündungsprozess in Gang. Anfangs sondern Mastzellen und basophile Granulozyten chemische Signale ab, die den Blutfluss in diese Körpergegend fördern.

Innerhalb einer Stunde nach der Verletzung gesellen sich zu den basophilen Granulozyten, Mastzellen und roten Blutkörperchen noch Phagozyten (weiße Blutkörperchen, die Bakterien verschlingen); dazu gehören auch neutrophile Granulozyten und Monozyten.

Bei stärkerer Vergrößerung sind Phagozyten zu erkennen, die mit der Verdauung von Krankheitskeimen und Zellabfällen beginnen.

Zu Makrophagen (»großen Fresszellen«) herangereifte Monozyten fahren mit der Zerstörung von Krankheitskeimen und Zellabfällen durch Verdauung fort, während der Entzündungsprozess schon wieder abflaut.

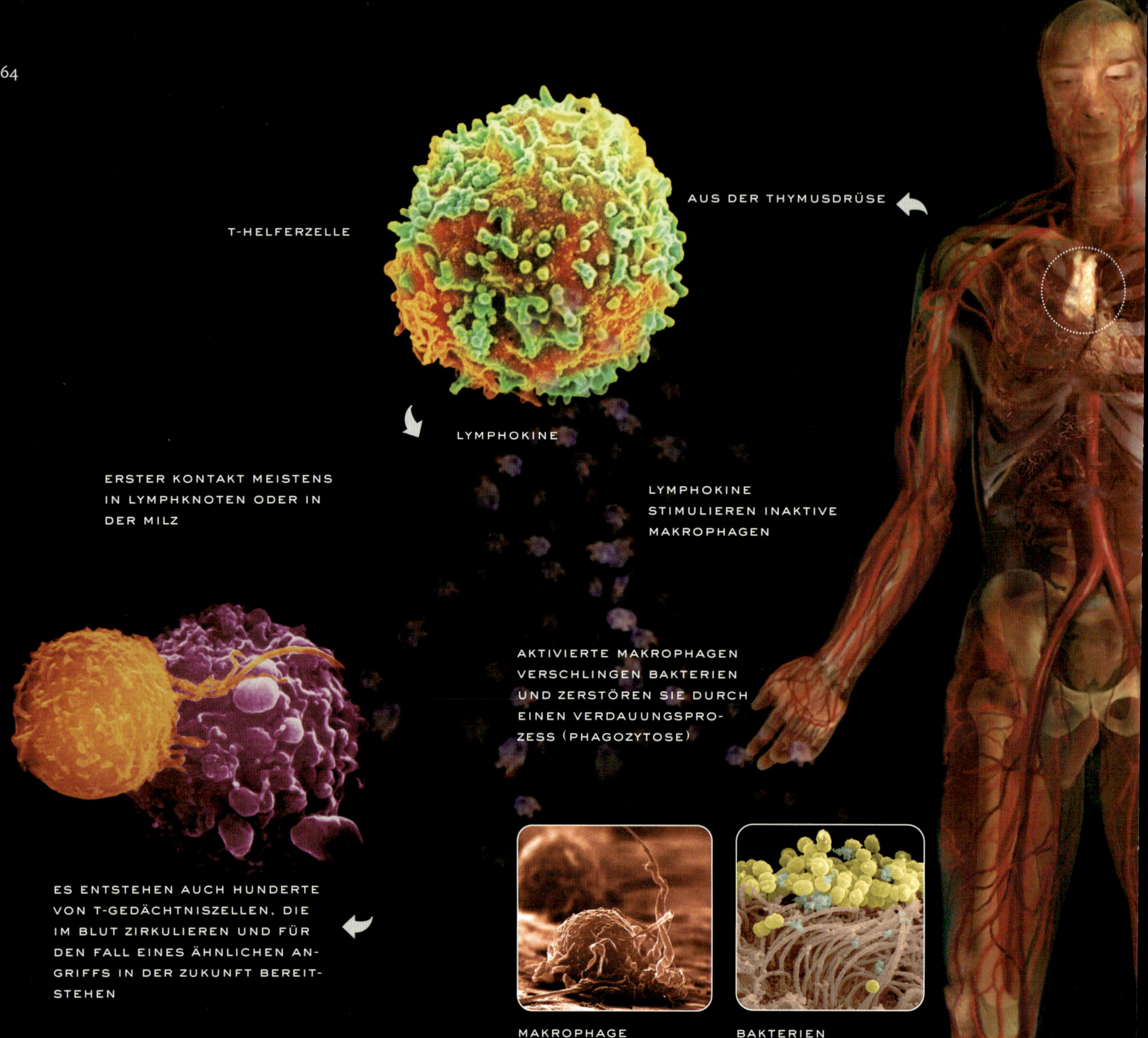

SCHLACHTPLAN »B«

Wenn eine Infektion andauert oder sich ausbreitet, wird die spezifische Immunabwehr aktiviert. Ihre Einheiten erkennen den Eindringling, leiten einen erfolgreichen Gegenangriff ein und prägen sich die Antigenstruktur des Eindringlings ein, um für den Fall einer erneuten Infektion gerüstet zu sein. Zwei Arten von Streitkräften (Lymphozyten) treten in Aktion: Die *humorale Immunabwehr* (rechte Seite) ist jener Systemteil, der Antikörper direkt gegen die Eindringlinge in Stellung bringt, speziell gegen Bakterien und einige Viren, zum Beispiel Grippeviren. Ein Bestandteil dieser Abwehr ist ein bestimmter Blockademechanismus. Die »Arme« der y-förmigen Antikörper (Immunoglobuline) besitzen einzigartige variable Partien, die sich an die spezifischen Antigene von Krankheitserregern heften und sie inaktivieren.

Die *zelluläre Immunabwehr* (linke Seite) wird aktiv, wenn der Körper die von Viren oder Krebszellen infizierten Zellen gezielt angreift. Dabei werden die fremden Antigenstrukturen »abgelesen« und anschließend Killerzellen ausgesandt, um im ganzen Körper identische Formen ausfindig zu machen und sie mit Toxinen (Giftstoffen) zu zerstören.

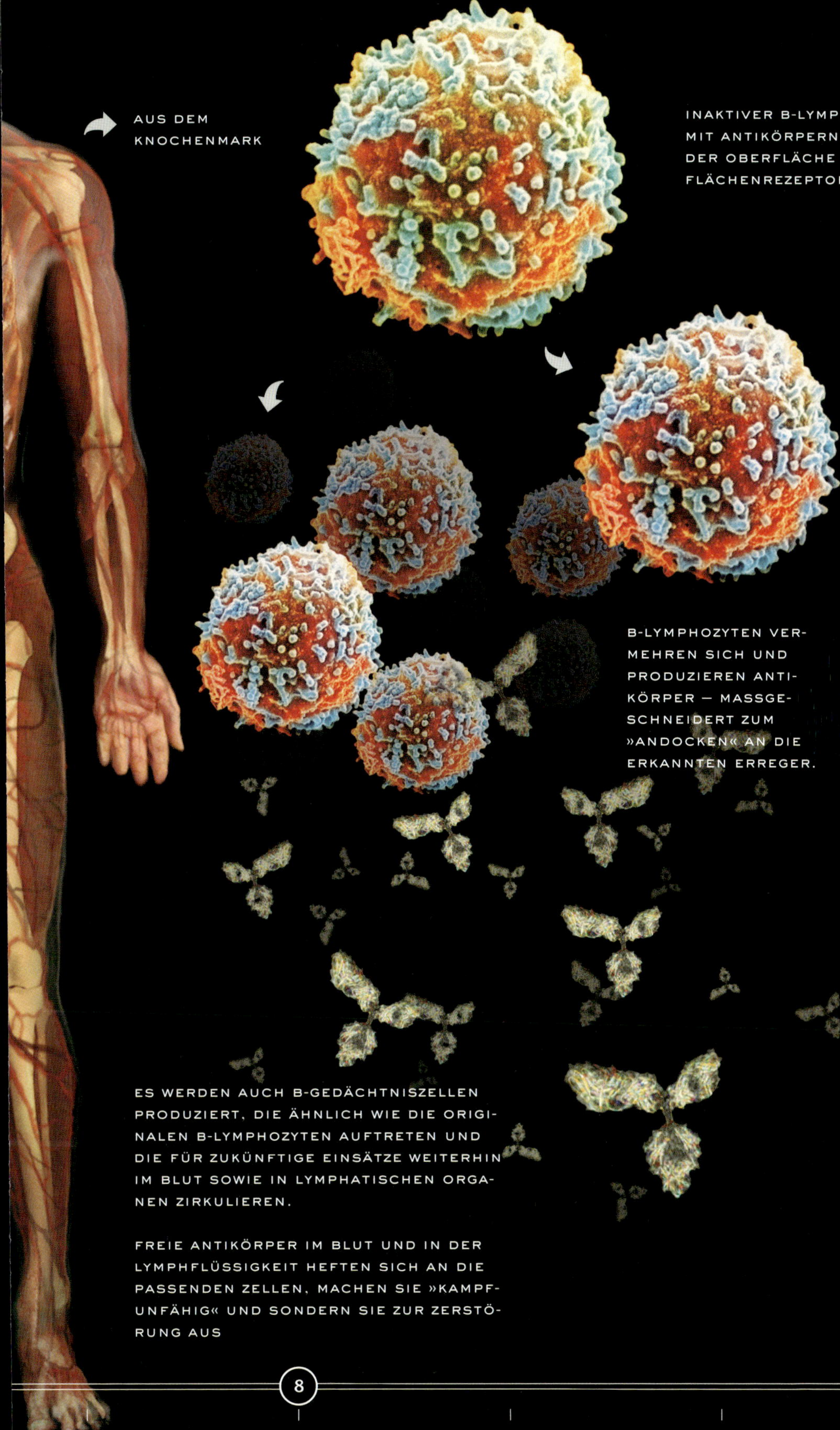

AUS DEM KNOCHENMARK

INAKTIVER B-LYMPHOZYT MIT ANTIKÖRPERN AUF DER OBERFLÄCHE (OBERFLÄCHENREZEPTOREN)

B-LYMPHOZYTEN VERMEHREN SICH UND PRODUZIEREN ANTIKÖRPER – MASSGESCHNEIDERT ZUM »ANDOCKEN« AN DIE ERKANNTEN ERREGER.

BAKTERIEN

B-LYMPHOZYTEN WERDEN VON SPEZIELLEN ZELLEN (T-HELFERZELLEN) AKTIVIERT, DIE AUF DIE ANTIGENE DES ERREGERS (BAKTERIUM) REAGIEREN. ERSTER KONTAKT MEISTENS IN LYMPHKNOTEN ODER IN DER MILZ.

ES WERDEN AUCH B-GEDÄCHTNISZELLEN PRODUZIERT, DIE ÄHNLICH WIE DIE ORIGINALEN B-LYMPHOZYTEN AUFTRETEN UND DIE FÜR ZUKÜNFTIGE EINSÄTZE WEITERHIN IM BLUT SOWIE IN LYMPHATISCHEN ORGANEN ZIRKULIEREN.

FREIE ANTIKÖRPER IM BLUT UND IN DER LYMPHFLÜSSIGKEIT HEFTEN SICH AN DIE PASSENDEN ZELLEN, MACHEN SIE »KAMPFUNFÄHIG« UND SONDERN SIE ZUR ZERSTÖRUNG AUS

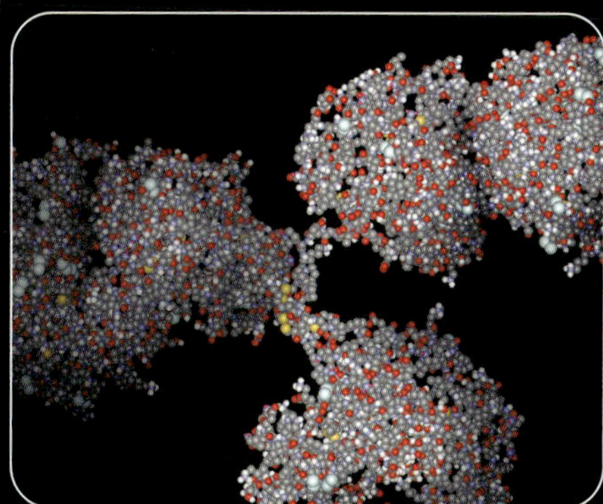

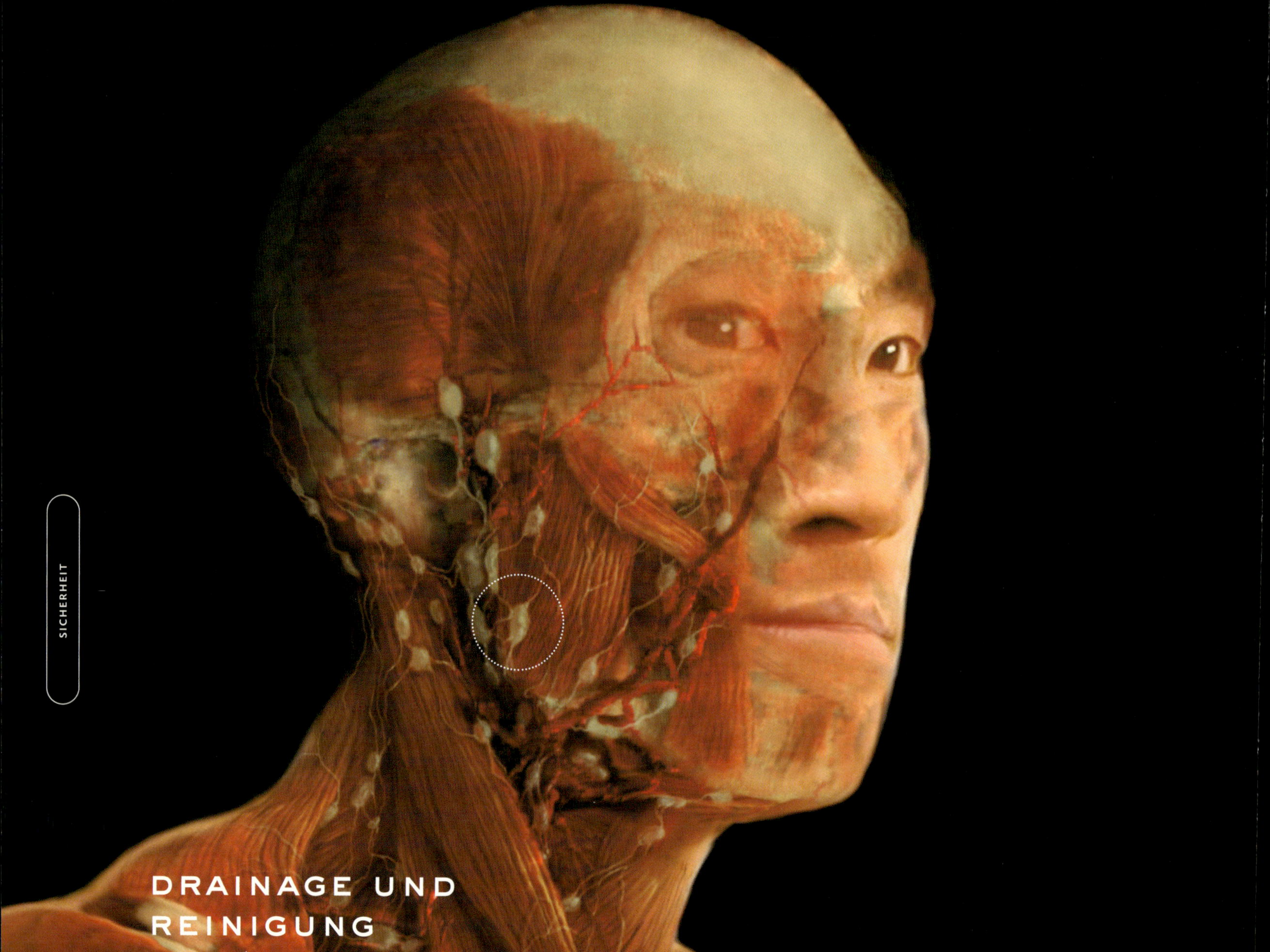

DRAINAGE UND REINIGUNG

Die Lymphe, zunächst eine extrazelluläre Flüssigkeit, wird in speziellen Gefäßen mit mehreren Ventilen gesammelt: Diese sondern sie vom Blut ab und dringen zu zentralen Transferstationen, den Lymphknoten (vgl. Querschnitt auf der rechten Seite). Die Lymphknoten enthalten Hohlräume und am Rand Lymphfollikel, in denen weiße Blutkörperchen Bakterien und Zellabfälle verdauen.

Das lymphatische Gewebe unterstützt die Aktivität der Lymphozyten. Die Milz ist das größte und aggressivste Lymphorgan. In ihr befinden sich lange Gefäßkanäle (Milzsinus), die von einer nicht porösen Schicht glatter Zellen (Retikulumzellen) umgeben sind, die ihrerseits von einer überwiegend aus Kollagen bestehenden Scheidewand (Septum) gestützt werden. Diese Struktur ist für intakte rote Blutkörperchen durchlässig, während Makrophagen auf den Sinuswänden Bakterien, Viren und überalterte rote Blutkörperchen herausfiltern. Nach der Phagozytose werden die letzten Reste durch die Milzvenen abtransportiert.

Drüsen in Gesicht und Hals produzieren Schutzenzyme, die in Tränen, in Nasen- und Mundpassagen wirksam sind. Sie zerstören Krankheitserreger, die mit den Augen in Berührung kommen oder die wir mit Atemluft und Nahrung aufnehmen.

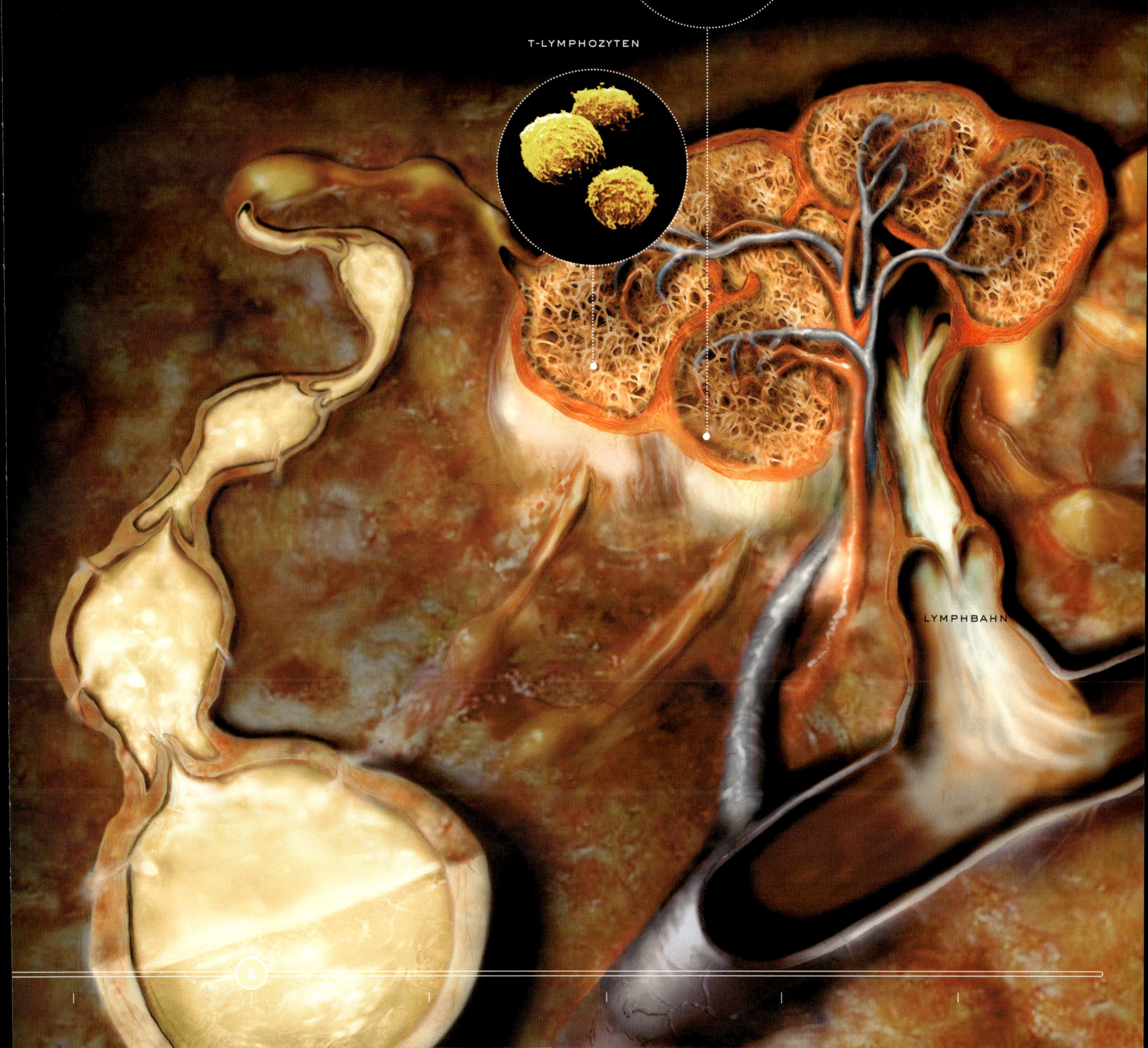
T-LYMPHOZYTEN
LYMPHBAHN
8

SPIEGELUNGEN IN DER NATUR

Die grundlegenden Funktionen des Immun- und Lymphsystems: 1. Absonderung von tödlichen Substanzen (im schwammigen Speicheldrüsen-Ausführungsgang), 2. gezielter Angriff auf Eindringlinge an der Körperoberfläche (weiße Blutkör-

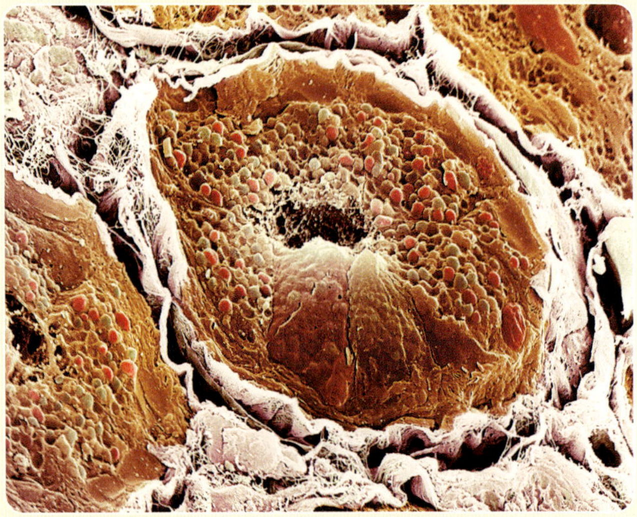

SPEICHELDRÜSEN-AUSFÜHRUNGSGANG

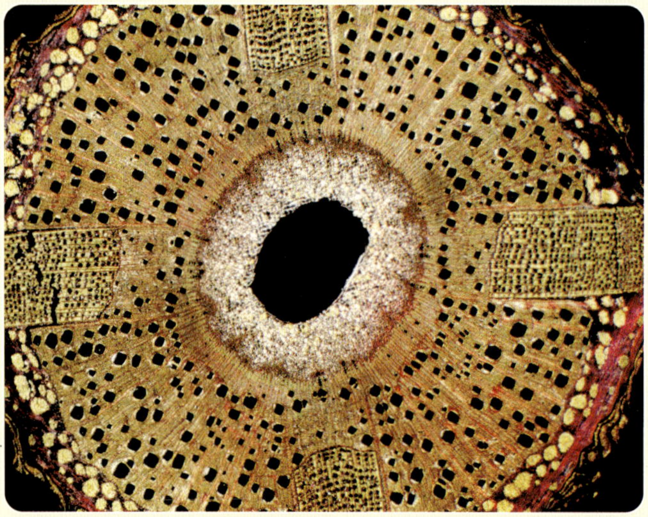

PFLANZENSTAMM

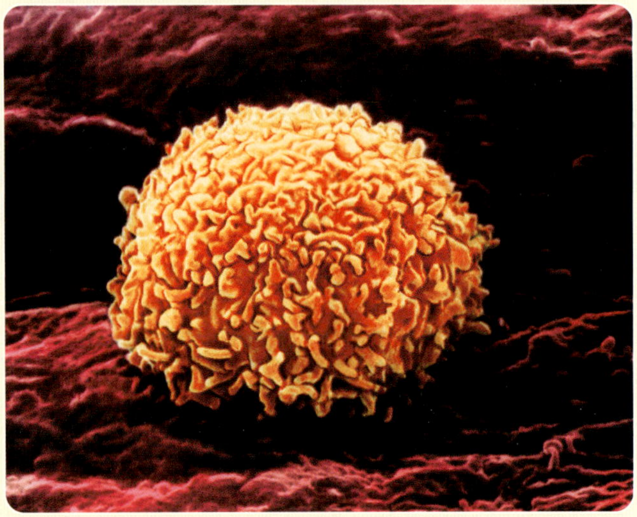

GRANULOZYT

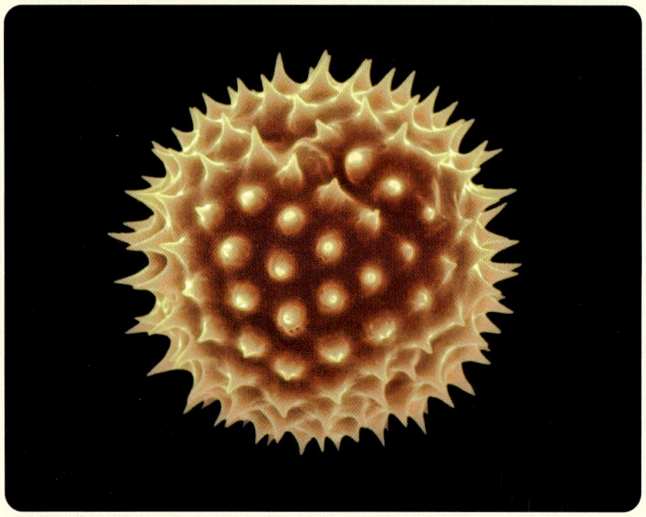

POLLENZELLE

perchen, hier Granulozyten), 3. Einschließung (wandernde Makrophage mit Tentakeln), 4. Ausfilterung und Beseitigung (Lymphknotengewebe). Der Bau dieser Strukturen ähnelt anderen Strukturen in der Natur.

WANDERNDER MAKROPHAGE

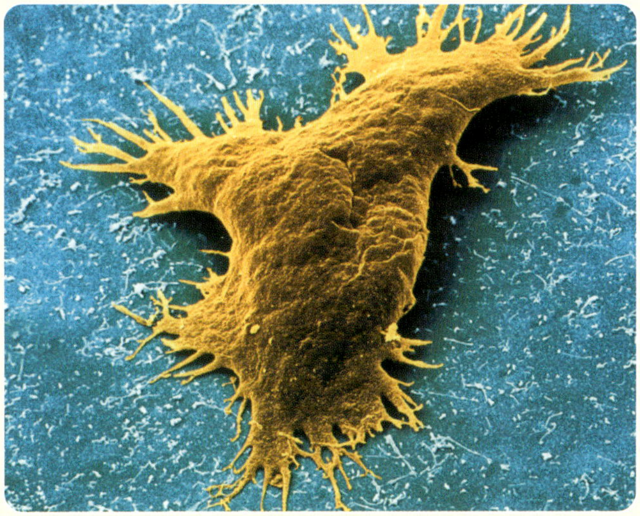

EINZELLER

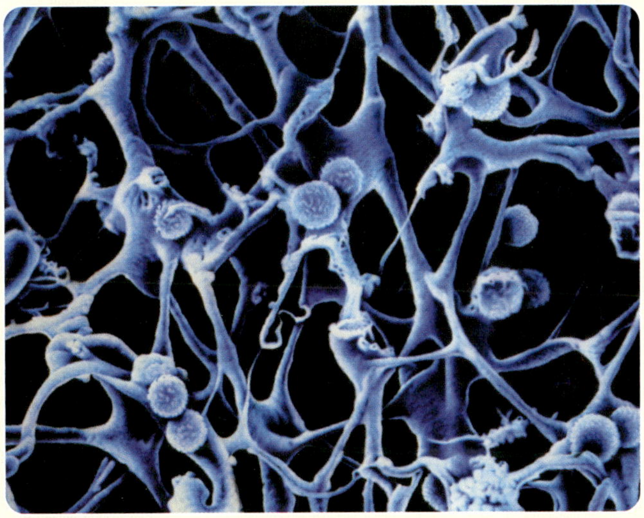

LYMPHKNOTEN

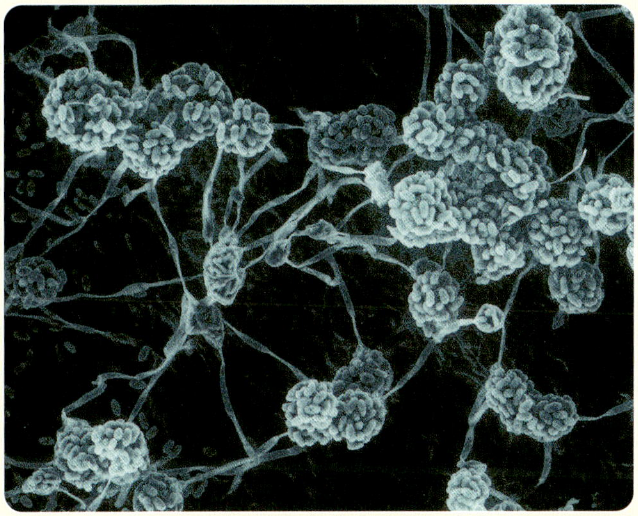

SCHIMMEL

WEISSE UND ROTE BLUTKÖRPERCHEN IM VEREIN MIT MAKROPHAGEN BEI IHREM MIKROBISCHEN TOTENTANZ (AUSSCHNITT AUS EINEM LYMPHKNOTEN)

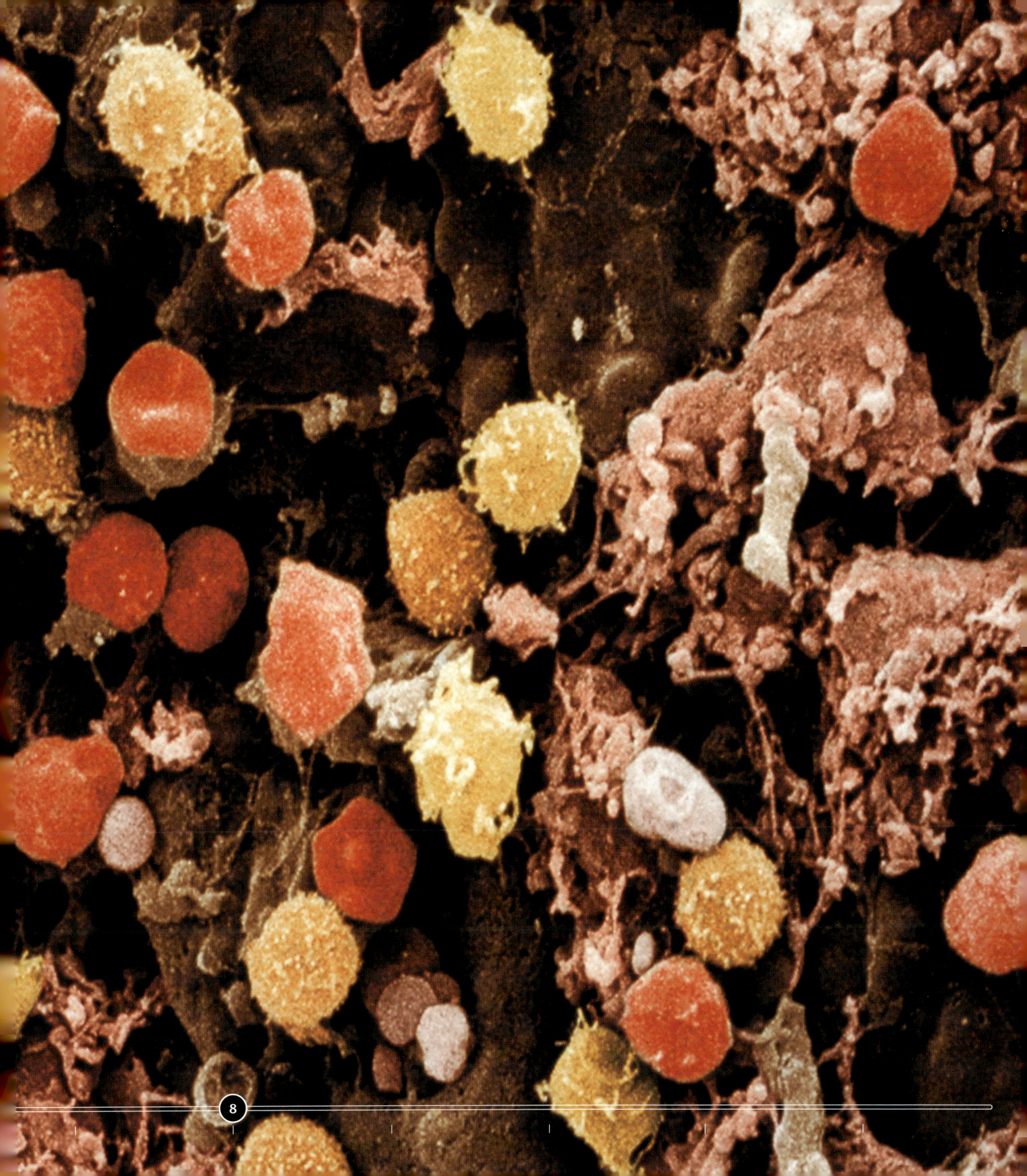

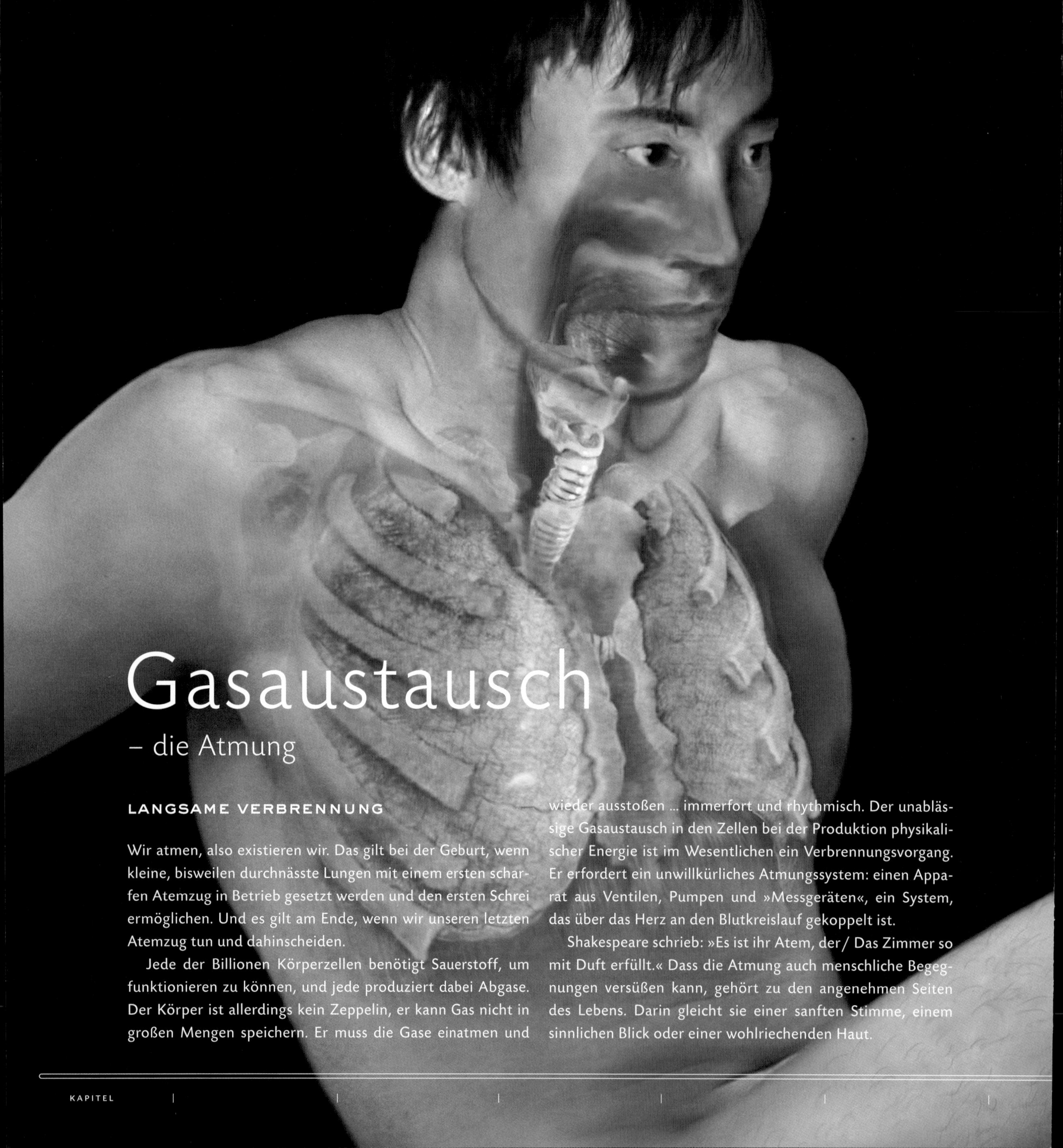

Gasaustausch

– die Atmung

LANGSAME VERBRENNUNG

Wir atmen, also existieren wir. Das gilt bei der Geburt, wenn kleine, bisweilen durchnässte Lungen mit einem ersten scharfen Atemzug in Betrieb gesetzt werden und den ersten Schrei ermöglichen. Und es gilt am Ende, wenn wir unseren letzten Atemzug tun und dahinscheiden.

Jede der Billionen Körperzellen benötigt Sauerstoff, um funktionieren zu können, und jede produziert dabei Abgase. Der Körper ist allerdings kein Zeppelin, er kann Gas nicht in großen Mengen speichern. Er muss die Gase einatmen und wieder ausstoßen ... immerfort und rhythmisch. Der unablässige Gasaustausch in den Zellen bei der Produktion physikalischer Energie ist im Wesentlichen ein Verbrennungsvorgang. Er erfordert ein unwillkürliches Atmungssystem: einen Apparat aus Ventilen, Pumpen und »Messgeräten«, ein System, das über das Herz an den Blutkreislauf gekoppelt ist.

Shakespeare schrieb: »Es ist ihr Atem, der/ Das Zimmer so mit Duft erfüllt.« Dass die Atmung auch menschliche Begegnungen versüßen kann, gehört zu den angenehmen Seiten des Lebens. Darin gleicht sie einer sanften Stimme, einem sinnlichen Blick oder einer wohlriechenden Haut.

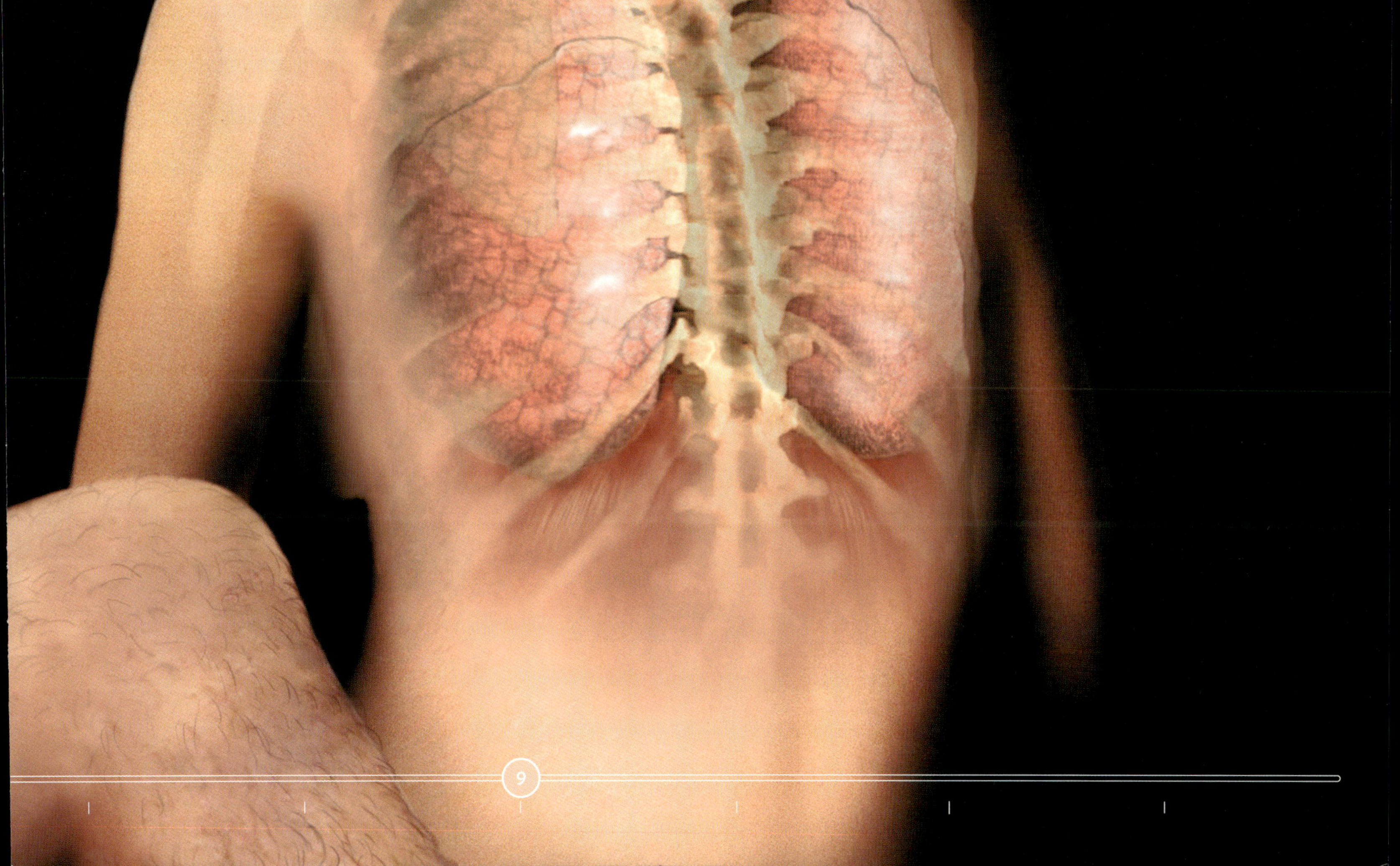
9

Während der Schwangerschaft findet die Sauerstoffversorgung über die Plazenta statt. Die Lungen des Fötus befinden sich im Ruhezustand, auch wenn sie sich von Anfang an weiten und zusammenziehen. Wird nach der Geburt die Nabelschnur durchgeschnitten, baut sich im Blut schnell ein Kohlendioxidstau auf. Daraufhin erhält das Gehirn das Signal, die Muskeln des Zwerchfells und des Bruskorbs zu aktivieren; die Lungen füllen sich. Die Neugeborenen atmen zum ersten Mal ein und stoßen anschließend oftmals ihren ersten Schrei aus.

AKTIVIERUNG DER PUMPE

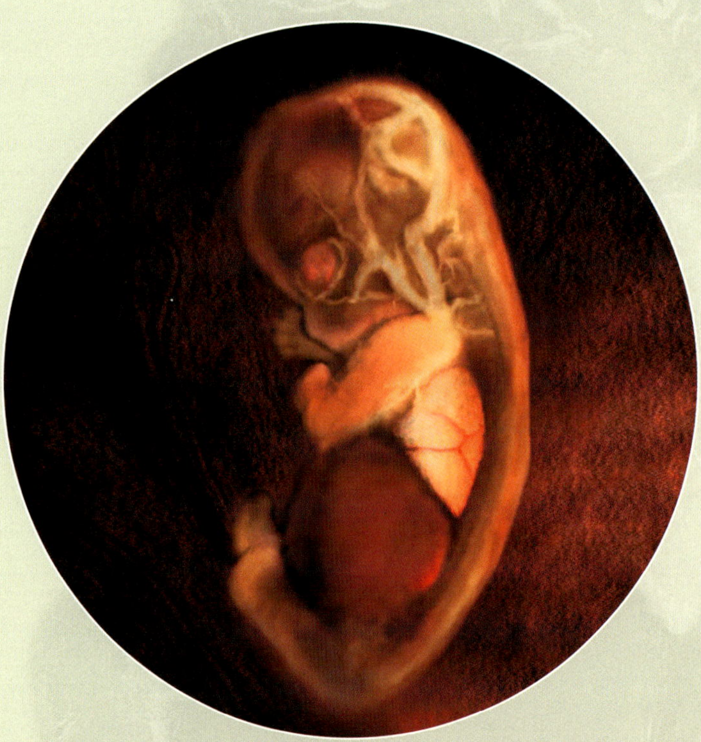

Bei Erwachsenen hat der schnelle, unbewusste Gasaustausch einen beträchtlichen Umfang – im Ruhezustand werden ungefähr 7,5 Liter Luft pro Minute eingeatmet, das heißt, die Lungen füllen und entleeren sich alle 4 bis 5 Sekunden. Jeder Atemzug wird von einer baumähnlichen Hohlstruktur absorbiert, die ungefähr so groß ist wie ein kleiner Bonsai-Baum. An den äußersten Enden werden die Sauerstoffmoleküle über mikroskopisch kleine Membranen abgegeben, die, würden sie nebeneinander ausgebreitet, einen ganzen Tennisplatz bedecken könnten. Dann wechselt der Apparat die Richtung: Er sammelt ein gleich großes Volumen an Kohlendioxid und stößt es aus.

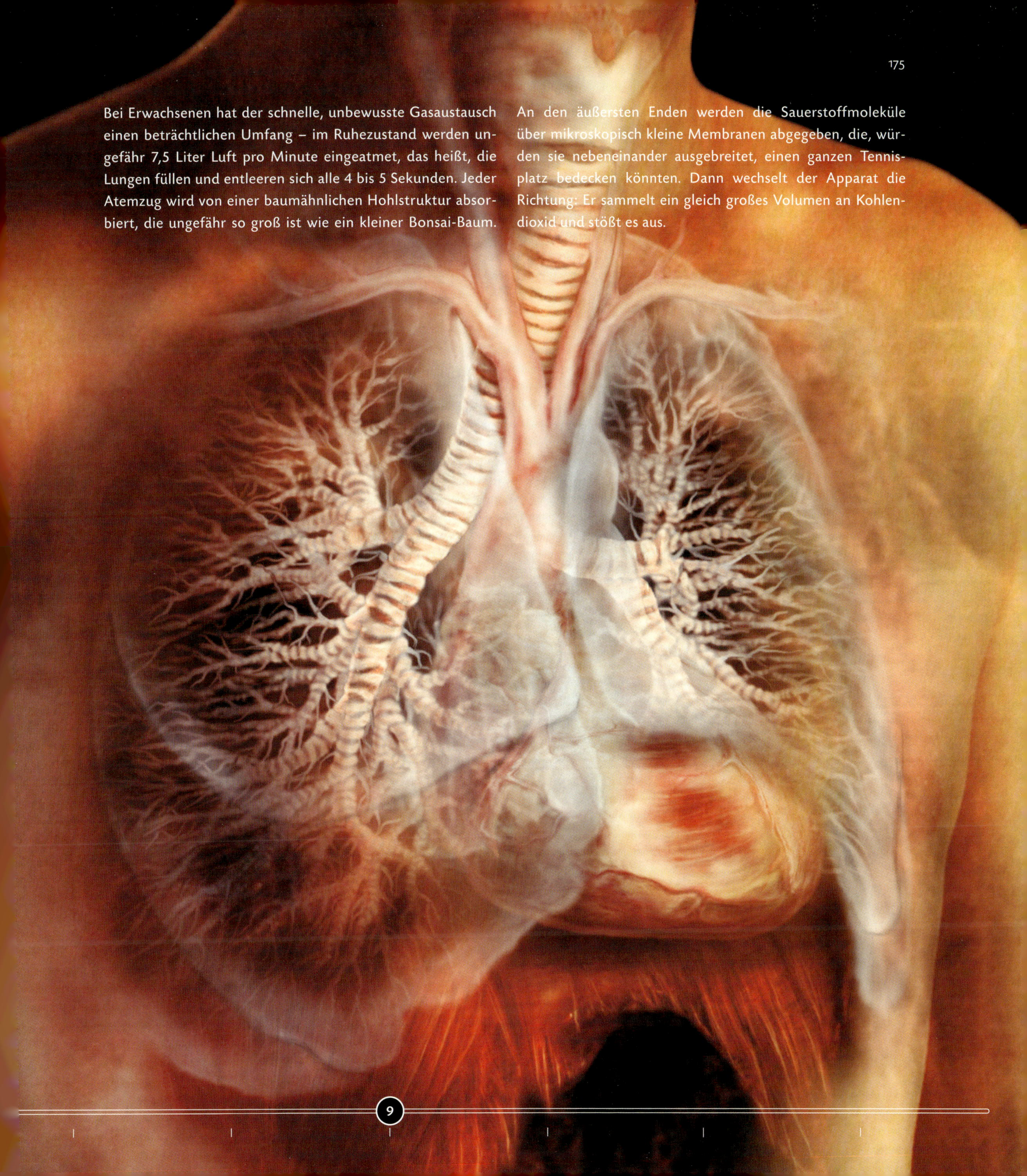

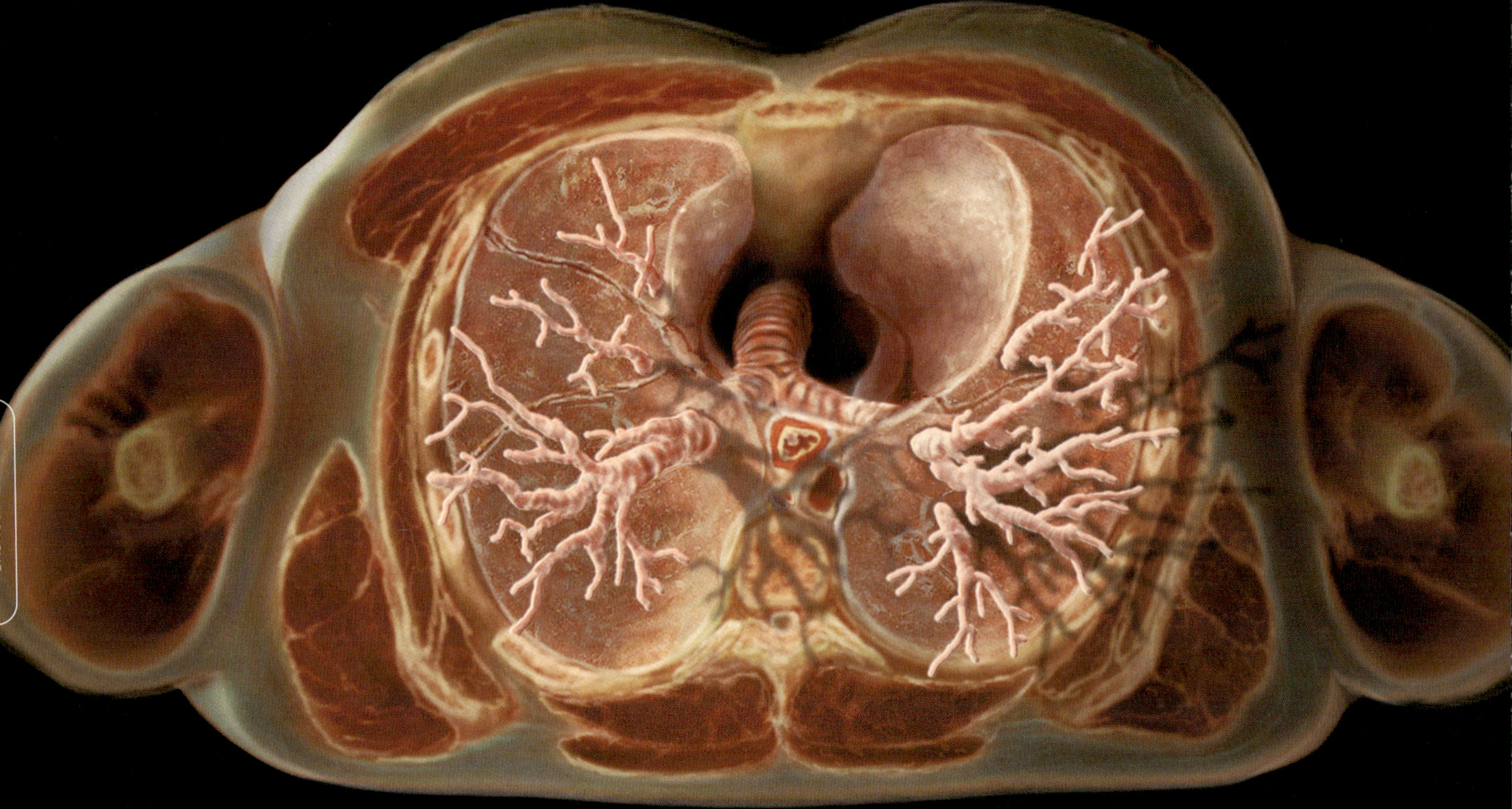

DAS GANZE SYSTEM

Das Atmungssystem, kompakt und muskulös, besteht aus sich verästelnden Röhren, die zwei Aufgaben erfüllen: Zum einen transportieren sie enorme Luftmengen in den Körper hinein und wieder aus ihm hinaus (äußere Atmung), und zum anderen leiten sie Sauerstoff ins Blut und entfernen über die Lungen Kohlendioxid und Wasser aus dem Blut (innere Atmung). Wie dies in Körperhohlräumen mit einer Grundfläche von insgesamt nur rund 0,2 Quadratmetern geschehen kann, ist ein Wunder an Ingenieurkunst und Effizienz.

Im Zentrum der Struktur steht der Bronchialbaum, ein Luftwegesystem, das einem auf dem Kopf stehenden Baum gleicht. Die Luftröhre ist der »Stamm«, die sich immer weiter verästelnden Abschnitte in der Lunge sind die »Zweige«. Die Verästelungen sind schließlich an den Membranenden so dünn und zahlreich, dass Gasmoleküle durch ein Kapillarnetzwerk ins Blut gelangen (Blut-Luft-Schranke). Würde man diese winzigen Blutgefäße, die Kapillaren, hintereinander aufreihen, ergäbe sich eine Gesamtlänge von über 1600 Kilometern. Die geballte physikalische Kraft, die erforderlich ist, um so viel Filtrierung auf so engem Raum zu ermöglichen, ist gewaltig. Das zeigt sich nicht zuletzt in der Umkehr, bei der größten bislang gemessenen Niesgeschwindigkeit – rund 160 km/h.

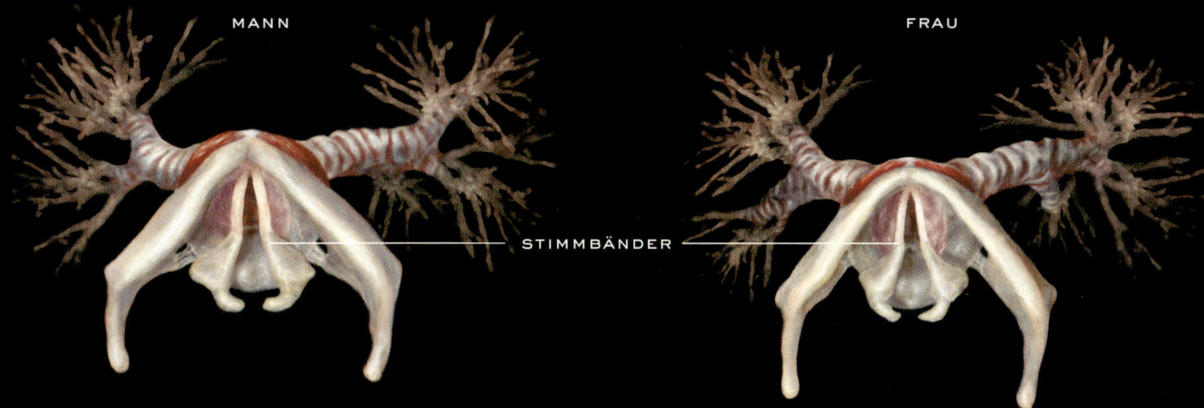

GESCHLECHTSUNTERSCHIEDE

Weil Männer im Durchschnitt größer sind als Frauen, sind ihre Stimmbänder, von oben betrachtet, dicker und ihre Stimmritze länger. Dadurch werden tiefere, vollere Töne produziert. Männer haben also meist tiefere Stimmen. Manche Frauen sind jedoch größer als kleine Männer; was gilt dann? Warum sind die Stimmen großer Frauen trotzdem höher als die ähnlich großer Männer?

Das liegt daran, dass männliche Stimmbänder mehr Rezeptoren für männliche Sexualhormone aufweisen. Glaubt man indes dem Linguisten James Fidelholtz, so ist die Ursache vorrangig sozialer Natur: Männer schieben ihren Unterkiefer weiter nach vorne und senken ihr Stimmregister absichtlich, während Frauen oft »lächelnd« sprechen und zur Verkleinerung ihrer Stimmresonanzräume die Lippen strecken.

Der Adamsapfel ist ein unter der Haut liegender Vorsprung des Schildknorpels. Sein Hauptzweck ist der Schutz des Kehlkopfes. Er ist aber auch, wie die Körperbehaarung, ein sekundäres Geschlechtsmerkmal. Sein Wachstum wird durch Testosteron gefördert, das im Körper des Mannes zirkuliert, in geringerem Maße aber auch im weiblichen Körper.

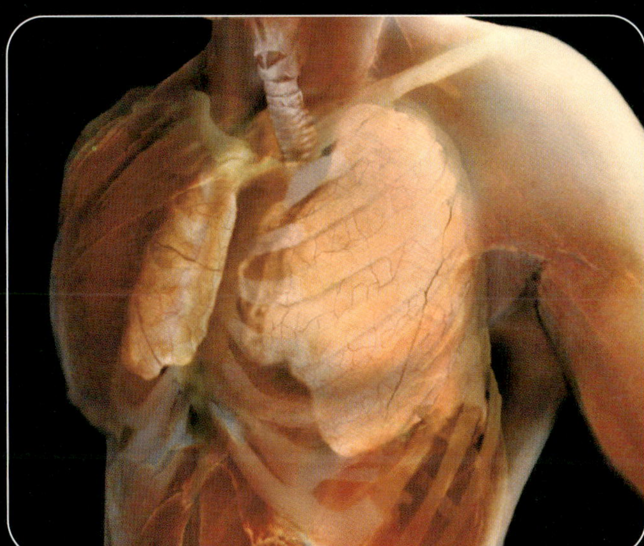

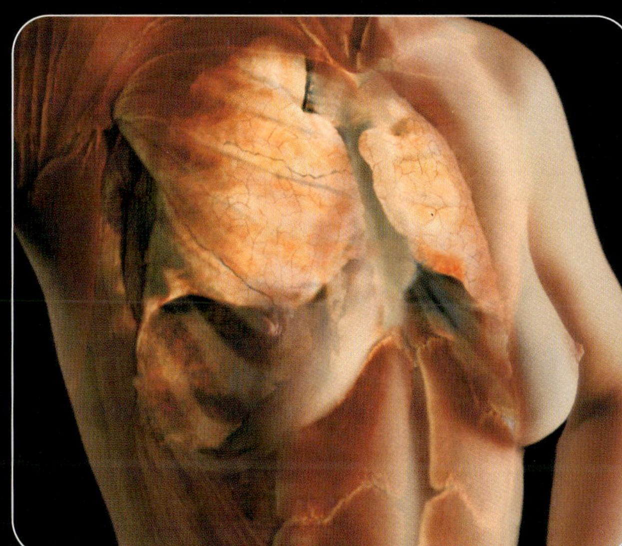

Das Luftvolumen, das in die menschliche Lunge gepumpt werden und aus ihr wieder entweichen kann, die so genannte Vitalkapazität, hängt vom Alter, von der Größe und vom Geschlecht ab. Jüngere und größere Menschen haben eine größere Vitalkapazität, und Männer eine größere als Frauen, weil ihre Lungen größer sind.

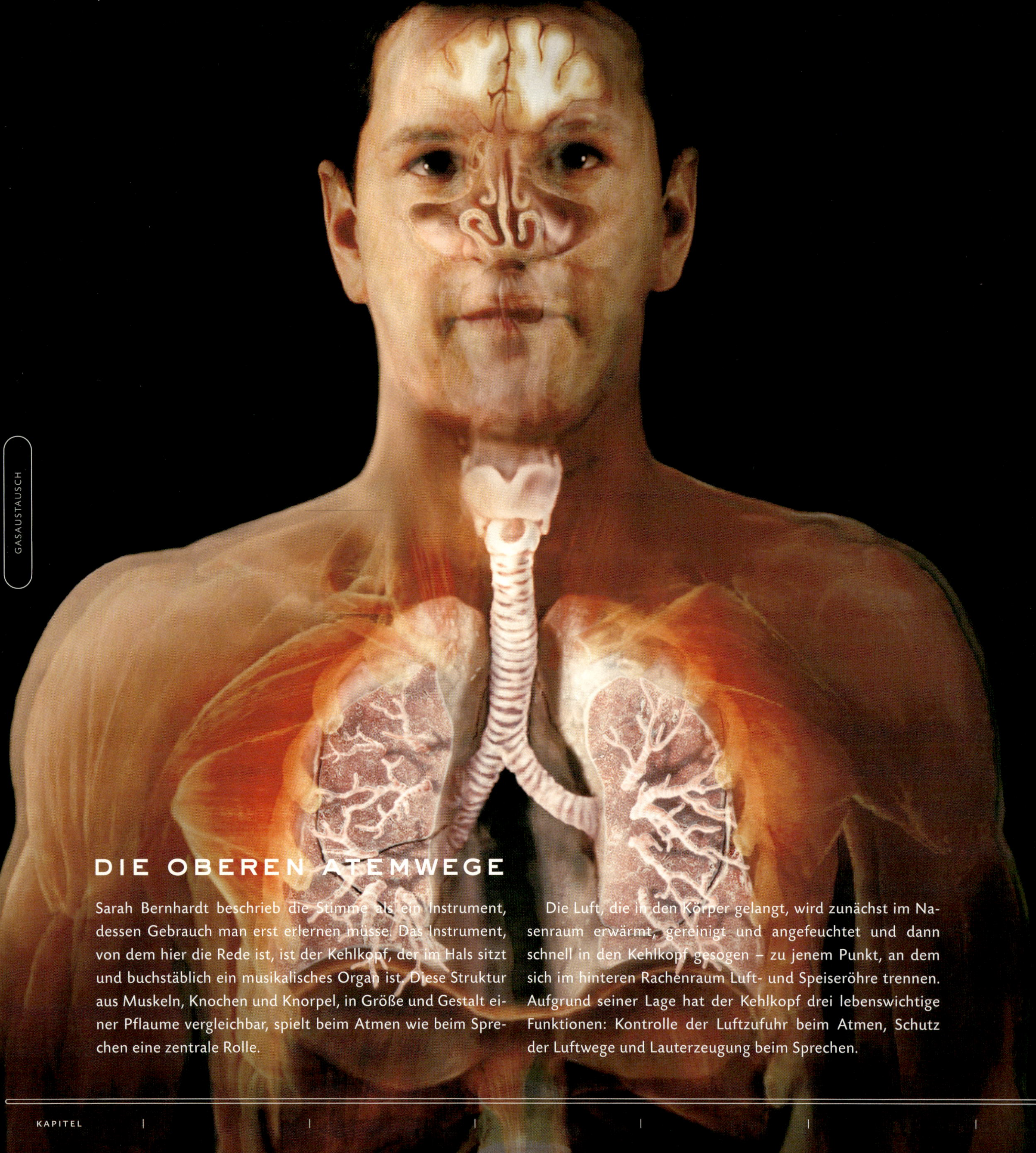

DIE OBEREN ATEMWEGE

Sarah Bernhardt beschrieb die Stimme als ein Instrument, dessen Gebrauch man erst erlernen müsse. Das Instrument, von dem hier die Rede ist, ist der Kehlkopf, der im Hals sitzt und buchstäblich ein musikalisches Organ ist. Diese Struktur aus Muskeln, Knochen und Knorpel, in Größe und Gestalt einer Pflaume vergleichbar, spielt beim Atmen wie beim Sprechen eine zentrale Rolle.

Die Luft, die in den Körper gelangt, wird zunächst im Nasenraum erwärmt, gereinigt und angefeuchtet und dann schnell in den Kehlkopf gesogen – zu jenem Punkt, an dem sich im hinteren Rachenraum Luft- und Speiseröhre trennen. Aufgrund seiner Lage hat der Kehlkopf drei lebenswichtige Funktionen: Kontrolle der Luftzufuhr beim Atmen, Schutz der Luftwege und Lauterzeugung beim Sprechen.

Ebenfalls aufgrund seiner Lage – an der Vorderseite des Halses exponiert und verletzlich – ist das Innere des Kehlkopfes stark geschützt. Muskeln und Sehnen, die an einem U-förmigen Knochen am oberen Ende des Kehlkopfes (Zungenbein) hängen, halten den Kehlkopf von oben; sie heben ihn beim Schlucken und Sprechen an. Der zungenförmige Kehldeckel (Epiglottis) hält Speisen und Flüssigkeit aus der Luftröhre heraus; der Schildknorpel (Adamsapfel) umgibt die Vorderseite der Kehle, während an der Rückseite die Wirbelsäule für Schutz sorgt. Verstärkte Knorpelbänder bilden ein Gerüst und verhindern so, dass der Kehlkopf in sich zusammenfällt. Im Kehlkopfraum ragen lose Gewebefalten – »Stimmbänder« ist eigentlich eine irreführende Bezeichnung – von der Innenwand aus in den Luftstrom hinein. Diese vibrieren, wenn wir ausatmen, und erzeugen Töne – Sprache oder Gesang.

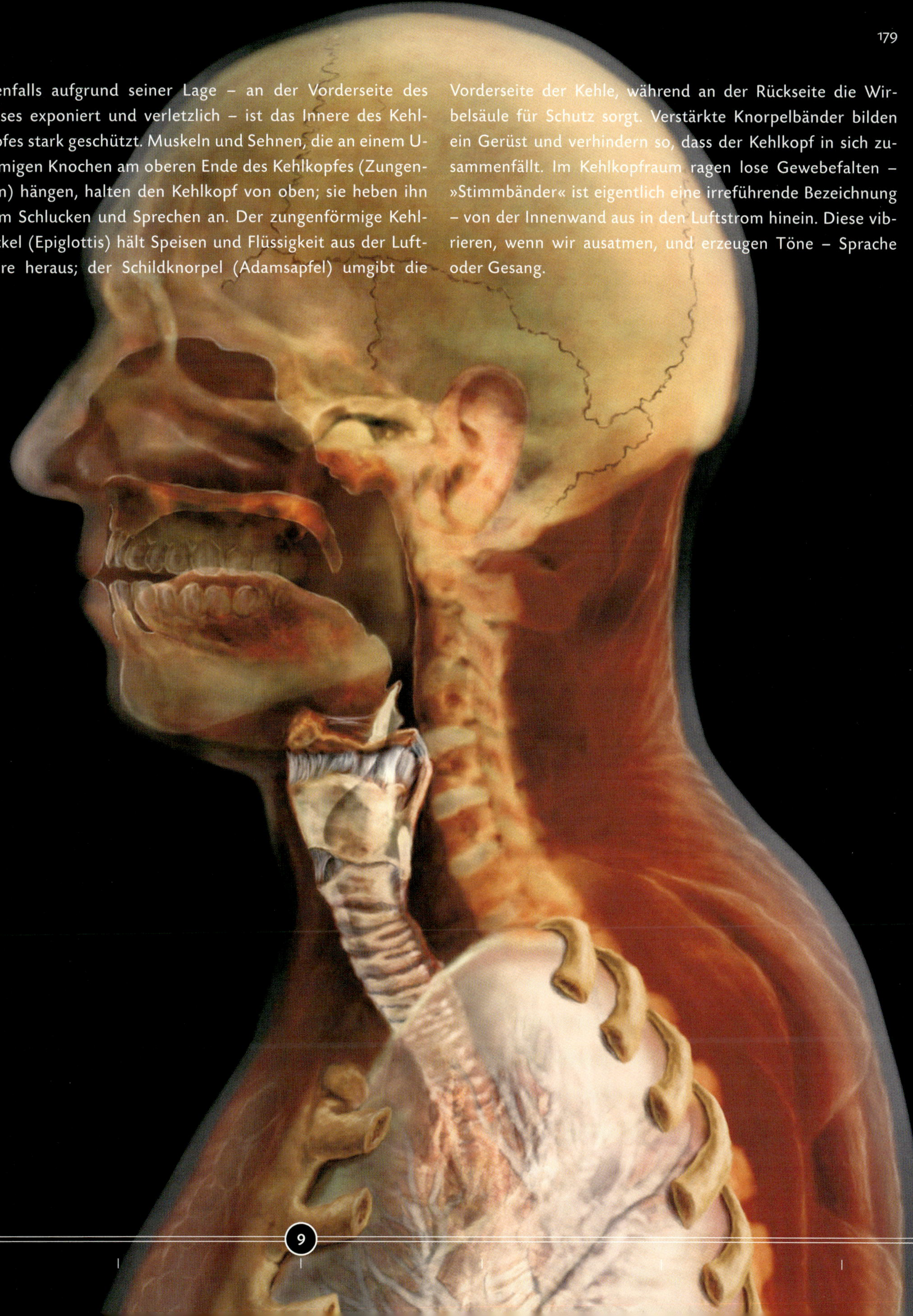

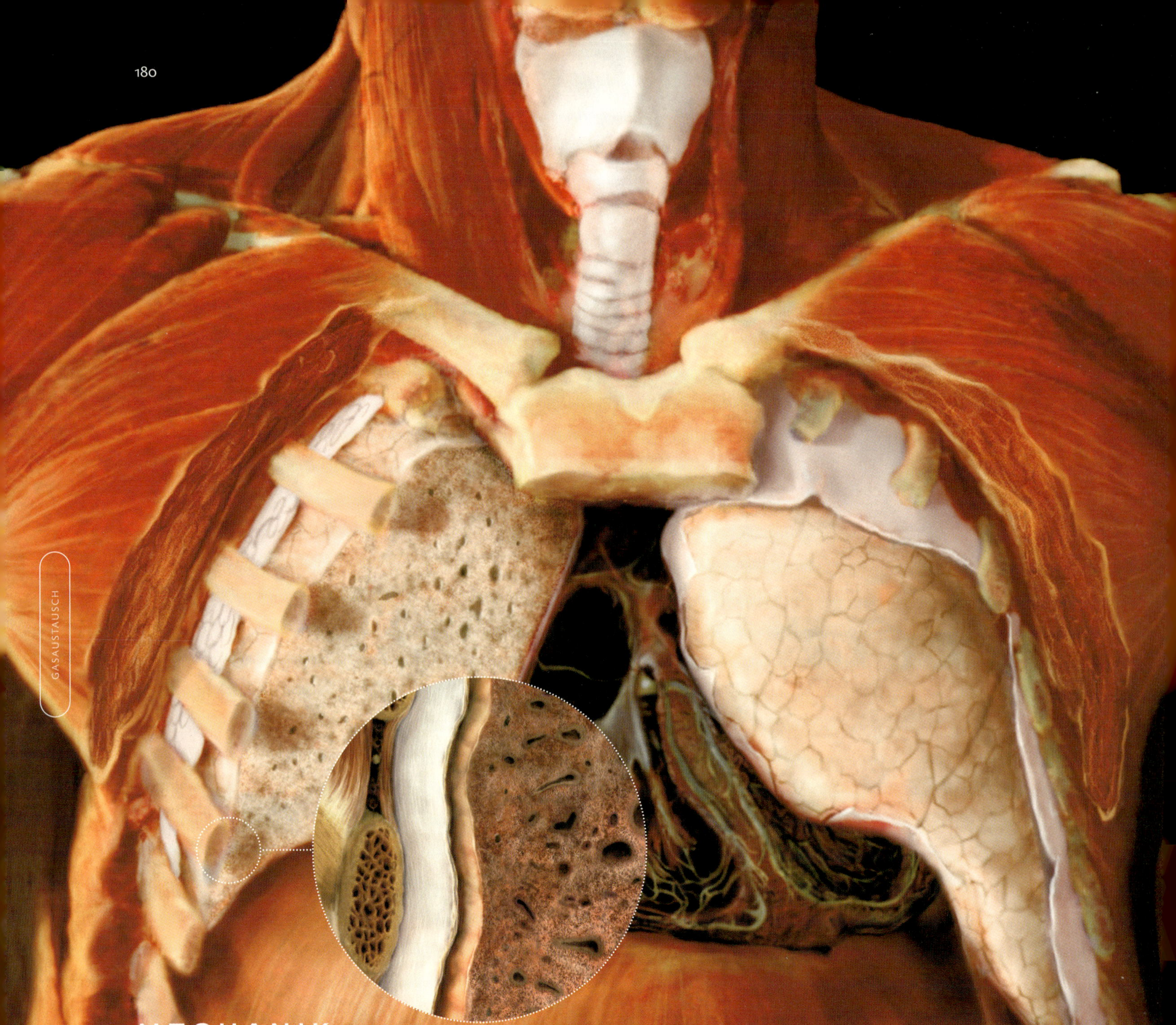

MECHANIK

In Tom Wolfes Romanen wird männliche Macht oft durch einen muskulösen Brustkorb versinnbildlicht, der nach Bodybuilder-Art herausmodelliert ist: eine elastische Masse aus Muskeln, die sich wie Patronengurte quer über den Oberkörper spannen. Unter diesen mächtigen Muskelmassen liegen die weniger stark hervortretenden Muskeln der Atemorgane. Diese zwischen den Rippen und unter den Lungen liegenden Muskeln haben die Aufgabe, die Lungen nach außen und nach unten zu ziehen. Wenn sich die Lungen ausdehnen, sinkt ihr Innendruck und sie saugen Luft ein. Bei extrem tiefer Atmung ziehen sich zusätzlich noch die Nackenmuskeln zusammen – wie bei einem erschöpften Marathonläufer im Ziel, der den Kopf zurückgeworfen und die Kehle weit geöffnet hat. Seine Zwischenrippenmuskulatur hebt und senkt sich.

Weniger offenkundig, sozusagen hinter den Kulissen, ist das Zwerchfell in Aktion, eine muskulöse Scheidewand zwischen Brust- und Bauchraum. Wenn wir einatmen, zieht sich das Zwerchfell zusammen und drückt nach unten; beim Ausatmen entspannt es sich und wird von den darunter liegenden Verdauungsorganen in eine kuppelförmige Gestalt gebracht. Dabei werden die Lungen zusammengepresst. Der Druck im nun verkleinerten Brustraum steigt an und wir atmen aus – als Druckausgleich. Der Zyklus kann von vorn beginnen.

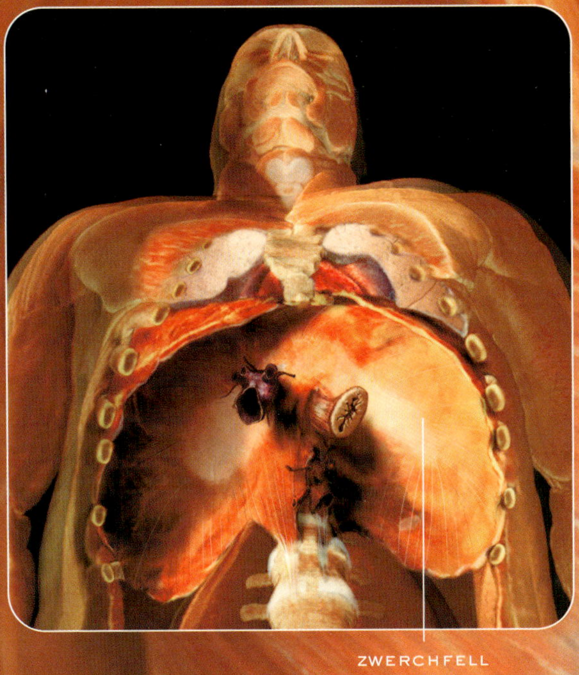

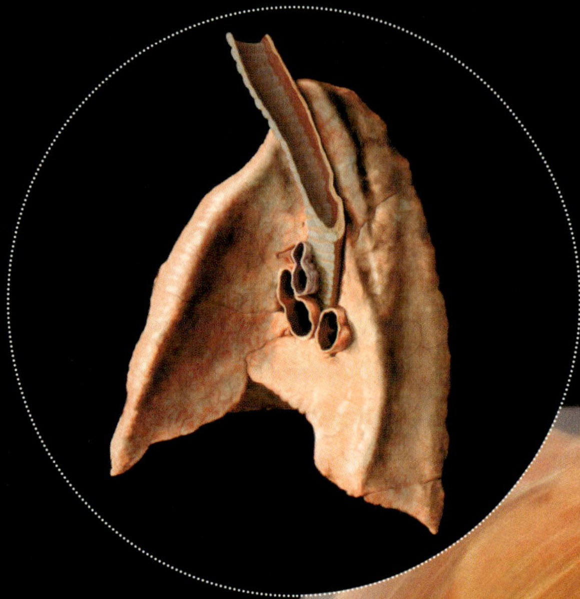

INNENANSICHT DER RECHTEN LUNGE

»Die Substanz der Lunge ist dehn- und streckbar wie aus Pilzen hergestellter Zunder. Aber sie ist schwammig und gibt, wird sie zusammengedrückt, dem Druck nach; entfällt der Druck, dehnt sie sich bis zu ihrer ursprünglichen Größe wieder aus.«

Leonardo da Vinci

AUSSENANSICHT DER RECHTEN LUNGE

DIE LUNGE

Als Leonardo da Vinci im 15. Jahrhundert Nacht für Nacht Leichen sezierte, erkannte er zwar den akkordeonähnlichen mechanischen Prozess der Atmung, aber nicht den Mechanismus, der bei einem Atemzug konkret abläuft. Es dauerte nochmals drei Jahrhunderte, bevor dieser Mechanismus – der schnelle Gasaustausch und die Zellatmung – verstanden wurde. Erst dann wurden der strukturelle Bauplan der Lunge und ihre lebenswichtigen Verbindungen zum Zentralnervensystem und zum Herzen klar (vgl. die oberen Ausschnitte).

Solides Gewebe macht nur rund 10 Prozent des Lungenvolumens aus. Der Rest ist mit Luft und Blut gefüllt. Das Lungengewebe muss dünn genug sein, damit Gas hindurch ge-

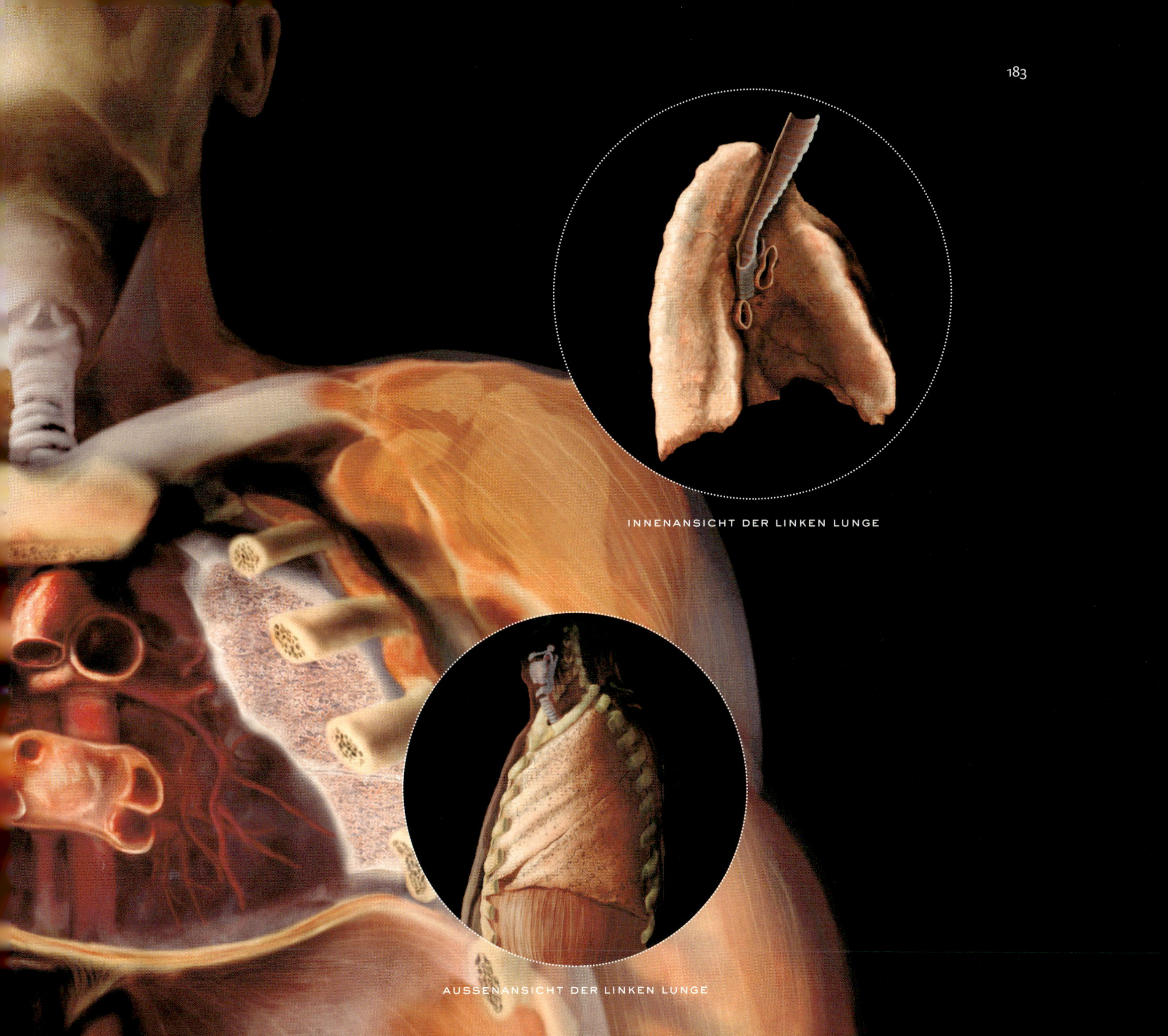

INNENANSICHT DER LINKEN LUNGE

AUSSENANSICHT DER LINKEN LUNGE

langen kann, aber zugleich stark genug, um die getrennten ballonähnlichen Teile, die Lungenlappen, vor dem Kollaps zu bewahren (vgl. die unteren Ausschnitte). Die Lungenflügel sind assymmetrisch – die rechte Lunge besteht aus drei Lappen, die linke aus zwei. Das trägt der Tatsache Rechnung, dass auch das Herz, das in jeder Minute die gesamte Blutmenge des Körpers (rund 5 Liter) durch die Lungen pumpt, Platz benötigt. Der Gasaustausch erfordert 0,25 Sekunden oder rund ein Drittel der Durchlaufzeit eines roten Blutkörperchens durch diesen Bereich.

Damit die Lungen sich bei jedem Atemzug reibungslos dehnen und zusammenziehen können, sind sie von zwei elastischen Säcken (Rippen- und Lungenfell) umgeben, zwischen denen eine dünne Schicht Schmierflüssigkeit liegt.

1953 führt eine amerikanische Firma namens Plastiflex den ersten bruchfesten Schlauch ein. Es handelte sich um Vinylröhren mit Drahtverstärkung. Diese Schläuche waren geschmeidig genug, um ein Abknicken im spitzen Winkel unbeschadet zu überstehen, und so stabil, dass man sie nicht eindrücken konnte. Sie wurden weltweit zum Industriestandard, vom Staubsauger- zum Waschmaschinen- oder zum Wasserschlauch. Dabei imitiert dieses Schlauchdesign nur die menschliche Luftröhre und ihre wichtigsten Verzweigungen.

ROBUSTE, FLEXIBLE SCHLÄUCHE

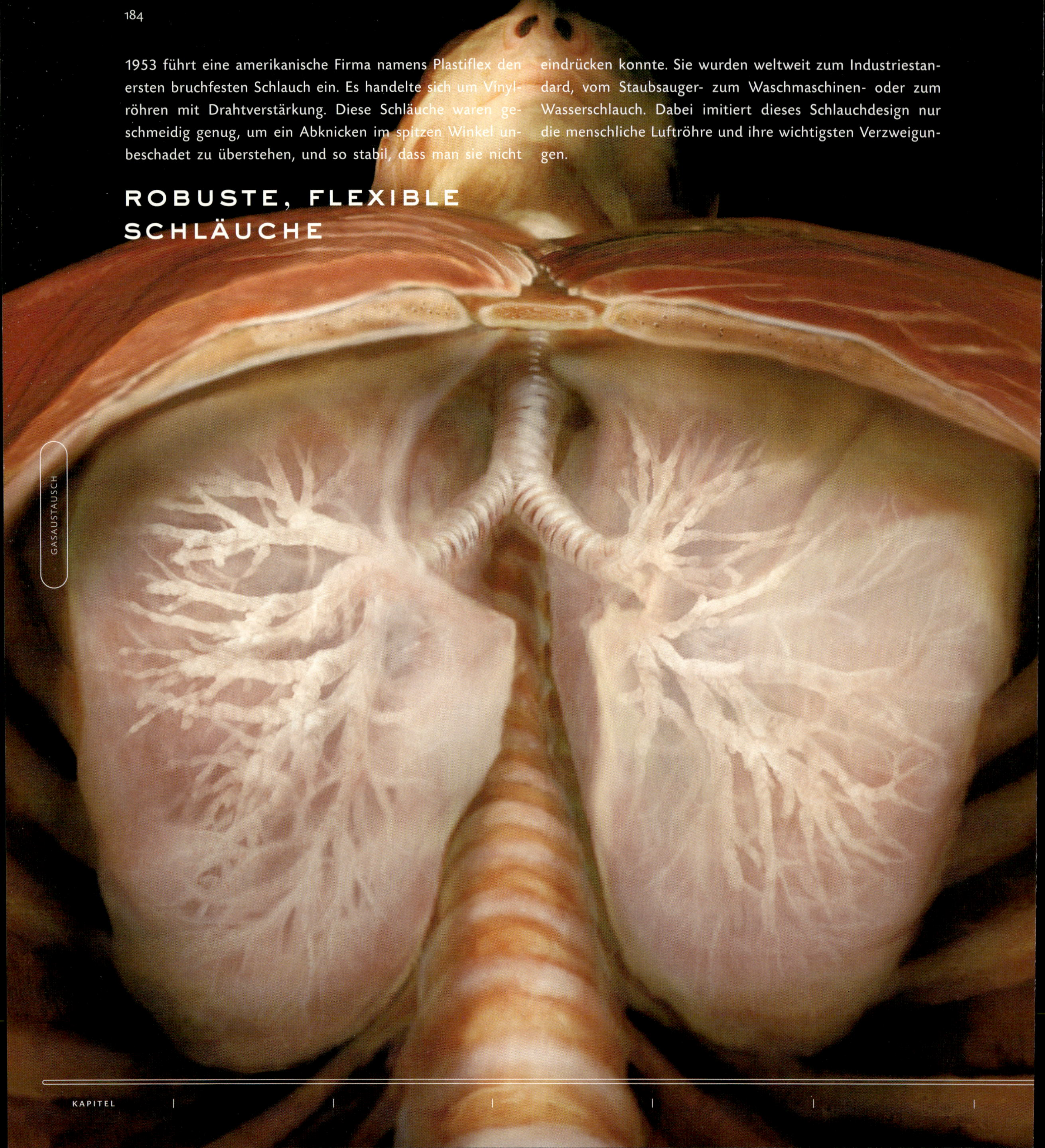

C-förmige Knorpelbänder umhüllen die wichtigsten Luftwege, damit diese nicht unter Druck kollabieren; so ist die Luftzufuhr stets gewährleistet. Die Knorpelringe dienen nicht nur als widerstandsfähige Fasern für die »Borke« des Bronchialbaums, als haltbare Außenhaut, sondern zugleich auch als Stützstruktur für die Gefäßwände der Luftwege. Der Stamm des Bronchialbaums spaltet sich in zwei Hauptäste, die Bronchen (sing. Bronchus, griechisch »Luftröhre«), einen für jede Lunge. Danach verzweigt er sich immer weiter in immer kleinere Verästelungen, die so genannten Bronchiolen, bis auf jeder Seite rund 30 000 winzige Äste erreicht sind. Dabei verschwindet die Knorpelringstruktur allmählich.

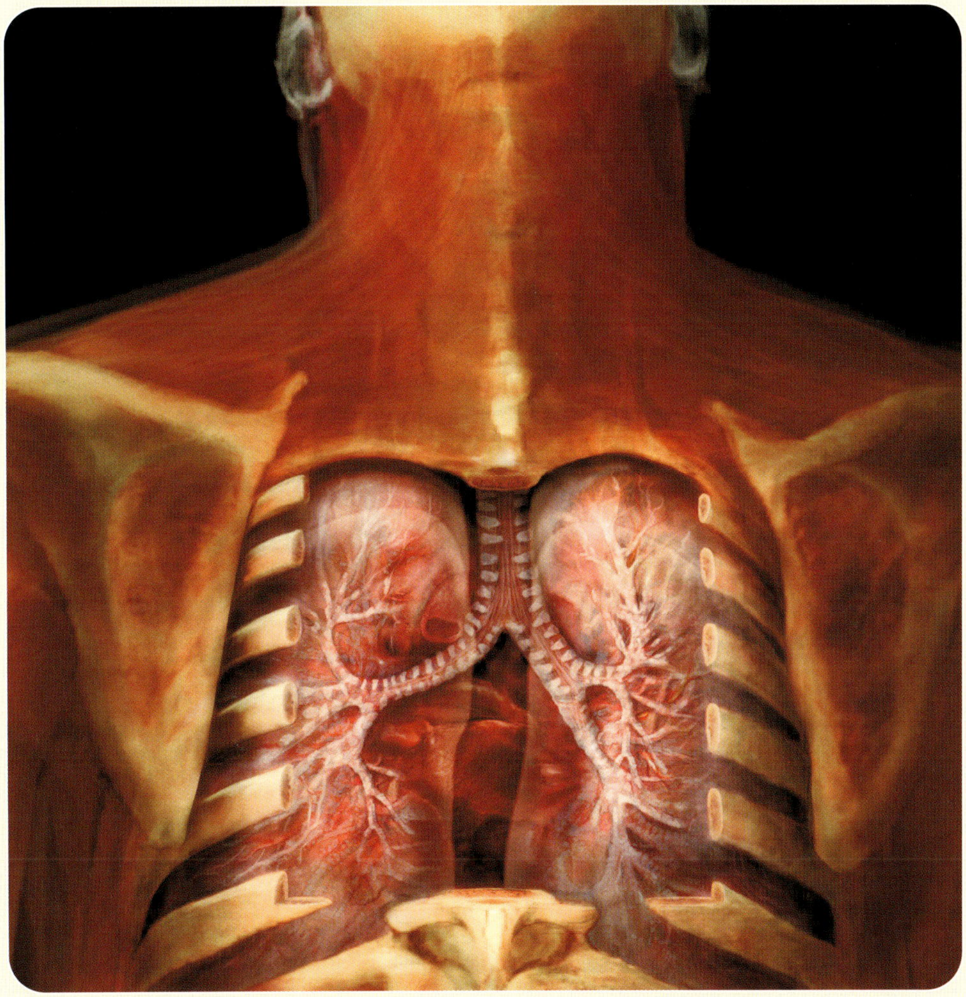

Die traubenförmig zusammengesetzten Lungenbläschen (Alveolen) sind mit mikroskopisch kleinen Blutgefäßen verschlungen. Die Atmung vergrößert in jedem Säckchen den Luftdruck, und die natürliche Tendenz der Moleküle, sich ungeordnet aus Räumen mit hoher Konzentration in solche mit geringerer Konzentration zu bewegen, sorgt dafür, dass der Sauerstoff schnell ins Blut gelangt, während umgekehrt potenziell giftiges Kohlendioxid in die entgegengesetzte Richtung abtransportiert wird. Der ganze Ballon besteht praktisch nur aus Lecks, und doch fällt er niemals in sich zusammen.

Kürzlich entwickelte Dr. Brack Hattler, Chirurg und Immunologe an der University of Pittsburgh, ein künstliches Atemgerät, das ganz ähnlich funktioniert. Hattlers künstliche Lunge trägt den Namen IMO (intravenöser bzw. implantierbarer Membran-Oxygenator) und besteht aus einem Katheter mit einem Ballon an der Spitze, der mit einer Vakuumpumpe verbunden ist. Der Ballon ist angefüllt mit tausenden Fasern aus halb durchlässigen Membranen. Das Ganze pulsiert ungefähr dreihundert Mal pro Minute, es »atmet« ein und aus und schafft dabei durch ständige Bewegung des Blutes die Vorbedingungen für Hochgeschwindigkeitsdiffusion. Hattlers Gerät ist so den herkömmlichen mechanischen Herzlungenmaschinen potenziell überlegen, die das Blut aus dem Körper ziehen, durch Gasaustausch- und Heizgeräte schleusen und anschließend mit einer Kraft in den Körper zurückpumpen, die die Zellen einer permanenten Zerreißprobe aussetzt.

GASAUSTAUSCH

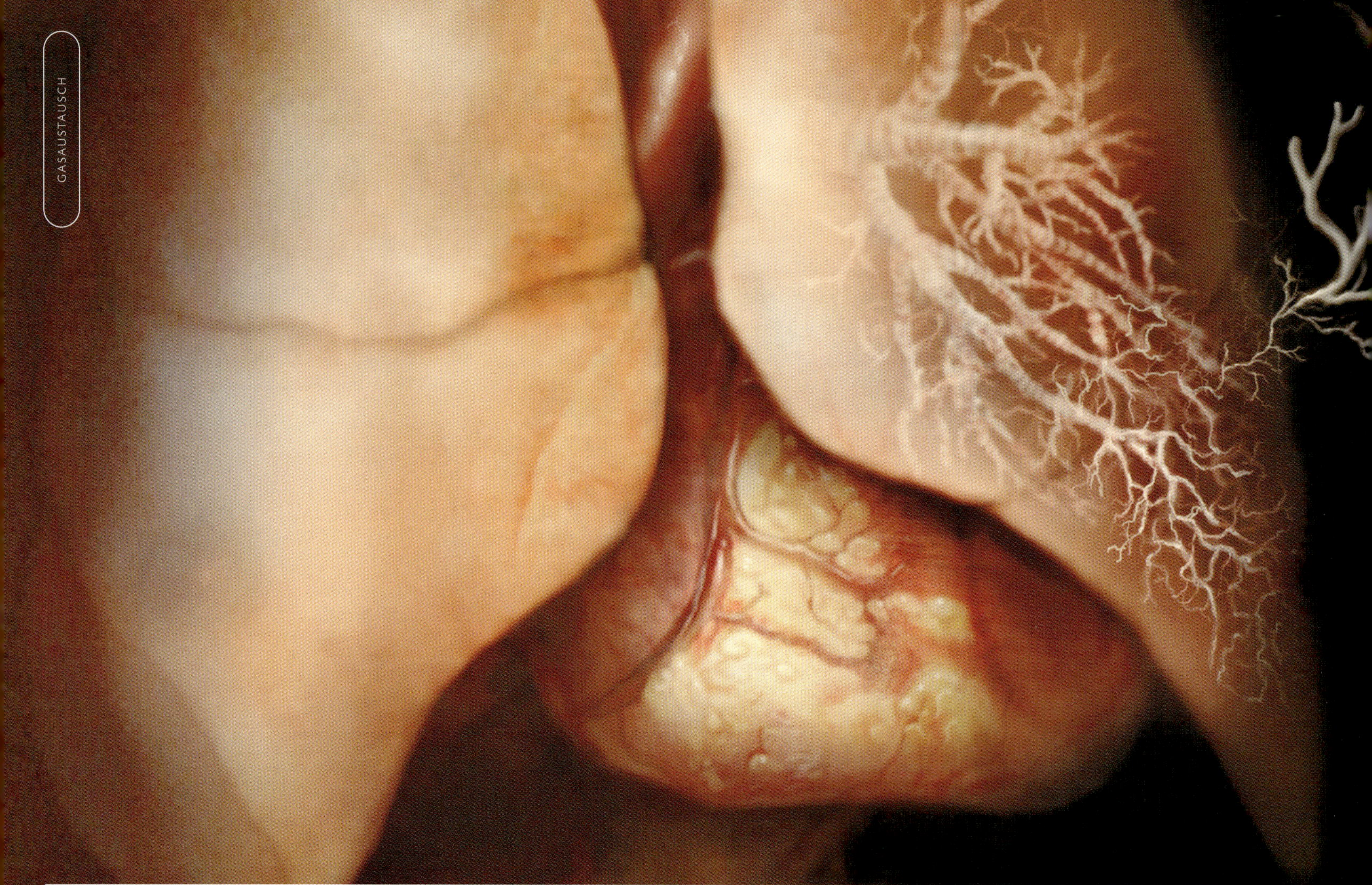

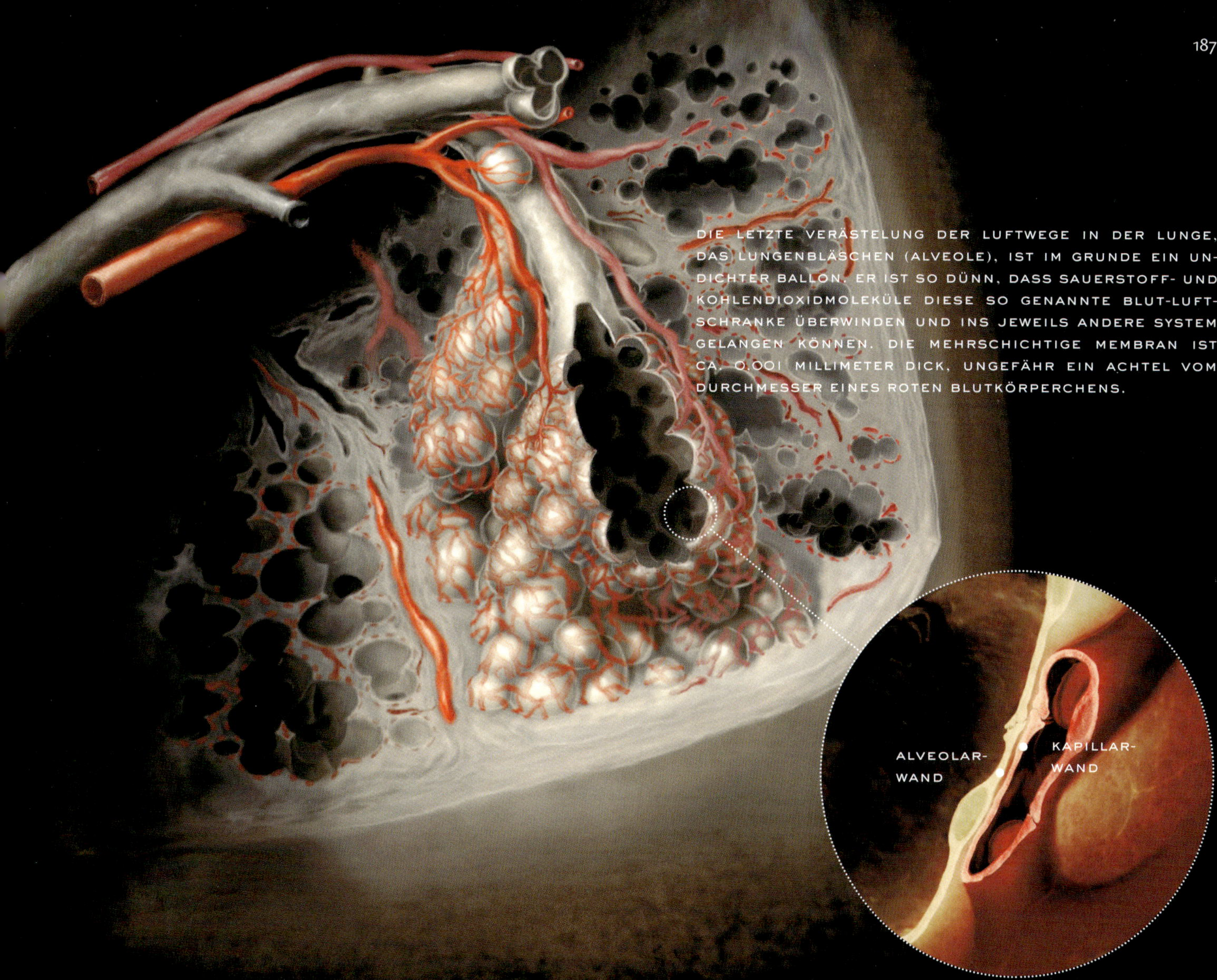

DIE LETZTE VERÄSTELUNG DER LUFTWEGE IN DER LUNGE, DAS LUNGENBLÄSCHEN (ALVEOLE), IST IM GRUNDE EIN UNDICHTER BALLON. ER IST SO DÜNN, DASS SAUERSTOFF- UND KOHLENDIOXIDMOLEKÜLE DIESE SO GENANNTE BLUT-LUFT-SCHRANKE ÜBERWINDEN UND INS JEWEILS ANDERE SYSTEM GELANGEN KÖNNEN. DIE MEHRSCHICHTIGE MEMBRAN IST CA. 0,001 MILLIMETER DICK, UNGEFÄHR EIN ACHTEL VOM DURCHMESSER EINES ROTEN BLUTKÖRPERCHENS.

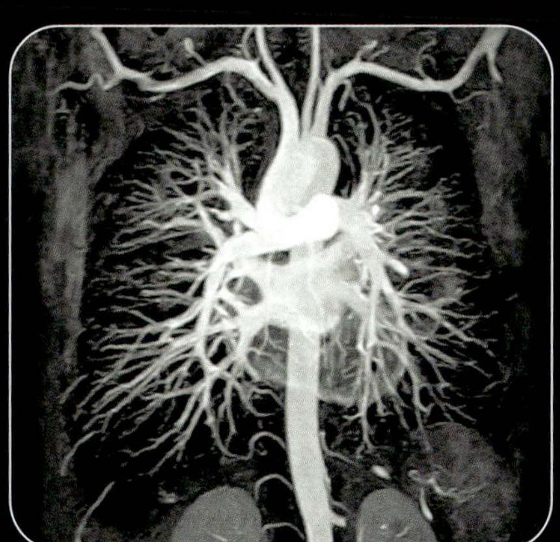

DER LUNGEN-BLUTKREISLAUF

Das vom Herzen durch die Lungenarterien in die Lunge gepumpte Blut ist sauerstoffarm, verbraucht, während das durch die Lungenvenen zum Herzen gepumpte Blut hellrot und sauerstoffreich ist. Nachdem das verbrauchte Blut in den rechten Herzvorhof gelangt ist, wird es in die rechte Herzkammer gepresst und dann in die Lungen gepumpt – im Ruhezustand rund 5 Liter pro Minute. Von hier an verzweigt sich die Hauptarterie immer weiter und schleust dabei die Blutzellen durch das Lungengewebe. Wie Telefonleitungen Bahngleisen folgen, so folgen auch die Arterien in immer feineren Verästelungen dem Weg der Bronchen und Bronchiolen. Am Ende umklammern winzige Kapillargefäße die einzelnen Lungenbläschen. Wenn das Blut die Alveolen wieder verlässt, vereinigen sich andere Kapillargefäße zu immer größeren Venen, die das sauerstoffreiche Blut schließlich in zwei Hauptvenen gesammelt zum Herzen zurücktransportieren.

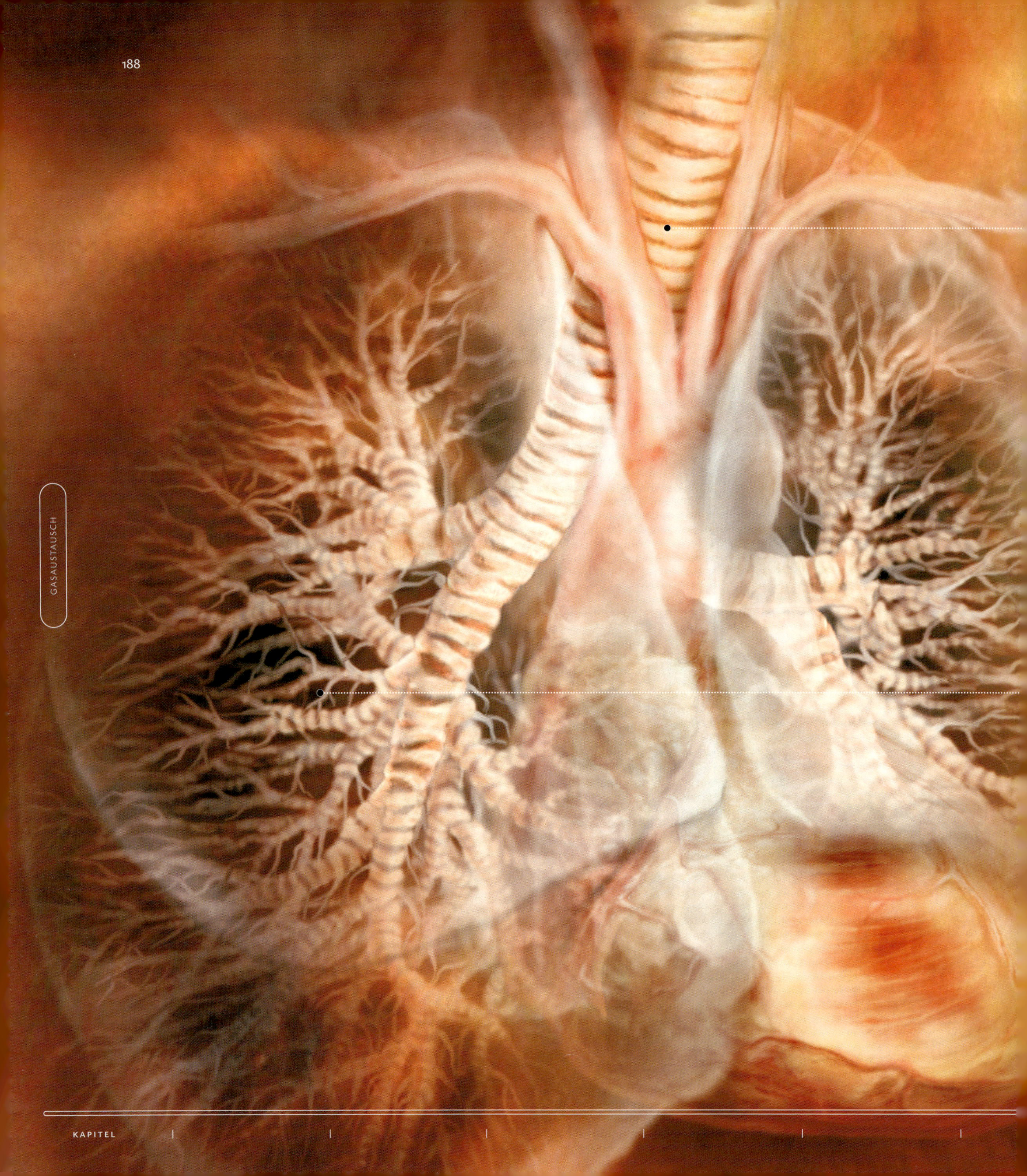

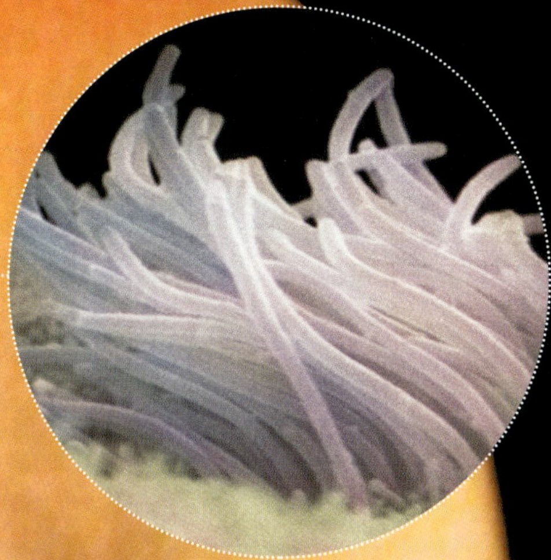

WIE EIN UNENDLICH KLEINER MOPP ENTSPRINGEN AUS DEN ZELLEN, DIE DIE LUFTRÖHRE AUSKLEIDEN, KLEINE HÄRCHEN (ZILIEN). DURCH RHYTHMISCHES SCHWINGEN BEFÖRDERN SIE STAUBBELADENEN SCHLEIM AUFWÄRTS IN DIE KEHLE. VON DORT KANN DIESER SCHLEIM VERSCHLUCKT ODER AUSGESPUCKT WERDEN.

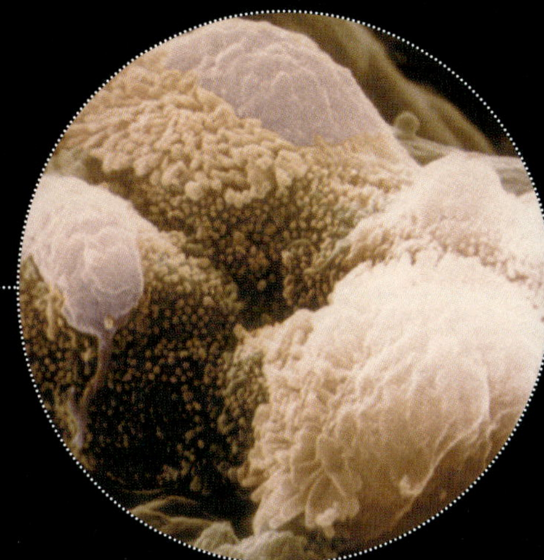

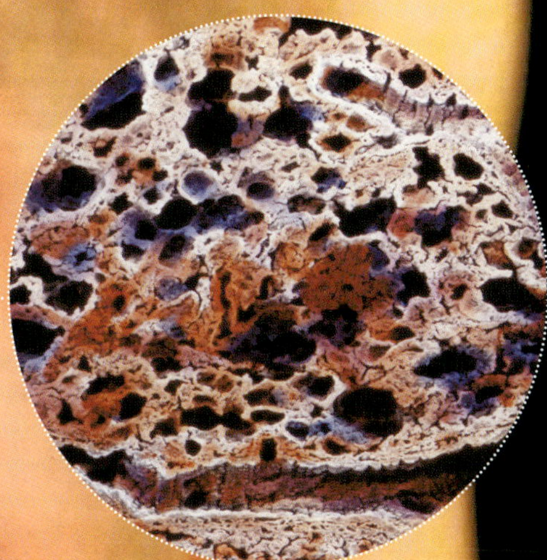

MIKROSKOPISCHE ANATOMIE

Die kleinsten Strukturen des Atmungssystems haben das gemeinsame Ziel, die Geschwindigkeit und die Effizienz zu optimieren, mit denen sich Gasmoleküle zwischen ihnen bewegen. Dichte Kapillarbetten, jeweils nur eine Zelle stark (diese Zellen heißen Pneumozyten), umgürten die Lungenbläschen (vgl. die mittlere und die untere Ausschnittvergrößerung). So sind Bläschen in Bläschen eingeschlossen – ein Bauprinzip, das die Diffusion beschleunigt und zugleich physische Stabilität garantiert. Der ständige Luftzustrom zu den Lungenbläschen erfolgt durch ein Netzwerk von sich verzweigenden Hohlröhren. Dieser Bau ähnelt dem von Seeanemonen, Brokkoli oder Eichen.

SPIEGELUNGEN IN DER NATUR

Die lange, zylindrische, aus Gründen struktureller Stabilität in ringähnliche Segmente aufgeteilte Luftröhre ähnelt einem Regenwurm – eine gerade Röhre innerhalb einer Röhre. Alveolensäckchen in den Lungen sind ähnlich wie Sporen von runzligen, querverbundenen Membranen umgeben. Sporen sind von mehreren Proteinschichten umhüllt, welche die

KNORPELRINGE DER LUFTRÖHRE

REGENWURM

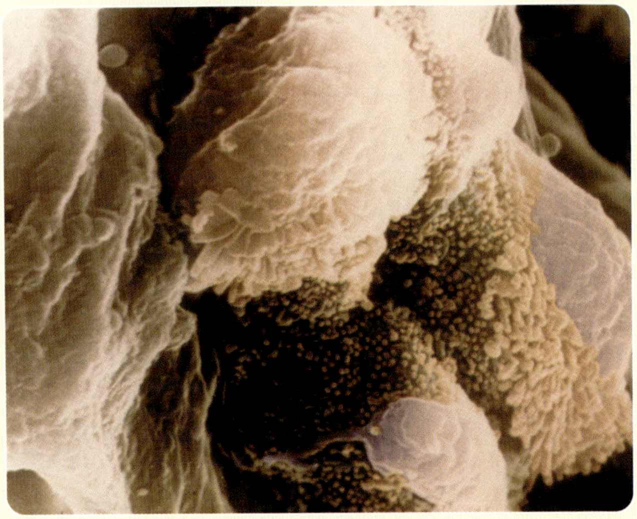

ALVEOLENSÄCKCHEN IN DER LUNGE

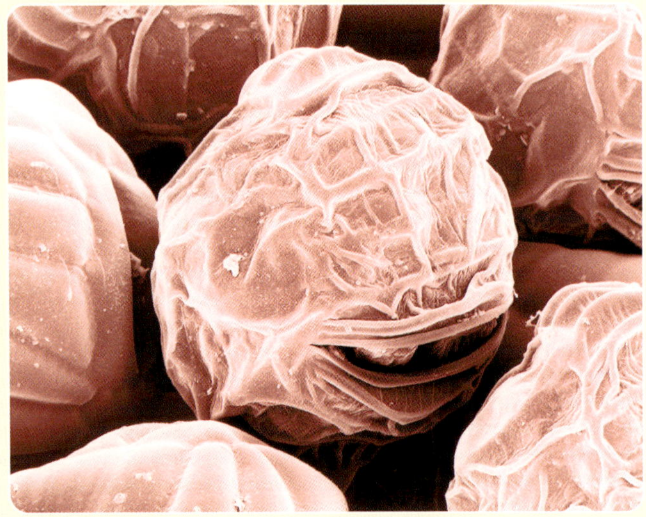

FARNSPOREN

DNA-Fracht stabilisieren. Der dicht verzweigte Bronchialbaum, der die Luft zu den Lungenbläschen transportiert, ist das Spiegelbild entlaubter Baumäste im Winter. Wie Lungengewebe weisen auch Blätter, die Hauptorgane der Fotosynthese, Wabenstrukturen mit Lufträumen auf, damit das Kohlendioxid zu den einzelnen Zellen gelangen kann.

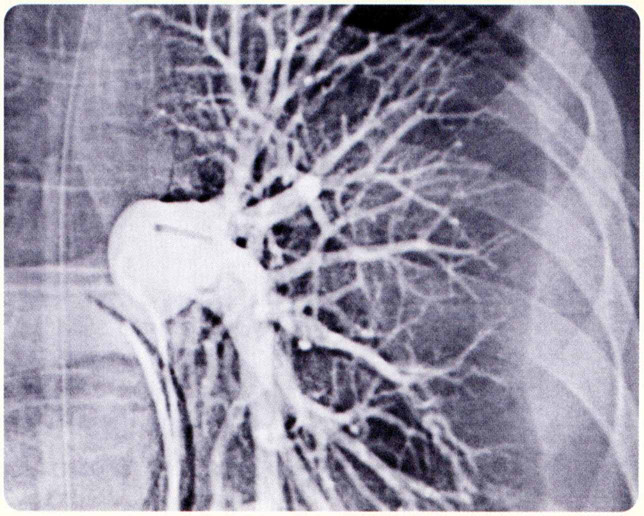

BRONCHIALVERÄSTELUNGEN

LAUBLOSES BAUMGEÄST

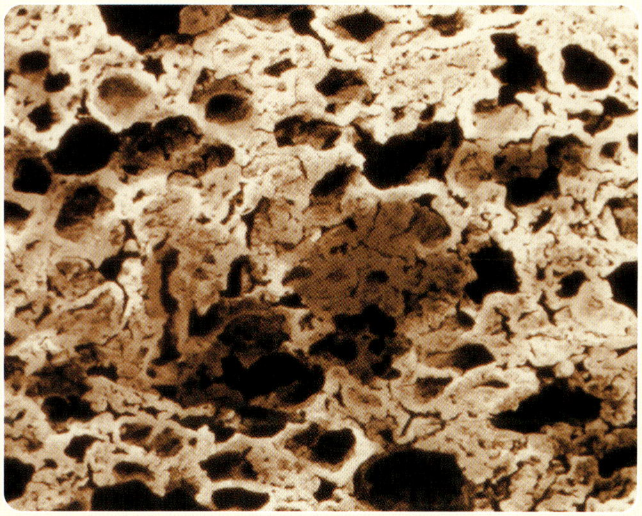

LUNGENGEWEBE UND LUFTWEGE

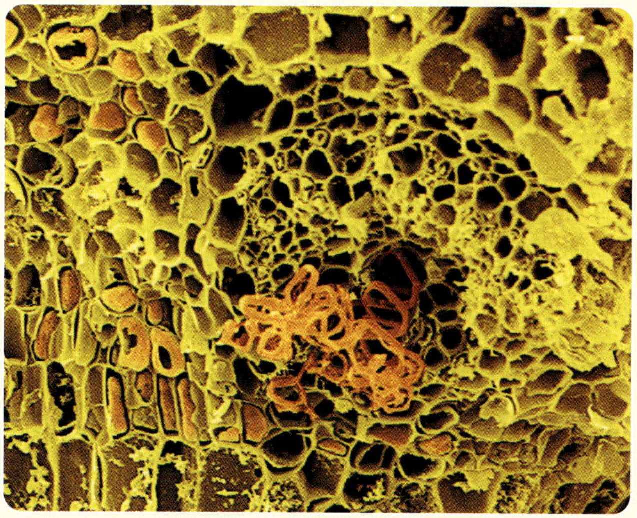

QUERSCHNITT DURCH EIN BLATT

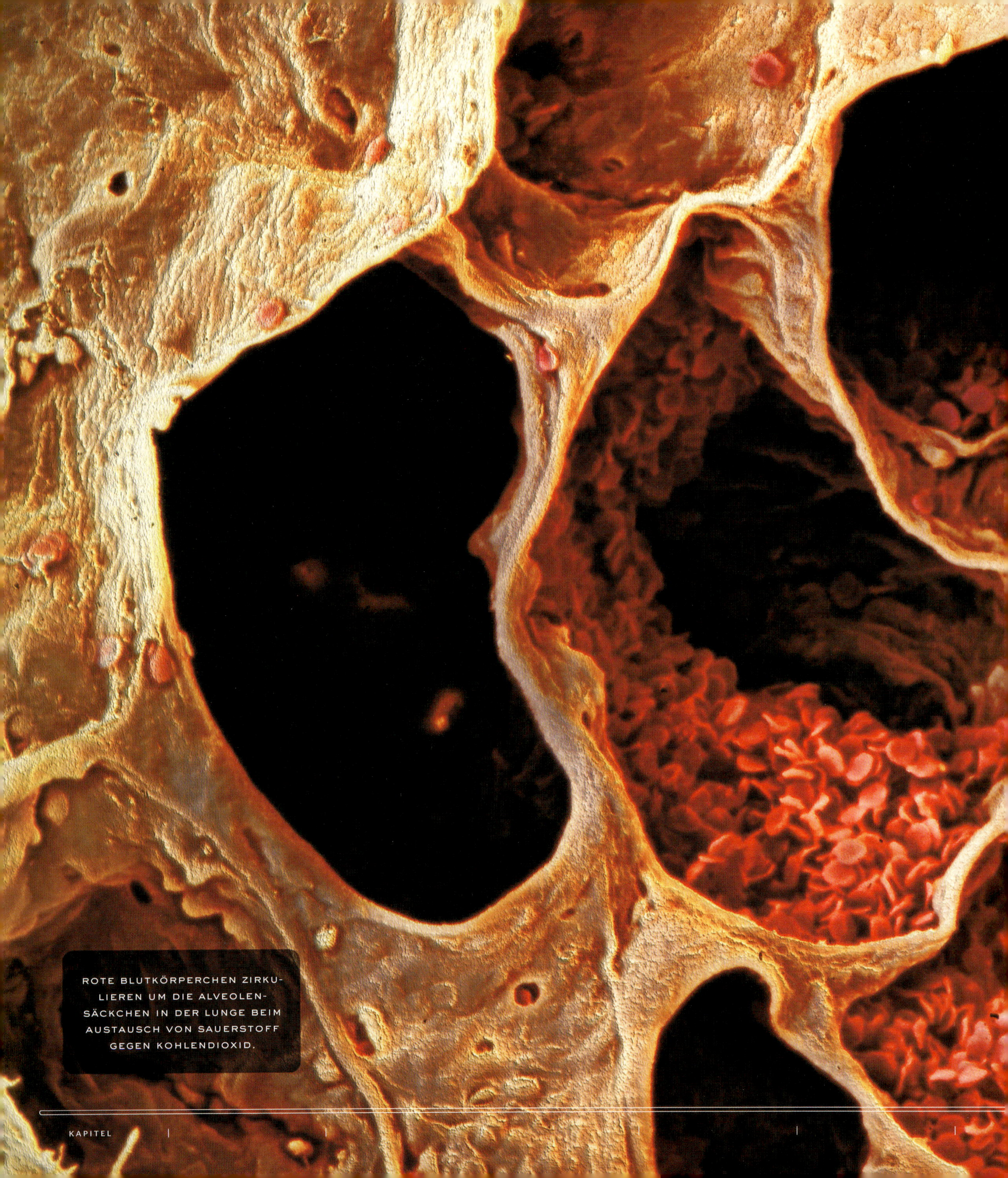

ROTE BLUTKÖRPERCHEN ZIRKULIEREN UM DIE ALVEOLENSÄCKCHEN IN DER LUNGE BEIM AUSTAUSCH VON SAUERSTOFF GEGEN KOHLENDIOXID.

Feste Nahrungsaufnahme und Abfallbeseitigung

– das Verdauungssystem

Der Verdauungstrakt, der sich geschmeidig von den Lippen bis zum Mastdarm schlängelt, kehrt den normalen Evolutionsverlauf um; er bricht komplexe biologische Strukturen in einfachere auf. Im Jahre 2001 inspirierte diese gewundene Architektur aus Röhren, Ventilen und Reservoirs den Mixed-Media-Künstler Tim Hawkinson aus Los Angeles zu einer gigantischen Skulptur, einer Art automatischem Harmonium. Indem Hawkinson zwölf organisch geformte durchsichtige Ballons, manche von ihnen bis zu 6 Meter hoch, über ein zentrales Leitungswerk aus Polyäthylenschläuchen mit Druckluft versorgte, schuf er ein Instrument, das wie ein gigantisches Verdauungssystem aussah – und wie ein solches auch Töne von sich gab: Es grummelte, trompetete und produzierte Windgeräusche. Dieses »Überorgan« (so der Originaltitel) war so groß wie ein Fußballfeld und damit definitiv der größte Dudelsack der Welt.

Unser eigener Verdauungstrakt ist 7 bis 8 Meter lang und sehr ausdrucksstark, auch wenn uns das oft peinlich ist. Im Kern besteht er aus einer langen gewundenen Röhre mit gut geschmierten Schleimhäuten – dem Magen-Darm-Kanal, der mit Muskelkraft betrieben wird. Wie eine Girlande begleiten diesen Trakt von Anfang bis Ende zusätzliche Organe mit genau definierten Aufgabenbereichen – von Zunge und Zähnen bis zur Gallenblase und zur Bauchspeicheldrüse. Man kann sich das Ganze auch als pulsierendes Fließband vorstellen, an dem bei beträchtlichem Materialanfall Präzisionsmaschinen aufeinander folgende Wellen komplexer Nährstoffe zerkleinern, zerdrücken, weiterbefördern, sortieren, konvertieren und beseitigen und dabei nach und nach einzelne Nahrungsmoleküle herausziehen.

Man schätzt, dass ein Mensch im Durchschnitt im Lauf seines Lebens etwa 20 Tonnen Nahrung zu sich nimmt. Neuere Studien zur Fettleibigkeit zeigen, dass Frauen, die im Allgemeinen kleiner und weniger muskulös sind als Männer, Kalorien langsamer verbrennen und deshalb mehr zu sich nehmen. Ihr Essverhalten und ihr Bedürfnis, in Form von Fett Energie zu speichern, sind biologisch gesehen vorteilhaft bei der Geburt und beim Stillen.

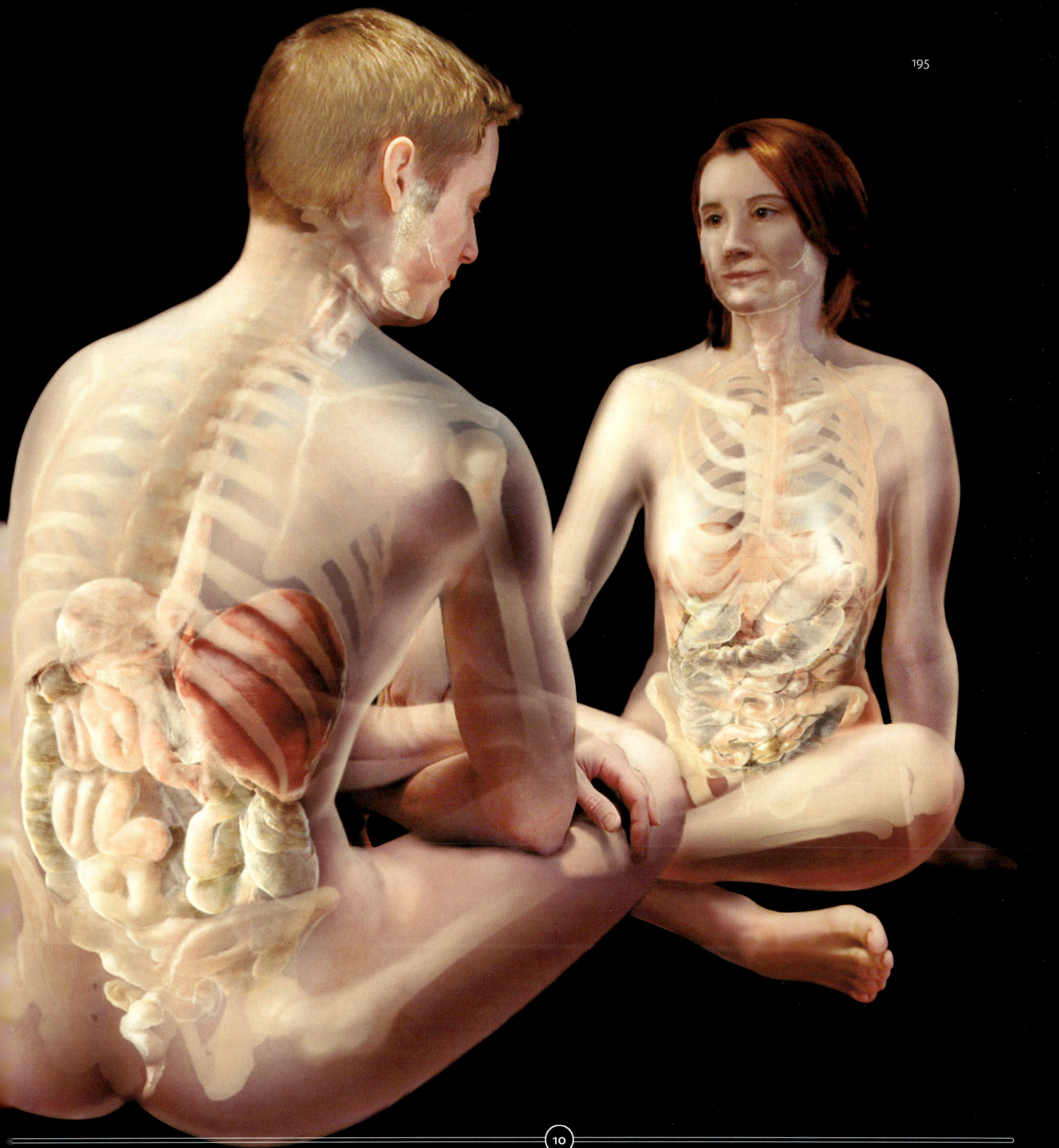

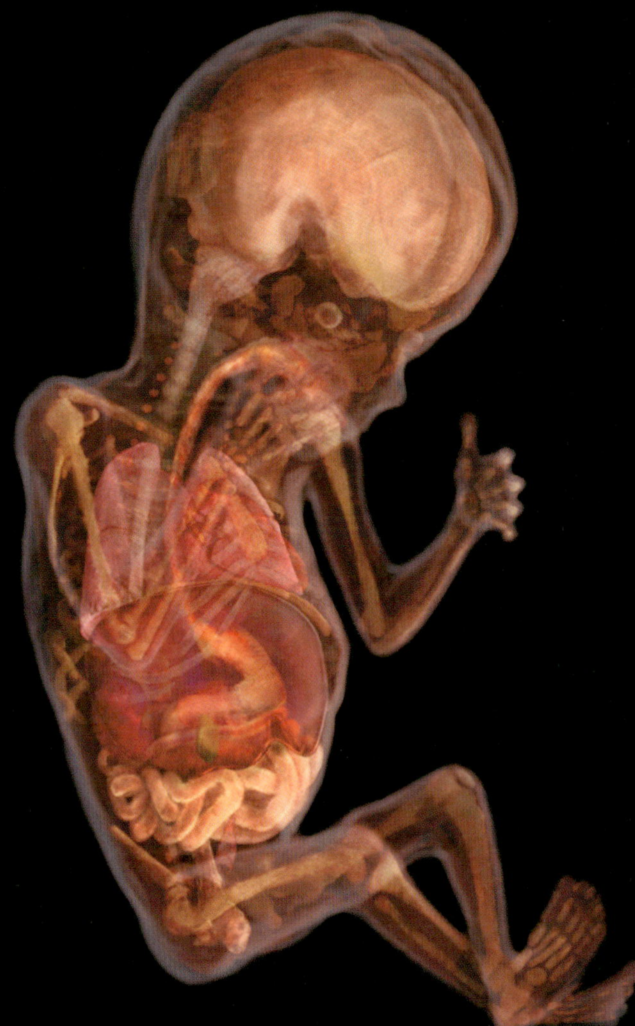

MONTAGE

Das embryonale Verdauungssystem hat – anders als das Kreislaufsystem – noch keine Aufgaben zu erfüllen. Lediglich die Leber fungiert vorübergehend, solange noch nicht genug Knochenmark vorhanden ist, als Blutbildungsorgan. Alle anderen Strukturen des Verdauungssystems müssen sich bei Embryonen noch herausbilden, um für zukünftige Aufgaben gerüstet zu sein – wie bewaffnete Streitkräfte in Friedenszeiten. Im primitiven Stadium bilden die Organe des Verdauungstraktes eine fortlaufende Röhre, die mit zwei Membranen an der Bauchwand befestigt ist. Wenn sich die einzelnen Organe entwickeln, knospen sie an ihren jeweiligen Positionen aus und begeben sich auf eine windungsreiche Reise, bevor sie ihre endgültige Lage erreicht haben. Die umgebenden Membranen einiger dieser Organe – Bauchspeicheldrüse, Zwölffingerdarm, aufsteigender und absteigender Dickdarm – verschmelzen mit den Membranen an der rückwärtigen Innenseite des Körpers und verankern so diese Organe dauerhaft. Danach können die Organe des Magen-Darm-Trakts sich wieder unabhängig voneinander weiterschlängeln und massive Stöße von innen wie von außen auffangen.

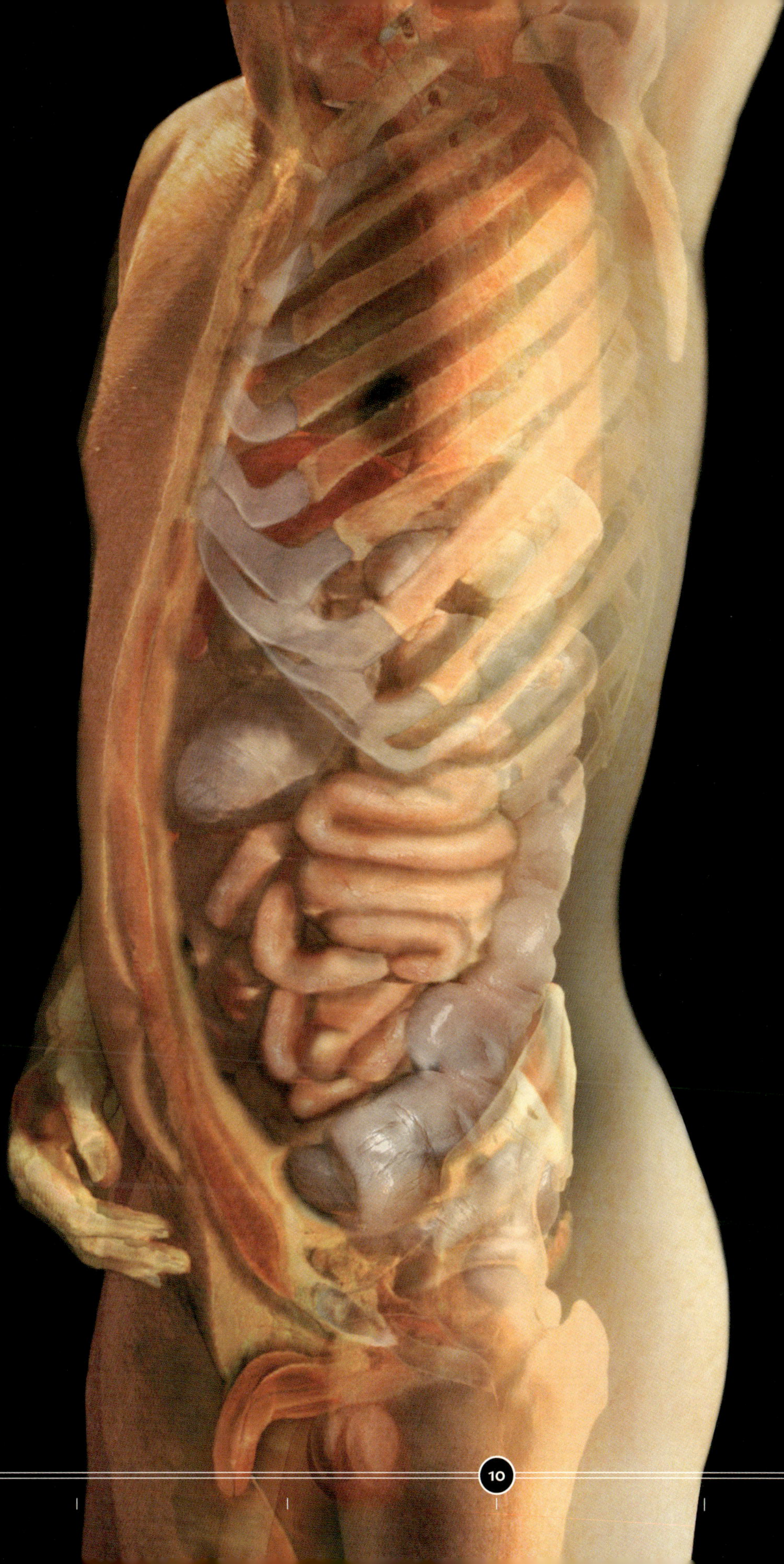

DAS GANZE SYSTEM

Von oben bis unten besteht das Verdauungssystem von Mann und Frau aus denselben Strukturen in denselben Proportionen. Es gibt jedoch Ausnahmen: männliche Kiefer und Zähne sind etwas größer (womit sie vielleicht an die Rolle des Ernährers angepasst sind) und die Organe des unteren Darmtrakts sitzen bei Frauen ein wenig tiefer und breiter, was mit der Form des weiblichen Beckens zusammenhängt.

Bei vielen Stoffwechselvorgängen gibt es markante Unterschiede zwischen den Geschlechtern, zum Beispiel bei einigen chemischen Prozessen, die mit der Aufnahme fester und flüssiger Nahrung zu tun haben. Bei Frauen verlassen feste und flüssige Stoffe den Körper wesentlich langsamer als bei Männern. Von bestimmten Chemikalien, die giftige Moleküle, also auch Drogen, aus den Zellen abtransportieren, sondert die männliche Leber ungefähr doppelt so viel ab, während Frauen von dem Magenenzym, das Alkohol abbaut, weniger produzieren. Die Folge: Haben Frauen dieselbe Menge Alkohol getrunken wie Männer, so liegt ihr Alkoholspiegel im Blut deutlich höher, selbst wenn man Größenunterschiede zwischen Mann und Frau berücksichtigt. Auch der Stoffwechselprozess beim Drogenabbau unterscheidet sich bei Männern und Frauen; daraus resultieren unterschiedliche Reaktionen in der Therapie sowie unterschiedliche Langzeitfolgen.

GESCHLECHTSUNTERSCHIEDE

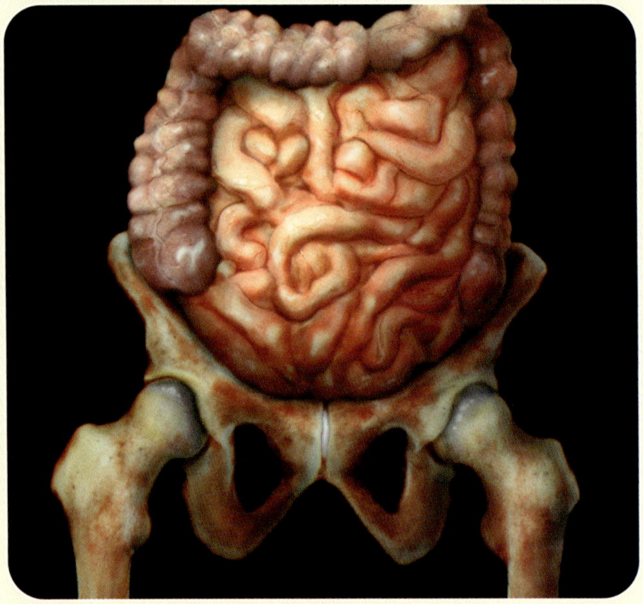

MANN

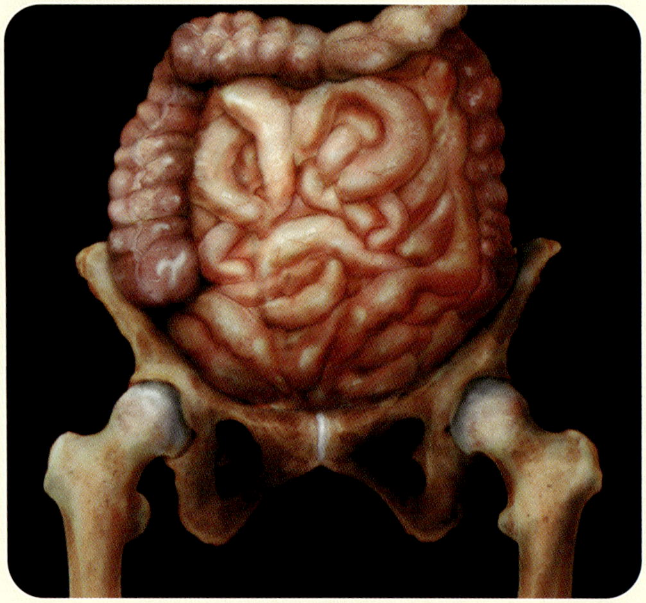

FRAU

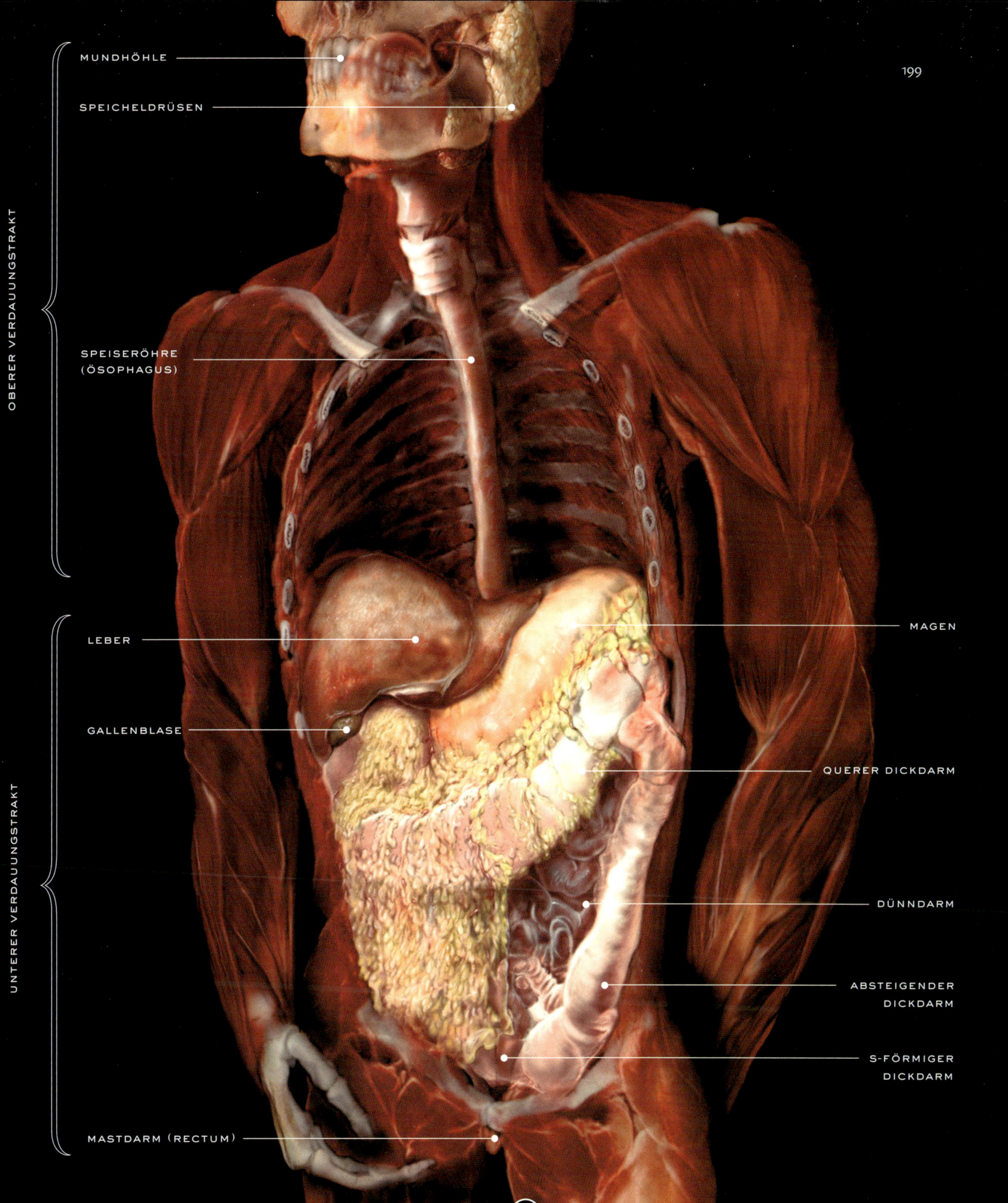
OBERER VERDAUUNGSTRAKT
MUNDHÖHLE
SPEICHELDRÜSEN
SPEISERÖHRE (ÖSOPHAGUS)
UNTERER VERDAUUNGSTRAKT
LEBER
GALLENBLASE
MASTDARM (RECTUM)
MAGEN
QUERER DICKDARM
DÜNNDARM
ABSTEIGENDER DICKDARM
S-FÖRMIGER DICKDARM

»Wer den Mund zu voll hat, kann nicht kauen.«
Chinesisches Sprichwort

DER EINGANGSBEREICH

Als flexibler, ovaler Vorraum, dessen Eingangstüren sich unentwegt öffnen und schließen und dessen Seiten sich immer wieder heben und senken; als ein Ort, wo ganze Reihen elfenbeinerner Nägel und Ambosse alles kurz und klein reißen und zerdrücken, was in diesen Vorraum gelangt; wo Wasser und zersetzende Chemikalien hinter den Wänden und unter dem Boden hervor spritzen; und wo feste Muskelpakete alles, was hineingelangt, drehen und wenden und zu einem feuchten Klumpen zusammendrücken, bevor es im dunklen Orkus verschwindet – als ein solcher Vorraum ähnelt der Mund in seiner Mechanik einer bösartigen Geisterbahn.

Alle Komponenten dieses Raumes haben unterschiedliche Aufgaben und lösen unterschiedliche Probleme. Die Lippen verbergen einen willkürlichen Muskel. Einem Ringmuskel gleich, dient er nicht nur dazu, eine Öffnung zu schließen und zu öffnen, sondern auch dazu, die Lippen sinnlich vorzuwölben und ein Lächeln hervorzuzaubern, das jedem Menschen gut zu Gesicht steht. Zweiunddreißig bleibende Zähne – einige scharf wie Meißel, einige spitz, andere breit, flach und etwas höckerig – zerschneiden, zerreißen und zermahlen alles Mögliche, von Dörrfleisch bis Trauben-Nuss-Schokolade. An der Zungenoberfläche und im hinteren Rachenraum brechen Tausende mikroskopisch kleiner Papillen hervor, die wie geschälte Orangen aussehen und aus denen kleine Härchen hervorstehen – Antennen zur Entdeckung von Geschmacksmolekülen. Die auf Süß geeichten Geschmackspapillen sitzen

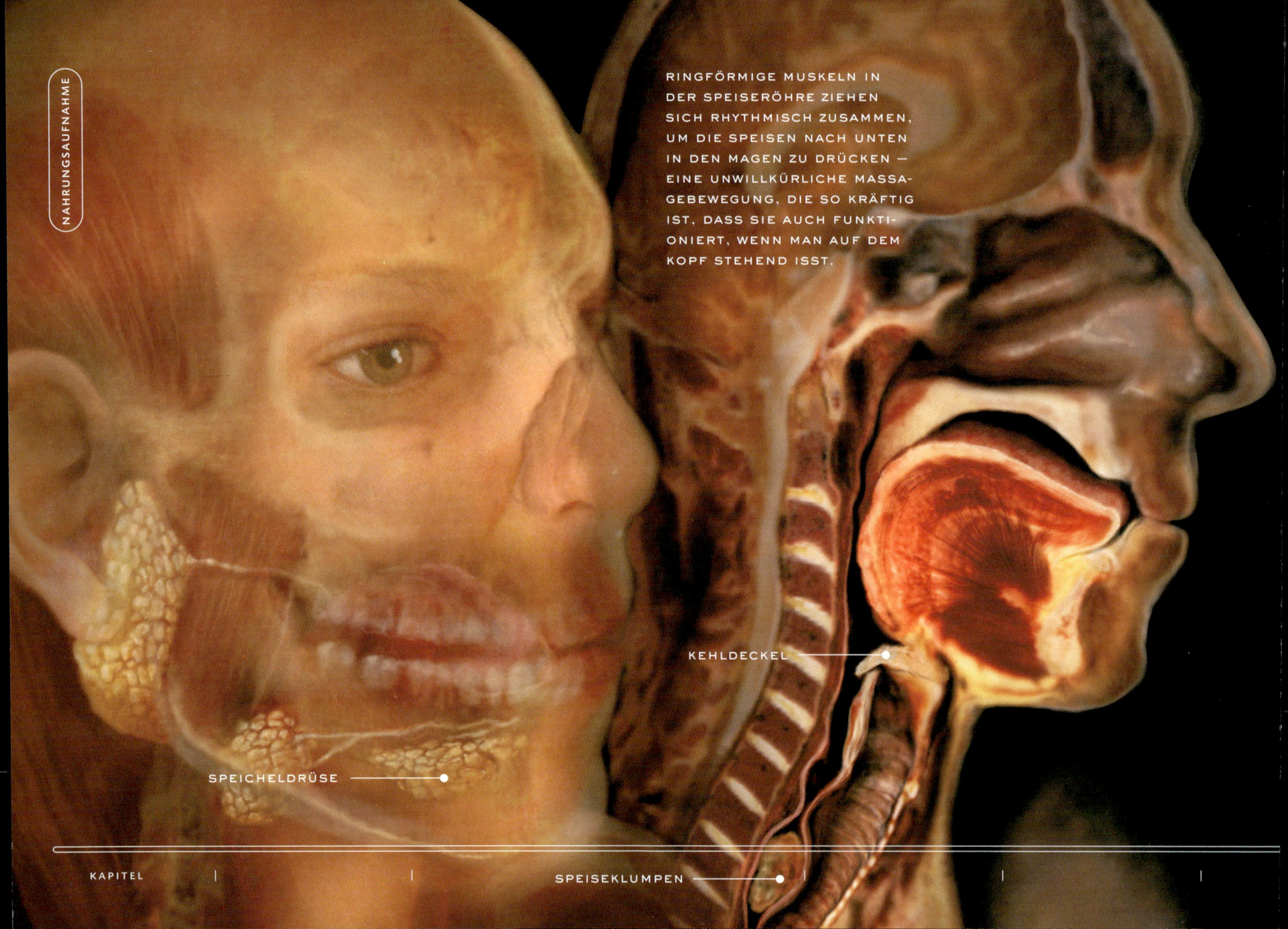

RINGFÖRMIGE MUSKELN IN DER SPEISERÖHRE ZIEHEN SICH RHYTHMISCH ZUSAMMEN, UM DIE SPEISEN NACH UNTEN IN DEN MAGEN ZU DRÜCKEN – EINE UNWILLKÜRLICHE MASSAGEBEWEGUNG, DIE SO KRÄFTIG IST, DASS SIE AUCH FUNKTIONIERT, WENN MAN AUF DEM KOPF STEHEND ISST.

Drei Paar Speicheldrüsen, die wie Pfefferschoten aussehen und unter dem Kinn sowie vor den Ohren liegen, sorgen für Geschmeidigkeit, indem sie das Zerkaute mit Speichel herunterspülen. Wenn wir im Bild der Geisterbahn bleiben wollen, so ist der Eingang zum Orkus das Problem, denn dieser Schlund dient zugleich als Luftkanal. Die Lösung ist die Kehle, eine konische Röhre mit einem Knorpelverschluss (dem Kehldeckel, Epiglottis), der bei einem Schluckvorgang den Eingang zur Luftröhre automatisch verschließt. Wenn die weichen Speiseklumpen diesen Punkt passiert haben, sacken sie durch die Speiseröhre abwärts, um anschließend im Magen weiter zerknetet und zerlegt zu werden.

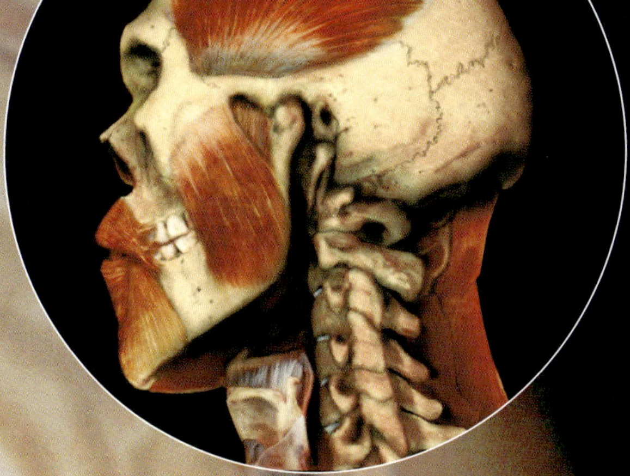

DAS KAUEN WIRD VON EINER MUSKELGRUPPE BEWERKSTELLIGT, DIE FÜR DIE BEWEGUNGEN DES KIEFERS ZUSTÄNDIG IST. NEBEN DER ZERKLEINERUNG DER SPEISEN VOR DEM ESSEN IST DER KAUVORGANG DIE ERSTE STUFE DER VERDAUUNG. DIE ZWEITE PHASE WIRD VON ENZYMEN IM SPEICHEL EINGELEITET.

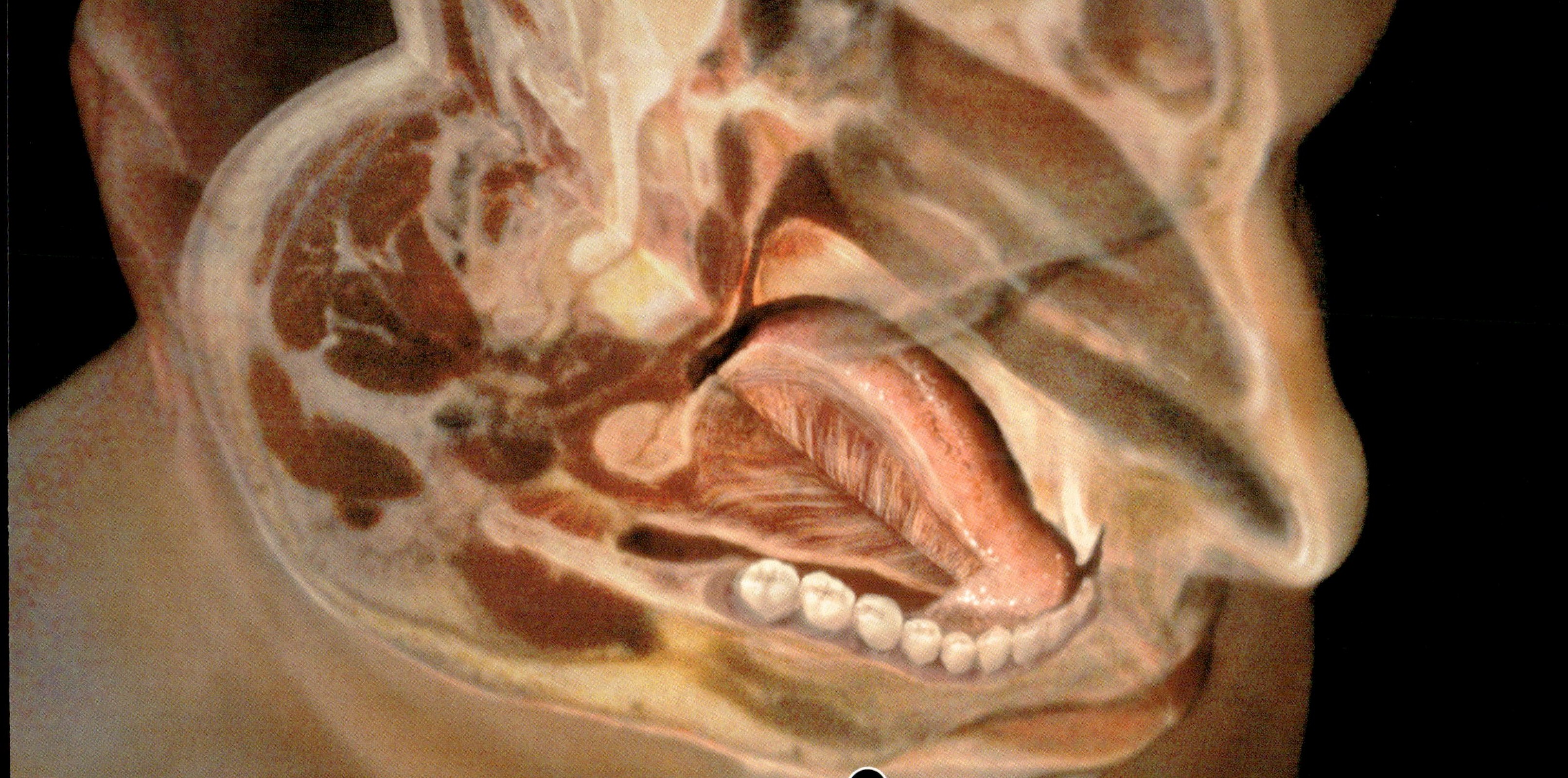

Die Ärzte im Europa des frühen 19. Jahrhunderts hatten keine Möglichkeit, den Vordauungsvorgang im Innern des Körpers in natura zu beobachten. Sie stritten sich deshalb, ob der Magen die Speisen zermahlt, zerkocht oder chemisch abbaut. »Manche behaupten, der Magen sei eine Mühle, andere, er sei ein Gärfass, und wieder andere, er sei ein Kochtopf«, schrieb ein englischer Chirurg. Dann erlitt 1822 ein kanadischer Trapper einen Magendurchschuss, der ein rund 6 Zentimeter weites Loch hinterließ, das nicht wieder zuheilen wollte. So hatte der ihn behandelnde amerikanische Armeearzt Dr. William Beaumont die Möglichkeit, an der offenen Wunde Experimente durchzuführen. Er führte zum Beispiel über das Wundloch Speisebrocken in den Magenhohlraum ein und beobachtete deren Zersetzung. So konnte er zeigen, dass Magensaft zersetzende Eigenschaften hat und dass zur Verdauung Wärme benötigt wird.

MÜHLE, GÄRFASS ODER KOCHTOPF?

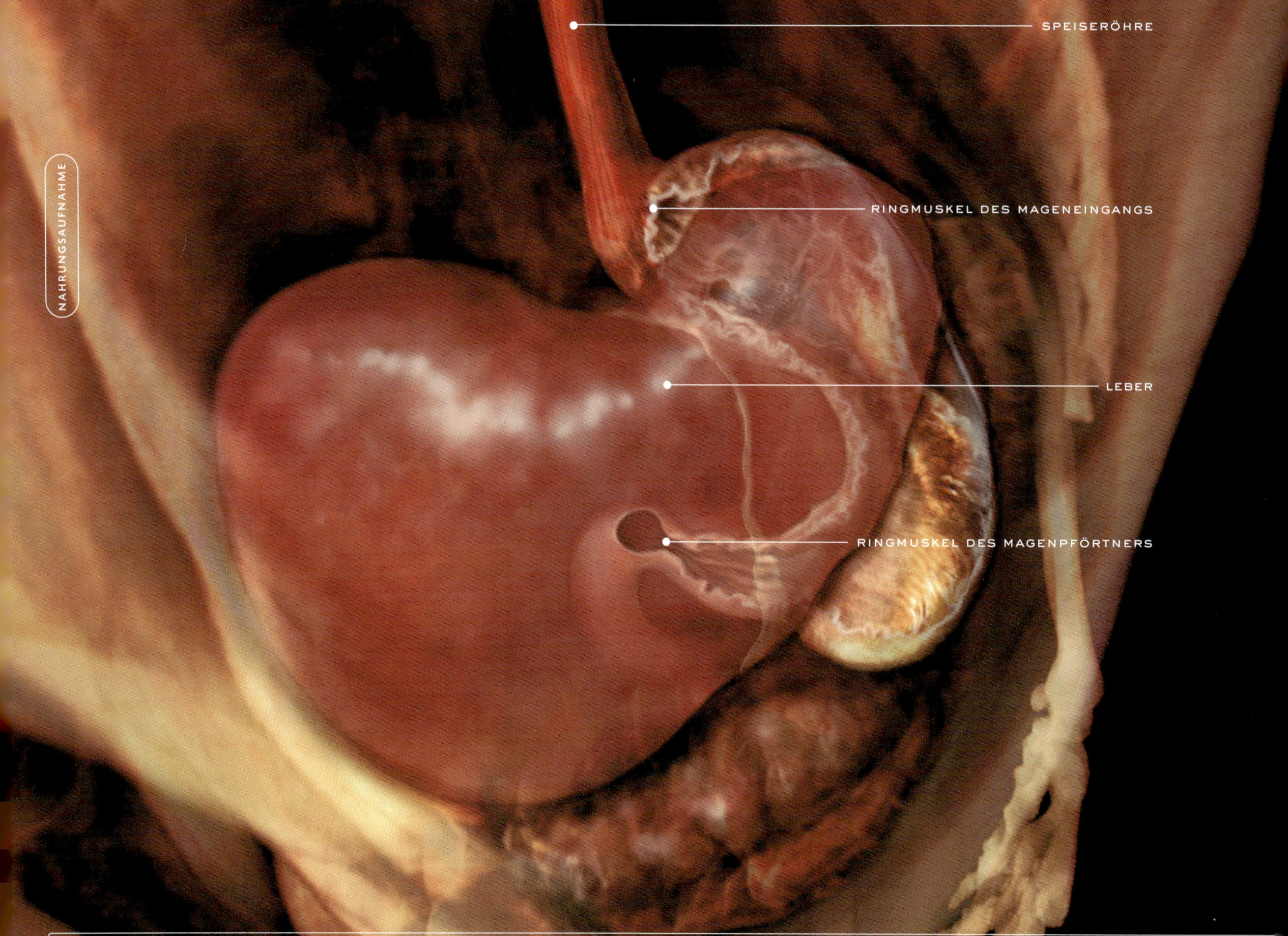

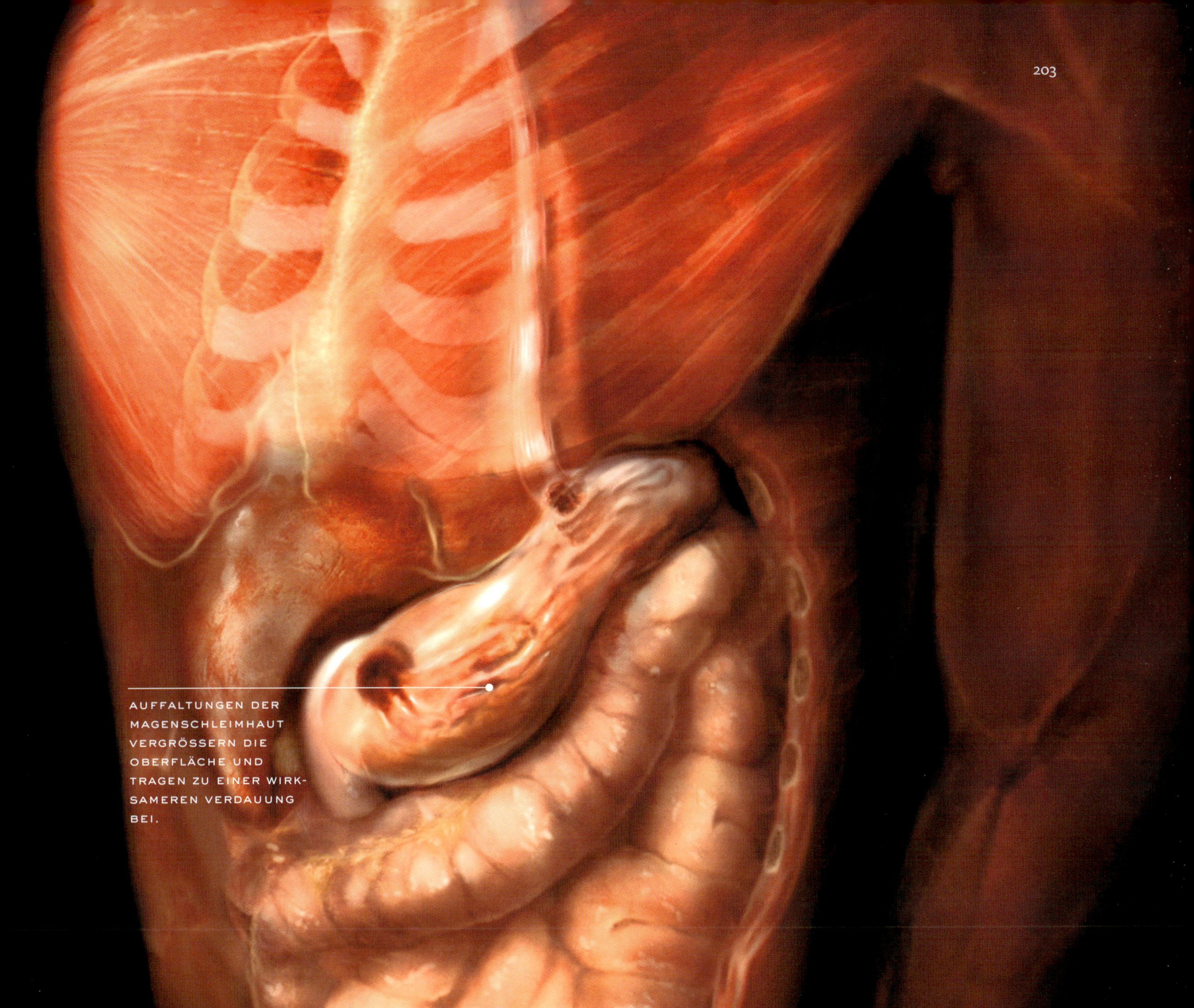

AUFFALTUNGEN DER MAGENSCHLEIMHAUT VERGRÖSSERN DIE OBERFLÄCHE UND TRAGEN ZU EINER WIRKSAMEREN VERDAUUNG BEI.

Der Magen ist ein aufblasbarer, J-förmiger Sack unterhalb der Rippen. Er ist mit einer verstärkten Wand versehen, zu der drei Muskelschichten in Kreuzlage gehören; außen ist er von einer elastischen Membran umgeben (Peritoneum, Bauchfell). Magendrüsen in den dichten Falten der Magenschleimhaut produzieren täglich insgesamt rund 3 Liter des hochgradig sauren Magensaftes. Diese Säure und die Rollbewegungen der Muskelschichten machen den Magen zu einer Art Butterfass. Im Leerzustand ist er kleiner als eine Faust, aber nach einer Mahlzeit kann er das Zwanzigfache dieses Umfangs erreichen. Täglich verarbeitet der Magen etliche Liter eines dicken, cremigen, mit Magensaft durchsetzten Speisebreis, der Chymus genannt wird. Ein Schließmuskel am unteren Ende reguliert die Abgabe dieses halbverdauten Breis an den Darm. Die Magensäure ist stark genug, um kleine Knochenstückchen aufzulösen. Doch der Magen weiß sich gegen die Selbstverdauung zu schützen: Seine Innenwand ist mit einem schützenden, zähen Schleim bedeckt.

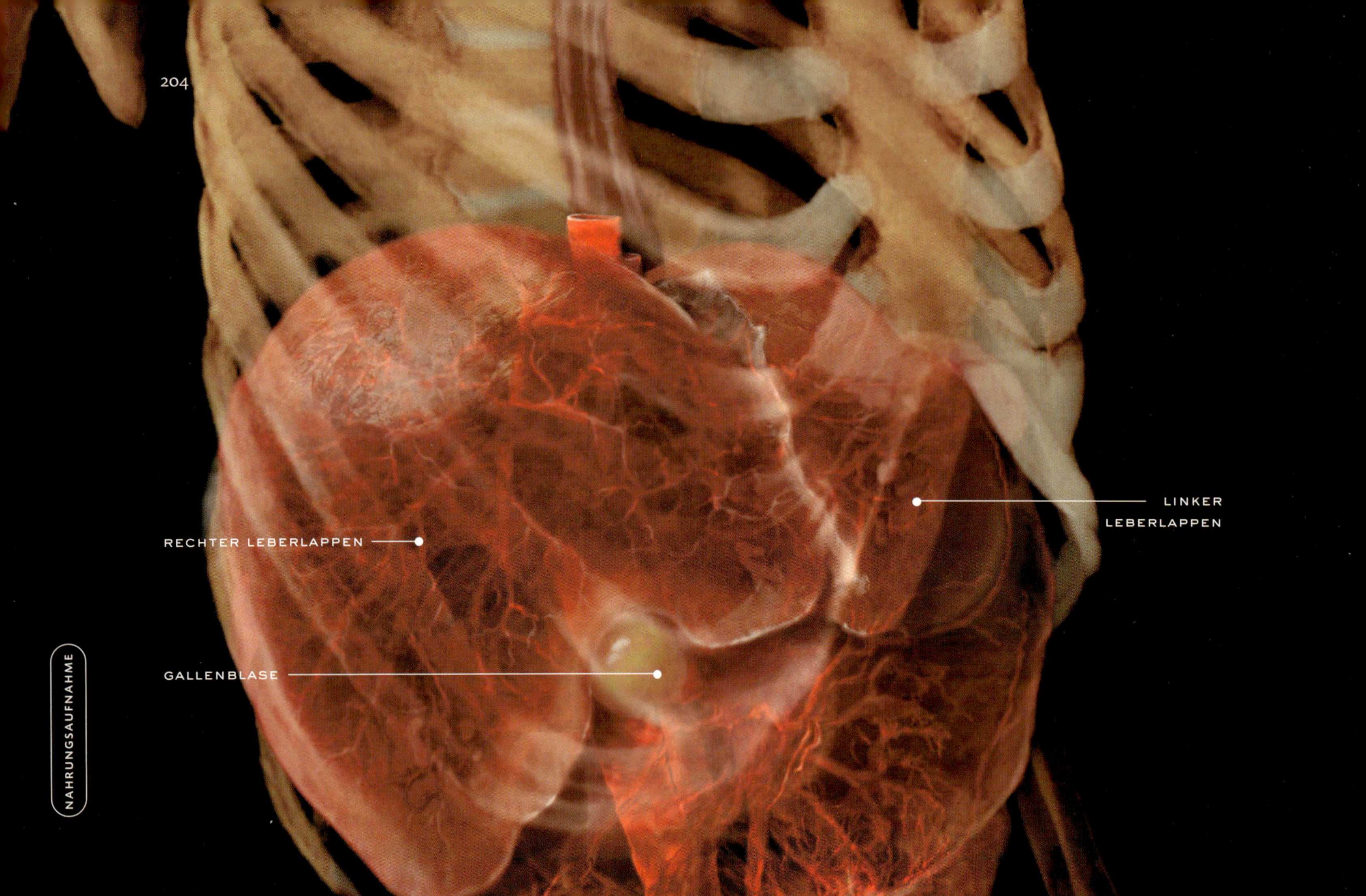

CHEMIEFABRIK

80 Prozent der Zellen in der Leber sind Hepatozyten (Leberepithelzellen) – mikroskopisch kleine Chemiefabriken. Hier wird u. a. der Blutzuckerspiegel geregelt, beginnt der Fett- und Proteinstoffwechsel, hier wird Galle produziert, wird das Blut entgiftet, werden Vitamine, Zucker in Form von Glykogen und Mineralstoffe gespeichert und bei Bedarf wieder abgegeben. Ein hohes Maß an struktureller Organisation ist hier von großer Wichtigkeit.

Hepatozyten sind rund und mit Organellen, Speicherpartikeln und insbesondere mit Enzymen vollgepackt. Aus dem Verdauungstrakt kommen hier Nähr- und Giftstoffe an, aus der Milz Blutprodukte und aus der Bauchspeicheldrüse endokrine Absonderungen, außerdem sauerstoffreiches Blut aus dem Herzen. Die Enzyme brechen Moleküle auf und setzen sie neu zusammen. Dabei entstehen lebenswichtige Proteine und Verdauungsenzyme, die in zwei unterschiedliche Richtungen transportiert werden müssen: zurück in den Blutstrom oder weiter in den Darm. Stets befindet sich rund die Hälfte des Körperbluts in der Leber, während dort gleichzeitig pro Tag rund 1 Liter Gallenflüssigkeit produziert wird. Um diese unterschiedlichen Ströme zu organisieren, ist eine optimale Verbindung mit drei massiven Netzwerken aus Schleusen und Abflüssen erforderlich, anders gesagt: extrem viele Leitungen. Entsprechend ist die Leber strukturiert (siehe rechte Seite unten). Die Hepatozyten sind in ein oder zwei Zellen starken Schichten angeordnet, unterbrochen durch ein filigranes Netzwerk von Kapillargefäßen und kleinen Gängen. Diese Schichten stehen aufrecht wie CDs in einem Rundregal, angeordnet in wabenförmigen Kolumnen, den so genannten Leberläppchen. An deren Außenseite finden sich Verästelungen von Adern und Gängen, die Blut, Hormone und Verdauungssekrete wie die Galle transportieren. Jedes Läpp-

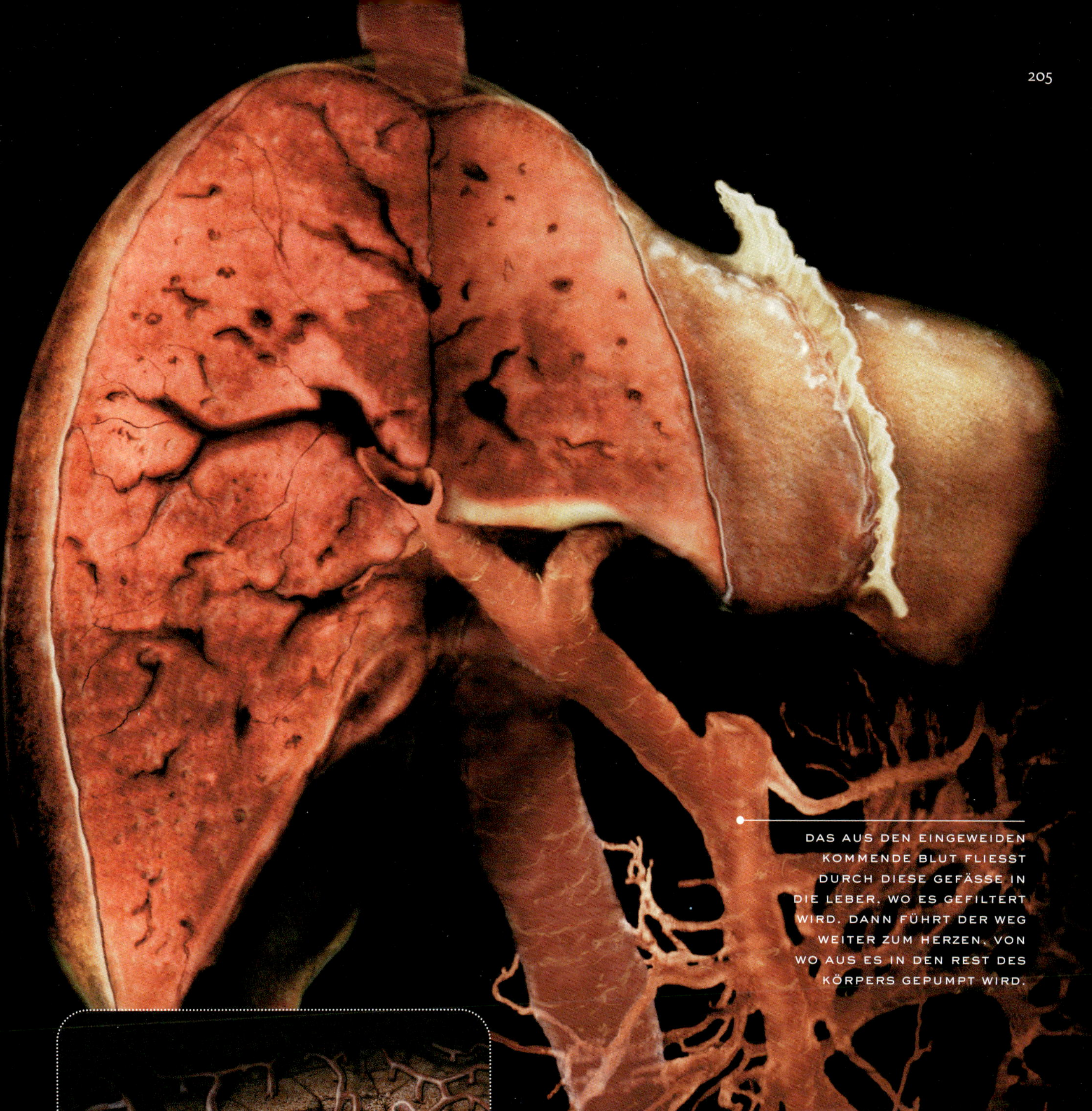

DAS AUS DEN EINGEWEIDEN KOMMENDE BLUT FLIESST DURCH DIESE GEFÄSSE IN DIE LEBER, WO ES GEFILTERT WIRD. DANN FÜHRT DER WEG WEITER ZUM HERZEN, VON WO AUS ES IN DEN REST DES KÖRPERS GEPUMPT WIRD.

chen, obwohl strukturell so kompliziert wie ein Wolkenkratzer, ist trotzdem nur so lang wie ein Sesamkorn. Die ganze Leber besteht aus fast 1 Million solcher Läppchen, ist sozusagen eine Megalopolis. Sie hat die Größe und Gestalt eines abgeflachten Rugby-Balls. Nach der Haut ist sie das zweitgrößte Körperorgan und nach Verletzungen äußerst regenerationsfähig. Sie wächst selbst dann noch nach, wenn zwei Drittel der Zellen zerstört sind.

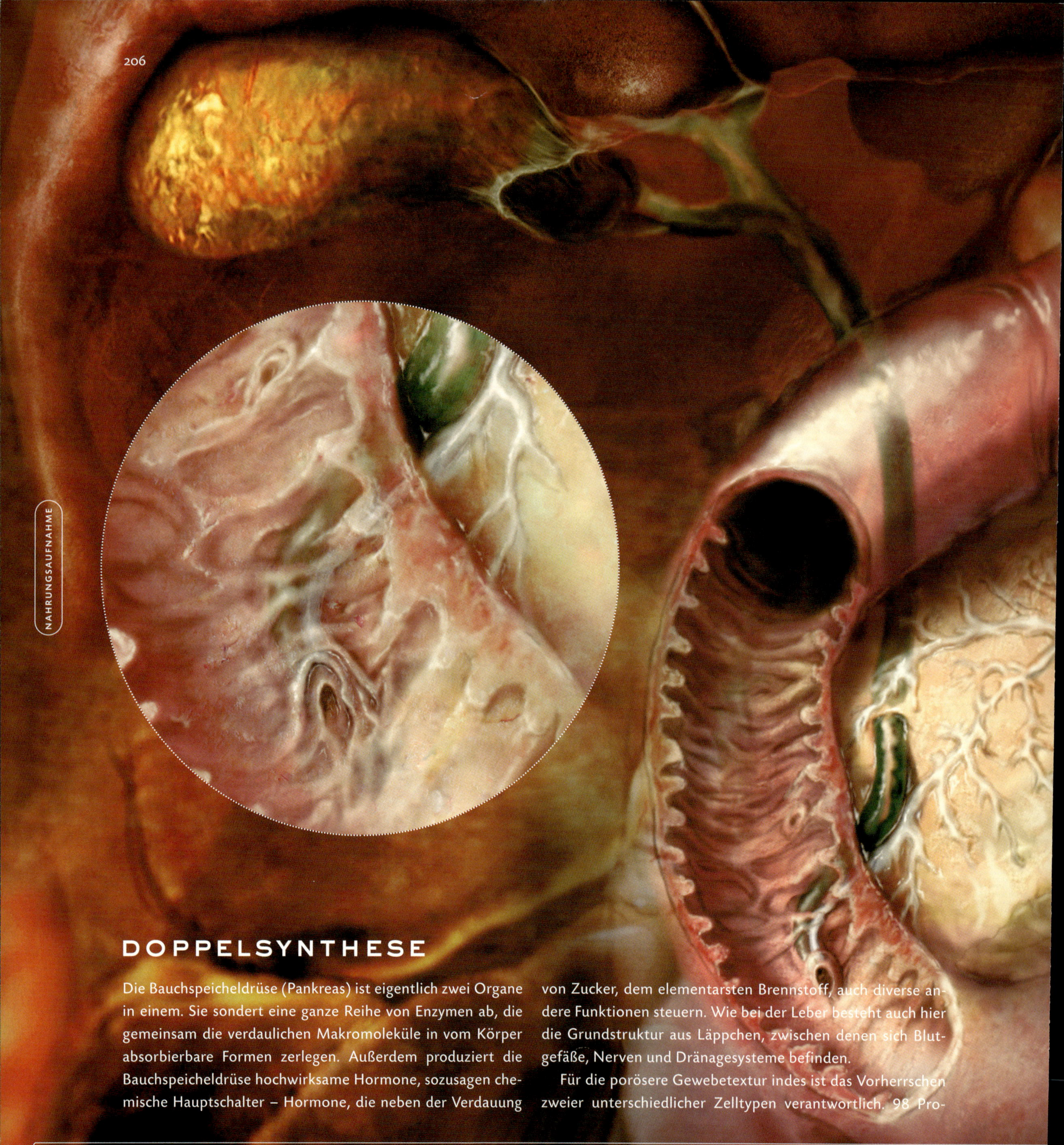

DOPPELSYNTHESE

Die Bauchspeicheldrüse (Pankreas) ist eigentlich zwei Organe in einem. Sie sondert eine ganze Reihe von Enzymen ab, die gemeinsam die verdaulichen Makromoleküle in vom Körper absorbierbare Formen zerlegen. Außerdem produziert die Bauchspeicheldrüse hochwirksame Hormone, sozusagen chemische Hauptschalter – Hormone, die neben der Verdauung von Zucker, dem elementarsten Brennstoff, auch diverse andere Funktionen steuern. Wie bei der Leber besteht auch hier die Grundstruktur aus Läppchen, zwischen denen sich Blutgefäße, Nerven und Dränagesysteme befinden.

Für die porösere Gewebetextur indes ist das Vorherrschen zweier unterschiedlicher Zelltypen verantwortlich. 98 Prozent sind Pankreaszellen, die mit der Enzymproduktion befasst sind. Sie sind in traubenförmigen Gruppen angeordnet. Ihre Sekrete sammeln sich erst in kleineren, dann in immer größeren Gängen, die letztlich in den Pankreas-Ausführungsgang münden, der die ganze Drüse durchzieht. Zusammen mit dem Gallengang mündet er in den absteigenden Teil des Zwölffingerdarms. Die restlichen 2 Prozent – rund 1 Million säulenförmige Zellgruppen, so genannte Langerhans-Inseln, die Insulin und andere Hormone produzieren – sind wie Rosinen in einem Kuchen eingebettet. Ihr Leitungssystem mündet über getrennte Gefäße in den Blutstrom.

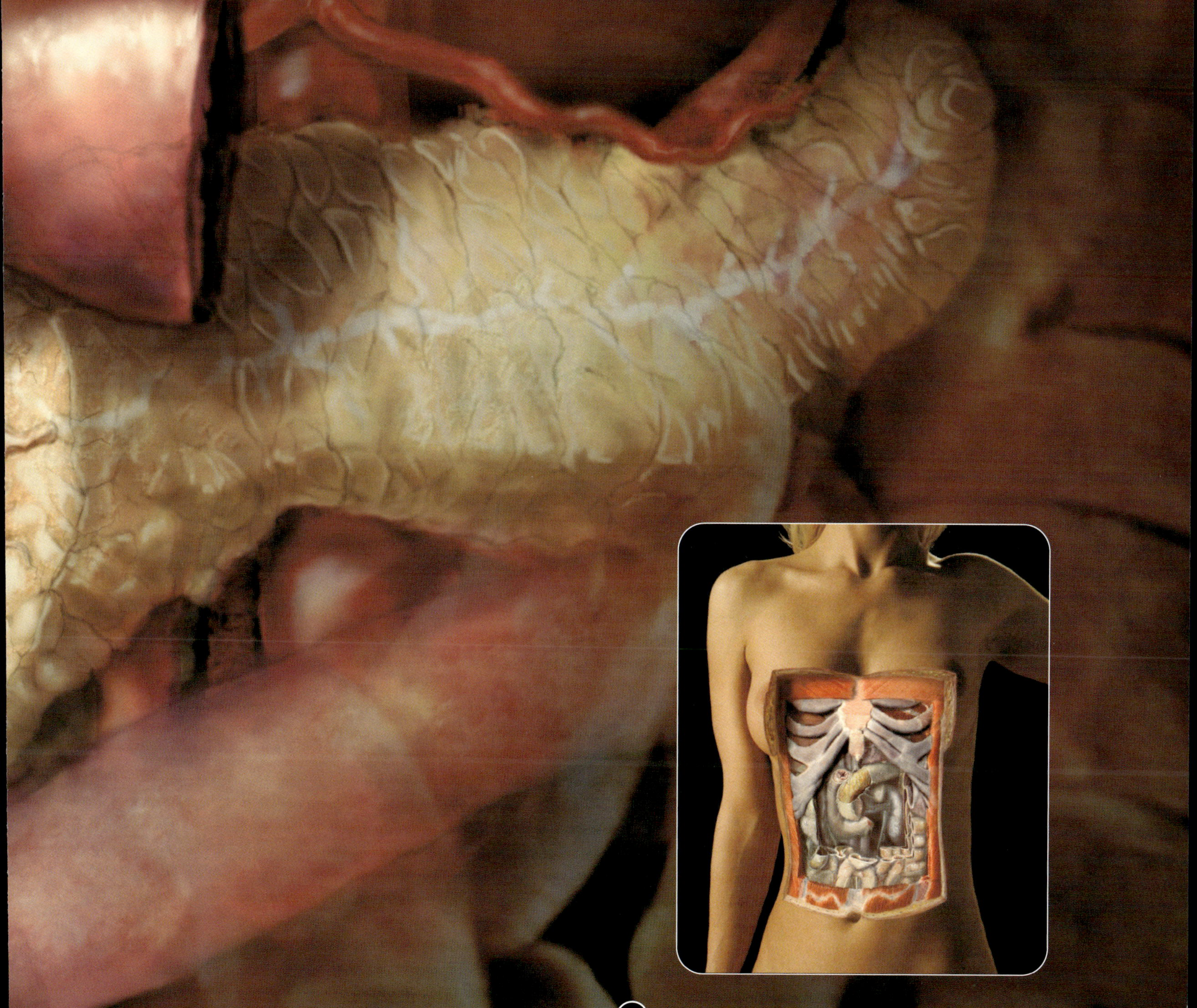

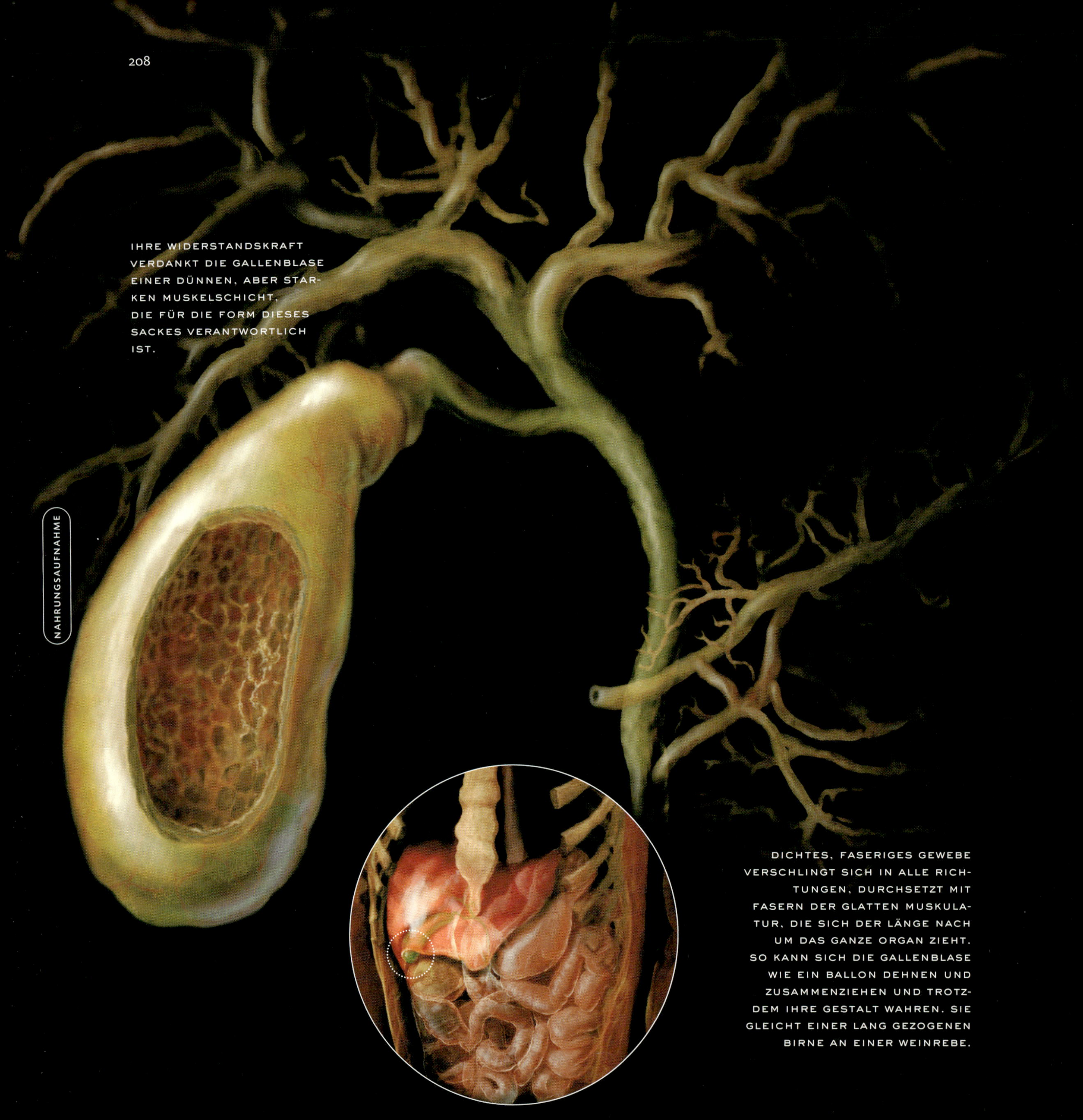

IHRE WIDERSTANDSKRAFT VERDANKT DIE GALLENBLASE EINER DÜNNEN, ABER STARKEN MUSKELSCHICHT, DIE FÜR DIE FORM DIESES SACKES VERANTWORTLICH IST.

DICHTES, FASERIGES GEWEBE VERSCHLINGT SICH IN ALLE RICHTUNGEN, DURCHSETZT MIT FASERN DER GLATTEN MUSKULATUR, DIE SICH DER LÄNGE NACH UM DAS GANZE ORGAN ZIEHT. SO KANN SICH DIE GALLENBLASE WIE EIN BALLON DEHNEN UND ZUSAMMENZIEHEN UND TROTZDEM IHRE GESTALT WAHREN. SIE GLEICHT EINER LANG GEZOGENEN BIRNE AN EINER WEINREBE.

Die Gallenblase ist eines der wenigen Organe, deren Name eine exakte Funktionsbeschreibung enthält. Dieser weiche, langgestreckte Sack, rund 10 Zentimeter lang und an seiner dicksten Stelle 2,5 Zentimeter breit, sammelt und speichert die Galle: eine dicke, bittere, grünlich-gelbe Emulsion, die Fett in kleine, leichter verdauliche Tröpfchen zerteilt – so, wie ein Spülmittel das Fett auf Tellern löst. An der Innenseite der Gallenblase finden sich kreuz und quer verlaufende Falten, die der Gallenflüssigkeit Wasser entziehen. Diese wird dadurch bis zu zehnmal so konzentriert, bevor sie über einen zweiteiligen Gallengang in den Zwölffingerdarm abgegeben wird. Im Ruhezustand wird die Galle durch einen Schließmuskel im Gallengang zurück gehalten, kurz nach der Nahrungsaufnahme öffnet sich die Mündung des Gallengangs.

SPEICHER

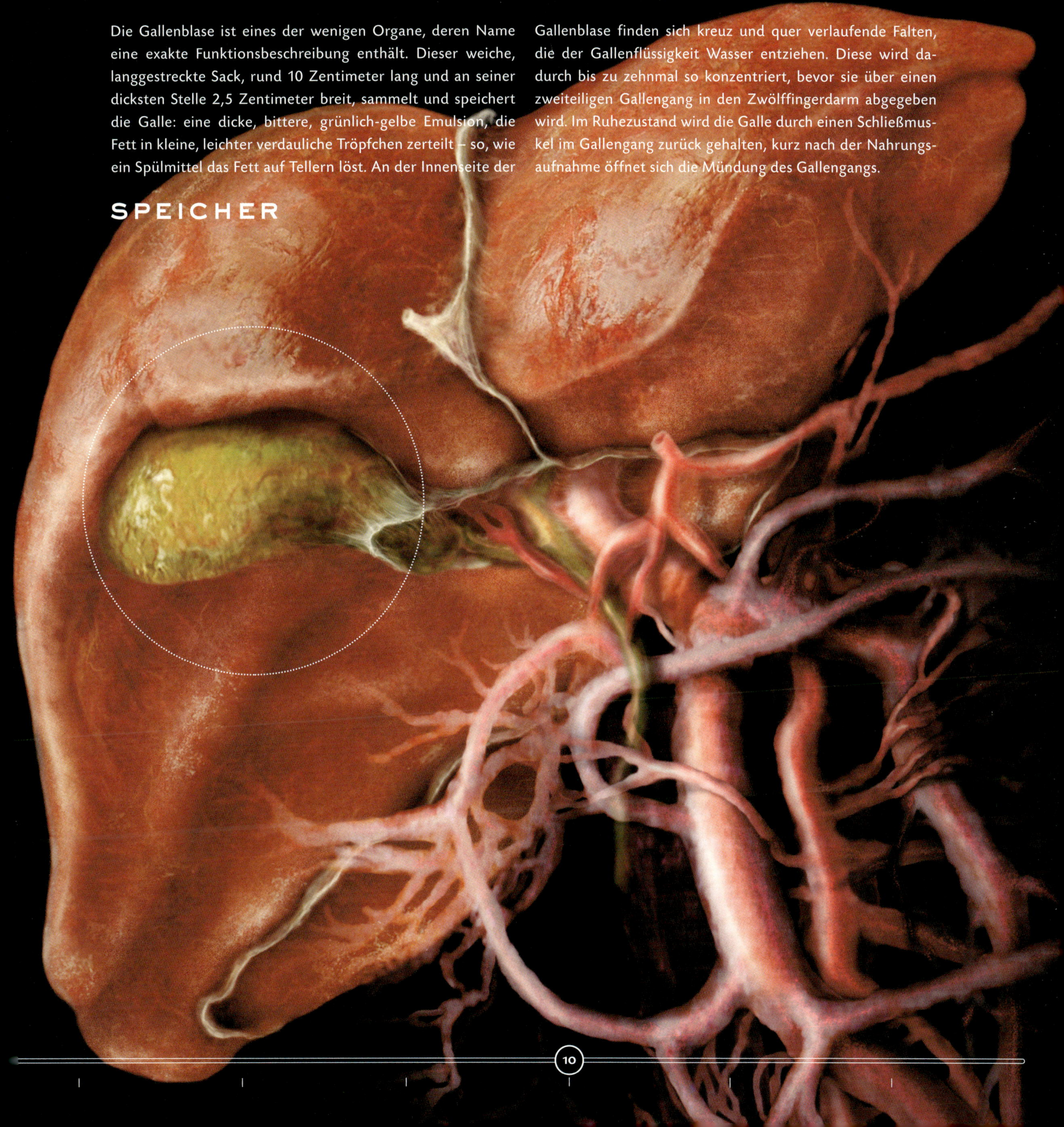

Auf dem Weg durch Speiseröhre und Magen ist der Speisebrei in kleine Klümpchen aus organischen Nährstoffen zerlegt worden, doch erst jetzt kommt der große Augenblick der Transformation: die Resorption, die Aufnahme in den Energiekreislauf des Körpers.

Der Dünndarm ist ein geradezu beispielhaftes Resorptionssystem, getarnt als gewundene Schlange. Am Anfang dieses Organs wird der Speisebrei mit Bauchspeicheldrüsensaft und Galle zu einem warmen Matsch verdünnt. Die Dünndarmwand weist eine äußere Längsmuskelschicht auf, die eine innere Ringmuskelschicht umgibt. Wenn sich die Längsmuskeln unwillkürlich zusammenziehen, entspannt sich der Ringmuskel. Dadurch wird der Darmdurchmesser größer, und es passt mehr Speisebrei hindurch. Das Pulsieren des Darms, die Peristaltik, sorgt dafür, dass der Brei umhergewirbelt und an die Innenwand des Darms gedrückt wird. Dort geben Falten der Darmschleimhaut eine zerfurchte, vergrößerte Oberfläche. Die bei Weitem größte Ausdehnung der Oberfläche indes erfolgt durch die Dünndarmzotten, Millionen dichter, sich wiegender, fingerähnlicher Ausstülpungen an den Falten (vgl. Ausschnittvergrößerung rechts). Die Zotten sind ihrerseits nochmals mit (Mikrovilli genannten) winzigen Ausstülpungen übersät. Diese bilden einen Bürstensaum, dessen Verankerung in den Zotten mit Enzymen besetzt ist. Erst dieser »Überzug« bricht die letzten Ketten der Nahrungsmoleküle auf. Er schnappt sich die Moleküle und transportiert

RESORPTION

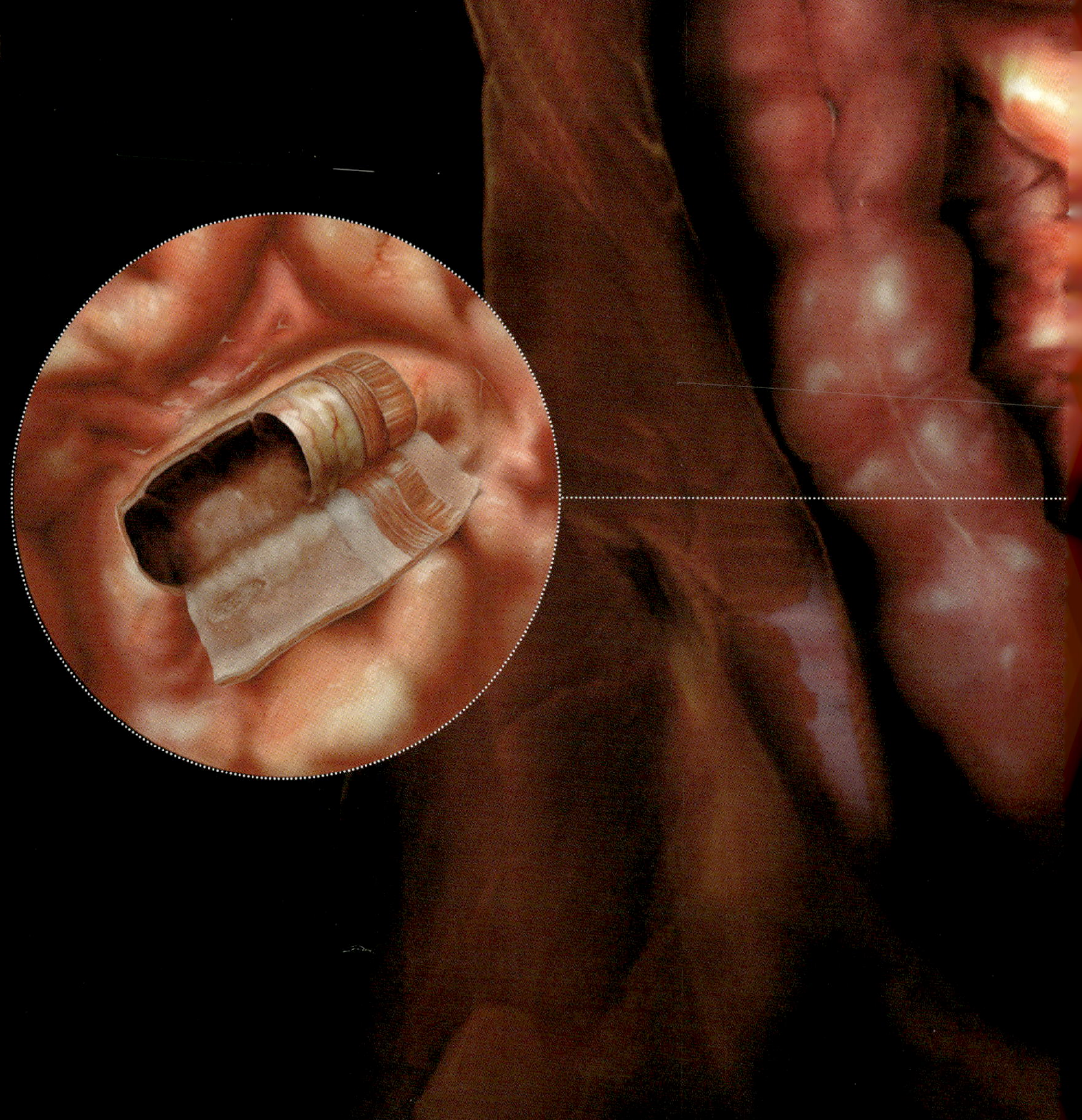

sie ins Innere der Zotten, von wo Blut- und Lymphgefäße sie in den Rest des Körpers abtransportieren. Blutgefäße übernehmen das nährstoffreiche Blut aus dem Dünndarm und bringen es zur Filtrierung in die Leber (A, B und C), bevor es dann den ganzen Körper mit Nährstoffen versorgt.

Rund acht bis zehn Stunden nach der Mahlzeit hat das Gros der zerlegten Nährstoffe den Blutstrom erreicht; was übrig bleibt, sind vor allem Wasser und Abfallstoffe. Um die Effizienz dieses Systems zu erfassen, muss man sich nur klar machen, dass der Dünndarm, hätte er eine glatte Innenwand, mehr als 3 Kilometer lang sein müsste. Und wenn nicht die enorme Kraft der Enzyme den Verdauungsprozess blitzartig beschleunigen würden, müssten wir für die Verdauung einer durchschnittlichen Mahlzeit rund sechs Monate veranschlagen, was unserer Lebensqualität sicher sehr abträglich wäre.

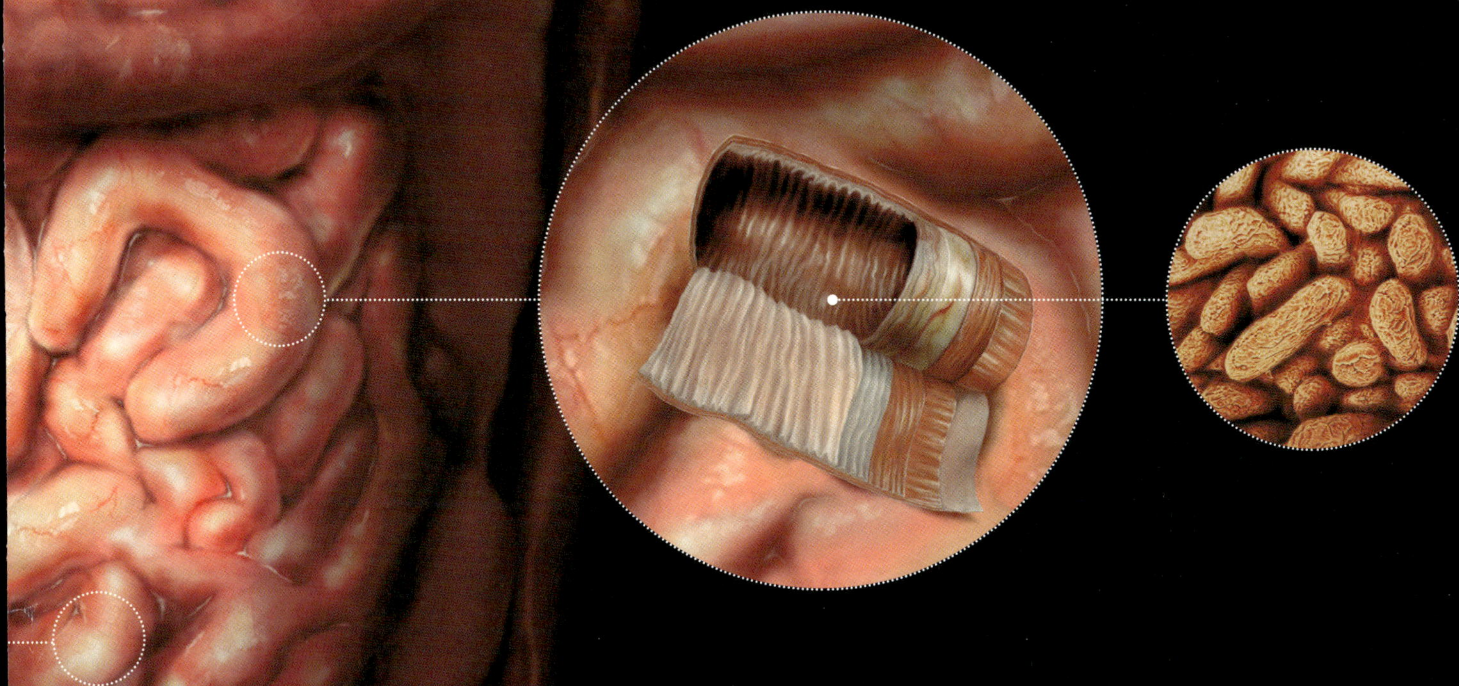

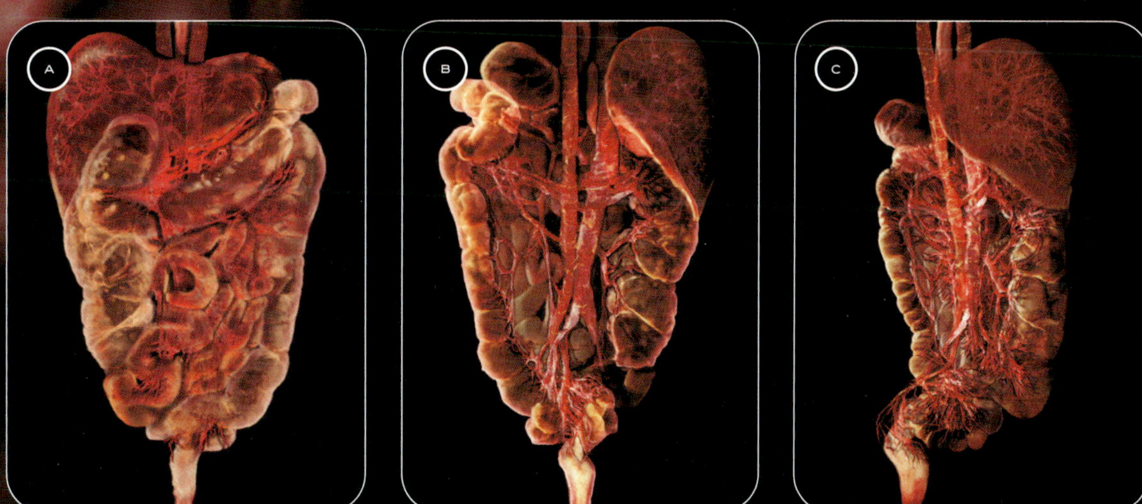

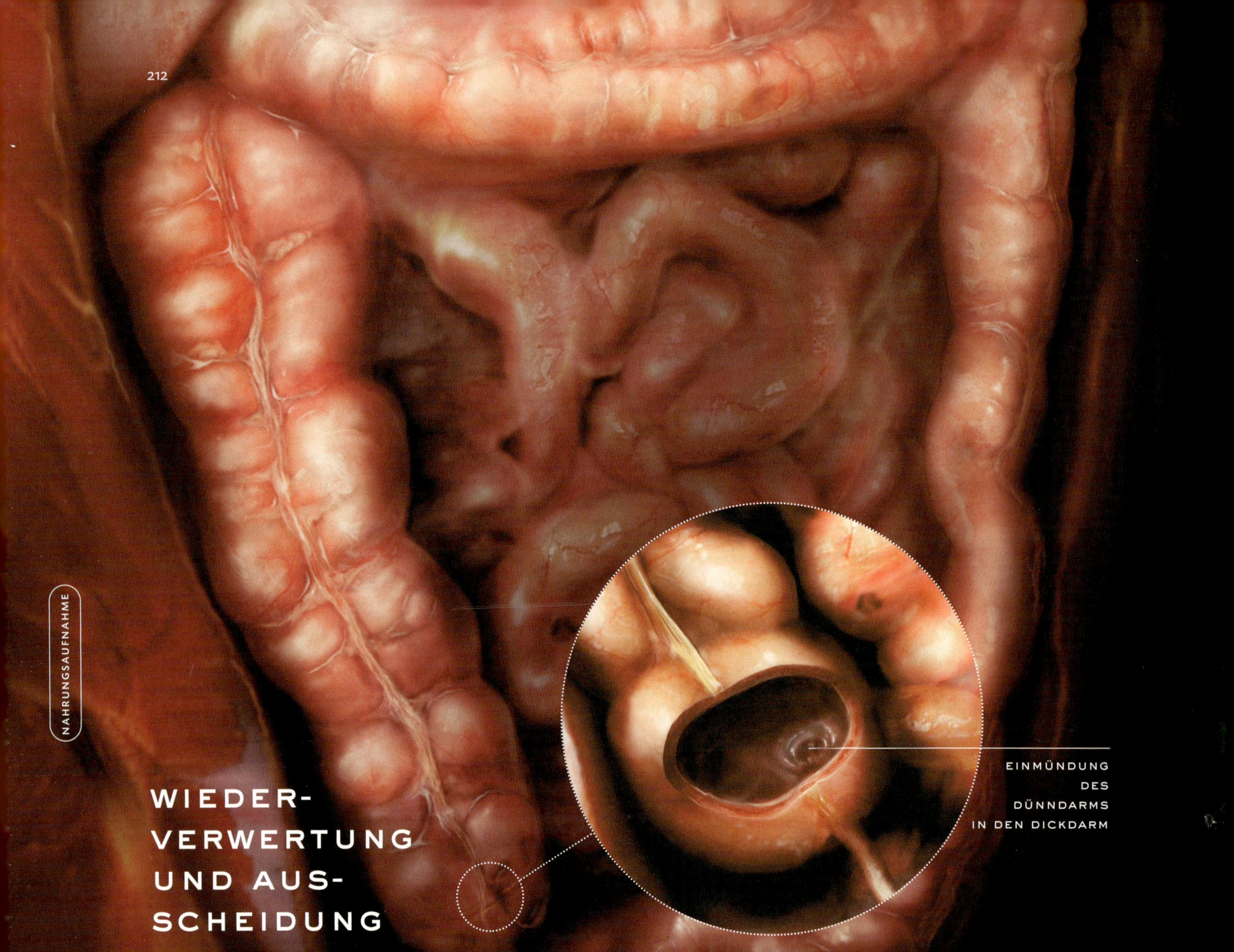

WIEDERVERWERTUNG UND AUSSCHEIDUNG

Die Aufgabe des Dickdarms, der sich wie die Kante eines Schutzschilds über dem Dünndarm krümmt, besteht darin, den Strom der Abfallstoffe, die aus dem Verdauungstrakt kommen, zu reduzieren, zu verfestigen und auszuscheiden – er ist also eine Mischung aus Abfallverdichter und Kompost-er. Weil Wasser den größten Anteil am Volumen der menschlichen Abfallstoffe hat, ist der Dickdarm mit Wasser resorbierenden Zellen ausgekleidet. Pro Tag werden rund 10 Liter Wasser benötigt, um Speisen und Nährstoffe durch den Verdauungstrakt zu befördern. Doch fast die gesamte Wassermenge wird am Ende rückresorbiert, damit der Körper nicht austrocknet. Muskelbänder halten den Dickdarm und unterteilen ihn in eine Reihe von Abschnitten, die an der Eindickung der Abfallprodukte mitwirken, bevor der Stuhl weitergeleitet wird. Die letzten Verdauungsstadien werden von im Körper ansässigen Mikroben erledigt, den Darmbakterien. Im warmen, feuchten Dickdarm finden sich mehr Bakterien als im ganzen Rest des Körpers – so viele, dass sie an einigen Stellen eine mehr als 2 Zentimeter dicke Schicht bilden. Sie spalten organische Verbindungen und produzieren dabei z. B. so nützliche neue Verbindungen wie Vitamin K, das wieder ins Blut gelangt. Aber sie produzieren auch Gas. Das Endprodukt der Verdauung ist der Stuhl, eine Mischung aus Wasser, unverdauten Fasern, abgestorbenen Darmzellen, lebenden und toten Bakterien (50 Prozent der Fäkalmasse) und verdauten Gallepigmenten, die dem Stuhl seine Farbe geben.

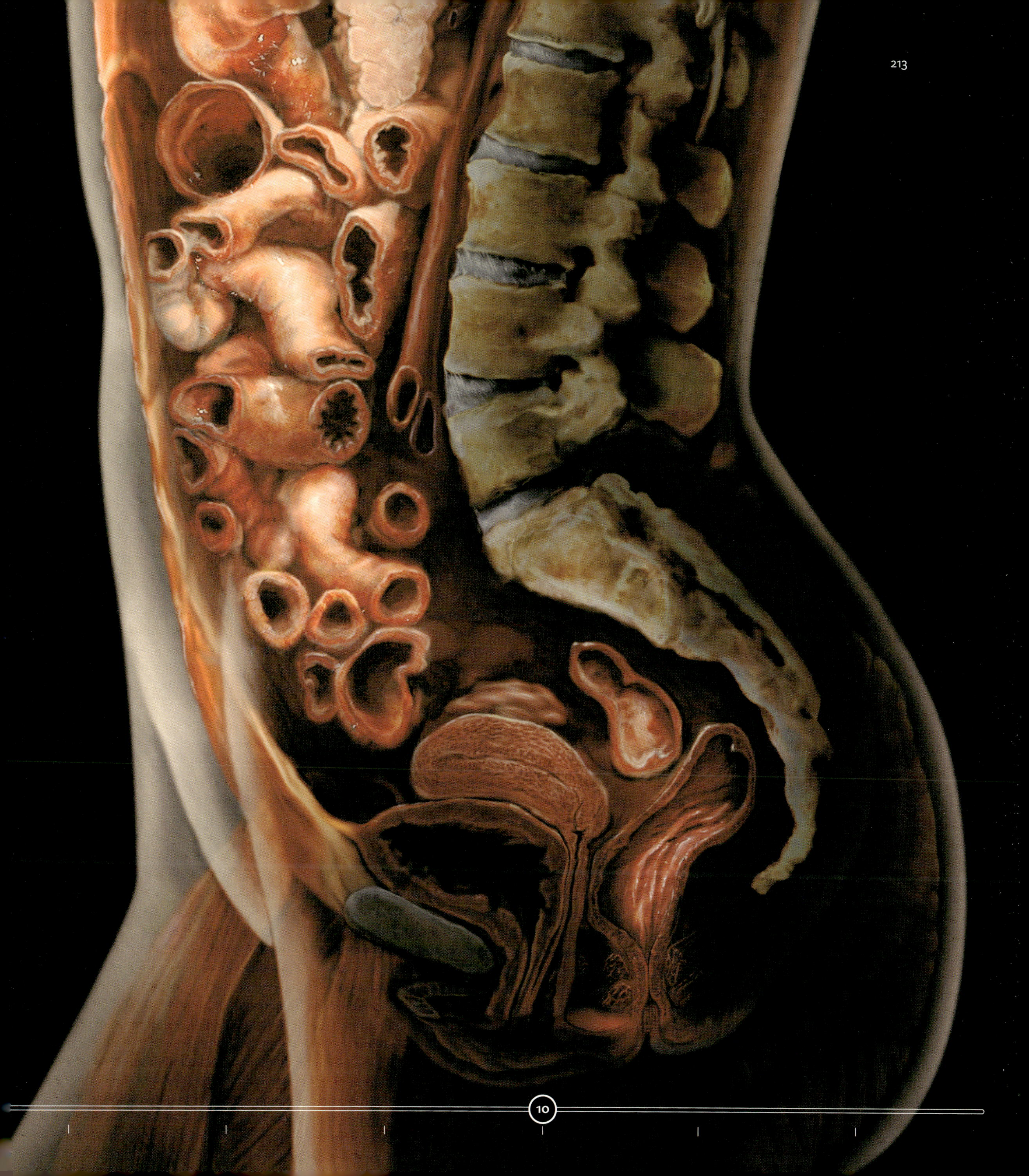

Mikroskopische Strukturen im Mund tragen zu unserem Vergnügen am Essen bei, denn dabei geht es nicht nur um Aromen, sondern auch um das, was Ernährungswissenschaftler »Mundgefühl« nennen: die taktile Empfindung beim Zerkauen der Speisen. Zwiebelförmige Geschmacksknospen (A) liegen in winzigen Papillen, die der Zunge ihre samtige Struktur geben. Man unterscheidet pilzförmige Papillen im vorderen und wallförmige Papillen im hinteren Teil der Zunge sowie Blätterpapilllen an den Seiten. Die Zellen, die Speichel absondern, sind ähnlich rund (B); manche sehen halbmondförmig aus und werden darum Gianuzzi-Halbmonde genannt.

Die Zähne sind schwerer und härter als die meisten Knochengebilde unseres Körpers. Das dichte, mineralreiche Netz der Zellen in unseren Zähnen (C) fungiert als »Gerüst, das nicht zerbröseln kann«, wie es in der von Richard Walker herausgegebenen *Encyclopedia of the Human Body* heißt. Die Zähne übertragen die Kraft des Bisses zwischen Schädel und Kiefer.

Weiter unten finden sich in der Auskleidung der Speiseröhre Zilien (D). Wie winzige Ruder befördern sie eine darüber liegende Schleimschicht weiter, welche für einen geschmeidigen Transport der Speisebrocken sorgt.

FUNKTIONSEINHEITEN IM OBEREN VERDAUUNGSTRAKT

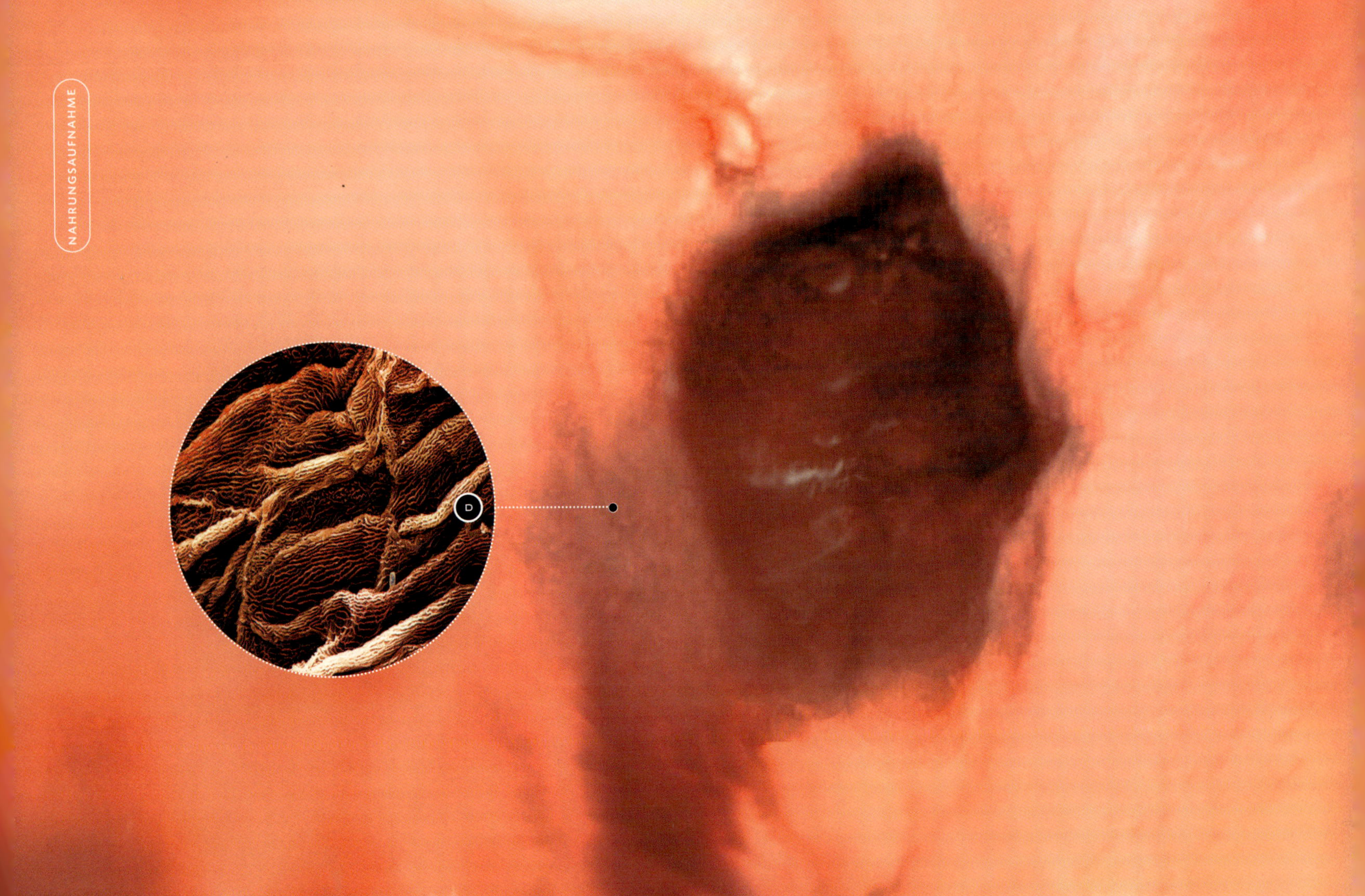

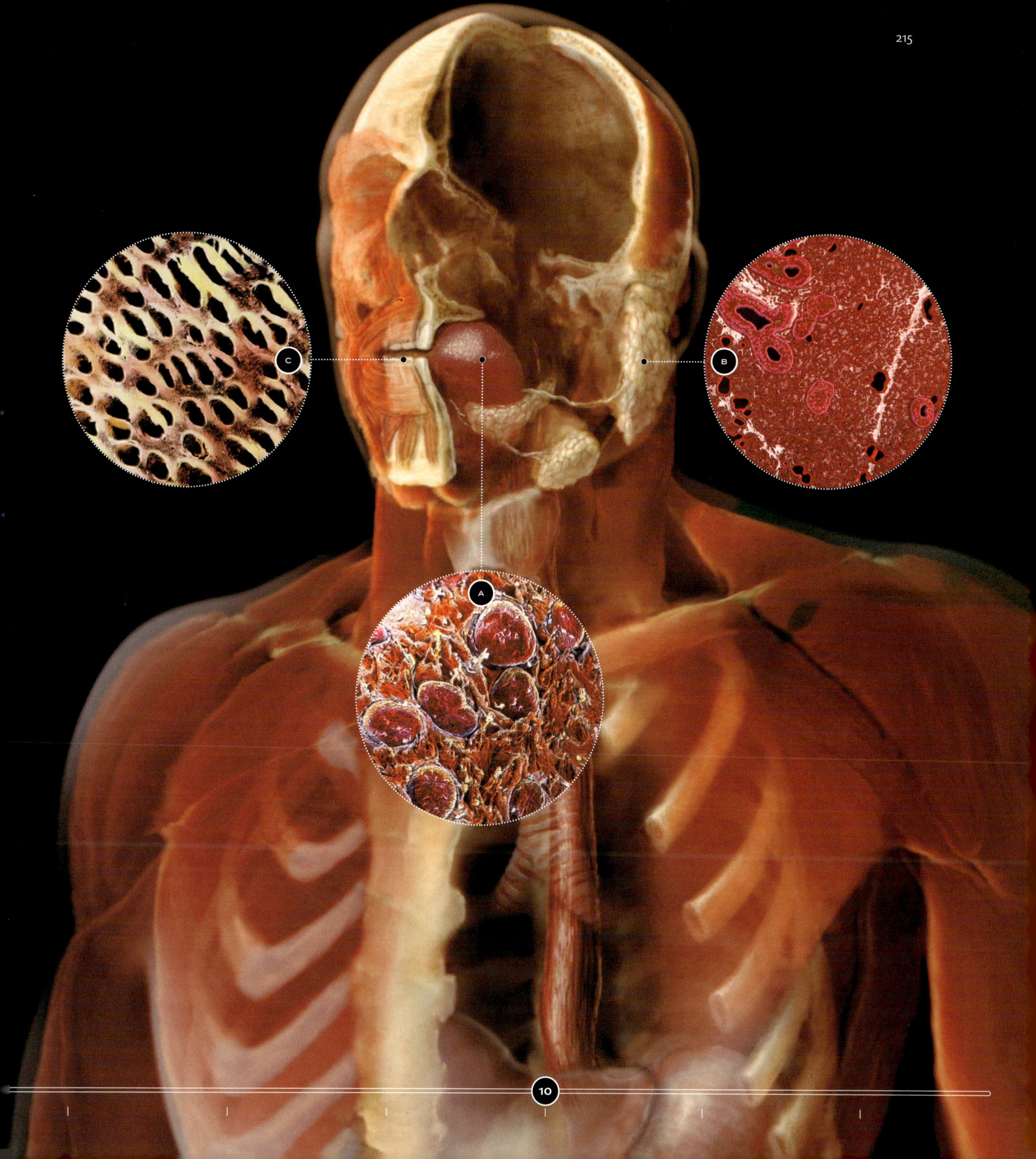
C
B
A
10

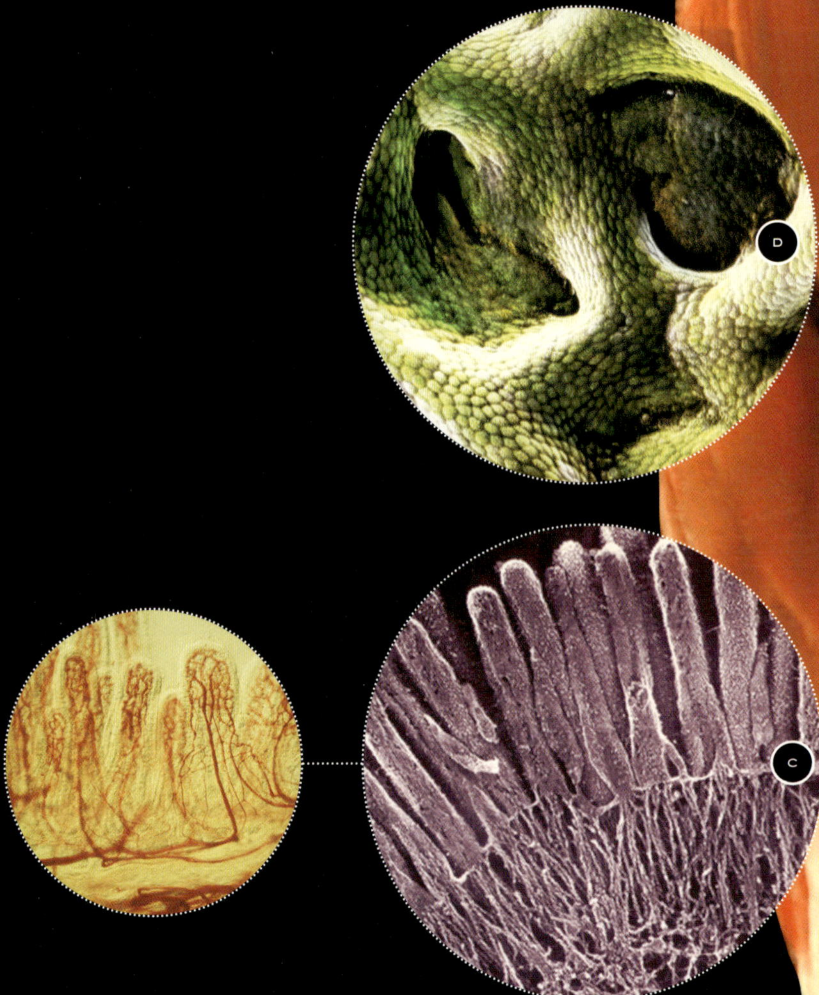

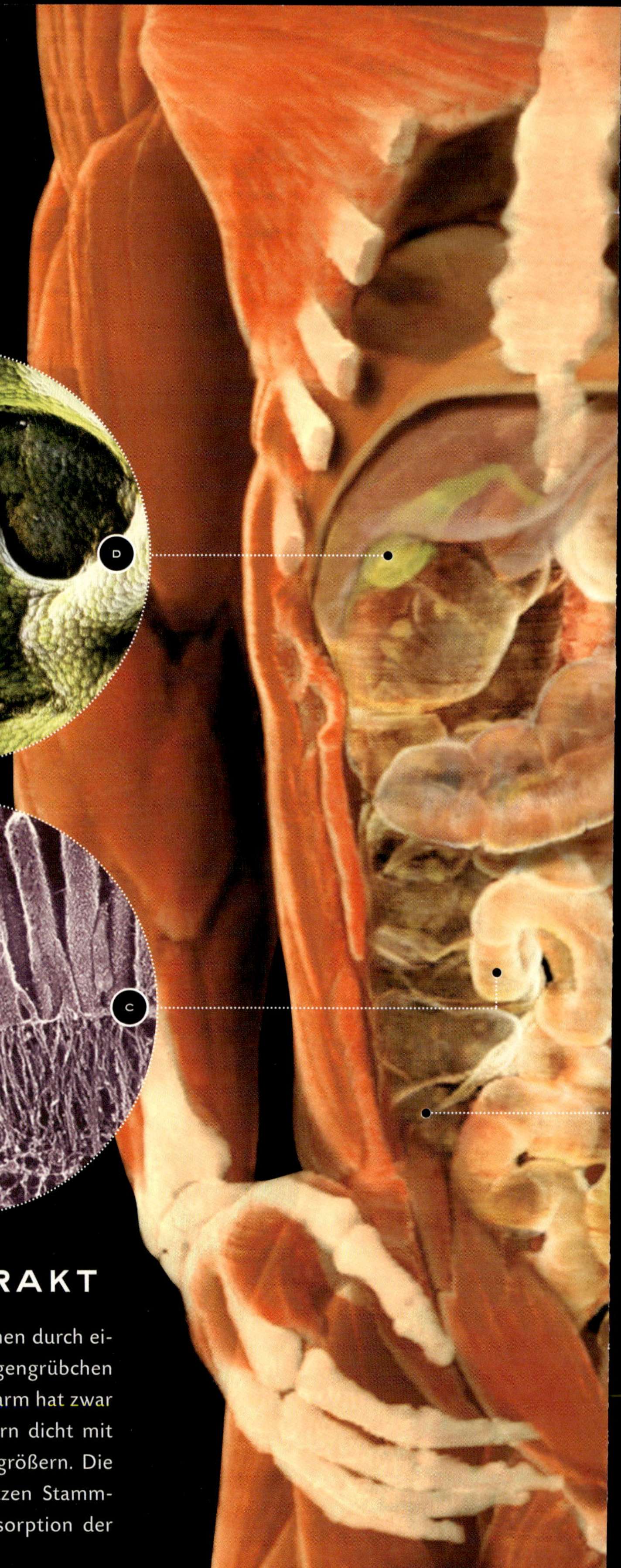

FUNKTIONSEINHEITEN IM UNTEREN VERDAUUNGSTRAKT

Der Magen wird vor den an der Verdauung beteiligten Säuren und Enzymen durch eine Schleimhaut (A) geschützt. Sie ist wabenförmig durchsetzt mit Magengrübchen (B), die jene Säuren und Enzyme produzieren und absondern. Der Dünndarm hat zwar nur einen Durchmesser von rund 2,5 Zentimeter, er ist jedoch im Innern dicht mit Zotten (C) besetzt, die seine Oberfläche um das Fünfhundertfache vergrößern. Die Vertiefungen zwischen den Zotten heißen Krypten. An deren Basis sitzen Stammzellen, die durch Zellteilung all jene Zellen generieren, die für die Resorption der

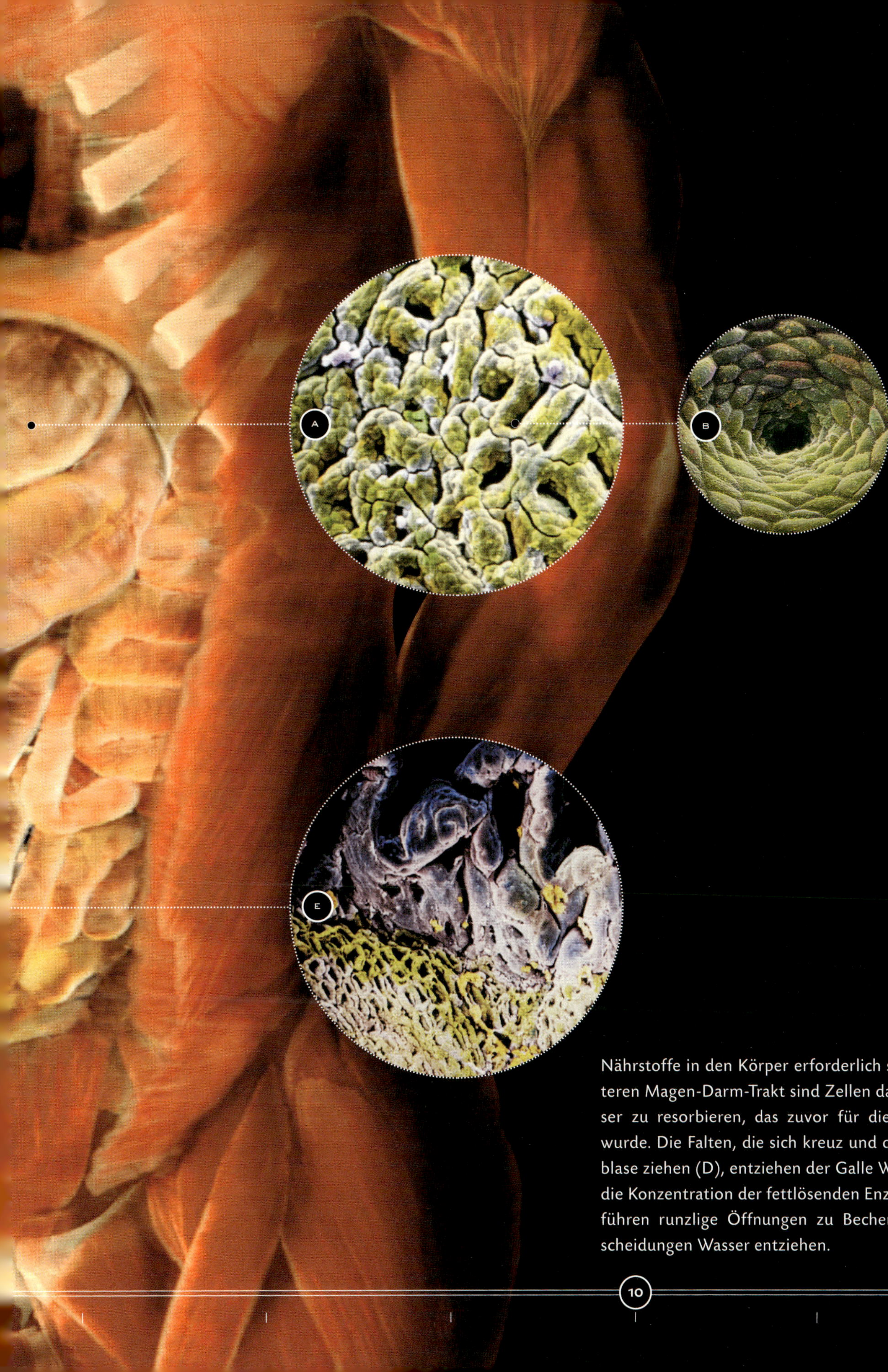

Nährstoffe in den Körper erforderlich sind. Im gesamten unteren Magen-Darm-Trakt sind Zellen damit beschäftigt, Wasser zu resorbieren, das zuvor für die Verdauung benötigt wurde. Die Falten, die sich kreuz und quer durch die Gallenblase ziehen (D), entziehen der Galle Wasser und erhöhen so die Konzentration der fettlösenden Enzyme. Im Dickdarm (E) führen runzlige Öffnungen zu Becherzellen, die den Ausscheidungen Wasser entziehen.

SPIEGELUNGEN IN DER NATUR

Hat die Natur ein Problem einmal erfolgreich gelöst, so wirft sie die gefundene Lösung nicht einfach wieder fort. Das Problem der maximalen Oberflächenvergrößerung etwa ist universal, und daher spielt die Natur einfach ein »Band« aus ihrer Sammlung optimaler Formen nochmals ab. So ähnelt die poröse, bröselsichere Gitterstruktur, die Zähnen noch mehr

QUERSCHNITT DURCH DIE DÜNNDARMWAND

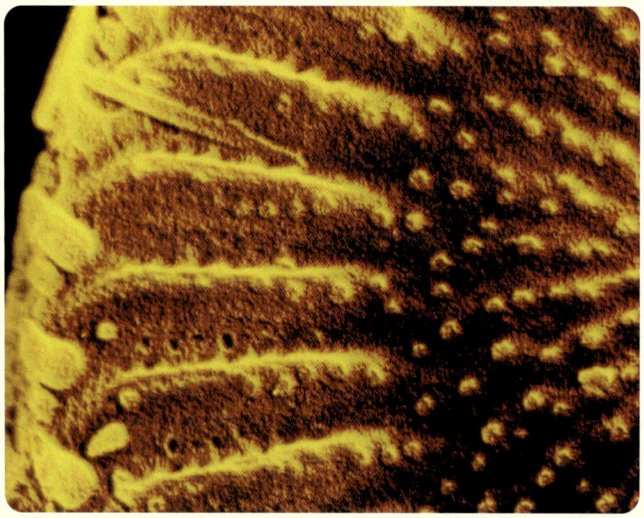

CYCLOTELLA MENEGHINIANA, EINE EINZELLIGE ALGE

OBERFLÄCHENZELLEN DER GALLENBLASE

MOOSALGEN AUF STEINEN

Festigkeit verleiht als anderen Knochen, der Infrastruktur im Stängel einer Butterblume. Auch hier ist das Ziel eine maximale Widerstandsfähigkeit der Struktur.

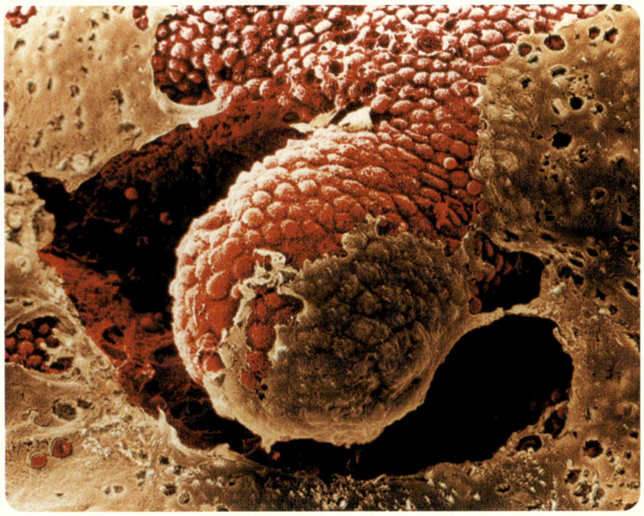

OBERFLÄCHENZELLEN DES DICKDARMS

VON PARASITEN BEFALLENE BLÜTENPFLANZE

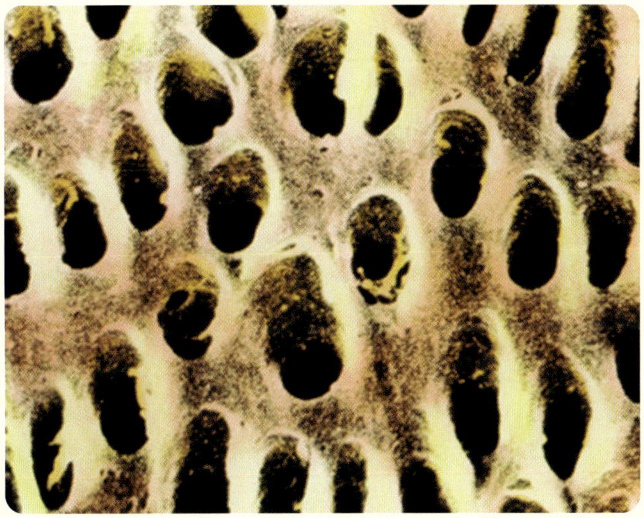

ZAHNBEINGEWEBE

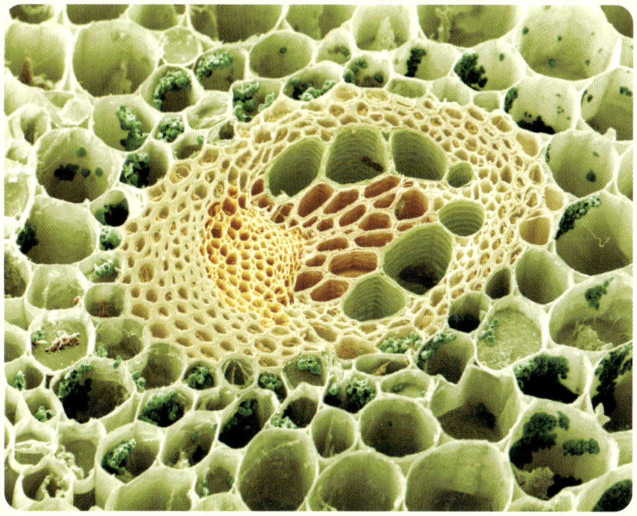

STÄNGEL EINER BUTTERBLUME

ZOTTEN (VILLI), MIKROSKOPISCH KLEINE AUSSTÜLPUNGEN, BEDECKEN IM INNERN DIE OBERFLÄCHE DES DÜNNDARMS. DIE HIER ABGEBILDETEN NOCHMALS KLEINEREN MIKROVILLI BEDECKEN DIE OBERFLÄCHEN DER ZOTTEN, UM EINE MAXIMALE RESORPTION DER NÄHRSTOFFE ZU ERMÖGLICHEN.

Wasser-haushalt

– das Harnsystem

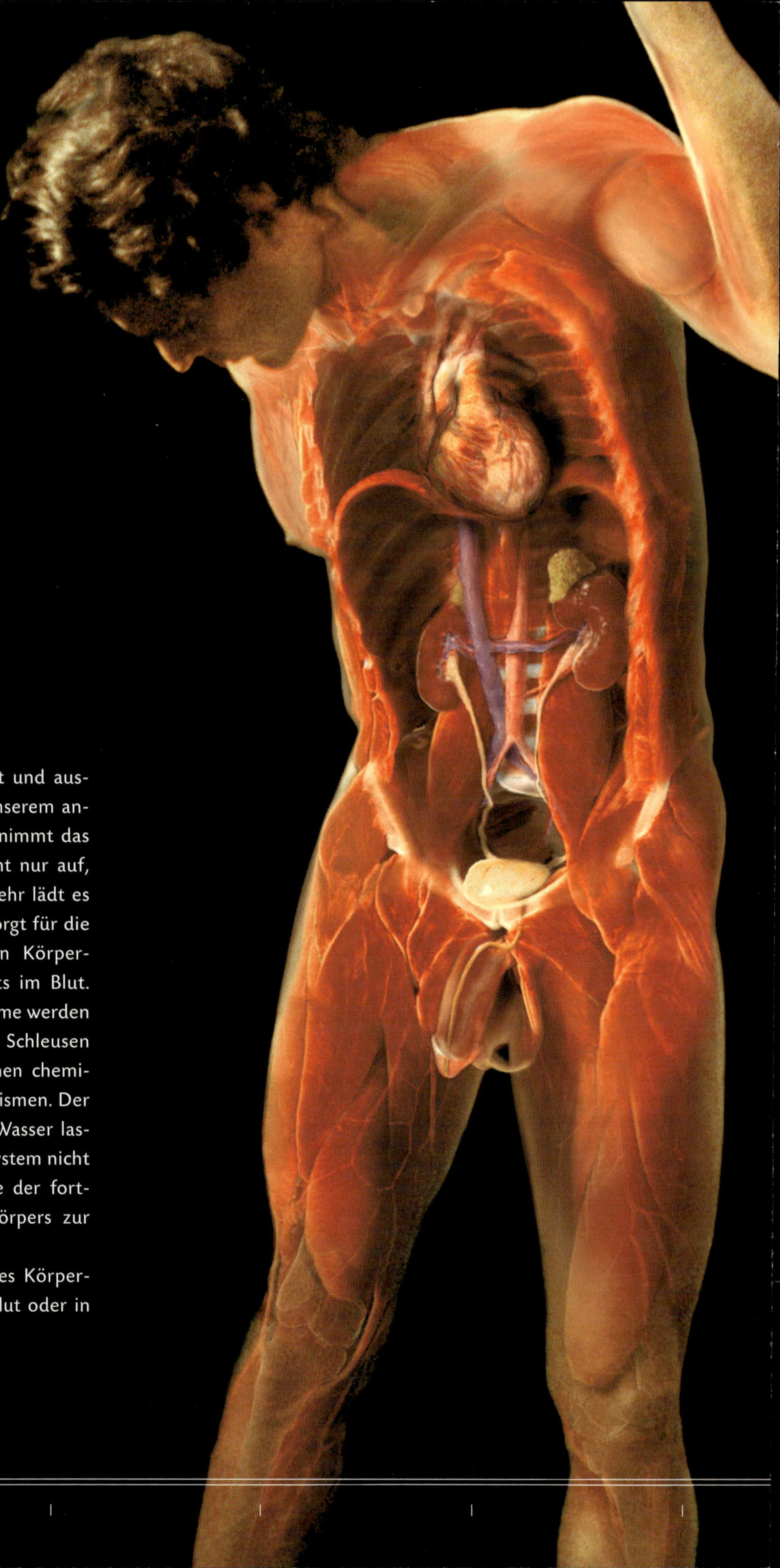

Der Körper ist ein System, das Wasser aufnimmt und ausscheidet. Doch im Unterschied zu den Lungen, unserem anderen Hauptorgan für den Flüssigkeitsaustausch, nimmt das Nieren- und Harnwegesystem die Flüssigkeit nicht nur auf, um ihr lebenswichtige Stoffe zu entziehen. Vielmehr lädt es sie auch wieder auf (mit Wasserstoffionen) und sorgt für die Aufrechterhaltung der Salzkonzentration in den Körperflüssigkeiten sowie für die Balance des pH-Werts im Blut. Zentrale und sekundäre Einlass- und Ausflusssysteme werden durch eine Infrastruktur aus Dämmen, Reservoirs, Schleusen und Ventilen auseinander gehalten; hinzu kommen chemische Behandlungseinheiten und Regelkreismechanismen. Der lateinische Fachbegriff Miktion ist von *mingere*, »Wasser lassen«, abgeleitet. Doch handelt es sich beim Harnsystem nicht nur um einen Abfluss, es beinhaltet auch einige der fortschrittlichsten Aufbereitungstechnologien des Körpers zur Regelung des Flüssigkeitshaushalts.

Wasser macht bei Erwachsenen 60 Prozent des Körpergewichts aus. Es konzentriert sich nicht nur im Blut oder in

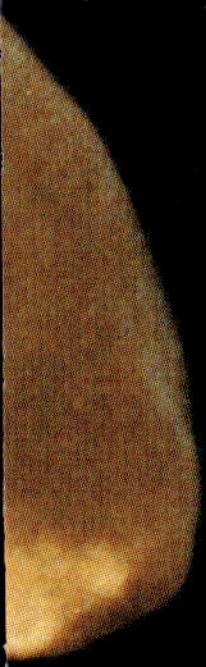

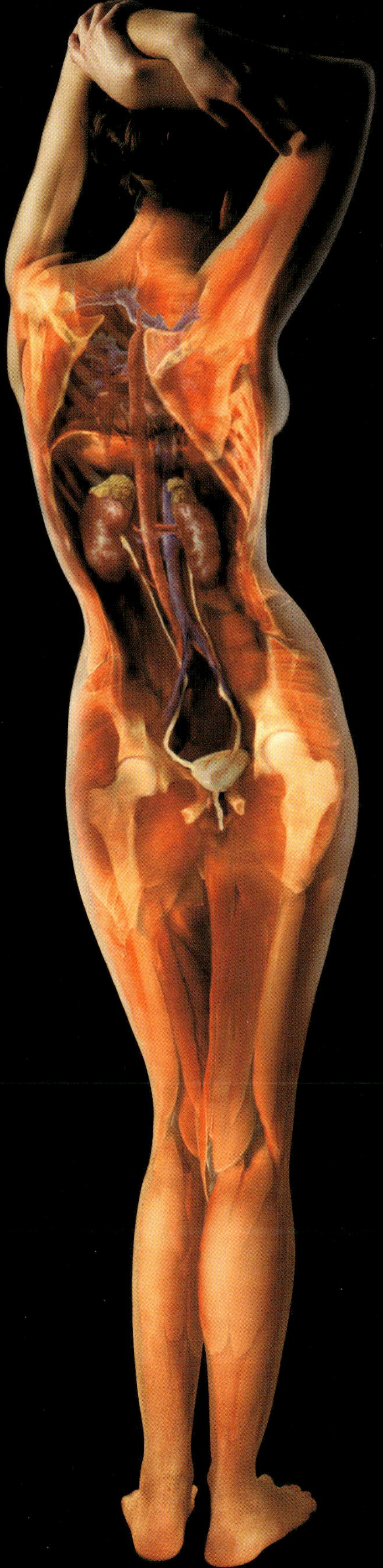

feuchtigkeitsspeichernden Geweben wie der Skelettmuskulatur. Wasser verteilt Wärme im Körper, transportiert Nährstoffe und Hormone innerhalb und zwischen den Zellen, es verdünnt Giftstoffe und dient als Basisflüssigkeit für alle chemischen Prozesse im Körper. Gleichwohl verlieren wir täglich durch den Wasserdampf im Atem, durch Schweißabsonderung und Verdauungsausscheidungen mehr als 2 Liter Wasser. Wird die Flüssigkeit im Körper zu salz-, säure- oder zuckerhaltig oder enthält das Blut zu wenig rote Blutkörperchen, so werden wir krank. (Im Mittelalter konzentrierten sich die Ärzte bei der Krankheitsdiagnostik auf Urinuntersuchungen, teils sogar mit Hilfe eines Geschmackstests.) Mechanisch gesehen hat die Aufgabenstellung, täglich aus rund 60 Litern rezirkulierender Flüssigkeit mikroskopisch kleine Abfallstoffe herauszufiltern und trotzdem den Druck für die Zirkulation aufrechtzuerhalten, zu einer Dreiphasenlösung geführt: Sammlung, Speicherung und Ausscheidung. Deutliche Unterschiede gibt es bei Mann und Frau vor allem im Schlussabschnitt des Systems: beim Wasserlassen.

Die Aufgabe, die fötale Blutzufuhr zu sichern und zu regulieren, ist ausgelagert – so wie Maklerfirmen an der Wall Street untergeordnete Aufgaben gern an Firmen in Neu-Delhi übertragen. Während der Schwangerschaft wird das Blut des Fötus in der Plazenta gereinigt und wiederaufbereitet, obwohl die Nieren des Ungeborenen schon vom vierten Monat an funktionsfähig sind. Den mütterlichen Nieren werden auf diese Weise Überstunden abverlangt, obwohl die stetig größer werdende Gebärmutter immer stärker auf die Harnblase, einen schwammigen Speicher drückt. Die Harnröhre, eine kurze muskulöse Röhre, die bei Frauen nur ein Fünftel der Länge einer männlichen Harnröhre erreicht, ist beim Druckausgleich keine große Hilfe. Kein Wunder, dass der Nachtschlaf Schwangerer gestört ist. (Die ausgleichende Gerechtigkeit kommt später, wenn bei Männern die wuchernde Prostata die Harnröhre zudrückt; dann entstehen ähnliche Probleme.)

Nach der Geburt ist den Nieren der Mutter plötzlich eine Last genommen (die Erholung der Blase braucht allerdings erheblich mehr Zeit), während die Nieren des Neugeborenen sofort in Aktion treten. Wie schnell der Transfer vonstatten geht, zeigt sich daran, dass Babys oft schon wenige Sekunden nach dem Durchtrennen der Nabelschnur zum ersten Mal urinieren.

FILTERN FÜR ZWEI

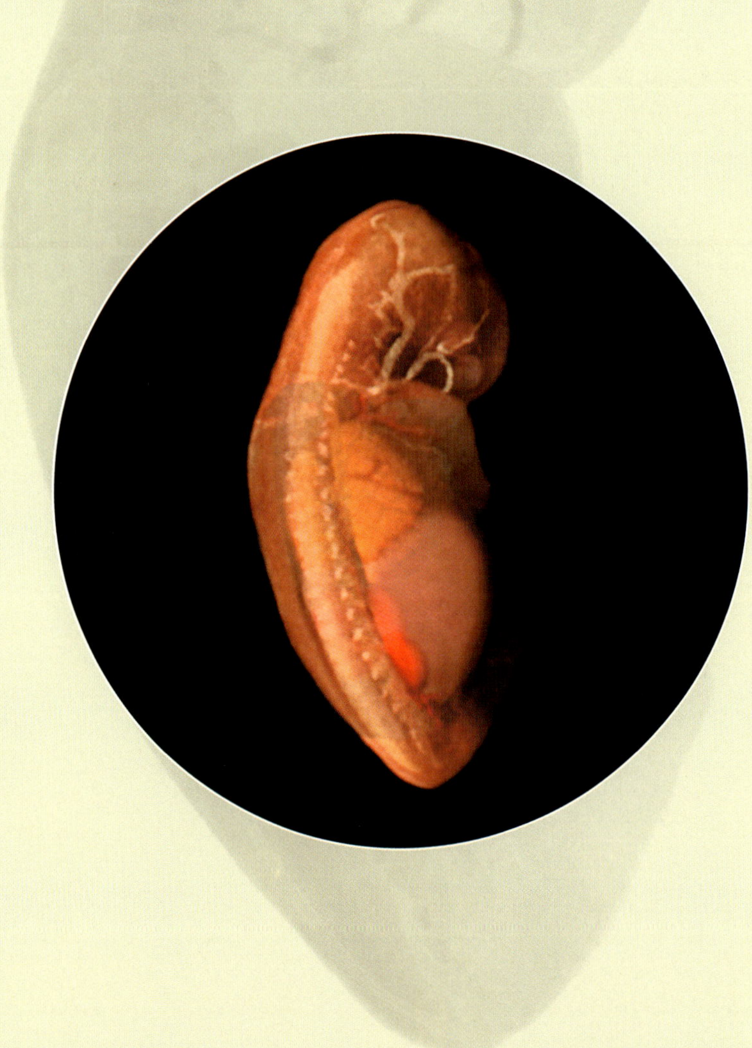

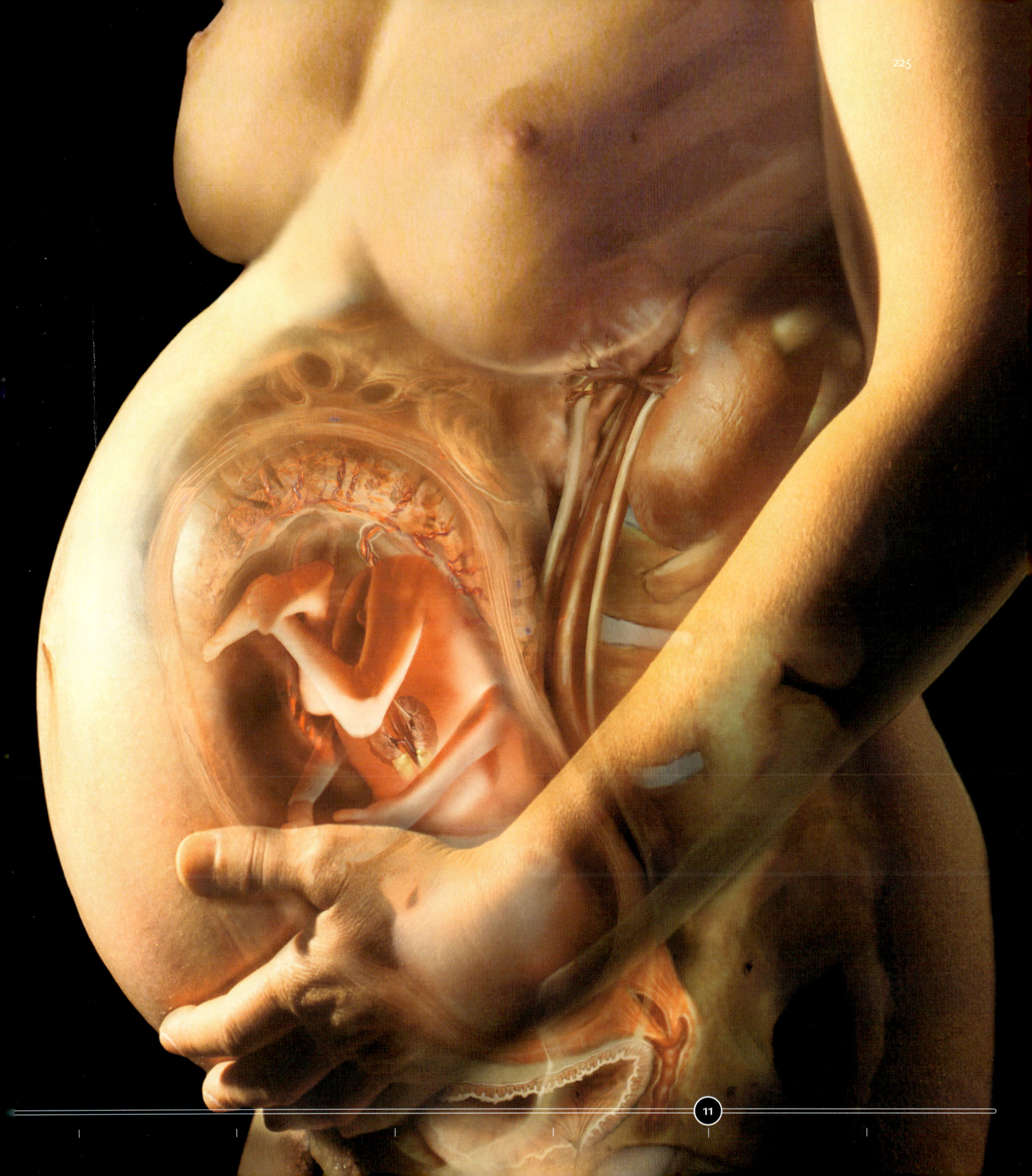

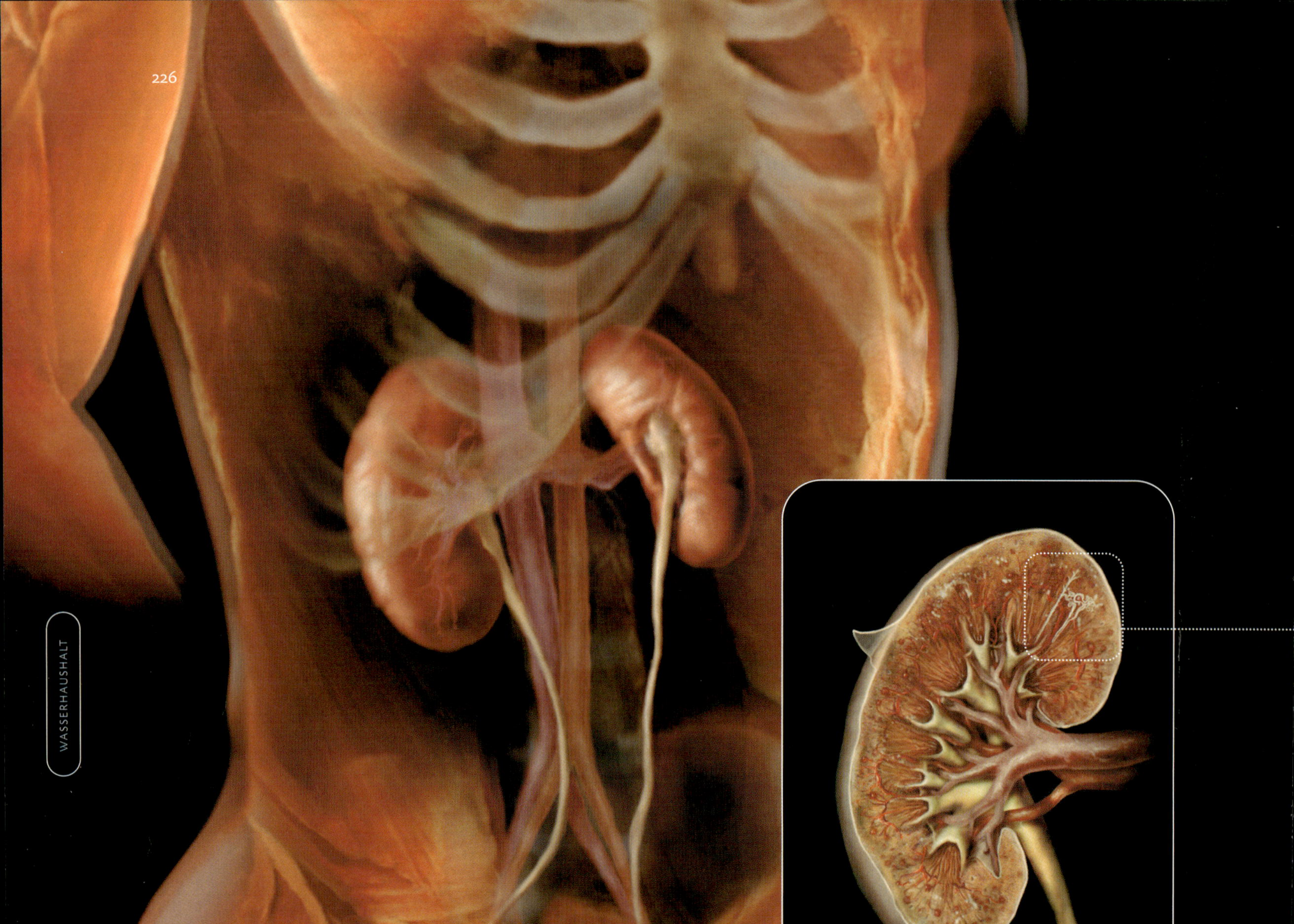

STÄNDIGES FILTERN UND AUSGLEICHEN

Die Nieren, zwei jeweils faustgroße, bohnenförmige Organe im hinteren Bereich der Bauchhöhle, machen nur ein Zwanzigstel des Körpergewichts aus, doch in jeder Minute nehmen sie ein Fünftel des gesamten Bluts im Körper auf. Das macht pro Tag über 1000 Liter. Anders gesagt, das gesamte Blut wird täglich achtmal gründlich gereinigt. Dabei strömt das Blut durch das Nierenmark, eine fächerförmige Struktur aus pyramidenförmigen Teilen. Dort wird es getrennt, wieder zusammengeführt und revitalisiert. Die Abfallstoffe sowie überschüssiges Wasser und Salz werden in einen trichterförmigen Hohlraum ausfiltriert und durch eine Röhre abtransportiert. Die Nieren sind aber weit mehr als eine Harnschleuse, denn sie kontrollieren auch die Homöostase des Blutes, fungieren also auch als Gehirn und endokrines System des Blutes. Sind Stoffe im Übermaß vorhanden, so werden sie herausgefiltert. Herrscht dagegen Mangel an denselben Substanzen, so werden sie dem System durch Rückresorption wieder zugeführt. Dieser Vorgang ähnelt dem Angelspiel, bei dem Kinder versuchen, aus einem vorbeifließenden Bach mit Magnetangeln verschiedenfarbige Fische herauszuziehen. So fischen in den Nieren so genannte »Transporter« Schlüsselmoleküle aus dem Filtrat und setzen sie wieder frei. Auf diese Weise regulieren sie innerhalb enger Grenzen fortwährend die chemische Balance des Blutes.

Jede Niere enthält rund 1 Million Funktionseinheiten, die Nephrone. Sie vereinigen die Eigenschaften eines Filters und eines Angelmagneten: Am einen Ende befindet sich eine lange, dünne Röhre, die ein Kapillarengeflecht umschließt, dann folgen zwei gewundene Regionen, verbunden mit einem haarnadelförmigen Überleitungsstück (der Henle-Schleife), und am anderen Ende befindet sich ein langes, gerades Stück, das wiederum mit einem Kapillarnetz verflochten ist. Unter Druck passiert das Blut die Bowman-Kapsel des Nierenkörperchens. Dort entsteht bei der glomerulären Filtration ein Filtrat, das beim Ab- und Aufstieg durch die Schleife Materialien abgibt und neu aufnimmt, bis das Blut wieder frisch ist. Kontrolliert wird dieser Prozess von chemischen Regelkreisen. Große Teile des Wassers und einige Salze und Zuckerstoffe werden beim Filtriervorgang von den umgebenden Venen und Arterien rückresorbiert.

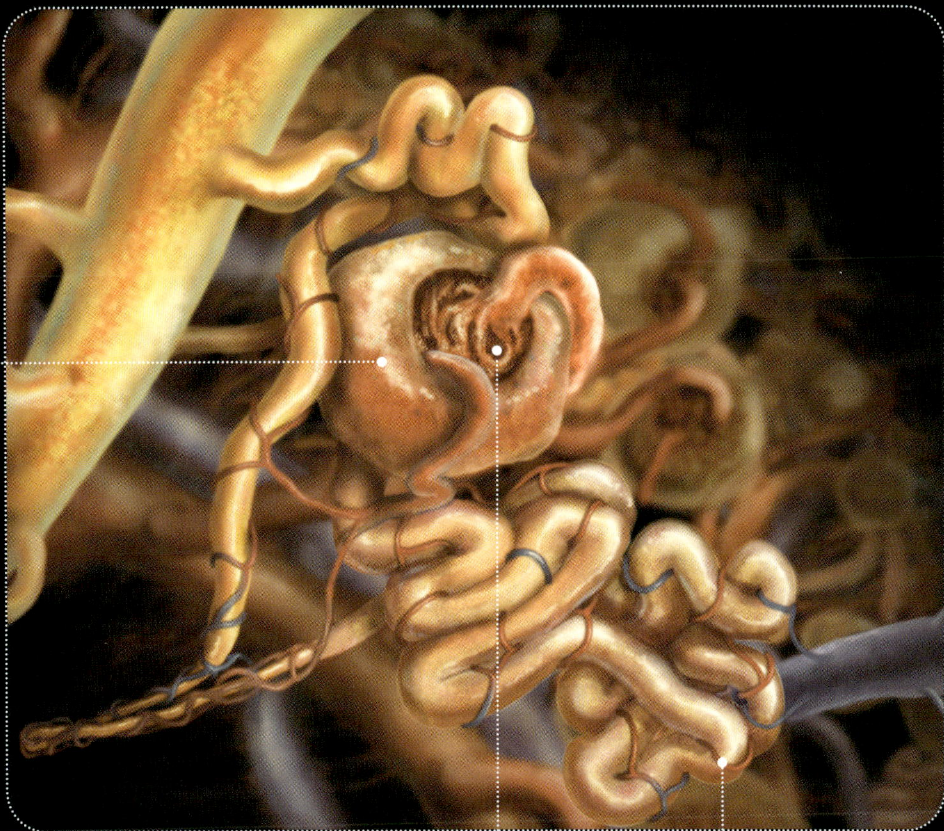

DIE RESTLICHEN SALZE, ZUCKERSTOFFE UND WASSERMENGEN BILDEN DEN HARN, DER JEDES NEPHRON DURCH EIN SAMMELRÖHRCHEN VERLÄSST UND ÜBER DIE HARNLEITER IN DIE BLASE TRANSPORTIERT WIRD.

ABFALLSTOFFE UND WASSER WERDEN ZUNÄCHST IM GLOMERULUS – EINEM WINZIGEN KAPILLARSYSTEM, DAS UNTER HOHEM DRUCK STEHT – HERAUSGEFILTERT.

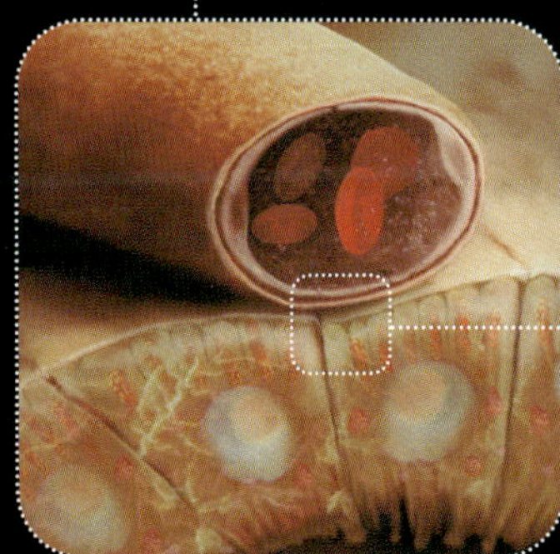

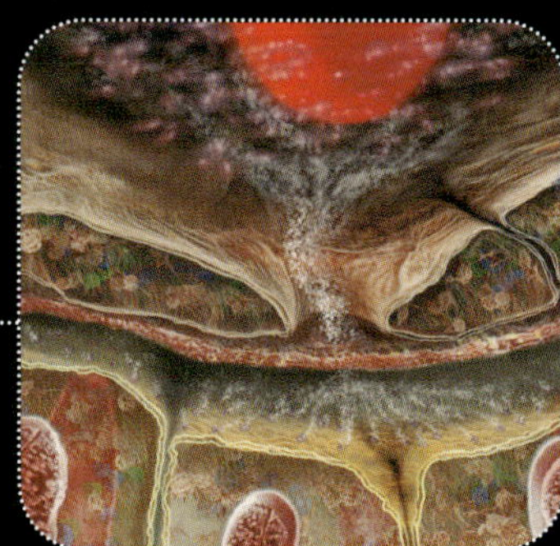

Verschiedene Schichten entspannter glatter Muskeln in der Blasenwand umschließen eine gefaltete Schleimhaut. Wenn sich die Harnblase mit Urin füllt, strecken sich die Muskeln; die Falten glätten sich und verschwinden. Nervenrezeptoren in der Blasenwand übermitteln das Ausmaß der Streckung an das Gehirn, welches dann das Bedürfnis signalisiert, zwei ringförmige Schließmuskeln zu entspannen – diese Muskeln funktionieren wie Wasserhähne. Die Dehnungsfähigkeit der Blase ist ungeheuer. Harndrang entsteht erst, wenn die Blase mit ca. 300 Milliliter Urin gefüllt ist, aber sie kann willkürlich mehr als die doppelte Menge aufnehmen, ehe wir unbedingt Wasser lassen müssen.

FLÜSSIGKEITSTANK

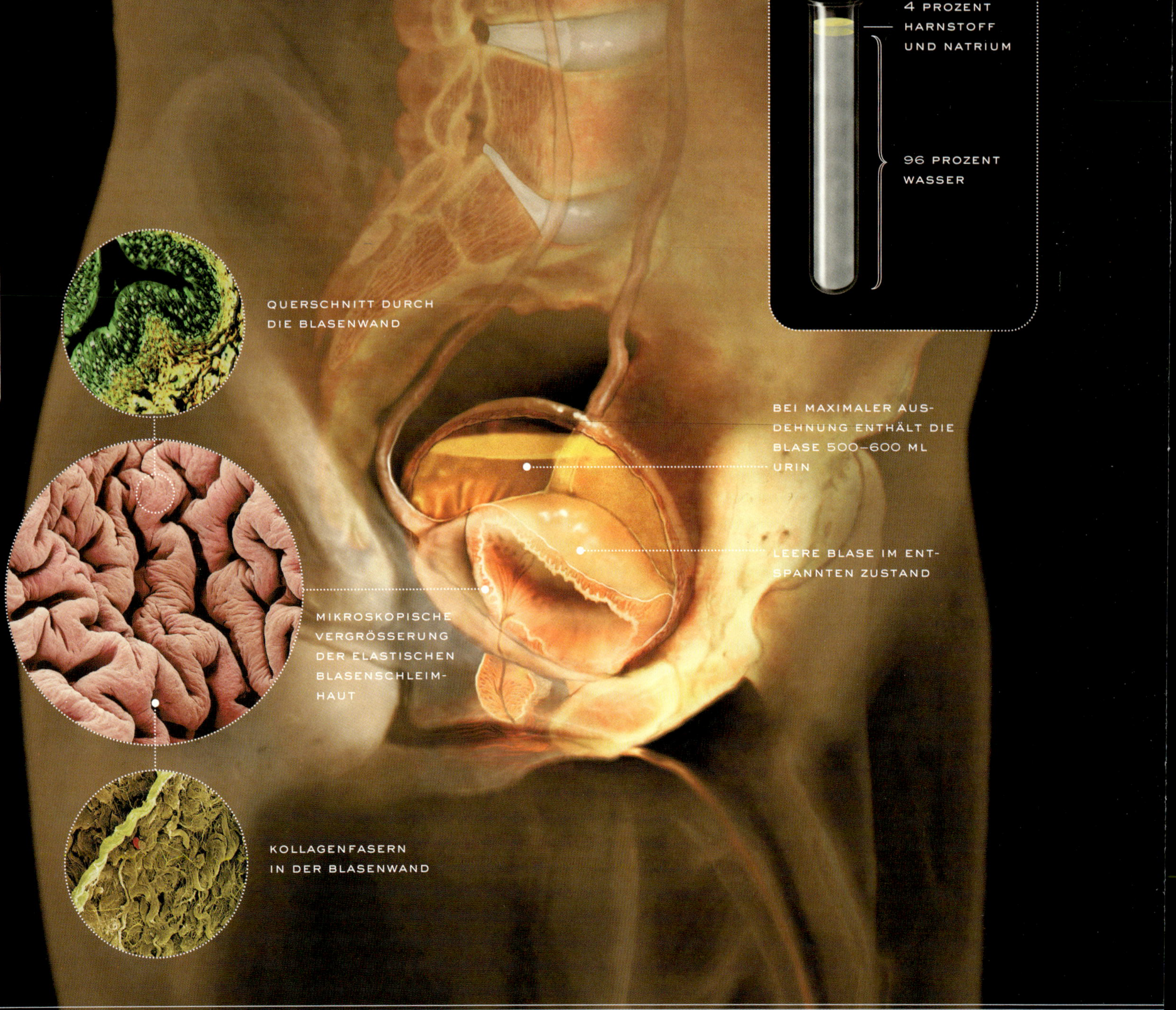

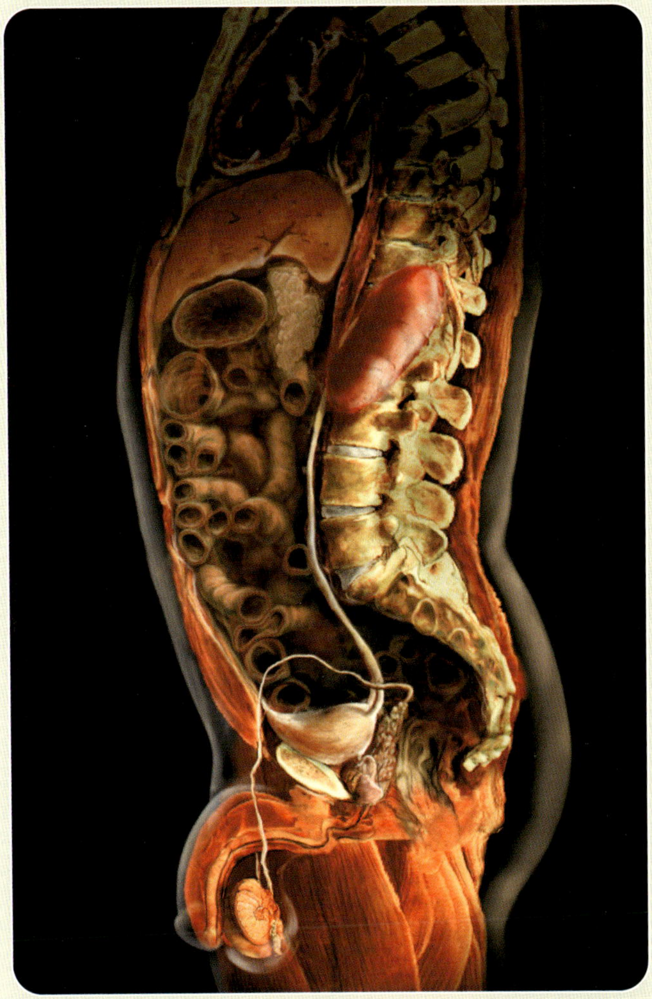

MANN

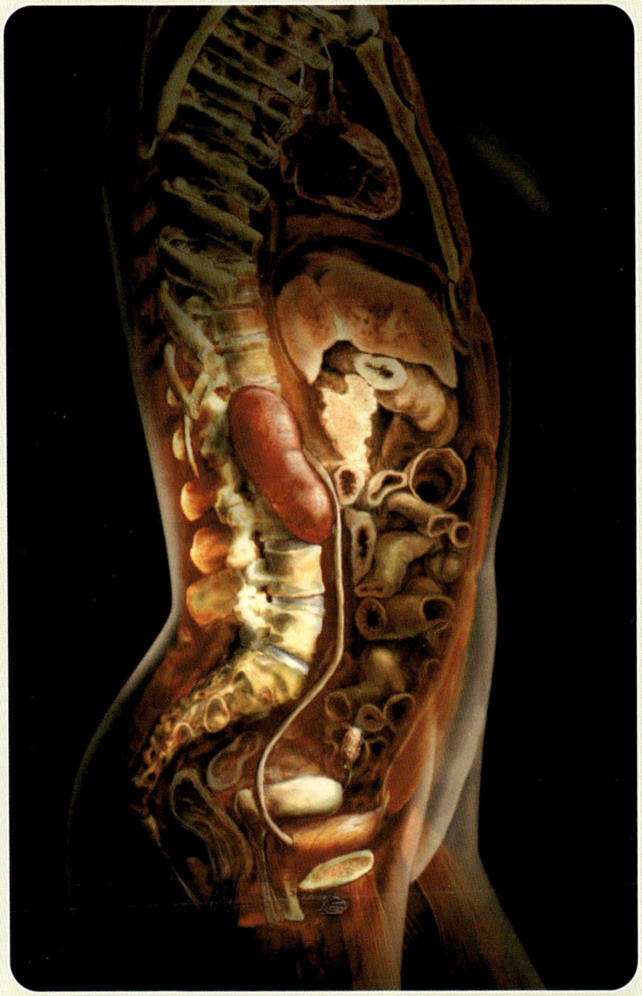

FRAU

GESCHLECHTSUNTERSCHIEDE

Urin wird kontinuierlich und tröpfchenweise produziert (ungefähr 1 ml/min). Er wird mittels Kontraktionen durch zwei Harnleiter in die Harnblase geleitet, einen sehr dehnbaren Sammelbehälter, der im Genitalbereich im Unterleib eingepfercht ist. Aus physiologischen, aber auch aus sozialen und psychologischen Gründen ist es erstrebenswert, die Entleerung der Harnblase dem Willen zu unterwerfen, auch wenn die sanitären und sonstigen Umstände nicht immer dazu einladen. »In Frankreich muss man sich an den Geruch der Urinals gewöhnen«, schrieb Gertrude Stein, und sie fügte hinzu: »Die Pariser sind alle Weintrinker, und für einen Herrn ist die Blase unruhiger als für eine Dame.«

SPIEGELUNGEN IN DER NATUR

Die Harnwege, deren Bau auf die Behandlung von Flüssigkeiten ausgerichtet ist, verwenden Strukturen aus anderen Bereichen der Natur, deren Aufgabenstellungen oft ganz andersartig sind. Geflochtene Kollagenfasern, die sich strecken können, um die Blasenwand zu dehnen, ähneln Fühlern von Motten – empfindlichen Chemorezeptoren, die auf Pheromone des anderen Geschlechts geeicht sind. Die Membranfalten der Blasenschleimhaut, die verschwinden, wenn sich

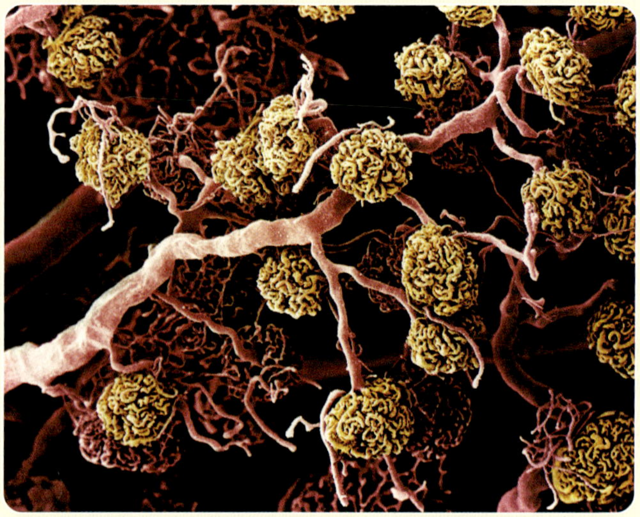

NIEREN-BLUTGEFÄSSE

KOLBENSCHIMMEL (ASPERGILLUS)

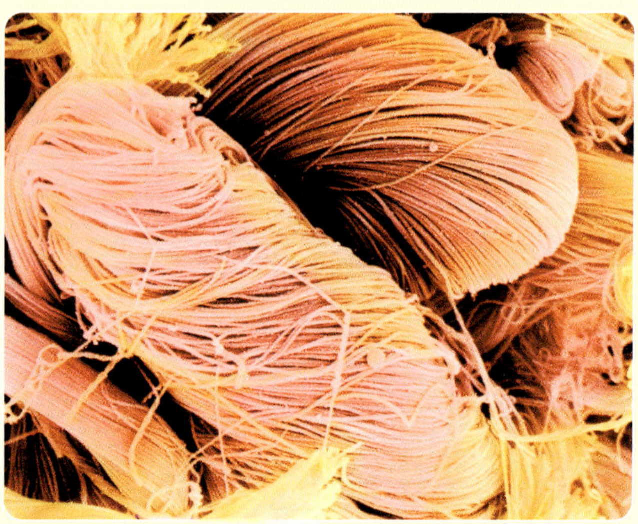

KOLLAGENFASERN DER HARNBLASE

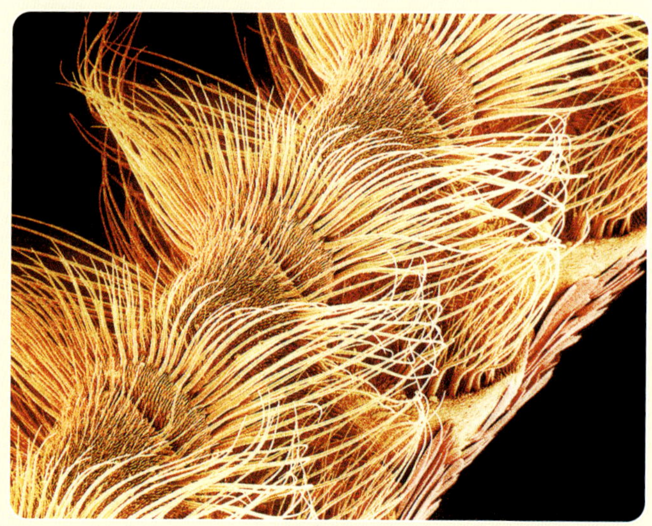

MOTTENFÜHLER

die Blase ausdehnt, ähneln Pilzlamellen, welche Sporen produzieren. Blutgefäße in der Niere, durchsetzt mit Nephronen, und die Nierenkanälchen, die den Urin sammeln, sehen so ähnlich aus wie Sporen von Kolbenschimmel (Aspergillus, einer Pilzart, die sich von verrottender Vegetation ernährt und deren Sporen bei vielen Allergikern Lungenkrämpfe hervorrufen) oder wie Tentakel von Seeanemonen (die zum Beutefang dienen).

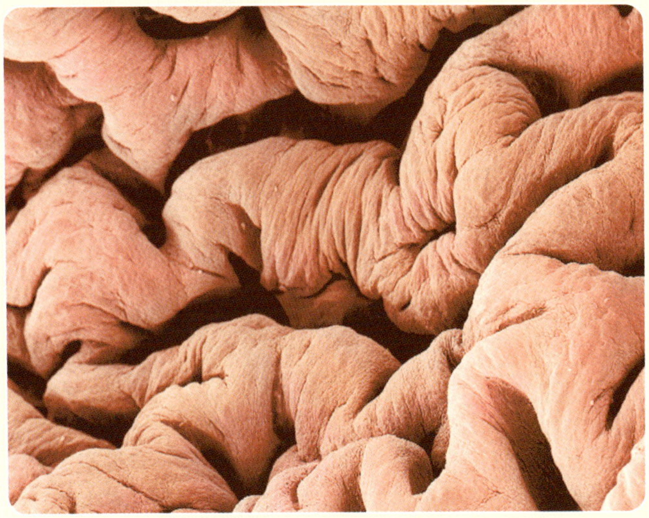

BLASENWAND

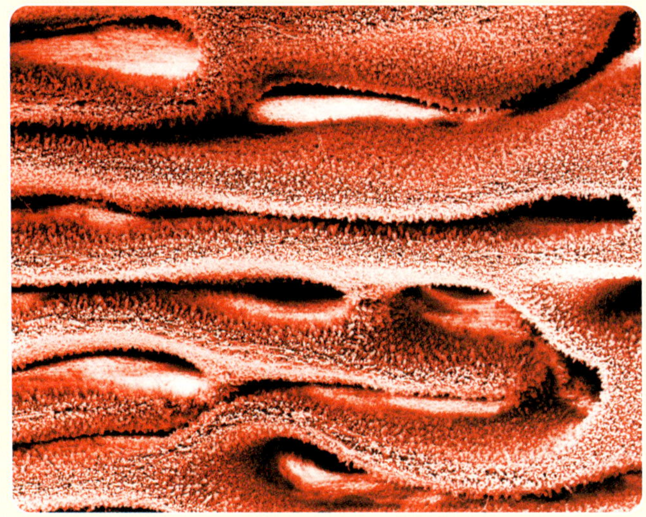

PILZLAMELLEN

NIERENKANÄLCHEN

SEEANEMONEN-TENTAKEL

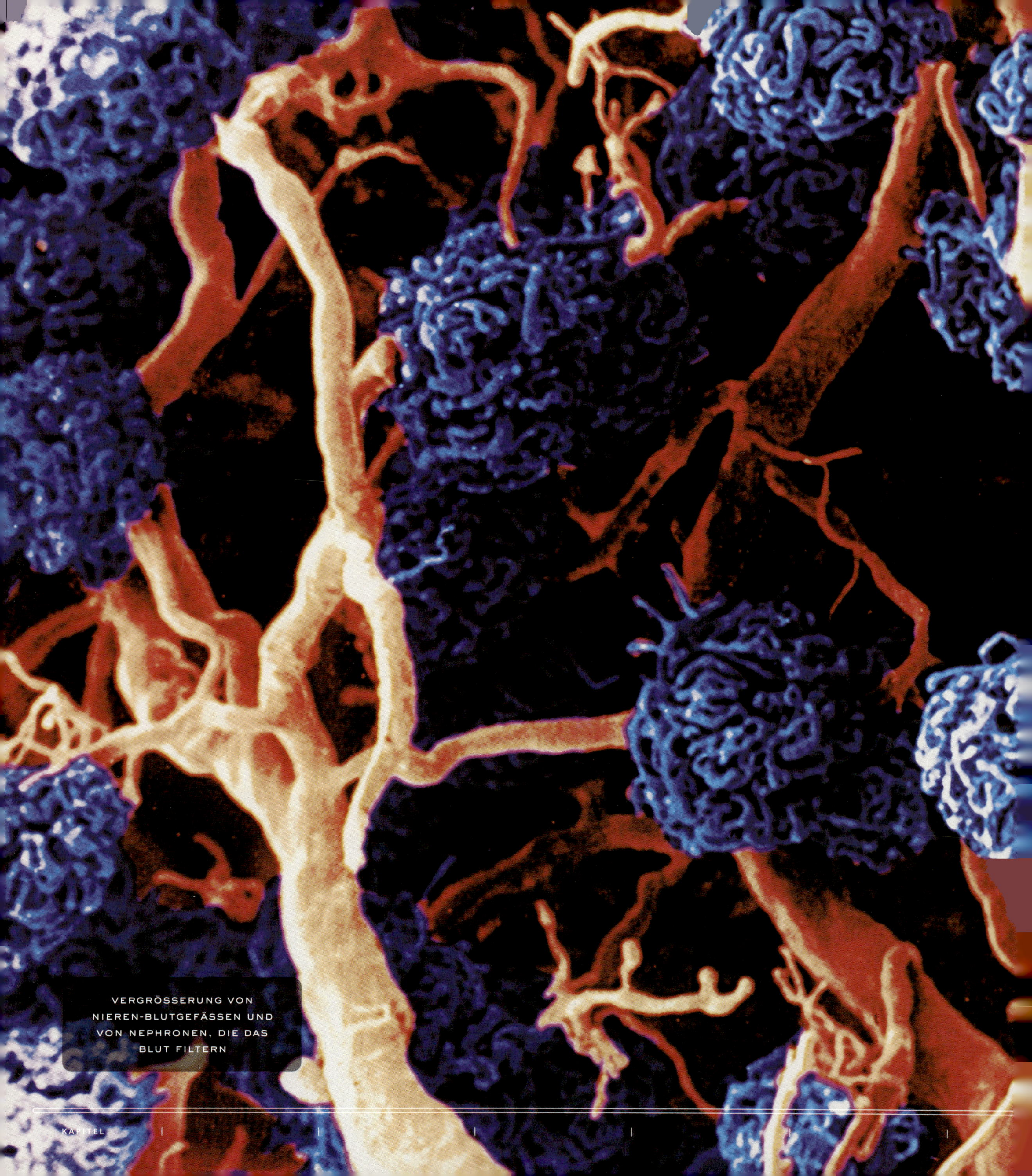

VERGRÖSSERUNG VON NIEREN-BLUTGEFÄSSEN UND VON NEPHRONEN, DIE DAS BLUT FILTERN

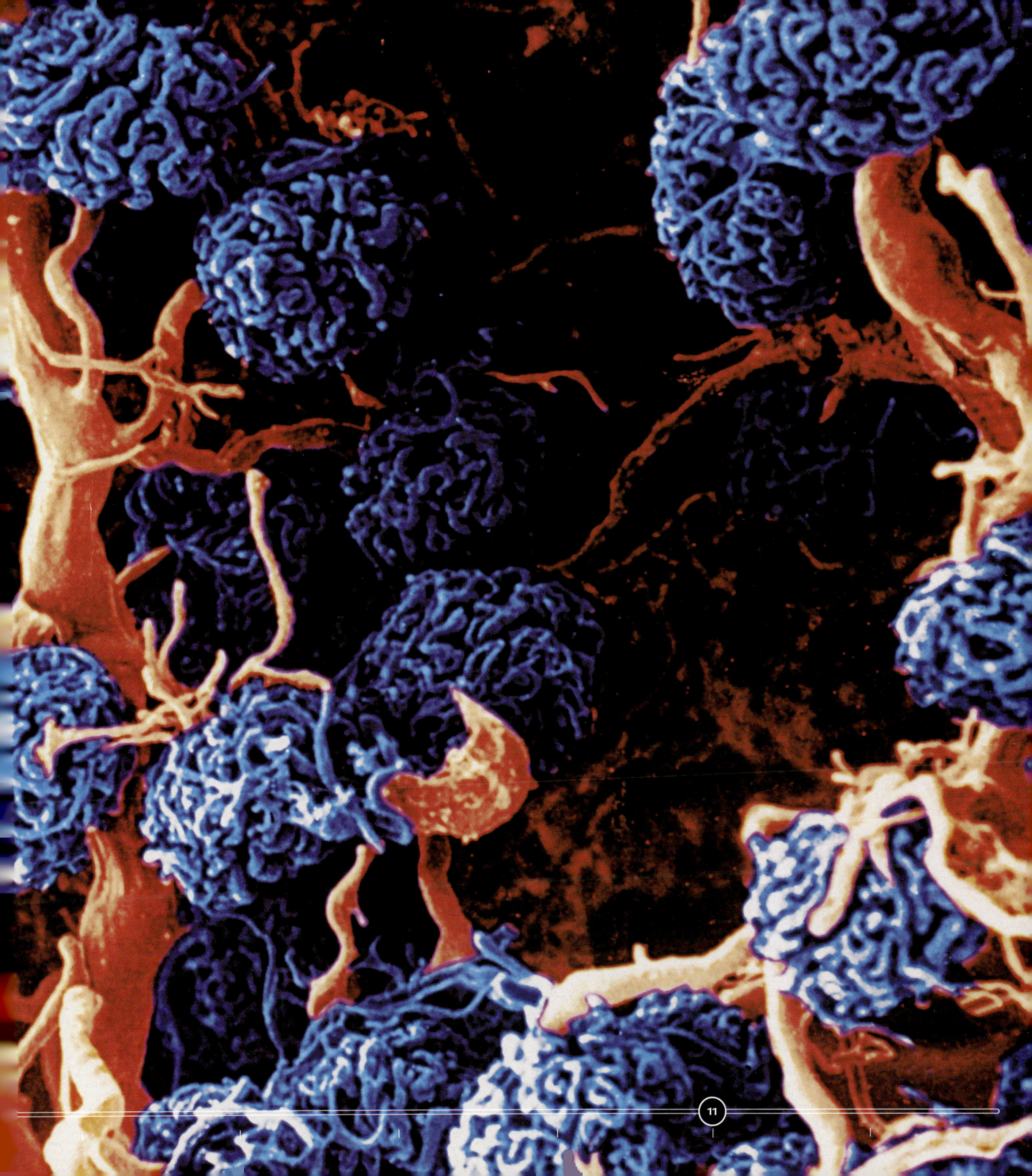

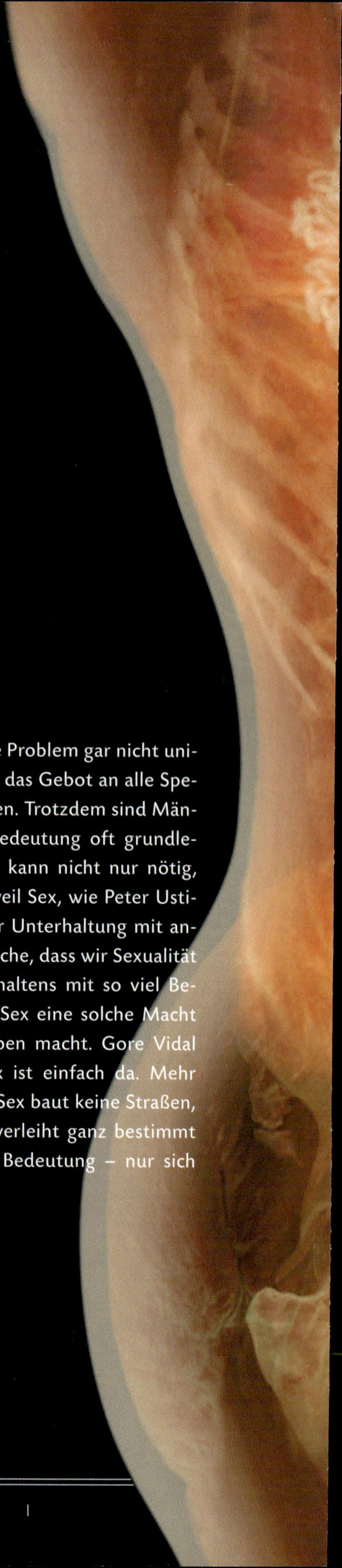

»Sex, davon verstehe ich echt nicht allzu viel … Immer wieder stelle ich mir solche Sexregeln auf, und dann breche ich sie doch gleich wieder.«

Holden Caulfield in *Der Fänger im Roggen* von J. D. Salinger

Vermehrung

– das Fortpflanzungssystem

Nicht nur jungfräuliche Teenager sind verwirrt, wenn es um die sexuelle Fortpflanzung geht. Der Komiker Marty Feldman sagte: »Sex ist, wenn zwei und zwei fünf ergibt«, und der Aphoristiker Mason Cooley charakterisierte Sex als »weder imaginär noch ganz real«. Die britische Autorin Anne Cumming bezeichnete Sex als »Abkürzungsweg für alles« und für John Dos Passos war Sex ein »Glücksspielautomat«. Der geistreiche schwule Exzentriker Quentin Crisp nannte Sex »die letzte Zuflucht der Elenden«, während Henry Miller meinte, Sex sei »einer der neun Gründe für die Reinkarnation – wobei die anderen acht unwichtig sind«. John Updike zufolge ist Sex »wie Geld; genug hat man erst, wenn man zu viel davon hat«, während die Sozialkritikerin Camille Paglia der Ansicht ist, Sex sei »für Männer, anders als für Frauen, etwas Metaphysisches. Frauen haben kein Problem, das sie mit Hilfe von Sex lösen müssen«.

Dabei könnte das durch Sex gelöste Problem gar nicht universaler oder zentraler sein – nämlich das Gebot an alle Spezies und Individuen, sich fortzupflanzen. Trotzdem sind Männer und Frauen hinsichtlich seiner Bedeutung oft grundlegend anderer Meinung. Dieser Streit kann nicht nur nötig, sondern sogar wünschenswert sein, weil Sex, wie Peter Ustinov feststellte, »die Fortsetzung einer Unterhaltung mit anderen Mitteln ist«. Doch erst die Tatsache, dass wir Sexualität und die Mechanismen sexuellen Verhaltens mit so viel Bedeutung befrachten, ist es wohl, die Sex eine solche Macht verleiht und ihn so geheimnisumwoben macht. Gore Vidal zog das folgende knappe Fazit: »Sex ist einfach da. Mehr kann man dazu nicht sagen oder tun. Sex baut keine Straßen, Sex schreibt keine Romane und Sex verleiht ganz bestimmt auch nichts anderem im Leben eine Bedeutung – nur sich selbst.«

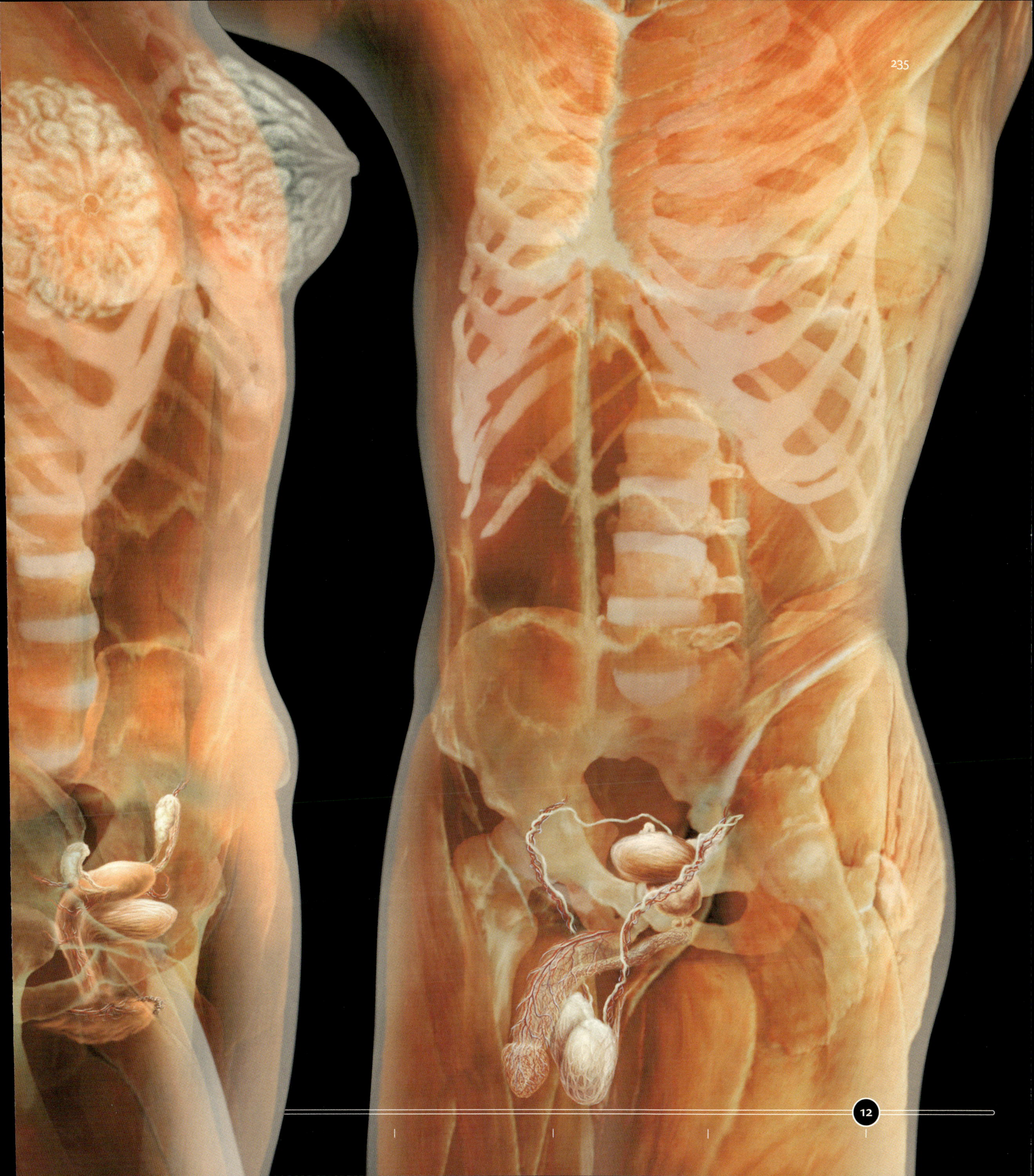

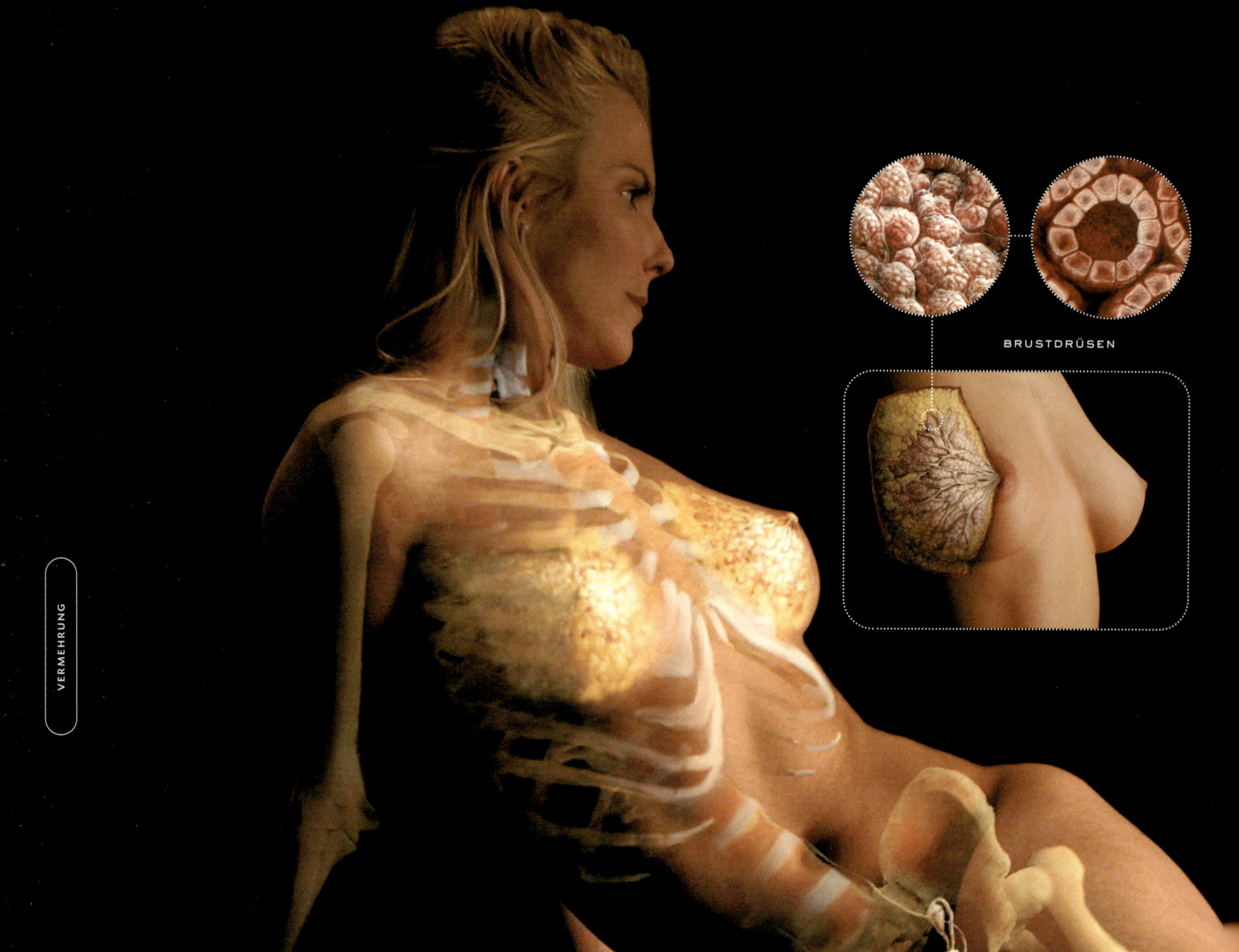

VIERTEILIGE ORGANISATION

Das männliche wie das weibliche Fortpflanzungssystem sind nach der gleichen vierteiligen Struktur organisiert: 1. Die Keimdrüsen (Gonaden), Eierstöcke oder Hoden, produzieren spezielle Keimzellen (Eier oder Spermien), die im Unterschied zu anderen Körperzellen nur die Hälfte eines normalen Chromosomensatzes enthalten und sich bei der Befruchtung vereinigen. Sie enthalten auch Geschlechtshormone (Steroidhormone), die für Reproduktion, Körperwachstum und körperliche Entwicklung von großer Bedeutung sind. 2. Die Geschlechtsorgane (Genitalien), bei Männern der Penis, bei Frauen die Scheide, sorgen für den Transport der Spermien vom männlichen in den weiblichen Körper. Die Aufgabe von Penis und Klitoris ist es auch, für den Spaß am Sex zu sorgen. 3. Leitungen und zusätzliche Drüsen verbinden die Keimdrüsen mit den Genitalien und bilden dabei eine Art Ökosystem, in dem die letzten Vorbereitungen für die Befruchtung getroffen werden. Im Uterus wird der aus der Befruchtung hervorgehende Embryo dann ernährt.

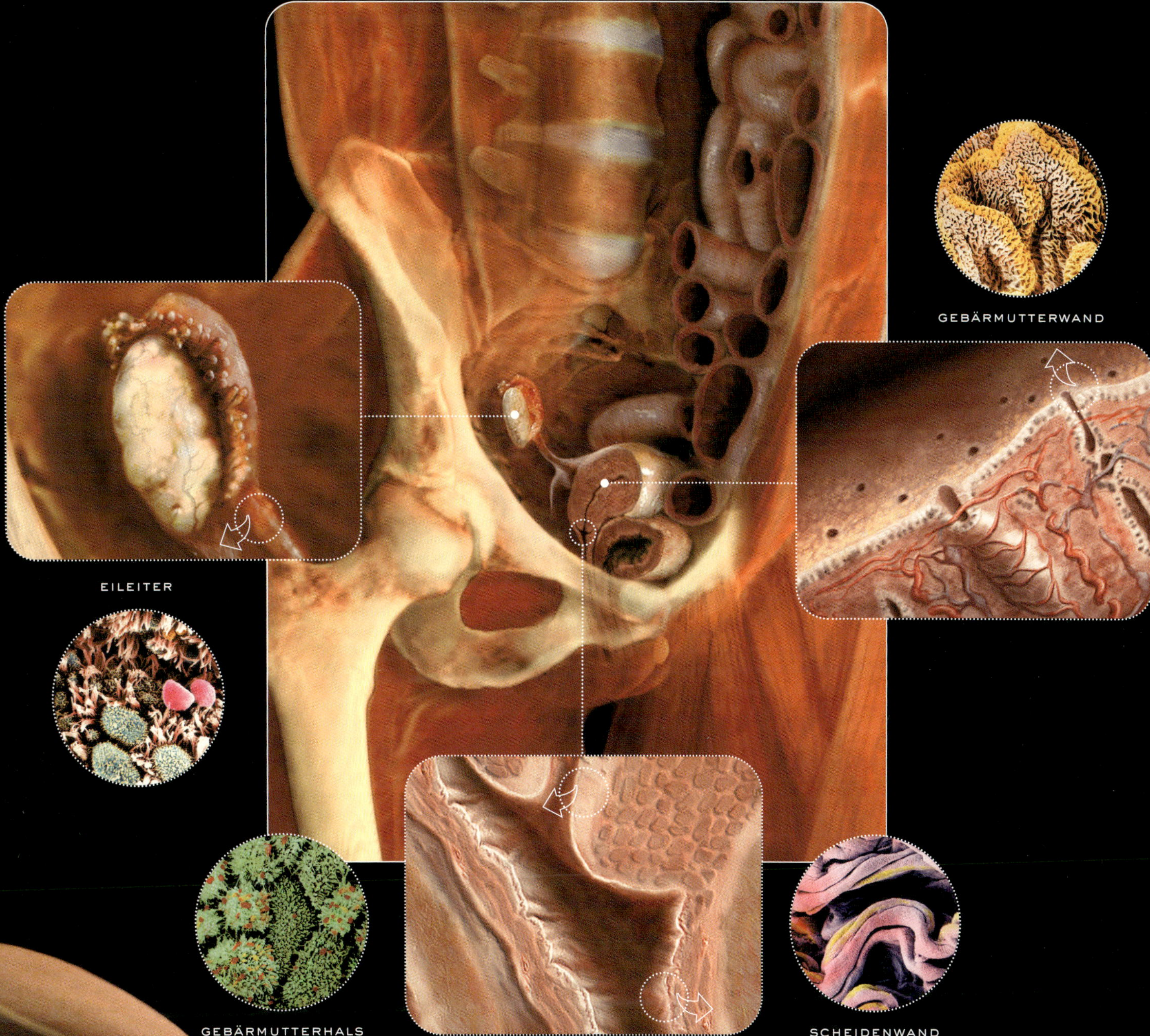

4. Ein doppeltes Feedbacksystem verbindet die Keimdrüsen mit dem Hypothalamus und anderen endokrinen Strukturen, um die Absonderung von männlichen und weiblichen Geschlechtshormonen zu regulieren.

Strukturell gesehen bestehen die Geschlechtsunterschiede aus den weiter verzweigten Röhrensystemen und zusätzlichen Organen der Frau – Scheide (Vagina), Gebärmutter (Uterus) und Brüste. Die Vagina erstreckt sich von der äußeren Öffnung bis zum Gebärmutterhals (Cervix). Dort verschließt ein Ringmuskel den hohlen, muskulösen, birnenförmigen Uterus und bildet einen eleganten Vorhof für die Embryo-Bewahranstalt. Zahlreiche aus Lappen und Läppchen bestehende Brustdrüsen in den weiblichen Brüsten sondern Milch in die 15 bis 20 Drüsengänge ab.

Etwa eine Millionen unreife Eizellen befinden sich zum Zeitpunkt der Geburt im Eileiter des weiblichen Fötus, doch davon bleiben letztlich nur rund 40 000 übrig. Die anderen gehen auf natürlichem Wege vor der Pubertät zugrunde. Von da an werden einmal im Monat 15 bis 20 Eizellen für den Reifungsprozess ausgewählt. Ein ganzer Schwall von Hormonen strömt, ausgelöst von der Hypophyse, über die in den Eierstöcken gespeicherten Follikel.

ZYKLISCHE GELEGENHEITEN

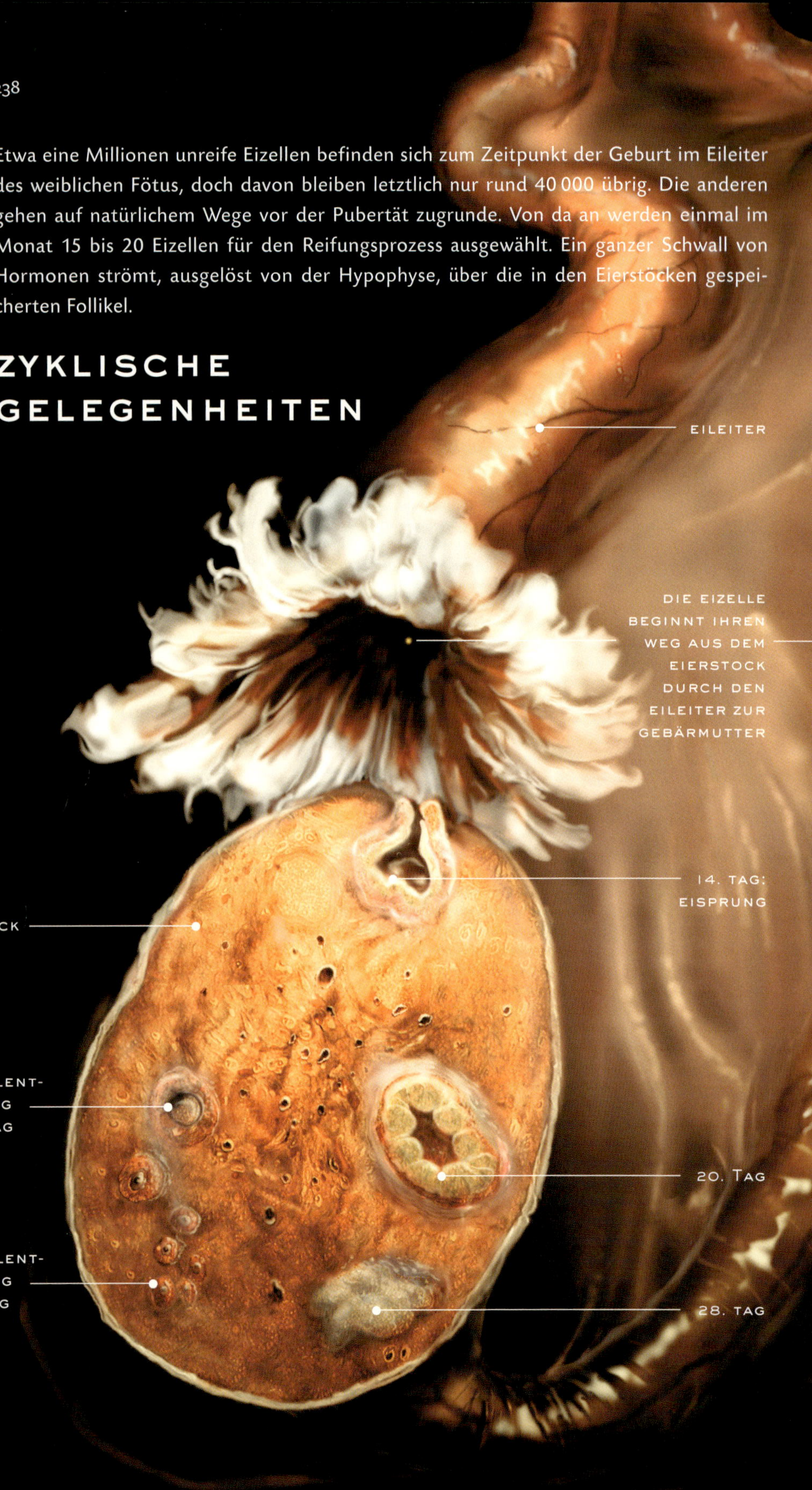

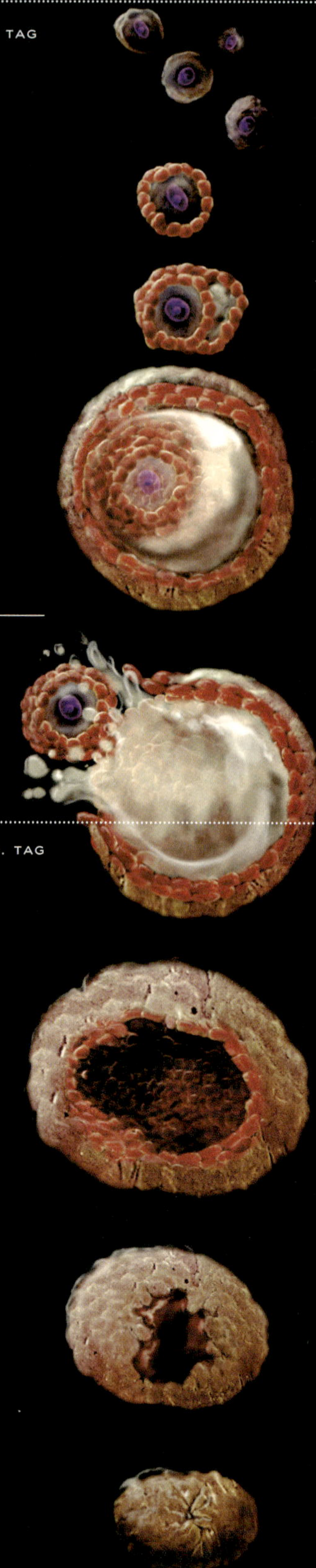

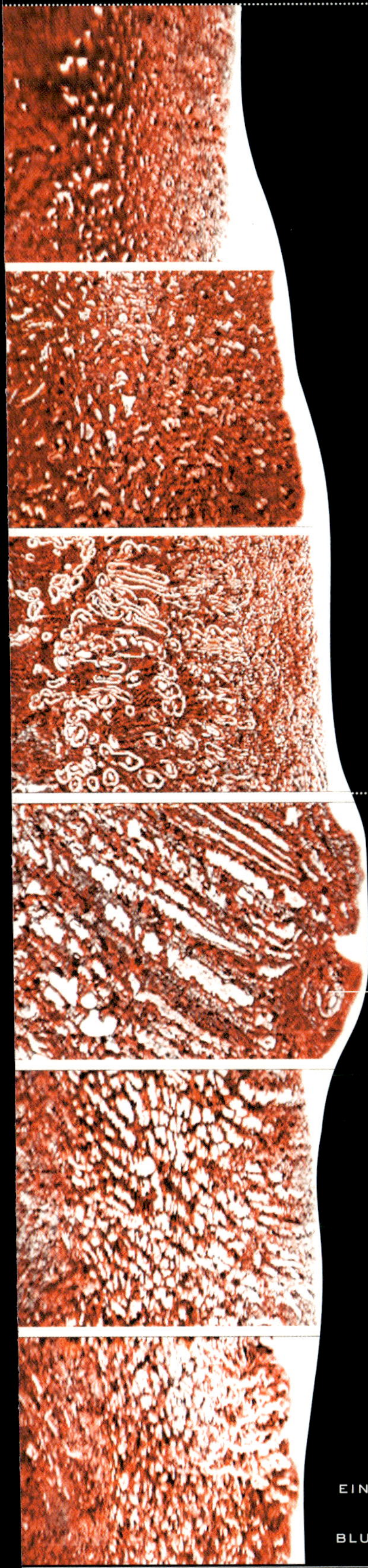

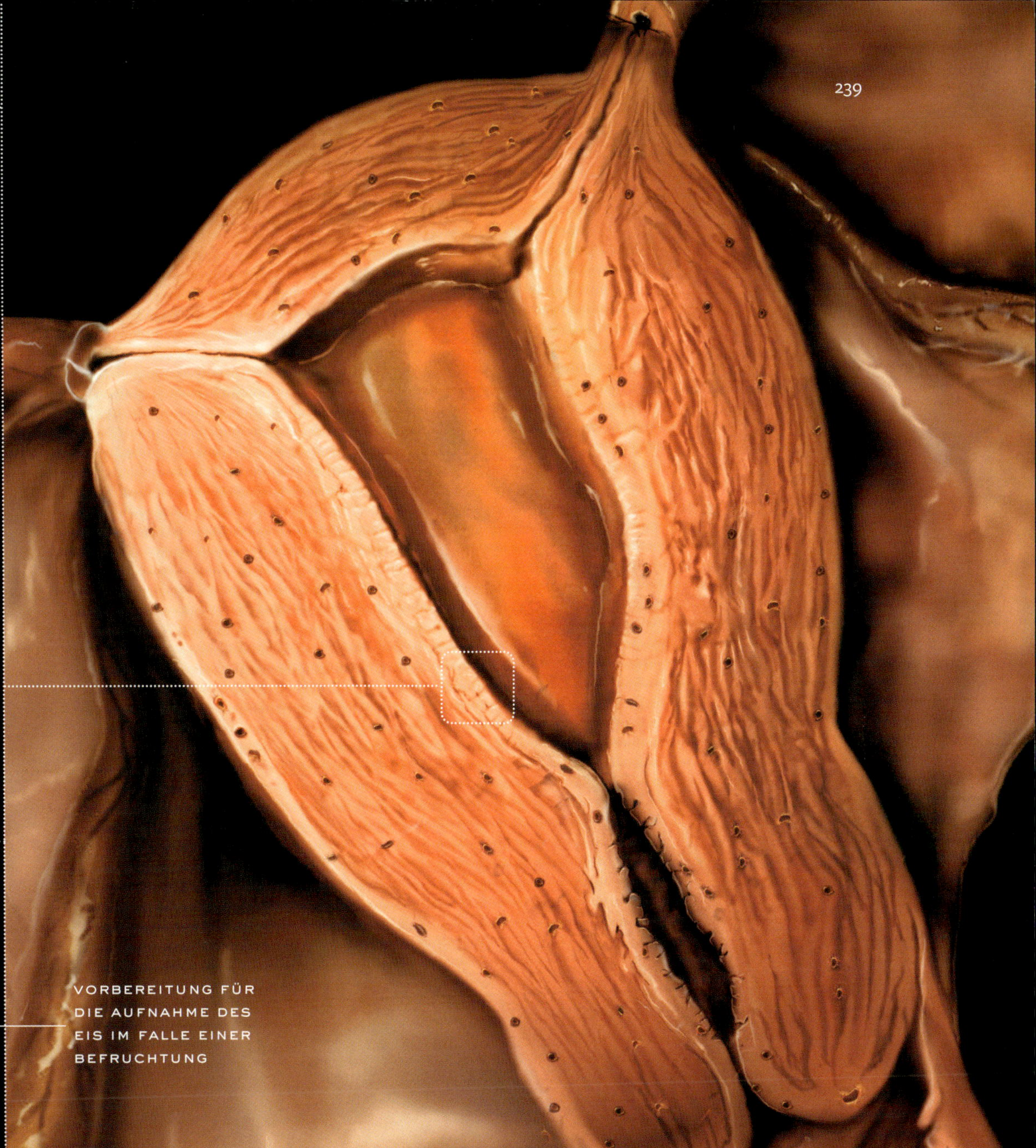

VORBEREITUNG FÜR DIE AUFNAHME DES EIS IM FALLE EINER BEFRUCHTUNG

EINTRITT DER BLUTUNG

Das follikelstimulierende Hormon (FSH) aus der Hypophyse regt die Follikel zur Reifung an. Ungefähr am zehnten Zyklustag wird eine einzelne Eizelle ausgewählt – wie das genau vor sich geht, weiß man noch nicht – und zur vollen Reifung geführt.

Vier Tage später setzt das Gehirn ein weiteres stimulierendes Hormon frei und es kommt zum Follikelsprung. Die darin befindliche Eizelle gelangt über einen fransigen Trichter in den Eileiter. Dort wandert sie, auf Befruchtung wartend, an der Eileiterwand entlang in Richtung Gebärmutter. Während der Follikelentwicklung im Eierstock in der ersten Zyklushälfte stellt die Gebärmutterschleimhaut eine besonders gut durchblutete, nährende Umgebung für die Einnistung der befruchteten Eizelle her. Findet keine Befruchtung statt, wird die Eizelle zusammen mit der abgelösten Schicht der Gebärmutterschleimhaut durch das Menstruationsblut nach draußen gespült. Der Zyklus kann von vorn beginnen.

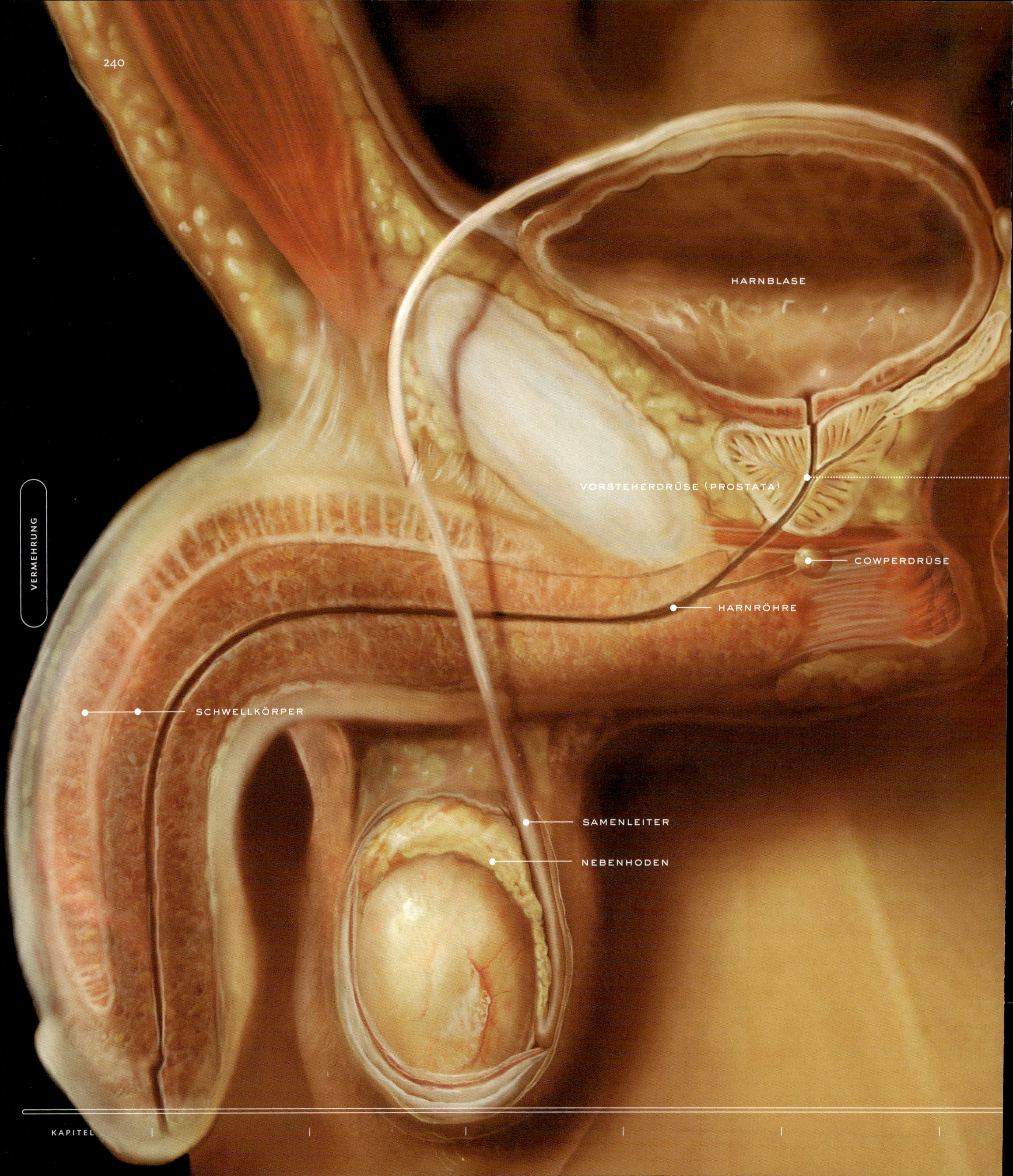

HARNBLASE
VORSTEHERDRÜSE (PROSTATA)
COWPERDRÜSE
HARNRÖHRE
SCHWELLKÖRPER
SAMENLEITER
NEBENHODEN

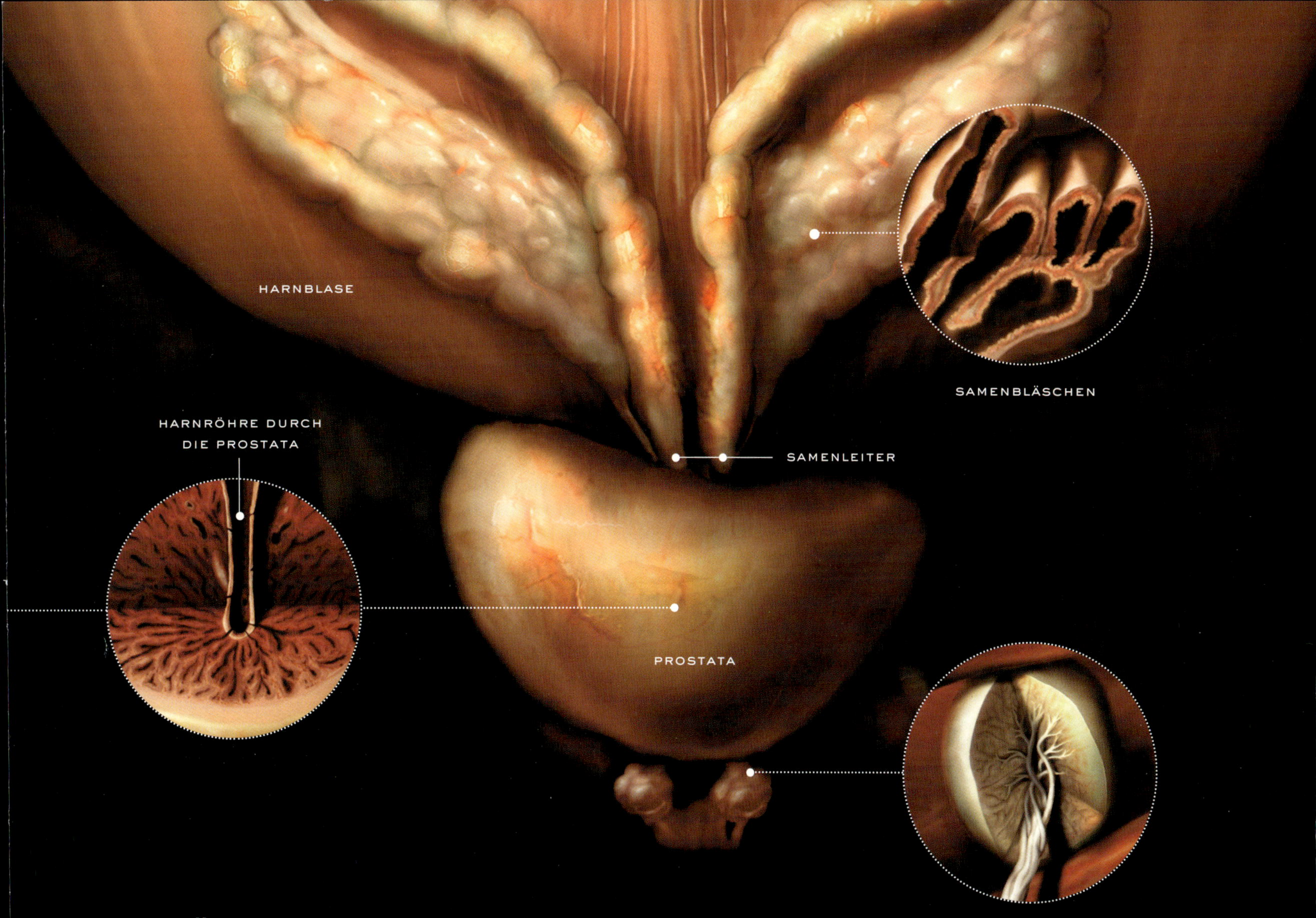

FLÜSSIGKEITS-TRANSPORT

Als Transportsystem für genetisches Material müssen die männlichen Geschlechtsorgane verschiedene Anforderungen erfüllen: Fortbewegung, Gleitfähigkeit, chemische Balance und Schutz der Fracht. Die Samenflüssigkeit, eine Art Flüssigkeitsverpackung für die Genübermittlung an das sich einnistende Ei, besteht aus Spermien und Flüssigkeiten, die deren Fortbewegung erleichtern. In den Hoden werden bis zu 3000 Samenzellen (Spermien) pro Sekunde produziert (das sind 250 Millionen pro Tag). Die Hoden sind zwei eiförmige Organe, die direkt unter dem Penis im Hodensack hängen – außerhalb des eigentlichen Körpers, weil es dort kühler ist. Die beiden Hoden hängen nicht genau auf gleicher Höhe, damit sie sich bei normalen Bewegungen nicht quetschen. Die Spermien werden bis zur Ejakulation in stark gewundenen Gängen, den Nebenhoden, gespeichert, die auf den Hoden aufsitzen. Bei der Ejakulation werden die Spermien durch parallele Gänge ausgetrieben. Dabei werden sie durch Absonderungen aus drei unterschiedlichen Drüsen für ihren langen Weg gestärkt: Aus den Samenbläschen kommen Schleim, Aminosäuren und supersüße Fruktose (als Energieration); aus der Prostata alkaline Enzyme zur Neutralisierung der natürlichen Säuren in der Vagina und zur Aktivierung der Spermien; und aus den Cowperdrüsen eine weitere Flüssigkeit, die zur Neutralisierung verbliebener Harnsäure in der eigenen Harnröhre dient und Spermien durch eine Art Flüssigkeitspolster gegen physikalische Stöße schützt.

SAMENZUCHT

Ein einzelner Hoden besteht aus rund 300 Unterteilungen (Hodenläppchen), welche jeweils ein bis vier stark gewundene Hodenkanälchen enthalten. Zöge man diese allesamt glatt in die Länge, würden sie sich über mehr als fünf Fußballfelder erstrecken. Die Wände dieser samenbildenden Hodenkanälchen sind von Geburt an mit unspezifischen Keimzellen vollgepackt, die sich nach der Pubertät in Spermien zu teilen beginnen. Je mehr Spermien sich entwickeln, desto mehr wandern von der Peripherie zum Zentrum der Hodenkanälchen. Bei der Heranreifung halbiert sich ihr Chromosomensatz. Sie gelangen schließlich über die ausführenden Kanälchen in den Nebenhodengang, wo sie gespeichert werden.

Von der Anlage her sind die Spermien ungewöhnlich geschmeidig. Ihr eiförmiger Kopf, der den Zellkern und seine DNA-Fracht umgibt, trägt eine Schutzkappe mit einem Enzym, welches der Samenzelle beim Eindringen in die Eizelle behilflich ist. Das Mittelstück, die Verbindung zwischen Kopf und Schwanz, enthält das Kraftwerk, die Mitochondrien. Der peitschenähnliche Schwanz läuft fadenförmig spitz zu und dient der schlängelnden Fortbewegung.

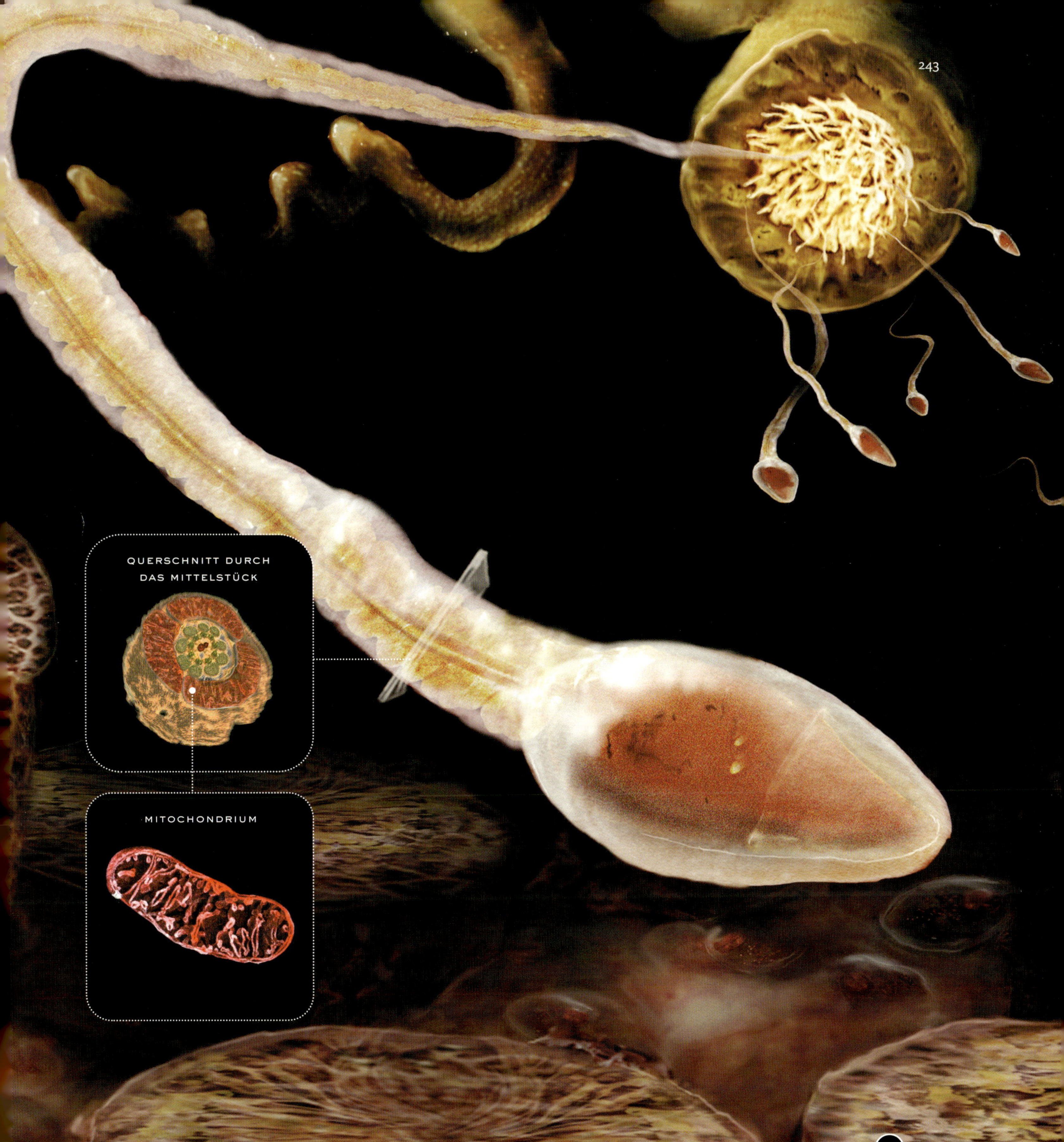
QUERSCHNITT DURCH
DAS MITTELSTÜCK
MITOCHONDRIUM

Der Penis, schrieb der Romanschriftsteller William Gass, »ist ein lächerlicher Bittsteller ... Man kann ihn ja so leicht necken, beleidigen, verraten, im Stich lassen. Und doch muss er so tun, als sei er unverwundbar, als sei er eine Waffe, die ihrem Besitzer magische Kräfte verleiht. Folglich muss dieser muskellose Schwächling ständig zu protzen versuchen; er muss durch den Tempel stolzieren wie ein Samson mit all seiner haarigen Pracht, er muss Schenkel auseinander drücken und den mächtigen Stößer spielen.«

Wenn man Leidenschaft und Erotik einmal beiseite lässt, dann sind beim männlichen »Akt« vor allem zwei Aspekte der Physik im Spiel: Hydraulik und Bioelektrizität. Ist ein Mann sexuell erregt, dann füllen sich die drei Schwellkörper in seinem Penis mit Blut; das Organ wird größer und versteift sich. Die Venen werden zusammengedrückt; es fließt kaum noch Blut ab, die Erektion dauert an. Der Penis ist mit erregbaren Neuronen besetzt, und wenn die durch weitere Stimulation hervorgerufenen Nervenimpulse zum Orgasmus und zur Ejakulation geführt haben, öffnen sich die Venen wieder. Nach Abfluss des gestauten Blutes kehrt der Penis in seinen schlaffen Zustand zurück. Als Multifunktionsorgan – für Ausscheidungs-, Reproduktions- und Kopulationszwecke – ist der menschliche Penis unter den Primaten einzigartig, weil ihm ein Penisknochen fehlt. (Hätte er einen, könnte dieser, weil der Mensch aufrecht geht und steht, leicht brechen.)

HEISSE ZONE

VERMEHRUNG

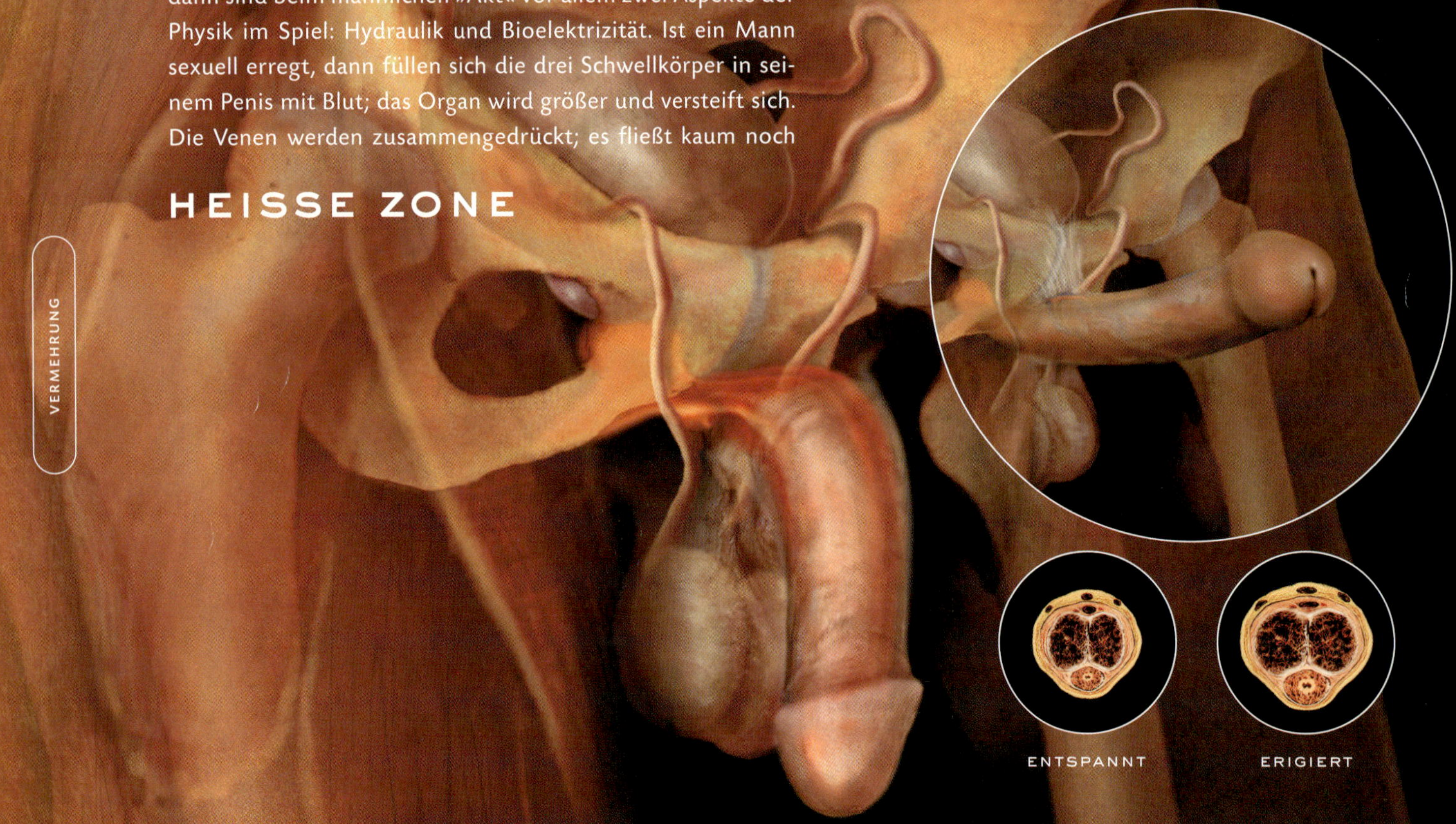

ENTSPANNT

ERIGIERT

AM ANFANG GLEICH, AM ENDE VERSCHIEDEN

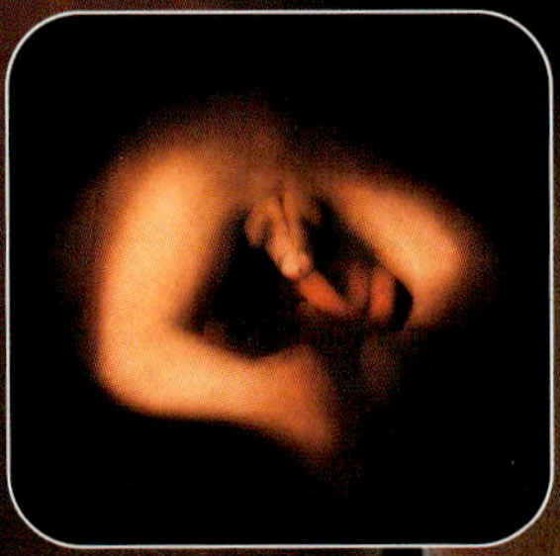

7. WOCHE MÄNNLICH ODER WEIBLICH

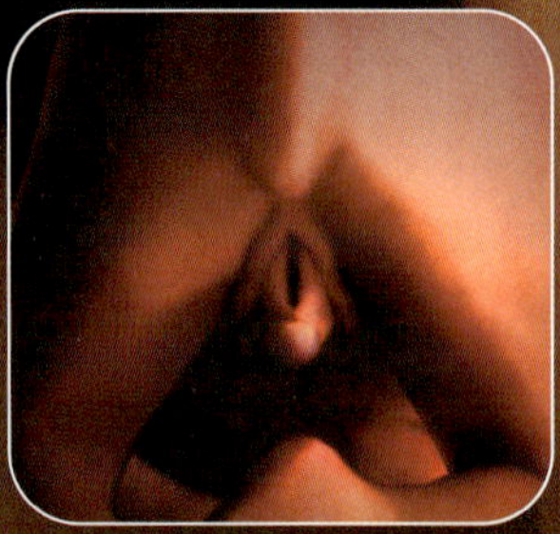

3. MONAT MÄNNLICH

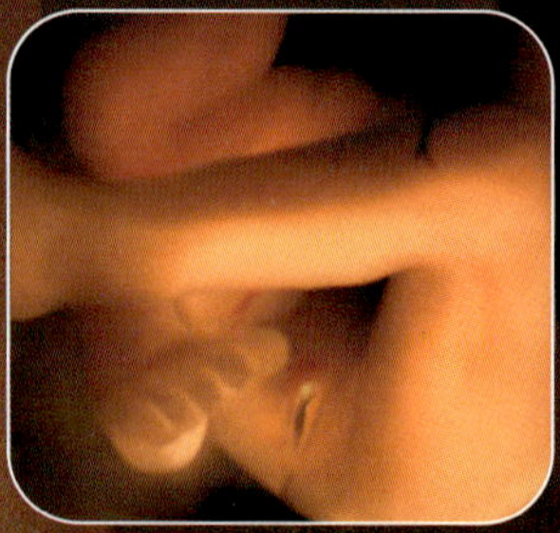

3. MONAT WEIBLICH

Auch beim weiblichen Vergnügen am Sex kommt die Hydraulik ins Spiel: Blut strömt in die Kapillargefäße der Scheidenwand ein und presst aus den umliegenden Zellen buchstäblich Feuchtigkeit heraus. Dieser Schleim gelangt – ihm bleibt kein anderer Weg – in die Vagina, die er befeuchtet und geschmeidig macht. Wie der Penis ist auch die Scheide für mehr als einen Zweck konstruiert (Kopulation, Fortpflanzung und Geburt). Die Klitoris dagegen hat nur einen einzigen Zweck: Erregung. Sie enthält 8000 Nervenenden, doppelt so viele wie der wesentlich größere Penis, so viele wie kein anderes äußeres Organ des Körpers (Fingerspitzen, Lippen, Zunge u. a.). Freud unterschätzte die Klitoris enorm, als er sie »das einzige Körperorgan« nannte, »das wirklich als zweitrangig anzusehen ist«.

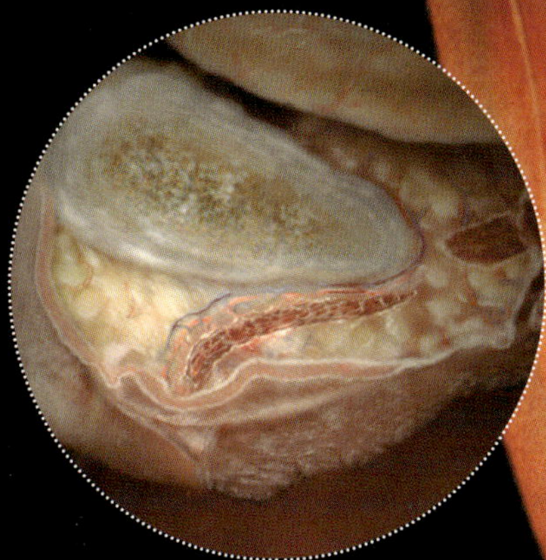

ENTSPANNT

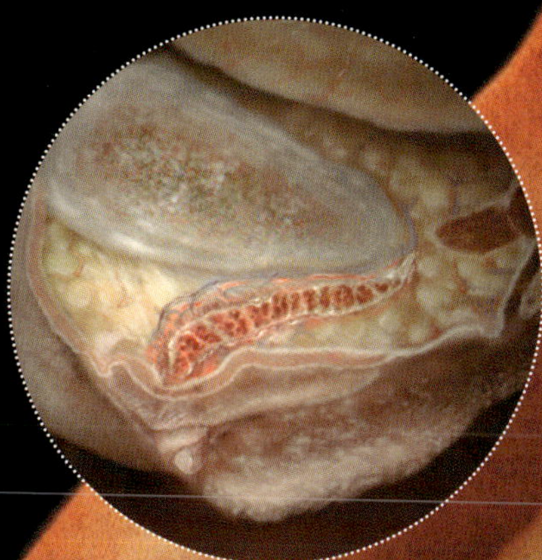

ERIGIERT

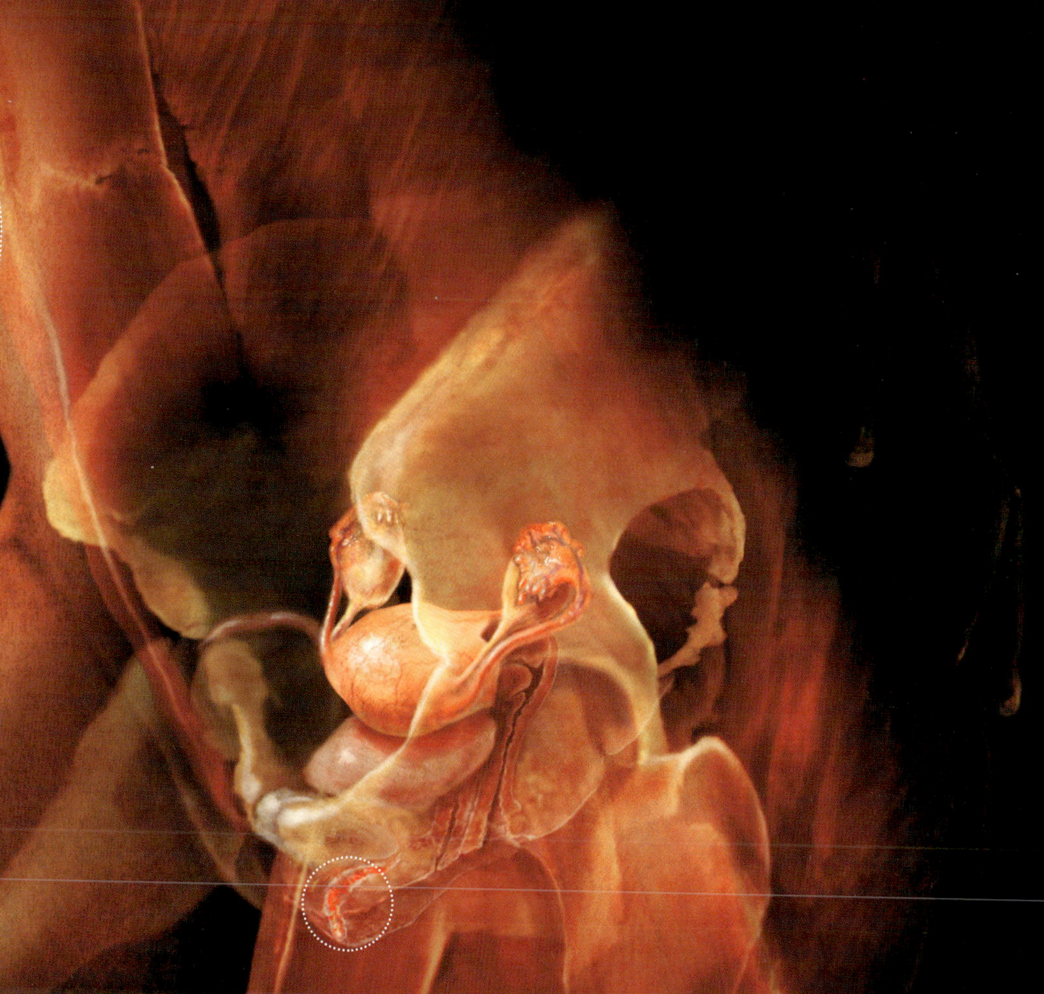

Biologisch gesehen wie auch unter Design-Aspekten beginnt die Entwicklung der Geschlechtsorgane mit einem Stadium der Indifferenz: männlich und weiblich sind anfangs identisch. Genetisch sind die Weichen zwar bereits gestellt, aber das Geschlecht eines sechs Wochen alten Embryos lässt sich physiologisch noch nicht bestimmen, selbst wenn sich primitive Keimstränge, zwei dicke Wülste mit geschlechtlich bestimmten Zellen, bereits herausgebildet haben. Gegen Ende des zweiten Monats entwickeln sich die inneren Geschlechtsorgane, einschließlich der Eierstöcke und Hoden. Doch erst im dritten Monat bilden sich allmählich Vagina und Penis heraus, und selbst dann ist die anfängliche Auswölbung noch so gestaltet, dass sie die für beide Organe typischen Merkmale aufweist.

Diese für einen Rorschachtest geeignete Form wird als »indifferenter Penis« bezeichnet, auch wenn das so klingt, als fühlte sich ein 25-Jähriger gerade von seinem besten Stück im Stich gelassen.

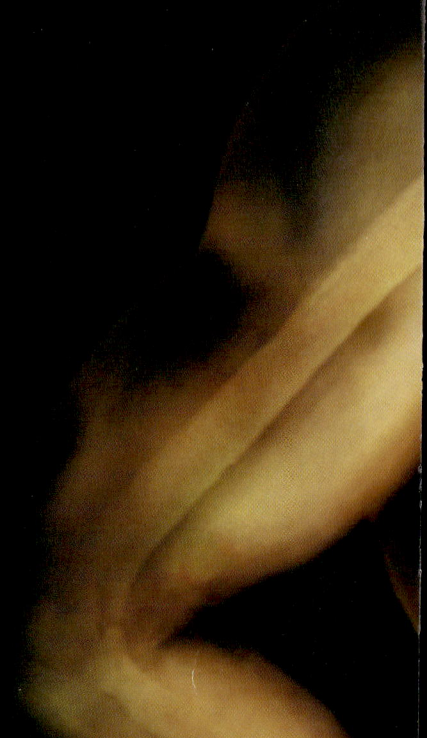

PERFEKTE PASSFORM

Im 2. Jahrhundert schrieb der griechische Arzt Galen über die einander ergänzenden Formen der männlichen und der weiblichen Genitalien: »Man kehre die der Frau nach außen, die des Mannes sozusagen nach innen und versehe sie mit einer doppelten Faltung. Dann wird man sehen, dass sie sich in jeder Hinsicht gleichen.« Diese spiegelbildliche Entsprechung ist jedoch nur äußerlich. In Gang gesetzt wird die innere Biomechanik des Geschlechtsaktes durch sexuelle Erregung. Ist dies der Fall, so bereiten sich unsere Geschlechtsorgane durch Veränderungen im Blutkreislauf und im Nervensystem auf den Koitus vor. Wenn das Gehirn entsprechende Signale aus den Genitalien erhält, gerät es in Aufruhr und freut sich schon im Voraus auf das erotische Vergnügen. Unser Puls beschleunigt sich, die Arterien werden mit viel Blut versorgt, während die Venen sich zusammenziehen. Blut strömt in die Schwellkörper von Penis und Klitoris ein, aber auch in Hoden, Eierstöcke und kleine Schamlippen – zwei dünne Hautfalten, die direkt im Scheidenvorhof liegen. Die Muskeln spannen, die Brustwarzen werden hart.

Wenn die Erregung ein bestimmtes Plateau erreicht hat, ziehen sich bei Frauen im äußeren Drittel der Scheide die Gefäße zusammen. Die Scheide wird feucht, während sich die inneren zwei Drittel leicht dehnen und die Gebärmutter sich anhebt – alles zur Vorbereitung für die Aufnahme von Samen. Die Flüssigkeit, die der Mann vor der Ejakulation absondert, trägt dazu bei, die Region um den Gebärmutterhals noch geschmeidiger zu machen. Allerdings sind nicht unsere Anstrengungen, sondern unser autonomes Nervensystem dafür verantwortlich, dass Atem und Puls schneller werden.

Der Orgasmus ist mit Kontrollverlust verbunden, einem Erbeben vergleichbar; es ist, als würde sich die ganze Spannung in einer Art Niesen entladen. Bei Männern geschieht dies in zwei Etappen. Wenn die Erregung immer weiter steigt, senden die Reflexzentren im Rückenmark Impulse an die Genitalien; die glatte Muskulatur der Hoden, Nebenhoden und des Samenleiters wird veranlasst, sich zusammenzuziehen und das Sperma in die Harnröhre zu pressen. Füllt sich die Harnröhre auf diese Weise, so werden die Muskeln an der Basis des Penis zur Kontraktion veranlasst: der Samen wird ausgestoßen (Ejakulation). Am weiblichen Orgasmus sind die Gebärmutter, der äußere Teil der Scheide und die Klitoris beteiligt, nicht jedoch der Innenbereich der Scheide. Frauen sind meist nicht so schnell und so leicht zu stimulieren wie Männer. Sind sie jedoch erst einmal erregt, können sie multiple Orgasmen haben. Frauen bevorzugen eine sanfte, kontinuierliche Stimulation.

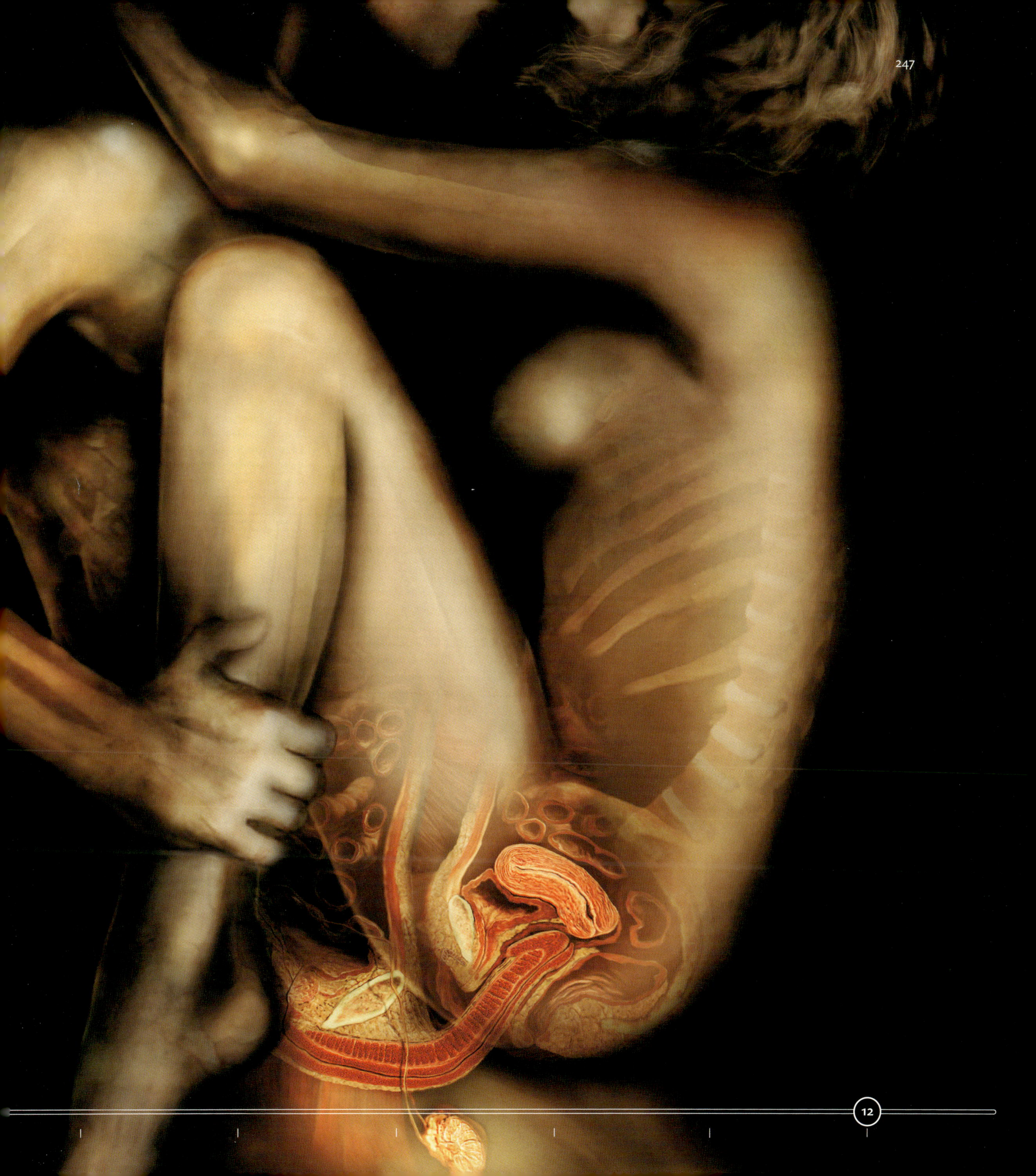

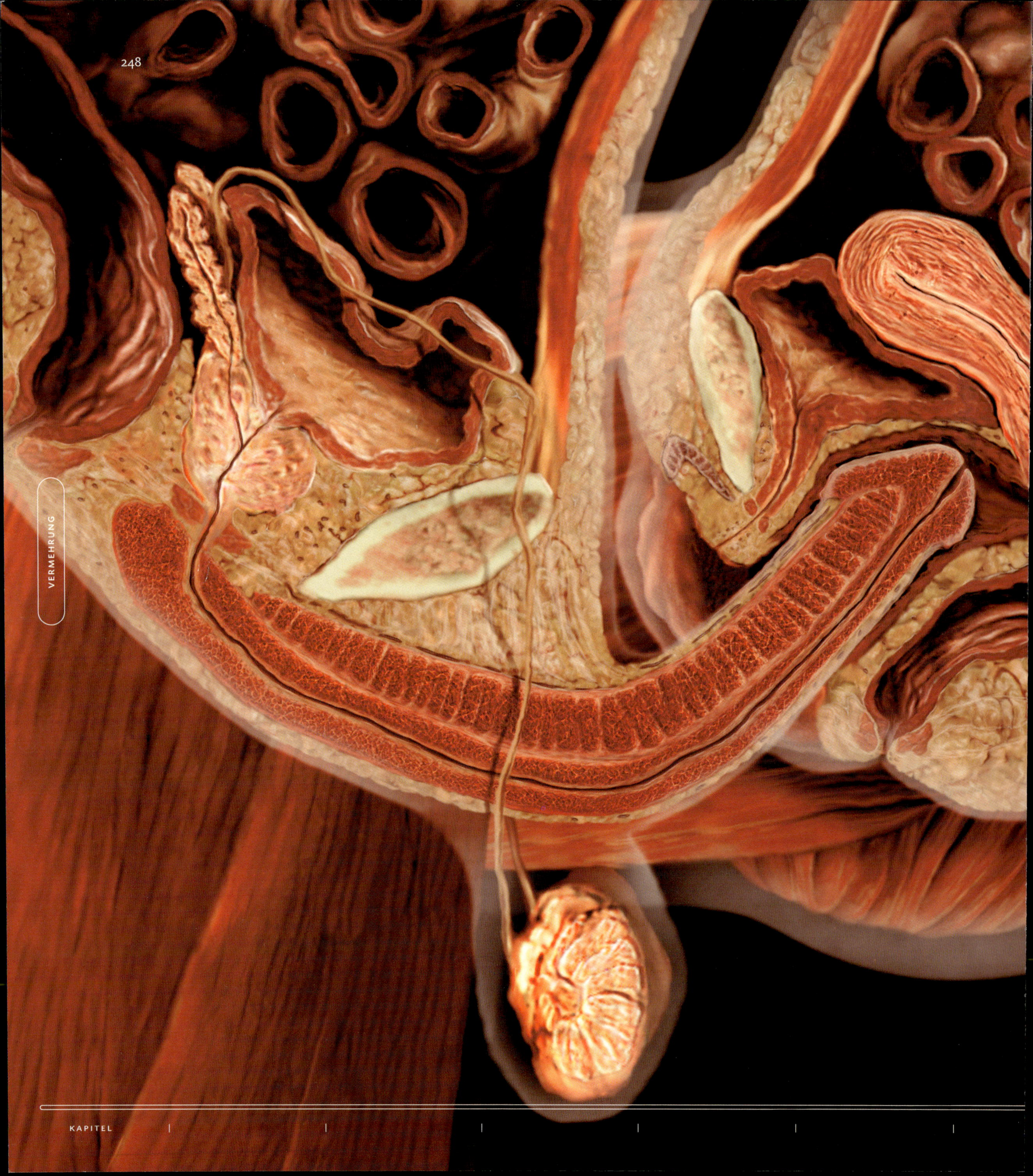

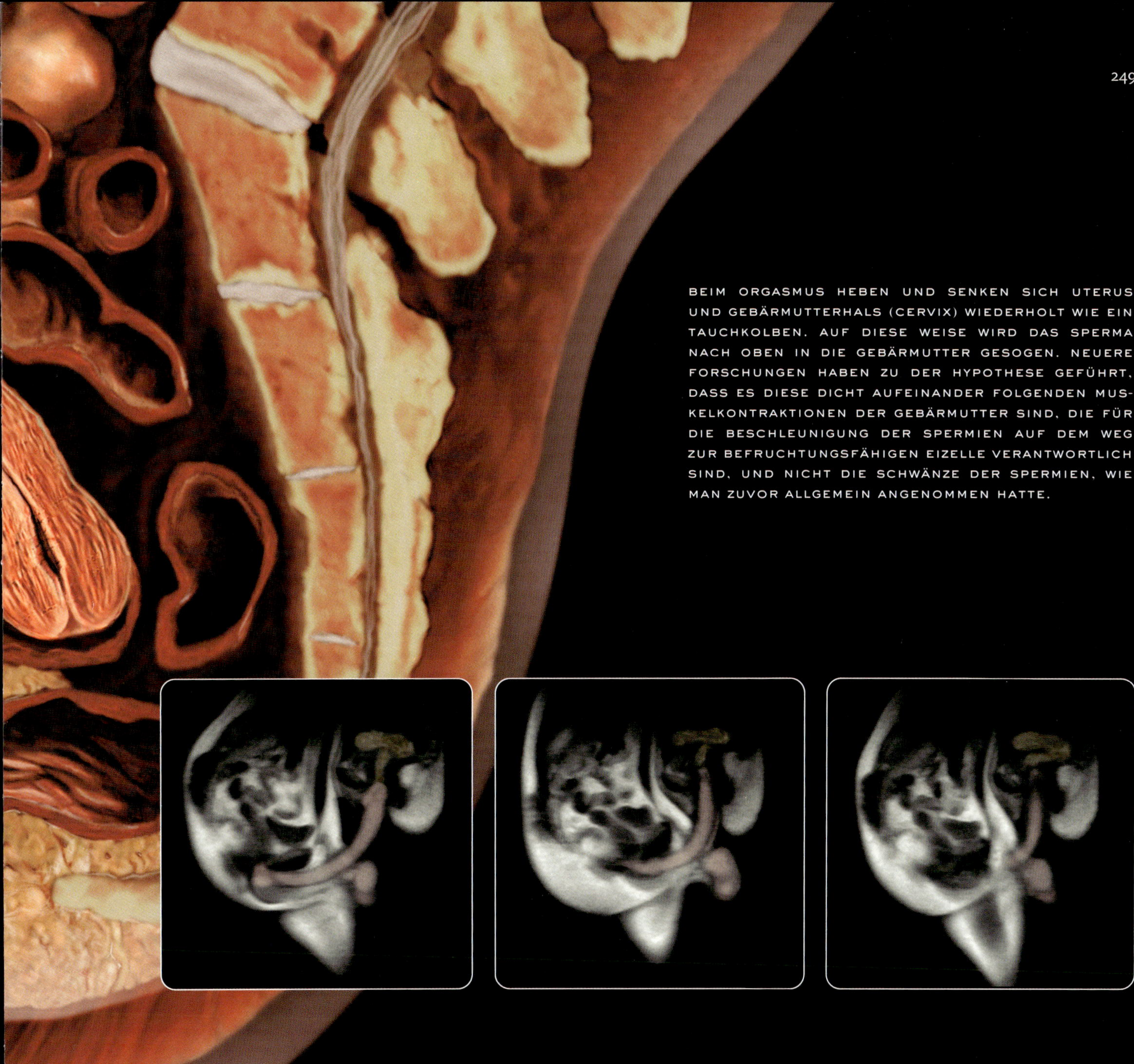

BEIM ORGASMUS HEBEN UND SENKEN SICH UTERUS UND GEBÄRMUTTERHALS (CERVIX) WIEDERHOLT WIE EIN TAUCHKOLBEN. AUF DIESE WEISE WIRD DAS SPERMA NACH OBEN IN DIE GEBÄRMUTTER GESOGEN. NEUERE FORSCHUNGEN HABEN ZU DER HYPOTHESE GEFÜHRT, DASS ES DIESE DICHT AUFEINANDER FOLGENDEN MUSKELKONTRAKTIONEN DER GEBÄRMUTTER SIND, DIE FÜR DIE BESCHLEUNIGUNG DER SPERMIEN AUF DEM WEG ZUR BEFRUCHTUNGSFÄHIGEN EIZELLE VERANTWORTLICH SIND, UND NICHT DIE SCHWÄNZE DER SPERMIEN, WIE MAN ZUVOR ALLGEMEIN ANGENOMMEN HATTE.

VON ANGESICHT ZU ANGESICHT

Mit Ausnahme einer Affenart sind Menschen die einzigen Tiere, die sich paaren können, wenn sie dem Partner ins Gesicht sehen. Bei Mann und Frau als den Zweifüßlern unter den Säugetieren sind die Geschlechtsorgane nicht auf eine Begattung von hinten ausgerichtet, wie sie bei den meisten anderen Säugetieren üblich ist. Die nach unten gerichtete Vagina der Frau erstreckt sich im Innern bis zur Rückseite ihres Körpers. Das legt den Gedanken nahe, dass die Kopulation von Angesicht zu Angesicht natürlich und besonders naheliegend ist.

Mit den Mitteln moderner Technologien wie MRI (Magnetic Resonance Imaging) ist es möglich, das »Innenleben« von Mann und Frau beim Geschlechtsakt sichtbar zu machen (siehe oben).

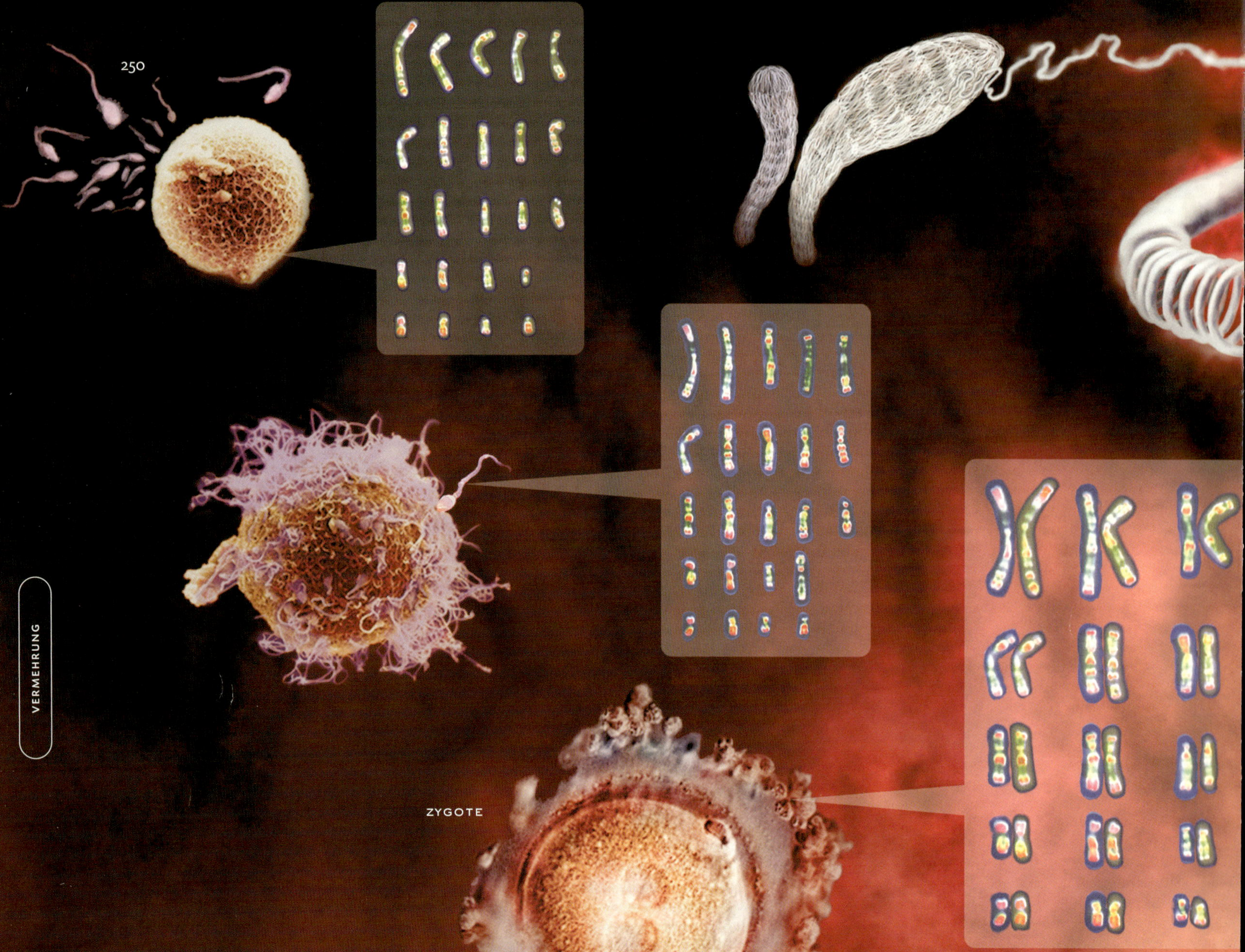

HERSTELLUNG VON KOPIEN (BEFRUCHTUNG)

Nachdem ein Spermium in die Eizelle eingedrungen ist, verschmelzen ihre Zellkerne und bilden eine einzige neue Zelle, die so genannte Zygote, die die genetischen Anweisungen beider Elternteile enthält. Diese Information ist auf Genen enkodiert, die im Kern wie Perlen auf 23 Paaren linearer Fäden aufgezogen sind, den Chromosomen. Jedes Gen stellt aus verfügbaren Chemikalien Kopien seiner selbst her, dann spalten sich die Chromosomen der Länge nach auf und prägen zwei Halbchromosomen. Wenn sich die ganze Zelle teilt, als würde sie mit einem Trennfaden in zwei gleiche Hälften mit einem je eigenen Kern gespalten, ist die DNA in beiden Tochterzellen eine perfekte, unversehrte Kopie des Originals, und der ganze Vorgang kann sich wiederholen.

Das Origami der Zellteilung und Differenzierung zu neuen Formen beginnt eher träge. Nachdem die Tochterzellen sich bis zur nächsten Zellteilung fast zwei Tage Zeit genommen

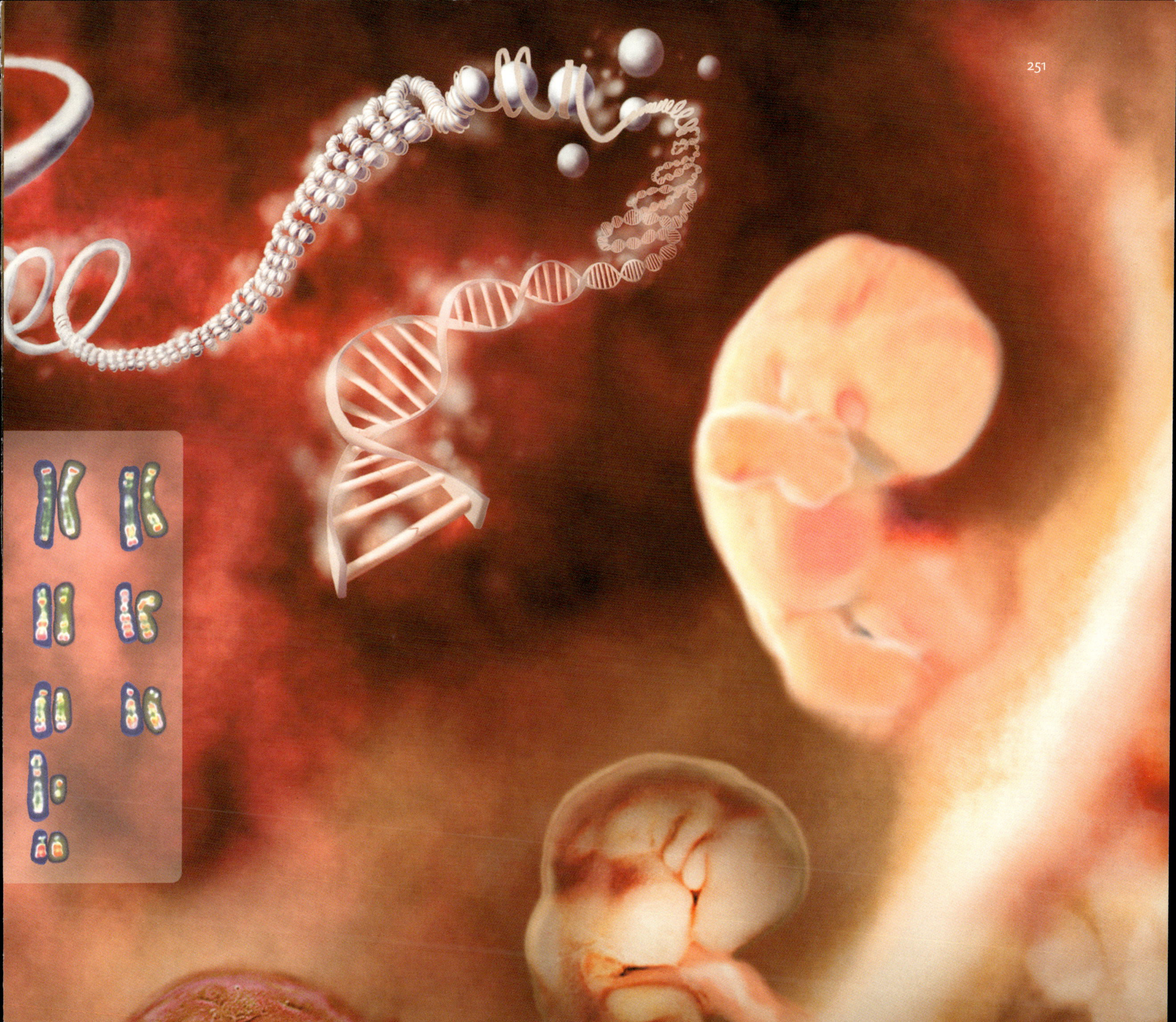

haben, furchen sie sich noch ein paar Mal und bilden dabei einen runden Zellcluster. Anschließend entsteht ein einschichtiger hohler Ballon, der einen mit Flüssigkeit gefüllten Hohlraum einschließt. Diese neue Formation wird Blastozyste (Keimblase) genannt. Weil bislang alle Zellen identisch waren, würde man annehmen, dass sie sich nun zu einer endlos unterteilten Kugel weiterentwickelten. Indes, durch subtile Veränderungen in Chemie und Ausrichtung (die Blastozyste hat ein Innen und Außen, bald auch ein Oben und Unten, Vorne und Hinten sowie zwei Seiten) beginnt ein Prozess, in dessen Verlauf in verschiedenen Zellen unterschiedliche Gene an- und ausgeschaltet werden. Aus dieser Geometrie entsteht innerhalb eines Monats ein gefaltetes, C-förmiges Lebewesen mit Kopf und Schwanz. Und nach zwei weiteren Monaten hat der Embryo – nunmehr der Fötus – schon eine erkennbar menschliche Gestalt.

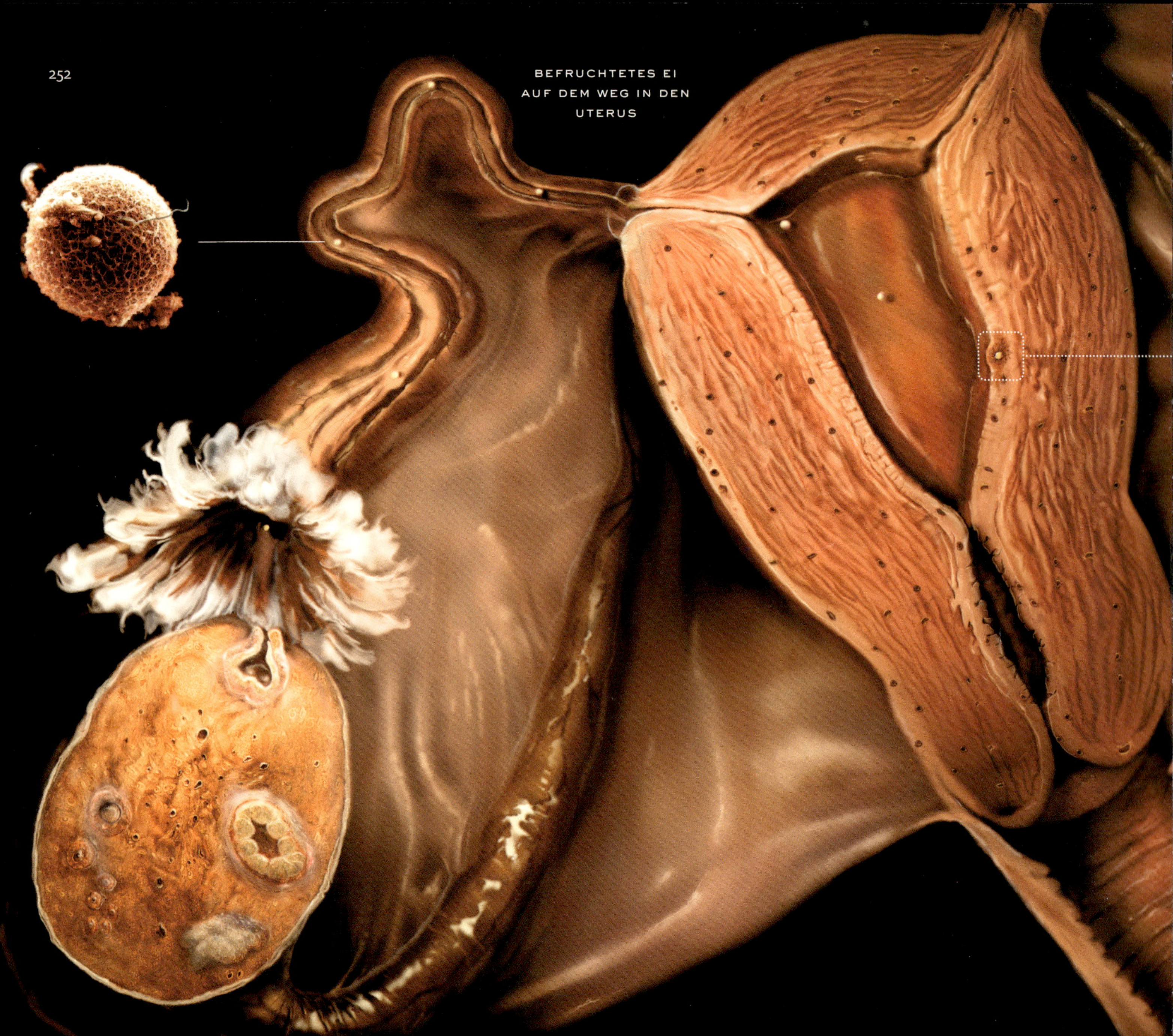

EINNISTUNG (NIDATION)

Nach der Befruchtung besteht die zweite große Herausforderung der Fortpflanzung darin, zwei Leben miteinander zu verbinden, das des Embryos und das der Mutter. Die parasitäre Blastozyste, ein kaum sichtbarer Punkt mit einem Durchmesser von weniger als 0,25 Millimeter, wird durch den Eileiter in die Gebärmutter geleitet. In der Zwischenzeit haben Hormone aus den überzähligen Follikeln in den Eierstöcken die mütterliche Gebärmutterschleimhaut vorbereitet, sie weich, porös und aufnahmefähig gemacht. Zellen in der äußeren Schicht der Blastozyste können durch Absonderung von Enzymen das Epithel der Gebärmutterschleimhaut durchdringen. Wenn diese Zellen mit der Schleimhaut in Kontakt kommen, setzen sie sich dort fest. Sie dringen in das mütterliche Kapillarsystem ein und verschmelzen zu einer zähen Schutzmembran, der Zottenhaut (Chorion). Die Blastozyste nistet sich noch tiefer ein und kommt mit dem stär-

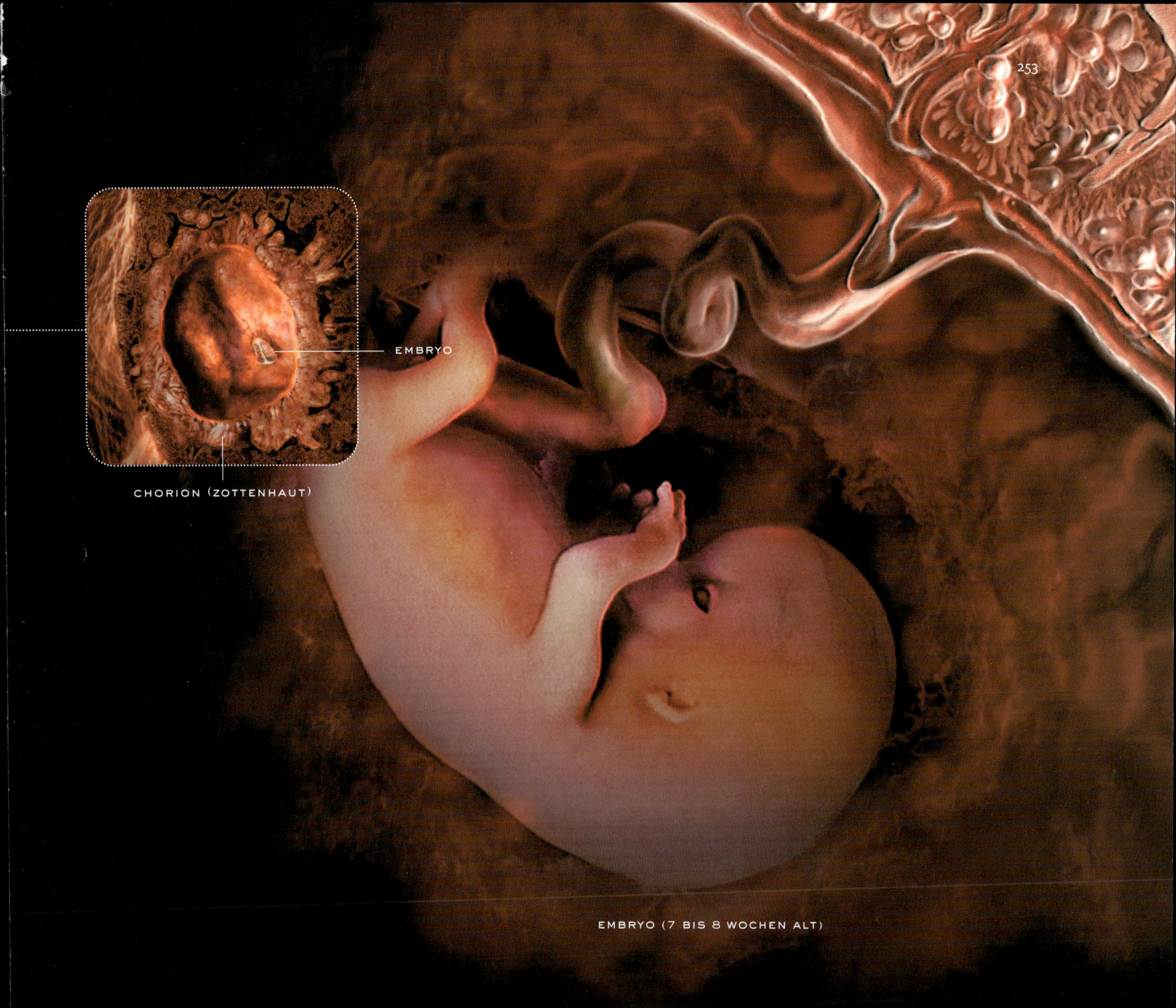

EMBRYO (7 BIS 8 WOCHEN ALT)

kereichen Mutterblut in Kontakt; fingerähnliche Chorionzotten zapfen den Blutkreislauf der Mutter an. Der ideale Ort für die Nidation liegt an der Rückseite des Uterus, weil dort die Wirbelsäule Schutz und Stütze bietet. Schon bald bildet sich aus einem Teil der Keimblase (Blastula) und aus Teilen der Gebärmutterschleimhaut eine scheibenförmige Masse besonders gut durchbluteten Gewebes heraus.

Dieses Austauschorgan zwischen Chorion und Schleimhaut nennt man Plazenta (Mutterkuchen). Dort verschlingen sich die Blutgefäße von Mutter und Embryo, ohne sich völlig zu vereinigen. Es verbleibt eine Schranke aus durchlässigem Gewebe.

Dennoch können nun verbrauchtes Blut gegen frisches, Abfall- gegen Nährstoffe und embryonale gegen mütterliche Hormone ausgetauscht werden – dank der Plazentaschranke geschützt vor Infektionskeimen und anderen Schadstoffen.

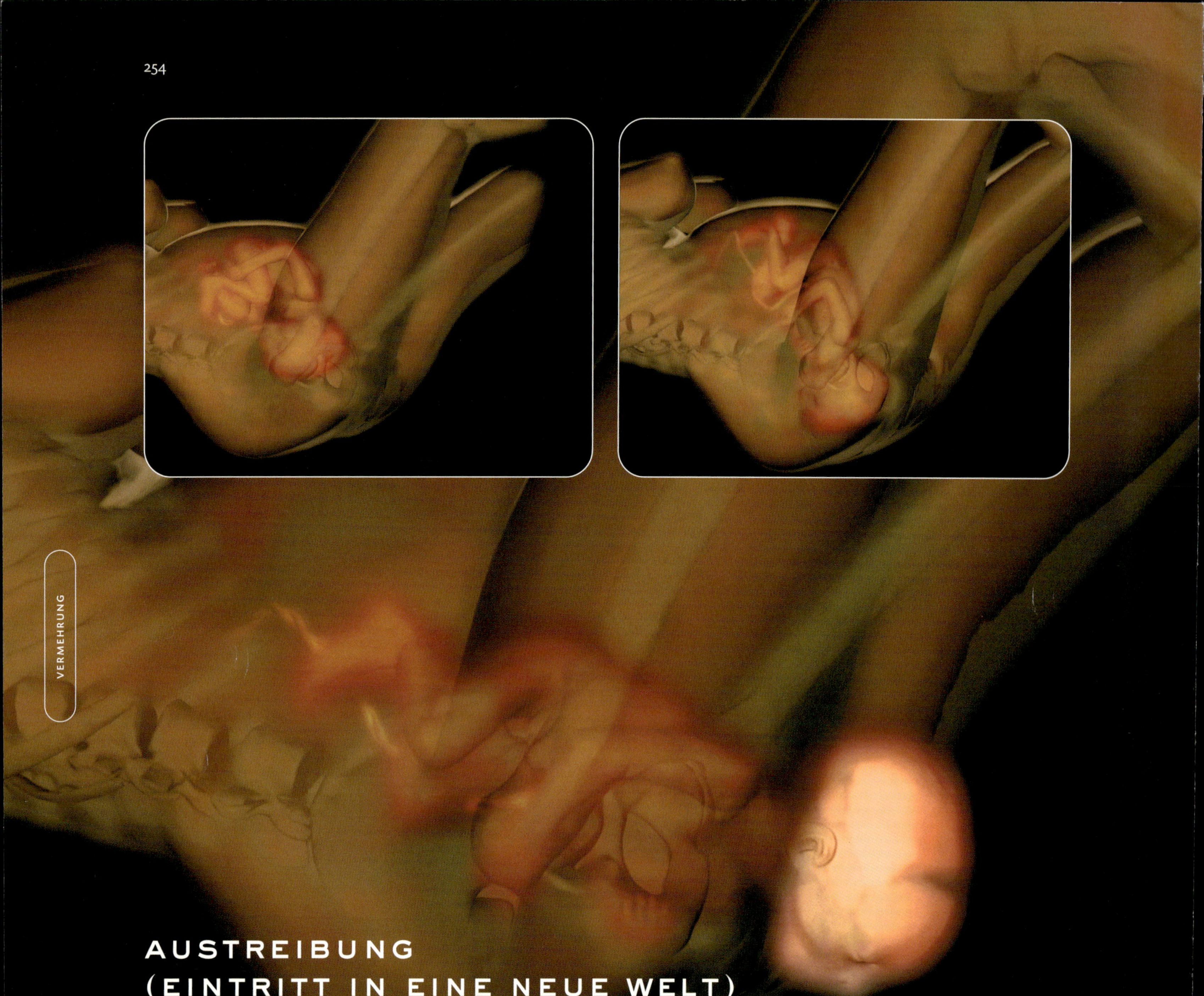

AUSTREIBUNG (EINTRITT IN EINE NEUE WELT)

Sanfte Gebärmutterkontraktionen zu Beginn der Wehen setzen einen sich verstärkenden Regelkreis mit der Hypophyse in Gang. Diese sondert das so genannte »Liebeshormon« Oxytozin ab und sorgt so für Verstärkung der Wehenkontraktionen.

Ein weiteres, von den Eierstöcken abgesondertes Hormon öffnet den Muttermund, den Schließmuskel am Gebärmutterhals. Dieser wird durch den Kopf des Babys gedehnt, zunächst nur um 0,5 Zentimeter und schließlich auf einen Durchmesser von 10 Zentimeter. Währenddessen sondert die Scheide, die sich entspannt und streckt, um Durchlass zu gewähren, ein komplexes Kohlehydrat namens Glykogen ab, das sich als Infektionsschutz umgehend in Milchsäure verwandelt.

Wenn die unwillkürlichen Kontraktionen alle zwei bis drei Minuten erfolgen und ungefähr eine Minute anhalten, kann sich die Gebärende aktiv beteiligen und das Kind mit Hilfe ihrer Bauchmuskeln herauspressen.

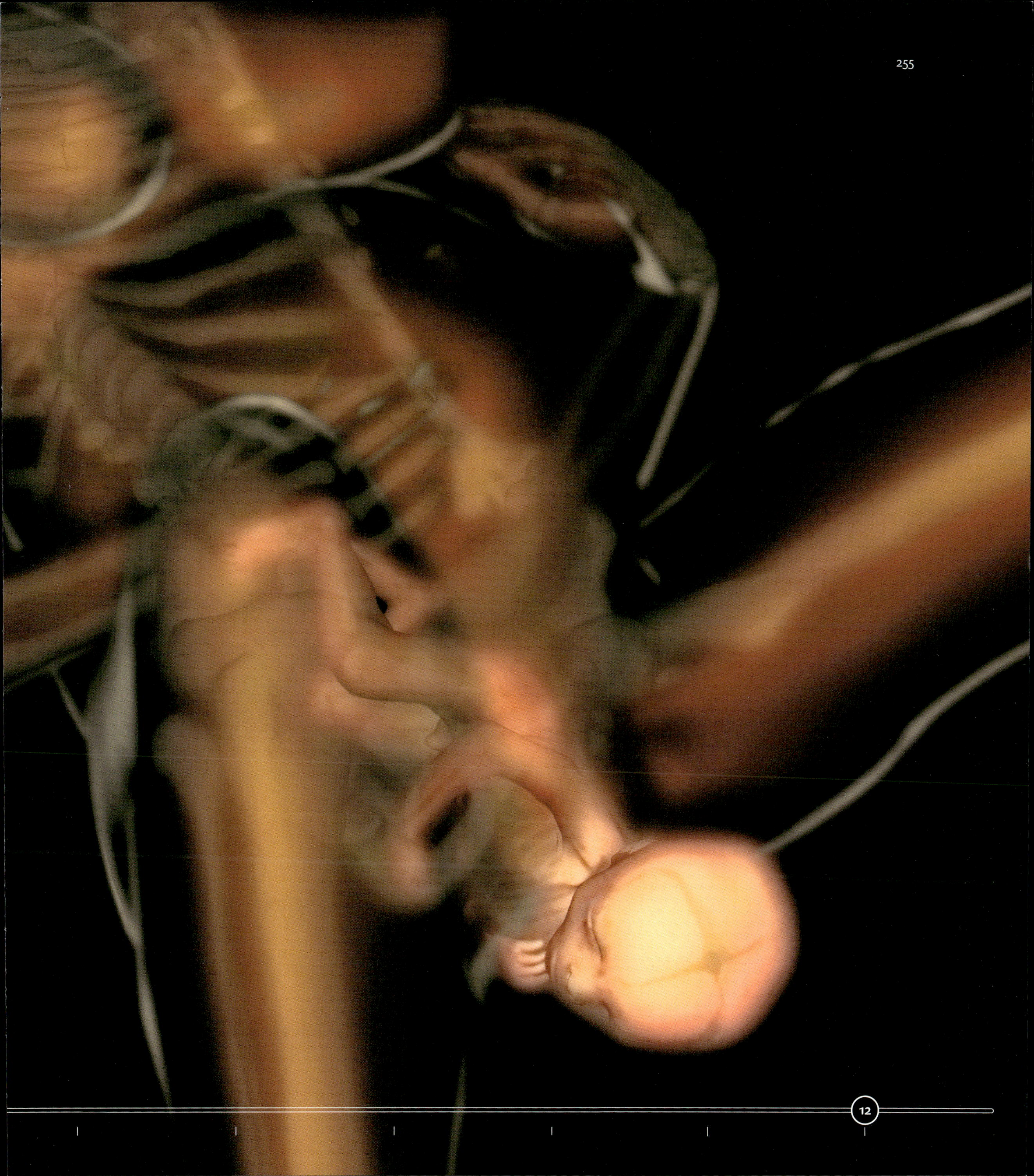

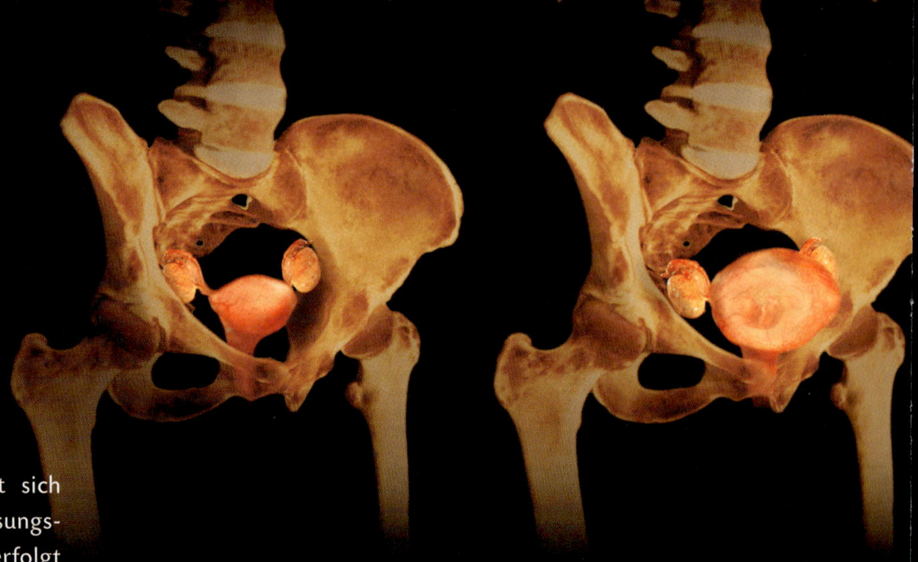

VOR, WÄHREND UND NACH DER SCHWANGERSCHAFT

GEBÄRMUTTER: Während der Schwangerschaft dehnt sich der Uterus bis zum Tausendfachen seines normalen Fassungsvermögens; durch die Vergrößerung der Muskelmasse erfolgt auch eine Gewichtszunahme. Nach der Geburt sorgen Hormone dafür, dass der Uterus seine ursprüngliche Gestalt und Größe wiedererlangt.

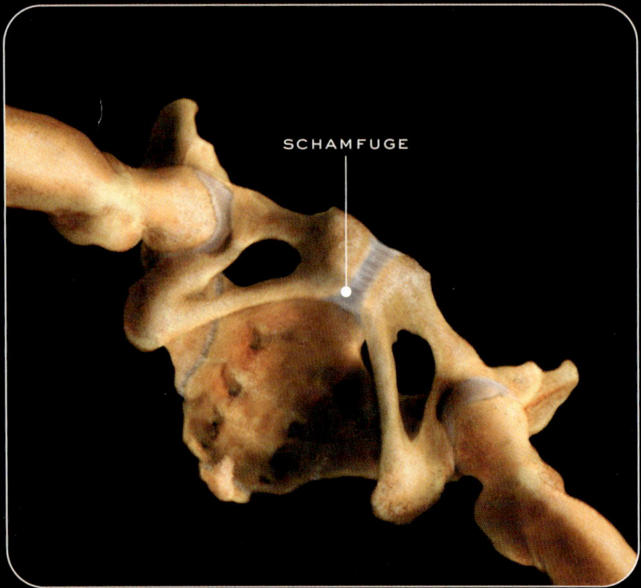

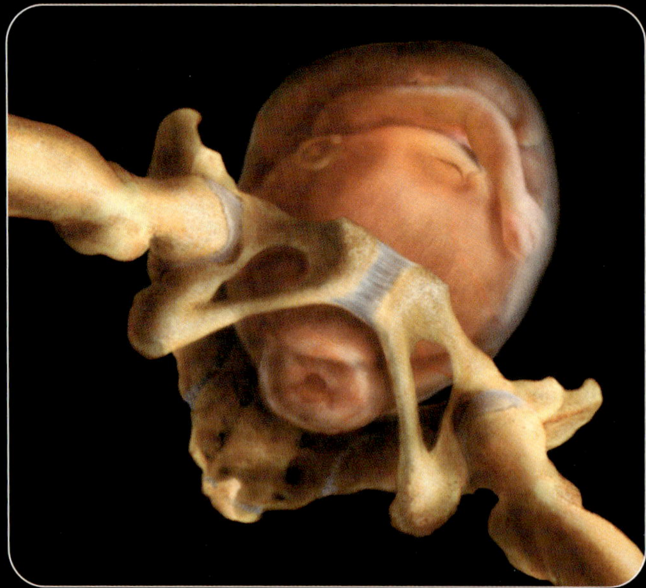

VERÄNDERUNGEN IM BECKEN: Um dem Baby den Weg durch den Geburtskanal zu ermöglichen, verändert sich das mütterliche Skelett signifikant. Das Becken muss sich wie eine Türangel von hinten her öffnen, was zur Dehnung (und gelegentlich zum Reißen) der Bänder und Knorpelstücke führt, die die Beckenknochen an der Vorderseite zusammenhalten.

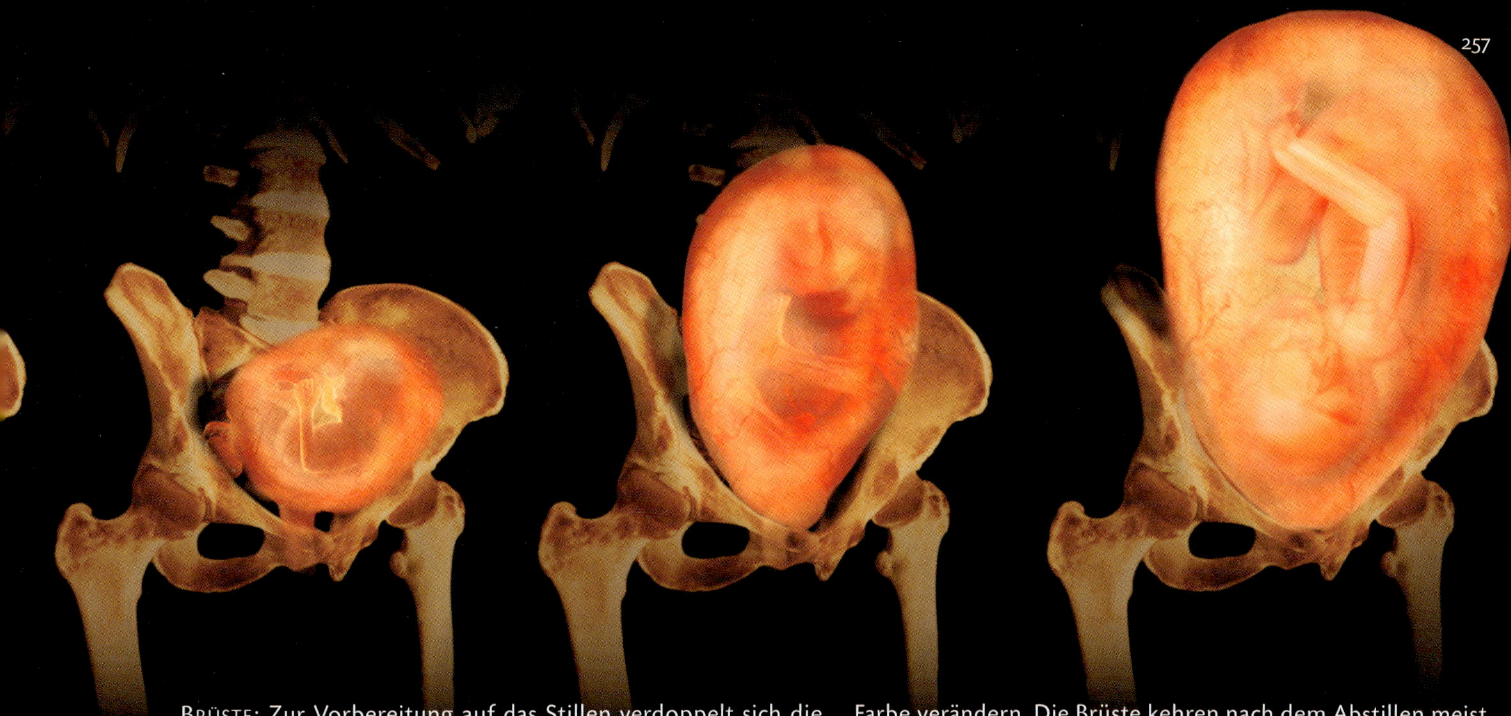

BRÜSTE: Zur Vorbereitung auf das Stillen verdoppelt sich die Größe der Brustdrüsen; die kleinen Drüsen um die Brustwarze herum können sich aufstellen, massig werden und die Farbe verändern. Die Brüste kehren nach dem Abstillen meist nicht zu ihrer früheren Form zurück, weil das Bindegewebe zwischen ihnen überdehnt wurde.

SPIEGELUNGEN IN DER NATUR

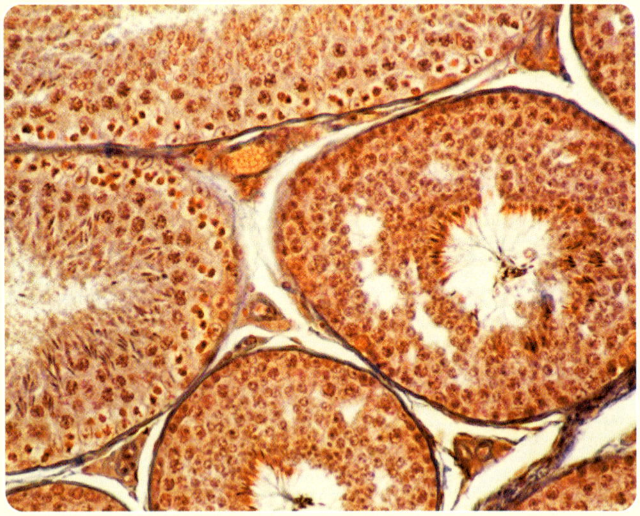

HODENKANÄLCHEN, IN DENEN DIE SPERMIEN HERANREIFEN

KIWIFRUCHTSCHEIBEN MIT SAMEN

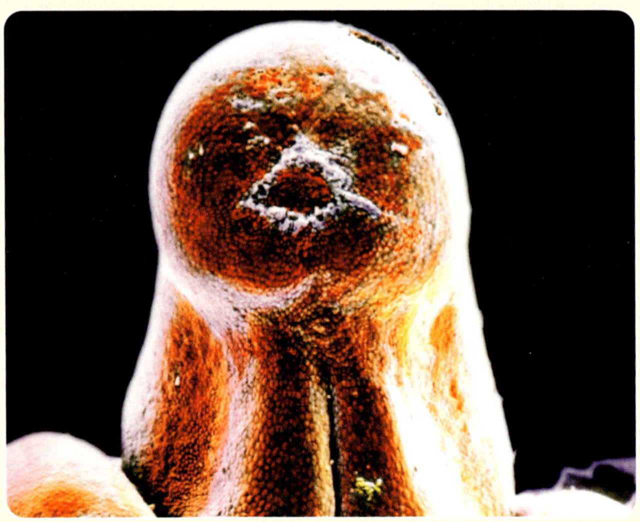

ÄUSSERE GESCHLECHTSORGANE EINES EMBRYOS

MÜCKENRÜSSEL

»Der Physiker sieht die Welt als einen Mechanismus oder als mechanische Konstruktion.«
D'Arcy Thompson

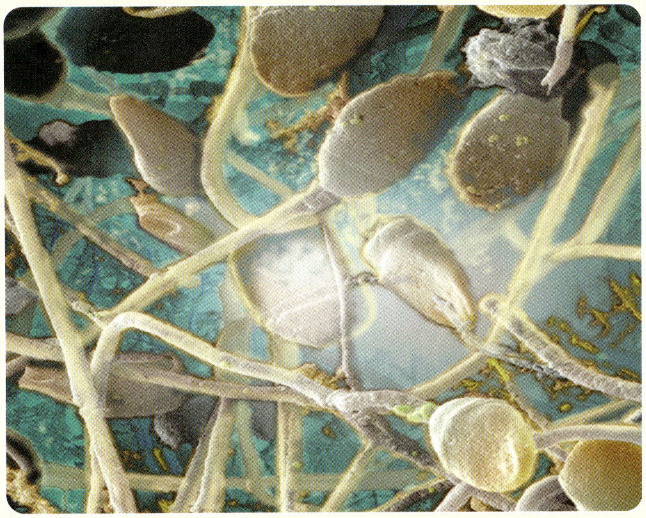

MÄNNLICHE KEIMZELLEN: SPERMIEN

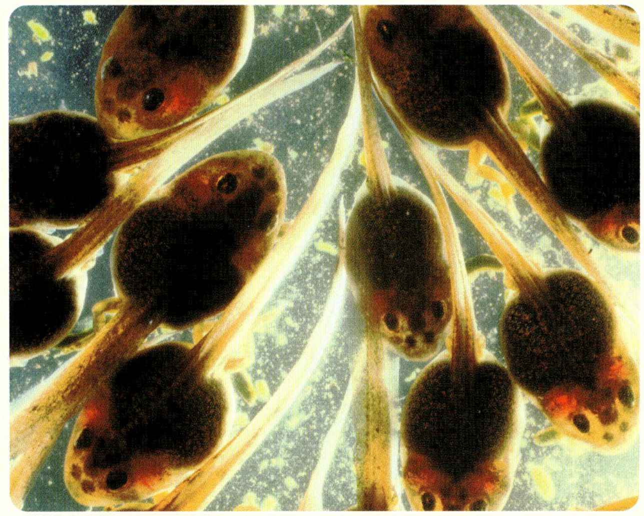

KAULQUAPPEN

DAS INNERE DES EILEITERS MIT ZILIEN (HÄRCHEN) UND MIKROVILLI

BLÜTENSTEMPEL

DER UNVERZICHTBARE MECHANISMUS BEI DER ENTSTEHUNG MENSCHLICHEN LEBENS, DIE BEFRUCHTUNG, ENDET DAMIT, DASS SICH ALLE TÜREN SCHLIESSEN. DIE NATUR HAT ETWAS GEGEN DREIERBEZIEHUNGEN, UND SO WIRD DIE ZUCKERREICHE ÄUSSERE HAUT DER EIZELLE ENTMAGNETISIERT, NACHDEM DAS ERSTE SPERMIUM EINGEDRUNGEN UND MIT DEM EI VERSCHMOLZEN IST: ALLE ANDEREN SPERMIEN FALLEN BUCHSTÄBLICH VON DER ZYGOTE AB. WENIGER ALS 5 MINUTEN SPÄTER WIRD EIN ZWEITER, DAUERHAFTERER BLOCKADEMECHANISMUS AUSGELÖST, DER DIESE EINZIGARTIGE MISCHUNG ELTERLICHER GENE SCHÜTZT. WIE VERSCHMÄHTE LIEBHABER SCHARWENZELN DIE ABGEWIESENEN SPERMIEN NOCH TAGELANG UM DIE ZYGOTE HERUM.

DANKSAGUNG

Mein Dank gilt

meiner Familie: Susan und Andreas.

Ihr habt mir emotional, beruflich und geistig geholfen, ihr habt mich auch in Zeiten, in denen ich an mir zweifelte, unterstützt. Vor allem aber habt ihr mir geholfen, eine einzigartige Liebe zu spüren und zu verstehen, die mich jeden Morgen aufs Neue wärmt, wenn ich erwache und euch ansehe.

– Bill Thomas, dem Cheflektor von Doubleday Books, für sein unerschütterliches Vertrauen in unsere Arbeit. Er sorgt dafür, dass meine Publikationen für Doubleday weiterhin zu den schönsten und erfüllendsten beruflichen Erfahrungen meiner Karriere gehören.

– Kendra Harpster, meiner Lektorin bei Doubleday, für ihre Hingabe an unsere Arbeit und an dieses Buch. Es war ein Vergnügen, mit ihr zusammenzuarbeiten, und ihre Geduld, Problemlösungskompetenz und ihr Redigierstil haben wesentlich dazu beigetragen, dass die Vision dieses Buches immer klarere Gestalt gewonnen hat.

– Adrianne Noe, der Leiterin des National Museum of Health and Medicine im Pathologischen Institut der Armed Forces, für die kluge und warmherzige Unterstützung unserer Arbeit. Ich weiß unseren Gedankenaustausch und unsere Freundschaft sehr zu schätzen.

– Eric Baker und Cindy Goldstein von Eric Baker Design Associates, Inc. für das kreative Design und die reibungslose Zusammenarbeit.

– Barry Werth für einen weiteren Text im Geiste Mozart'scher Leichtigkeit.

– den Mitarbeitern von Anatomical Travelogue: Ann Canapary, Attila Ambrus, Attila Zalanyi, Benjamin Lipman, Betty Lee, Casey Steffen, Chad Capeland, Donghyun Han, Elias Papatheodorou, Glenn Ball, Ildiko McGivney, Jean-Claude Michel, Jeremy Mack, Karina Metcalf, Laszlo Balogh, Levente Szileszky, Mark Mallari, Matt Wimsatt, Poy Yee, Taryn McLaughlin.

– E. C. Lockett, Spezialist für Bildgebungsverfahren am National Museum of Health and Medicine im Pathologischen Institut der Armed Forces.

– dem Center for In Vivo Microscopy in der Radiologischen Abteilung des Duke University Medical Center.

– dem Biomedical Magnetic Resonance Laboratory am College of Medicine der University of Illinois in Urbana-Champaign.

– Marlin Minks von der Fotografischen Abteilung von Anatomical Travelogue.

– P. Schwartz und H. W. Michelmann von der Universität Göttingen.

– dem National Institute of Child Health and Human Development (NICHHD), National Institutes of Health, Bethesda, Maryland.

– Douglas T. Carrell, Ph.D., H.C.L.D., Associate Professor of Surgery, Obstetrics and Gynecology, and Physiology, Direktor der Laboratorien für IVF und Andrologie sowie Benjamin R. Emery, B. S. von der School of Medicine der University of Utah.

– Lewis C. Krey, Ph.D., Anna Blaszczyk, M.S., Caroline McCaffrey, Ph.D., und Alexis Adler, B.S., vom Program for In Vitro Fertilization, Reproductive Surgery and Infertility im Department of Obstetrics and Gynecology der School of Medicine an der New York University.

– E. Scott Pretorius, M.D., Associate Chair (Education) im Department for Radiologie und Assistant Professor, Health Systems der University of Pennsylvania.

– Professor Katerina Harvati, Assistant Professor of Physical Anthropology an der New York University.

– Professor Todd Olson, Director of Clinical Anatomy, Albert Einstein College of Medicine, New York City.

– Sebastian Tille und Buddy Bossmann von Carl Zeiss MicroImaging, Inc.

– Doug Morris, Ph.D., Staff Scientist an den National Institutes of Health, National Institute of Neurological Disease and Stroke, NIH Magnetic Resonance Facility.

– Professor Steven Frost, Assistant Professor of Physical Anthropology an der University of Oregon.

– Hoby Hetherington, Ph. D., Department of Radiology, Albert Einstein College of Medicine, New York City.

– dem Department of Radiology des New York University Medical Center.

– Donald Lindberg, M.D.

– der National Library of Medicine (NLM).

– den National Institutes of Health.

– Kim Cacho aus der Herstellung von Doubleday Books.

– Bob Levin aus der Kanzlei Levine Plotkin & Menin, LLP.

– Michael Rosenstein von AMD.

Die Bilder wurden mit Hilfe von AMD Opteron™ Prozessoren erstellt.

Die Software für die wissenschaftliche Bildgebung wurde in Zusammenarbeit mit der deutschen Firma Volume Graphics GmbH (www.volumegraphics. com) entwickelt.
Wir danken Christof, Christoph, Thomas und dem ganzen Team von Volume Graphics für ihre exzellente Arbeit und Unterstützung.

Alle schon früher vorhandenen Aufnahmen stammen von Science Source, einer Abteilung von Photo Researchers Inc. (www.sciencesource.com).

Unser besonderer Dank gilt:
Tomas Dankos
Kristen Patrick
Pillar Regan
Timea Resan
Christina Wood.